図説 日本のユスリカ

日本ユスリカ研究会 編

文一総合出版

ユスリカ科に近縁の長角亜目昆虫

■成虫（科への検索表→ p.26）

ユスリカ科 Chironomidae

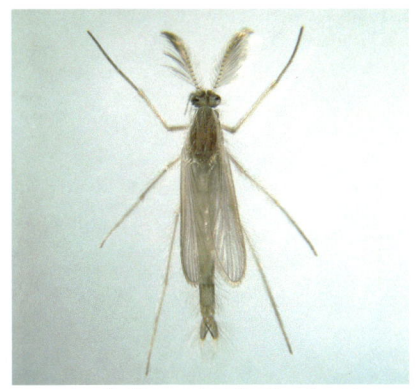

フサカ科（ケヨソイカ科）Chaoboridae

カ科 Culicidae

ガガンボ科 Tipulidae

ブユ科 Simuliidae

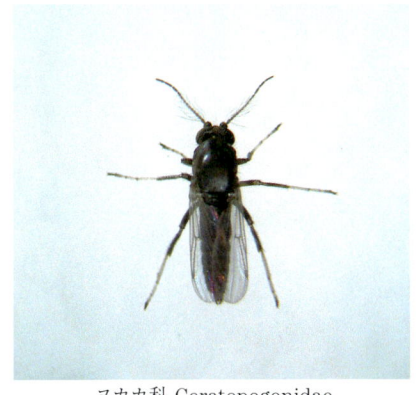

ヌカカ科 Ceratopogonidae

■幼虫（科への検索表→ p.28）

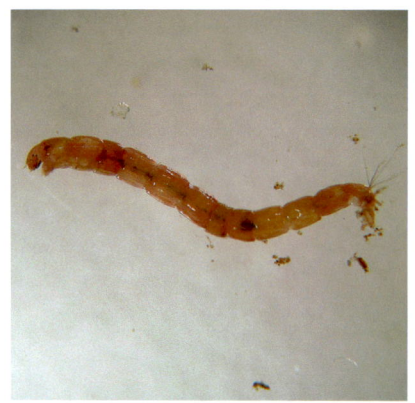

ユスリカ科 Chironomidae

フサカ科 Chaoboridae

カ科 Culicidae

ガガンボ科 Tipulidae

ブユ科 Simuliidae

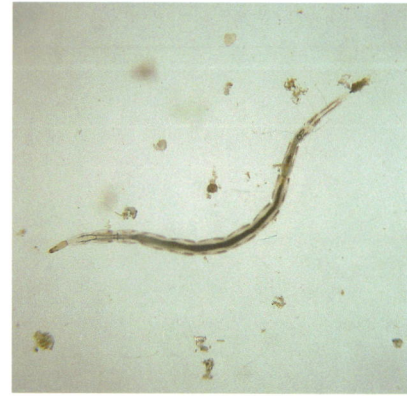

ヌカカ科 Ceratopogonidae

ユスリカ類の体の各部の名称（成虫，蛹）

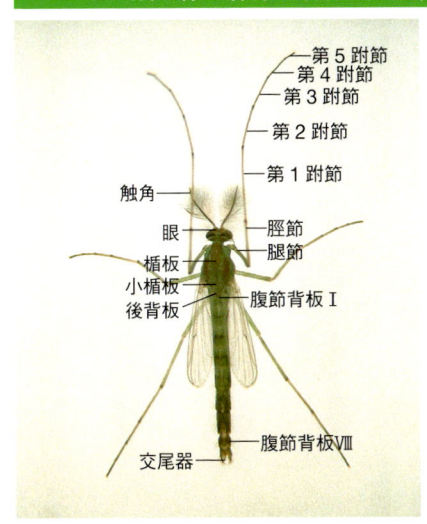

雄成虫（セスジユスリカ）　　雌成虫（セスジユスリカ）

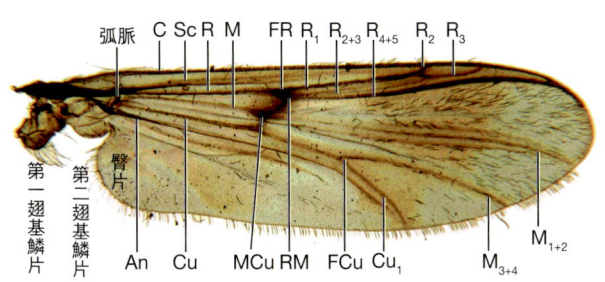

翅（モンユスリカ亜科）

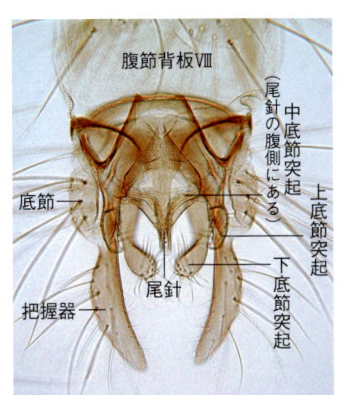

交尾器（オオヤマヒゲユスリカ）

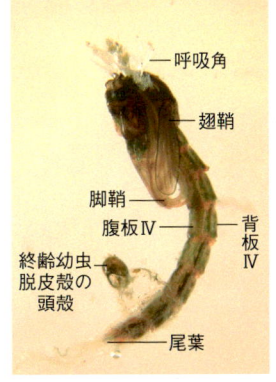

蛹（ユスリカ亜科）

蛹（モンユスリカ亜科）

主な日本産ユスリカ類の形態（成虫）
亜科への検索表→ p.30

イソユスリカ亜科 Telmatogetoninae

ケブカユスリカ亜科 Podonominae

ヤマトイソユスリカ
Telmatogeton japonicus

ティーネマンキタケブカユスリカ
Boreochlus thienemanni

モンユスリカ亜科 Tanypodinae

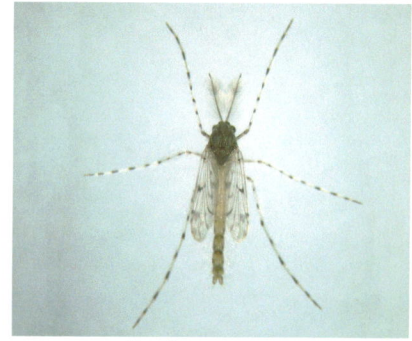

オナガダンダラヒメユスリカ
Ablabesmyia longistyla

ダンダラヒメユスリカ
Ablabesmyia monilis

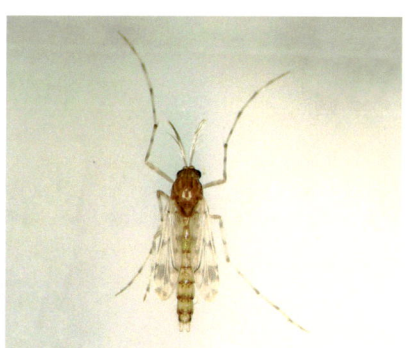

フトオダンダラヒメユスリカ
Ablabesmyia prorasha

セボシヒメユスリカ
Conchapelopia quatuormaculata

主な日本産ユスリカ類の形態

ナカヅメヌマユスリカ
Fittkauimyia olivacea

フトオウスギヌヒメユスリカ
Hayesomyia tripunctata

ミヤガセコジロユスリカ
Larsia miyagasensis

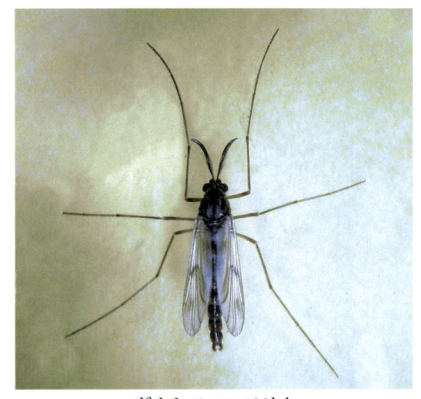

ボカシヌマユスリカ
Macropeleopia paranebulosa

モンヌマユスリカ
Natarsia tokunagai

オビヒメユスリカ
Paramerina cingulata

コシアキヒメユスリカ
Paramerina divisa

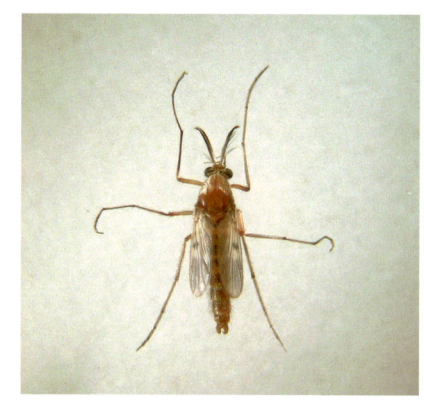

ウスイロカユスリカ
Procladius choreus

クロバヌマユスリカ
Psectrotanypus orientalis

ウスギヌヒメユスリカ
Rheopelopia toyamazea

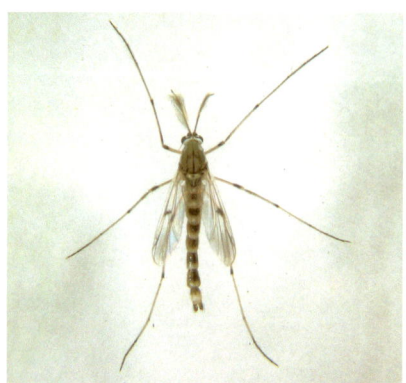

テドリカユスリカ
Saetheromyia tedoriprimus

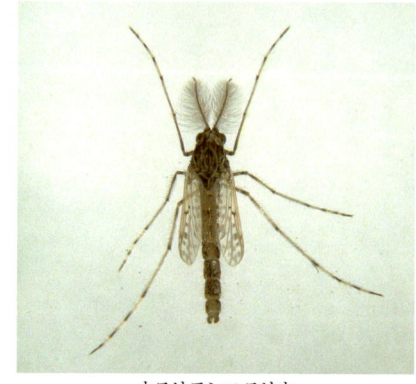

カスリモンユスリカ
Tanypus punctipennis

主な日本産ユスリカ類の形態　*vii*

ハヤセヒメユスリカ
Trissopelopia longimana

ヤマユスリカ亜科 Diamesinae

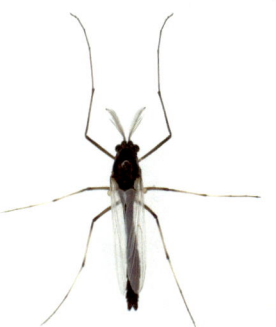

クビレサワユスリカ
Potthastia gaedii

オオヤマユスリカ亜科 Prodiamesinae

ナガイオオヤマユスリカ
Prodiamesa levanidovae

エリユスリカ亜科 Orthocladiinae

ニッポンケブカエリユスリカ
Brillia japonica

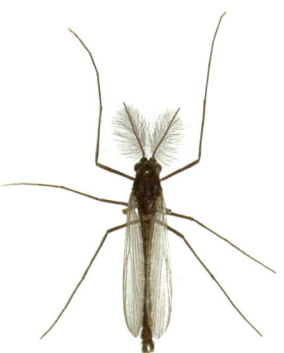

マドオエリユスリカ属の一種
Bryophaenocladius sp.

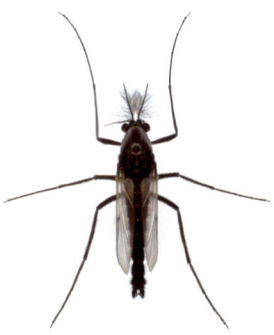

ハダカユスリカ
Cardiocladius capucinus

クロイロコナユスリカ
Corynoneura cuspis

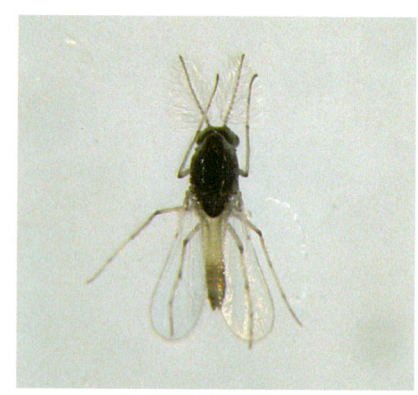

コナユスリカ属の一種
Corynoneura sp.

フタスジツヤユスリカ
Cricotopus bicinctus

フタモンツヤユスリカ
Cricotopus bimaculatus

ヨドミツヤユスリカ
Cricotopus sylvestris

ナカオビツヤユスリカ
Cricotopsus triannulatus

主な日本産ユスリカ類の形態

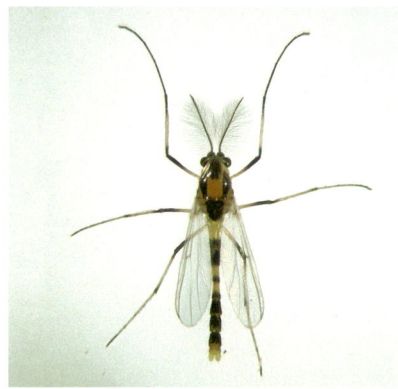

ミツオビツヤユスリカ
Cricotopus trifasciatus

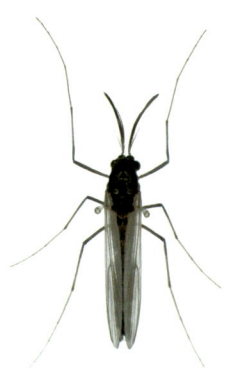

フタエユスリカ
Diplocladius cultriger

ノザキトビケラヤドリユスリカ
Eurycnemus nozakii

トガリフユユスリカ
Hydrobaenus conformis

コキソガワフユユスリカ
Hydrobaenus kisosecundus

キソガワフユユスリカ
Hydrobaenus kondoi

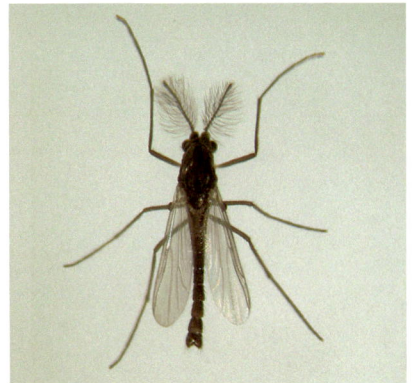
コムナトゲユスリカ
Limnophyes minimus

ヒロバネエリユスリカ
Orthocladius glabripennis

エリユスリカ属の一種
Orthocldius sp.

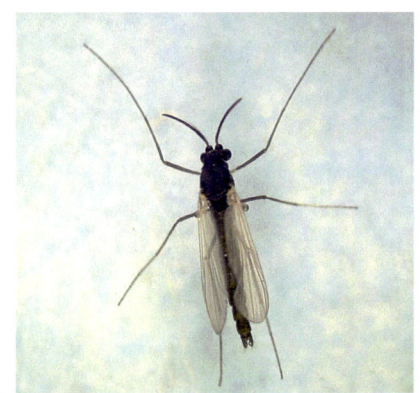
ミダレニセナガレツヤユスリカ
Paracricotopus irregularis

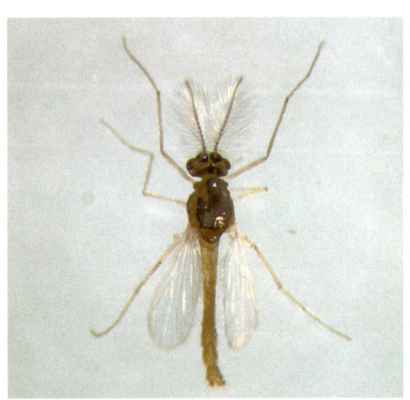
ケボシエリユスリカ
Parakiefferiella bathophila

キイロケバネエリユスリカ
Parametriocnemus stylatus

主な日本産ユスリカ類の形態　　xi

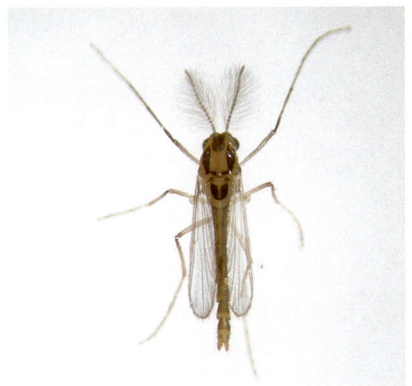

ケナガケバネエリユスリカ属の一種
Paraphaenocladius sp.

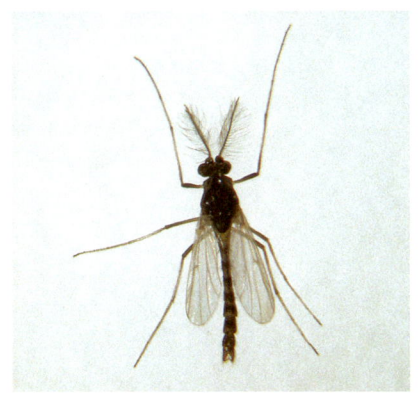

クロツヤエリユスリカ
Paratrichocladius rufiventris

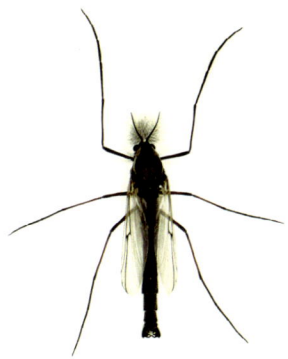

アカムシユスリカ
Propsilocerus akamusi

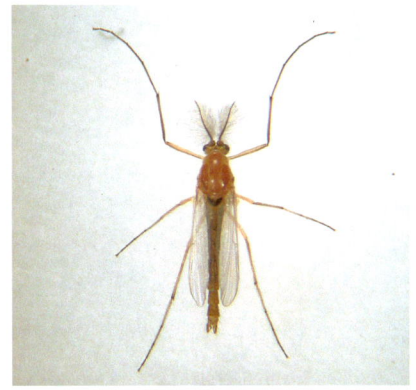

ウスグロヒメエリユスリカ
Psectrocladius aquatronus

ユノコヒメエリユスリカ
Psectrocladius yunoquartus

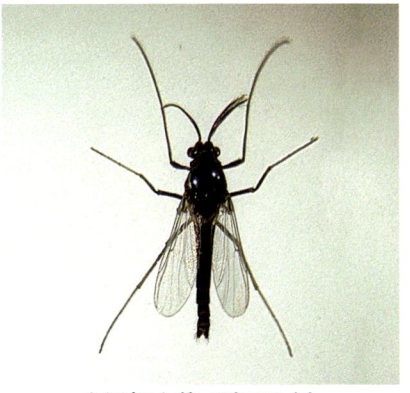

カタジロナガレツヤユスリカ
Rheocricotopus chalybeatus

ミヤマナガレツヤユスリカ
Rheocricotopus kamimonji

ビロウドエリユスリカ
Smittia aterrima

ムナクボエリユスリカ
Synorthocladius semivirens

ヒゲナガヌカユスリカ
Thienemanniella majuscula

セスジヌカユスリカ
Thienemanniella lutea

トクナガエリユスリカ属の一種
Tokunagaia sp.

主な日本産ユスリカ類の形態　xiii

ユスリカ亜科 Chironominae
ユスリカ族 Chironomini

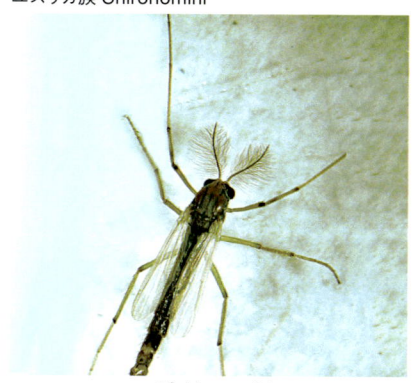

タマニセテンマクエリユスリカ
Tvetenia tamaflava

エビイケユスリカ
Carteronica longilobus

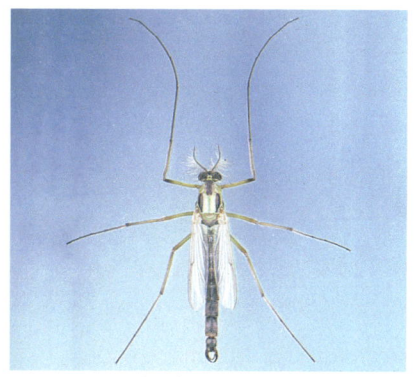

キミドリユスリカ
Chironomus biwaprimus

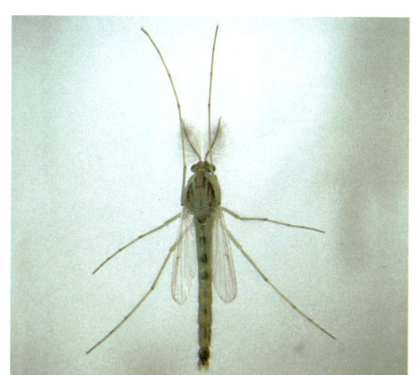

フチグロユスリカ
Chironomus circumdatus

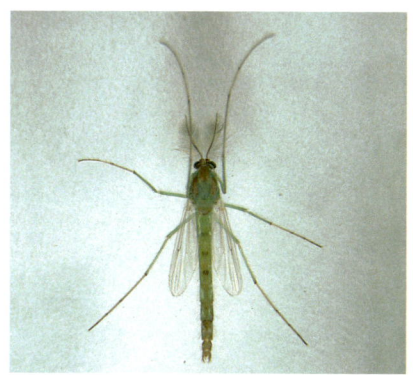

ヒシモンユスリカ
Chironomus flaviplumus

ジャワユスリカ
Chironomus javanus

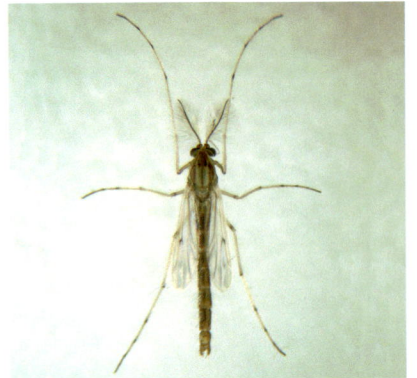
ウスイロユスリカ
Chironomus kiiensis

ヤマトユスリカ（明色系）
Chironomus nipponensis

ヤマトユスリカ（暗色系）
Chironomus nipponensis

ホンセスジユスリカ
Chironomus nippodorsalis

オオユスリカ
Chironomus plumosus

シオユスリカ
Chironomus salinarius

主な日本産ユスリカ類の形態　xv

セスジユスリカ
Chironomus yoshimatusi

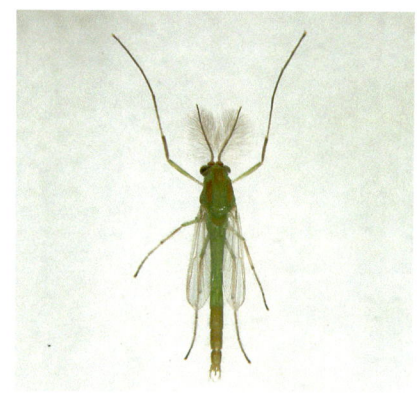

イシガキユスリカ
Cladopelma edwardsi

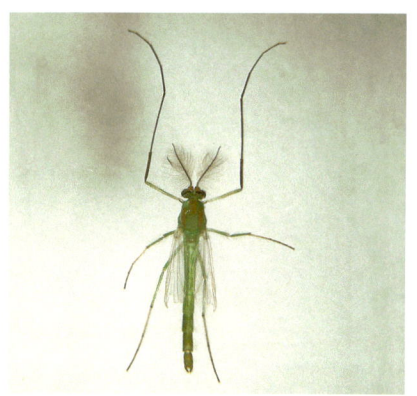

シロスジカマガタユスリカ
Cryptochironomus albofasciatus

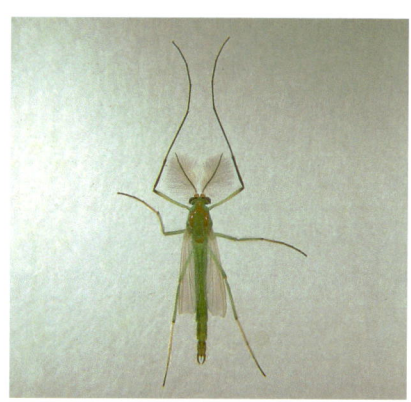

スジカマガタユスリカ
Demicryptochironomus vulneratus

シオダマリユスリカ
Dicrotendipes enteromorphae

イノウエユスリカ
Dicrotendipes inouei

イボホソミユスリカ
Dicrotendipes lobiger

ユミナリホソミユスリカ
Dicrotendipes nigrocephalicus

メスグロユスリカ
Dicrotendipes pelochloris

クロユスリカ
Einfeldia dissidens

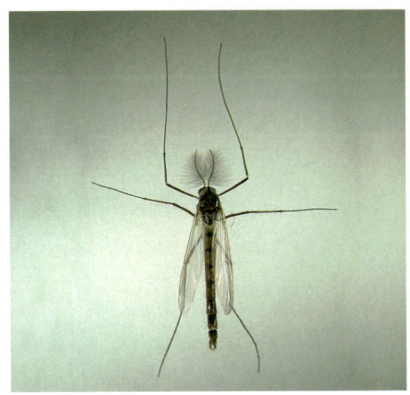

サトクロユスリカ
Einfeldia pagana

ミズクサユスリカ
Endochironomus tendens

主な日本産ユスリカ類の形態　xvii

ハイイロユスリカ
Glyptotendipes tokunagai

ヤマトコブナシユスリカ
Harnischia japonica

セダカコブナシユスリカ
Harnischia ohmuraensis

ヒカゲユスリカ
Kiefferulus umbraticola

オオミドリユスリカ
Lipiniella moderata

ムナグロツヤムネユスリカ
Microtendipes britteni

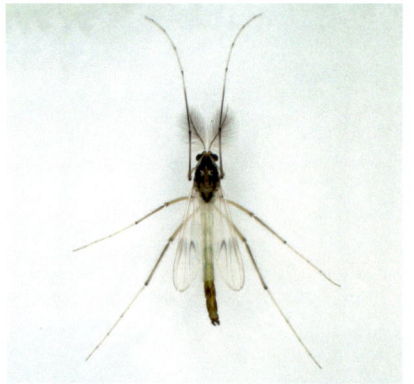

ウスオビツヤムネユスリカ
Microtendipes tamaogouti

ウスイロツヤムネユスリカ
Microtendipes truncatus

ミナミユスリカ
Nilodorum barbatitarsis

フタコブユスリカ
Parachironomus kisobilobalis

ヒメニセコブナシユスリカ
Parachironomus monochromus

ケバコブユスリカ
Paracladopelma camptolabis

主な日本産ユスリカ類の形態　　xix

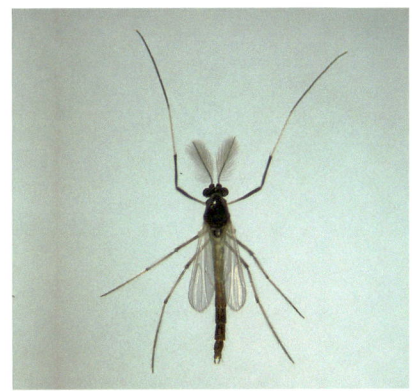

シロアシユスリカ
Paratendipes albimanus

ハケユスリカ
Phaenopsectra flavipes

アサカワハモンユスリカ
Polypedilum asakawaense

フトオハモンユスリカ
Polypedilum aviceps

フトオケバネユスリカ
Polypedilum convexum

キミドリハモンユスリカ
Polypedilum convictum

ウスイロハモンユスリカ
Polypedilum cultellatum

セスジハモンユスリカ
Polypedilum fuscovittatum

ヤマトハモンユスリカ
Polypedilum japonicum

ヤドリハモンユスリカ
Polypedilum kamotertium

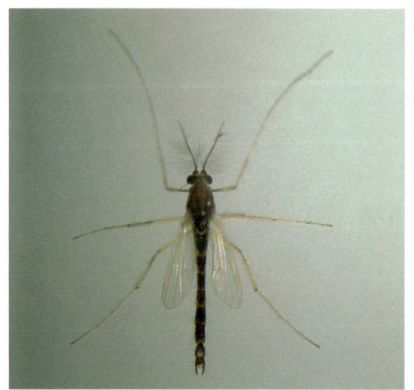

ミヤコムモンユスリカ
Polypedilum kyotoense

ハマダラハモンユスリカ
Polypedilum masudai

主な日本産ユスリカ類の形態　xxi

ウスモンユスリカ
Polypedilum nubeculosum

ヤモンユスリカ
Polypedilum nubifer

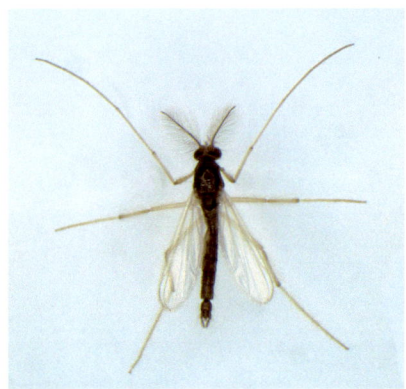

ウスグロハモンユスリカ
Polypedilum pedatum

オオケバネユスリカ
Polypedilum sordens

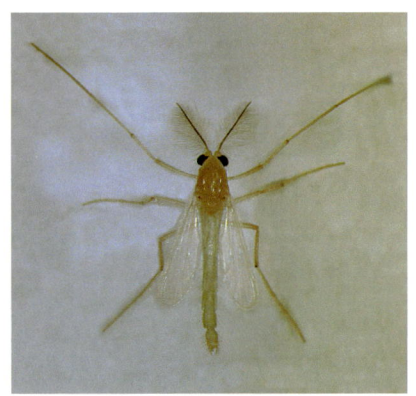

スルガハモンユスリカ
Polypedilum surgense

タカオハモンユスリカ
Polypedilum takaoense

イツホシハモンユスリカ
Polypedilum tamagohanum

ニセソメワケハモンユスリカ
Polypedilum tamaharaki

ニセヒロオビハモンユスリカ
Polypedilum tamahinoense

クロハモンユスリカ
Polypedilum tamanigrum

トラフユスリカ
Polypedilum tigrinum

ホソオケバネユスリカ
Polypedilum tritum

主な日本産ユスリカ類の形態　　xxiii

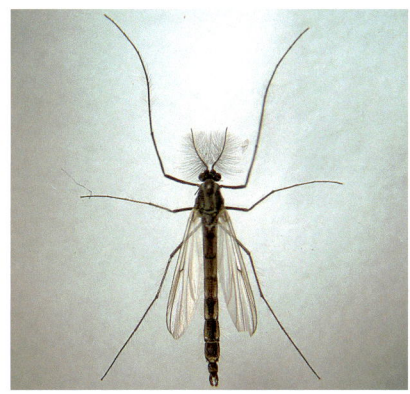

キザキユスリカ
Sergentia kizakiensis

ヒメケバコブユスリカ
Saetheria tylus

ムナグロハムグリユスリカ
Stenochironomus membranifer

アキヅキユスリカ
Stictochironomus akizukii

ヒゲユスリカ族

スカシモンユスリカ
Stictochironomus multannulatus

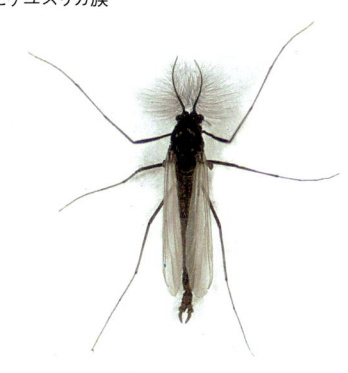

ビワヒゲユスリカ
Biwatendipes motoharui

ムナグロエダゲヒゲユスリカ
Cladotanytarsus vanderwulpi

ナガスネユスリカ属の一種
Micropsectra sp.

チカニセヒゲユスリカ
Paratanytarsus grimmii

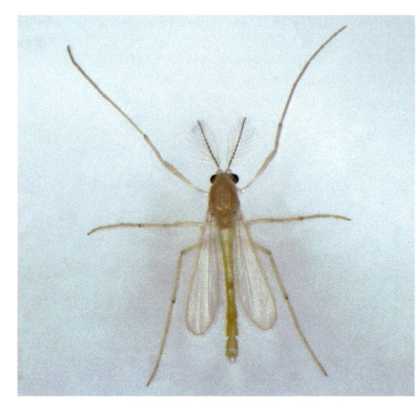

ニセヒゲユスリカ属の一種
Paratanytarsus sp.

オヨギユスリカ属の一種
Pontomyia sp.

キョウトナガレユスリカ
Rheotanytarsus kyotoensis

主な日本産ユスリカ類の形態

カンムリケミゾユスリカ
Stempellinella coronata

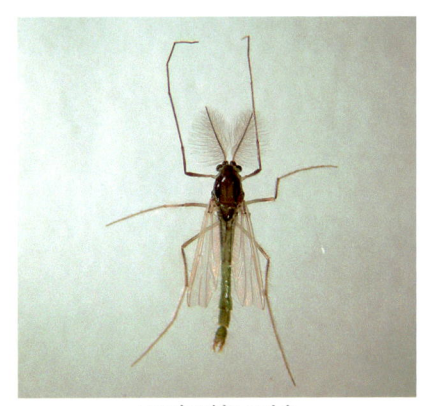

ヒロオヒゲユスリカ
Tanytarsus angulatus

エグリヒゲユスリカ
Tanytarsus excavatus

ヒメナガレヒゲユスリカ
Tanytarsus oscillans

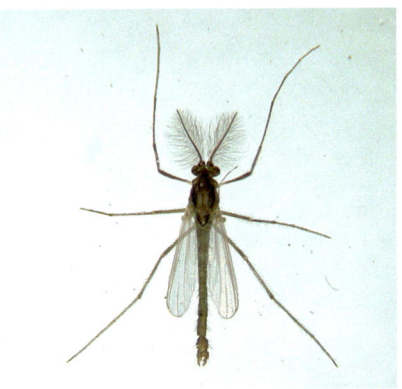

オオヤマヒゲユスリカ
Tanytarsus oyamai

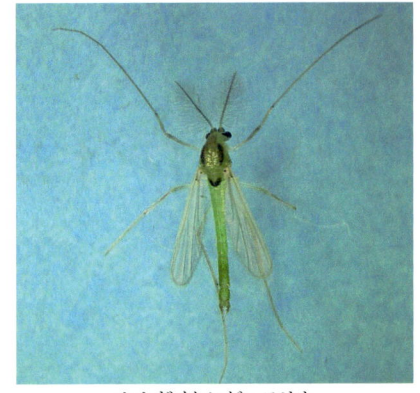

ウナギイケヒゲユスリカ
Tanytarsus unagiseptimus

ユスリカ類の体の各部の名称（幼虫）

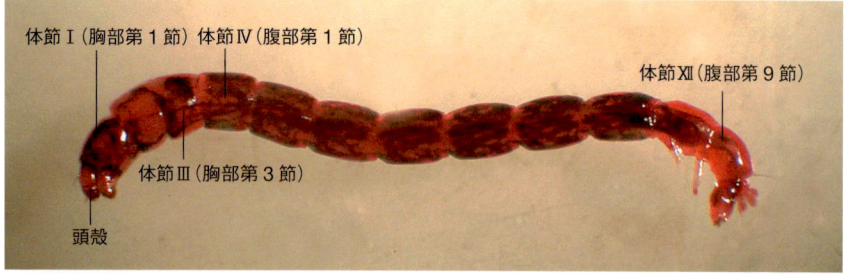

成熟幼虫（セスジユスリカ）

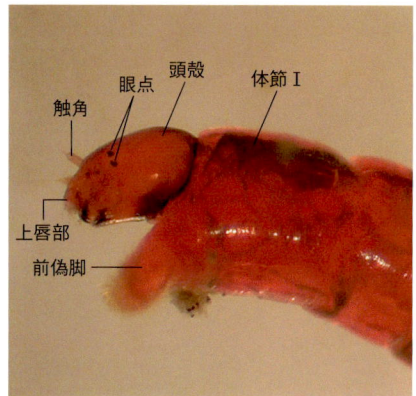

幼虫頭部（セスジユスリカ）

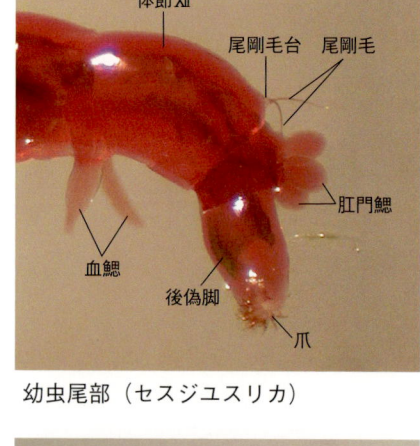

幼虫尾部（セスジユスリカ）

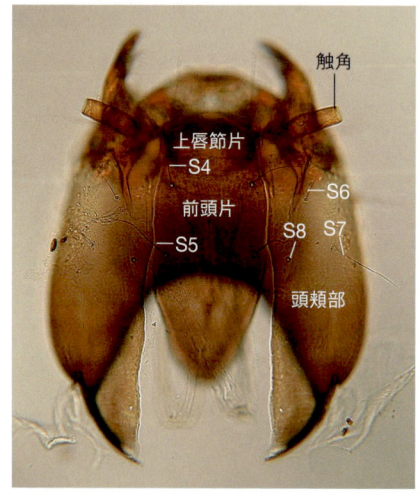

頭殻背面（セスジユスリカ）

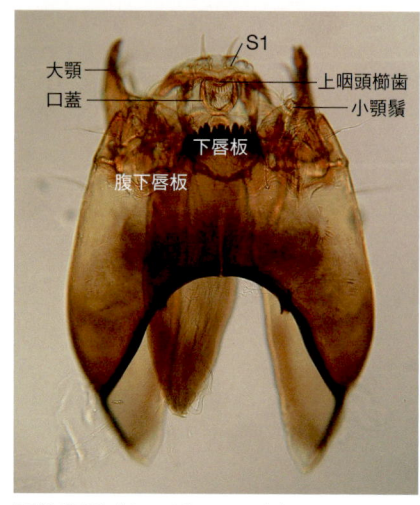

頭殻腹面（セスジユスリカ）

主な日本産ユスリカ類の形態

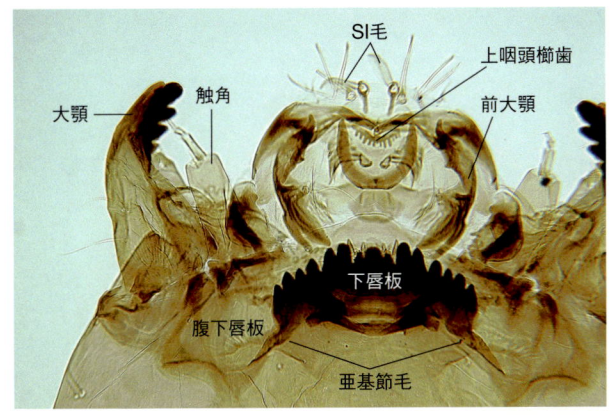

ユスリカ属頭部腹面

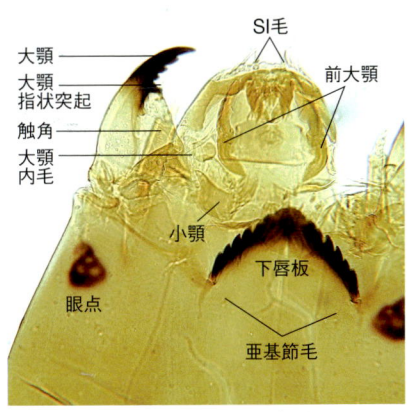

ツヤユスリカ属頭部腹面

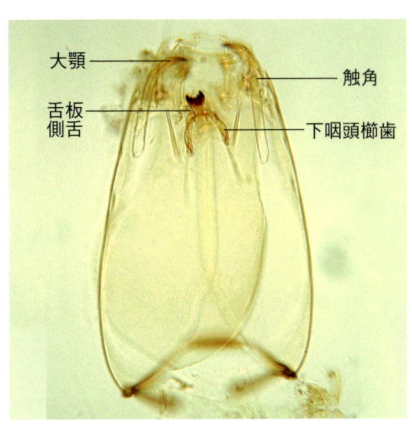

モンユスリカ類の頭部腹面

主な日本産ユスリカ類の形態（幼虫）

亜科への検索表→ p.32

ケブカユスリカ亜科 Podonominae

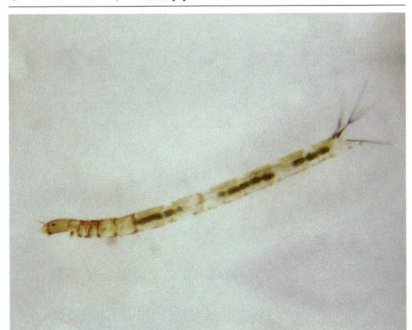

ニセキタケブカユスリカ属
Paraboreochlus

ヤマユスリカ亜科 Diamesinae

オオユキユスリカ属
Pagastia（液浸）

モンユスリカ亜科 **Tanypodinae**

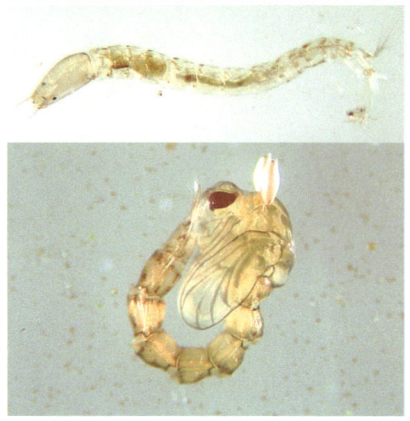

ダンダラヒメユスリカ *Ablabesmyia monilis*
（上：幼虫，下：蛹）

セボシヒメユスリカ *Conchapelopia quatuormaculata*（左：幼虫，右：蛹）

ウスギヌヒメユスリカ属
Rheopelopia（液浸）

コシアキヒメユスリカ属
Paramerina（液浸）

エリユスリカ亜科 **Orthocladiinae**

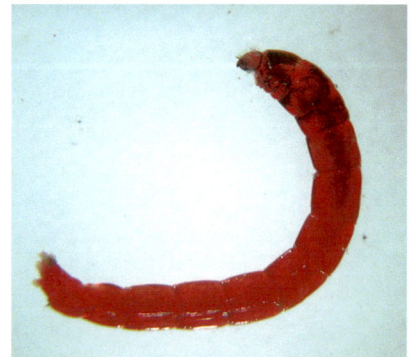

アカムシユスリカ
Propsilocerus akamusi

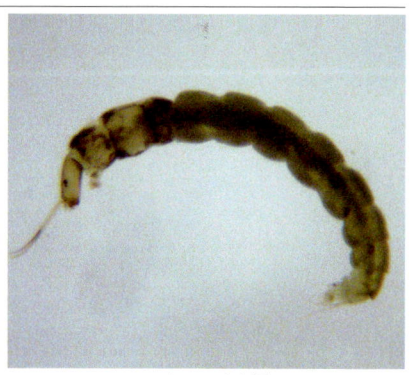

コナユスリカ属
Corynoneura（液浸）

主な日本産ユスリカ類の形態　xxix

キソガワフユユスリカ *Hydrobaenus kondoi*
（上：幼虫，下：蛹）

フタスジツヤユスリカ
Cricotopus bicincutus

コムナトゲユスリカ *Limnophyes minimus*
（上：幼虫，下：蛹）

オカヤマユスリカ *Okayamayusurika kojimaspinosa*（上：幼虫，下：蛹）

ユスリカ亜科 Chironominae

セスジユスリカ（幼虫）
Chironomus yoshimatusi

セスジユスリカ（蛹）
Chironomus yoshimatusi

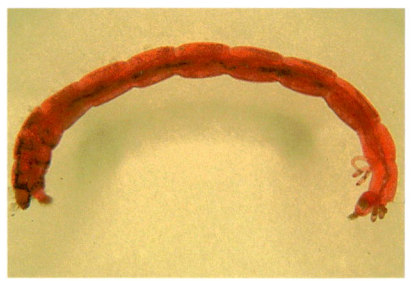

オオユスリカ *Chironomus plumosus*

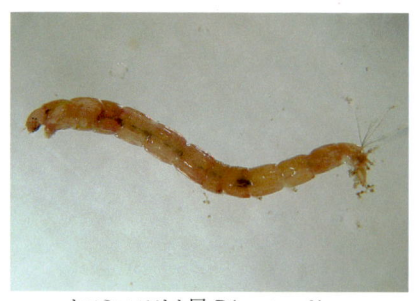

ホソミユスリカ属 *Dicrotendipes*

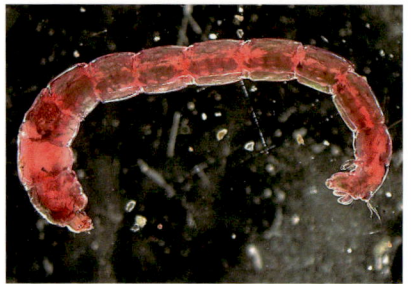

オオミドリユスリカ *Lipiniella moderata*

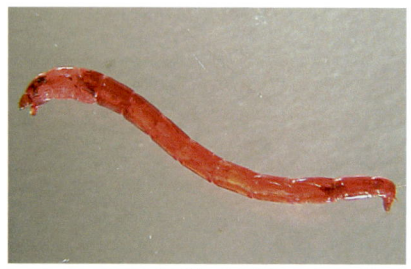

アキヅキユスリカ
Stictochironomus akizukii

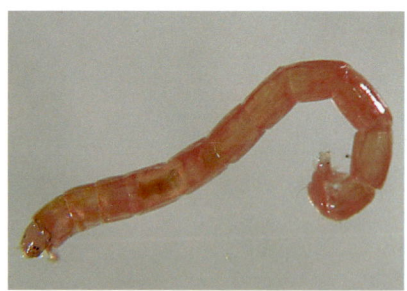

ハモンユスリカ属 *Polypedilum*

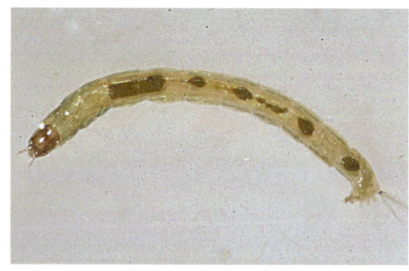

チカニセヒゲユスリカ
Paratanytarsus grimmii

幼虫の下唇板

環境調査などで比較的よく得られる幼虫の下唇板の写真を掲載する。詳細については「2-3. 属・主要種への検索」を参照。

ケブカユスリカ亜科 Podonominae

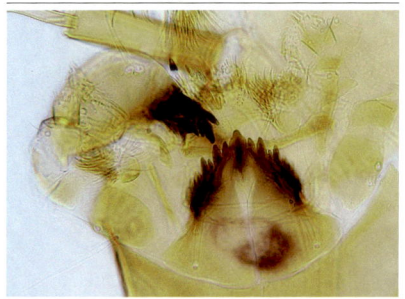

ニセキタケブカユスリカ属 *Paraboreochlus*

モンユスリカ亜科 Tanypodinae

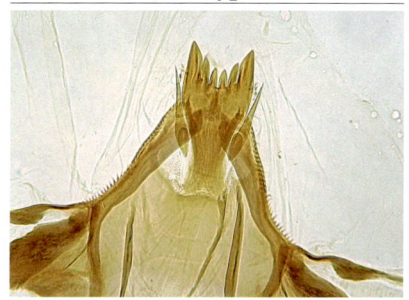

ヒラアシユスリカ属 1 *Clinotanypus* 1

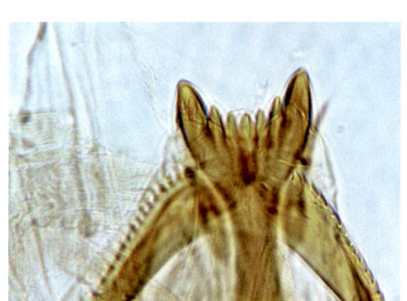

ヒラアシユスリカ属 2 *Clinotanypus* 2

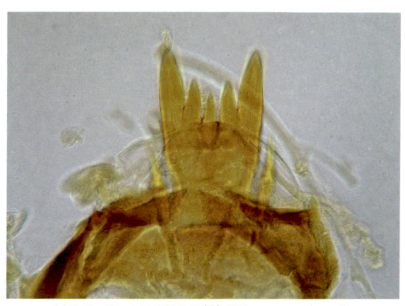

ボカシヌマユスリカ属 *Macropelopia*

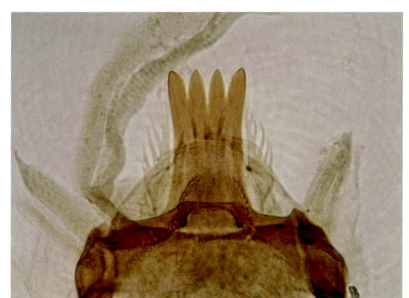

クロバヌマユスリカ属 *Psectrotanypus*

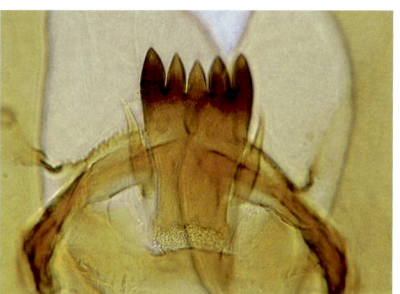

モンヌマユスリカ属 *Natarsia*

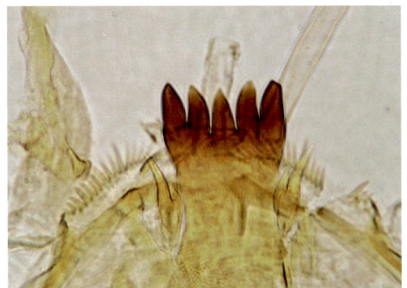
ダンダラヒメユスリカ属 *Ablabesmyia*

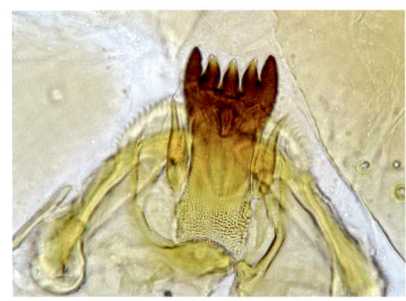
ヒメユスリカ属 *Conchapelopia*

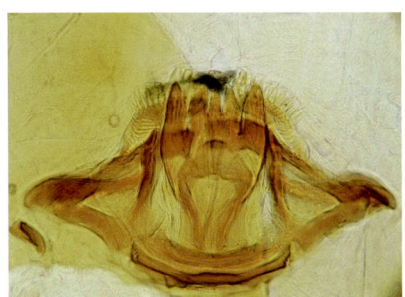
ナカヅメヌマユスリカ属 *Fittkauimyia*

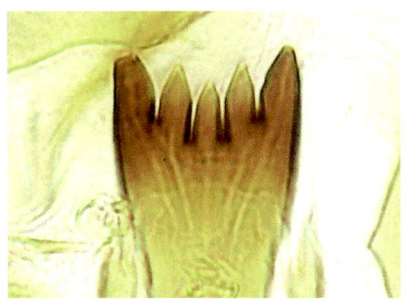
コシロヒメユスリカ属 *Larsia*

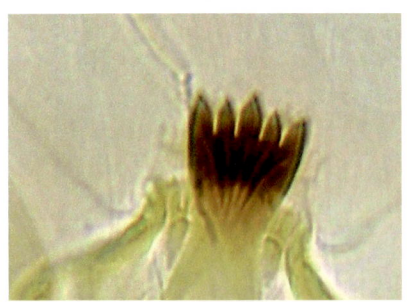
コヒメユスリカ属 *Nilotanypus*

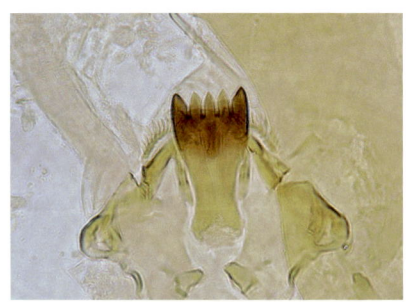
コシアキヒメユスリカ属 *Paramerina*

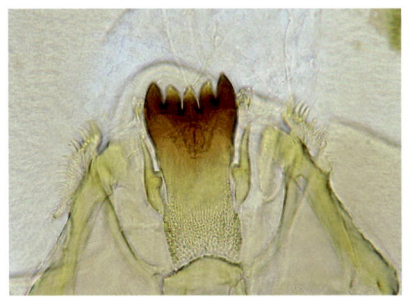
ウスギヌヒメユスリカ属 *Rheopelopia*

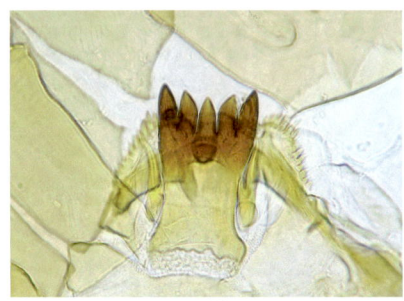
ハヤセヒメユスリカ属 *Trissopelopia*

幼虫の下唇板　xxxiii

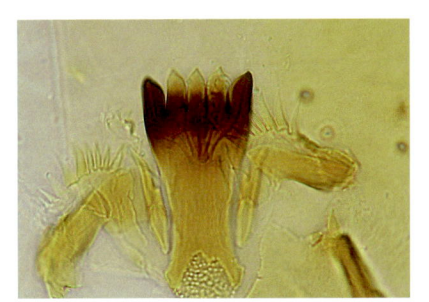

ヤマヒメユスリカ属 *Zavrelimyia*

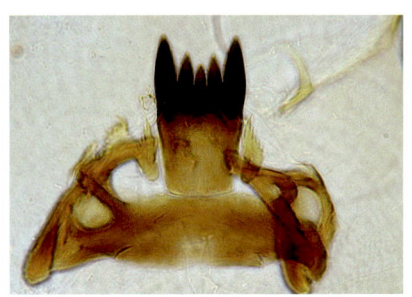

カユスリカ属 *Procladius*

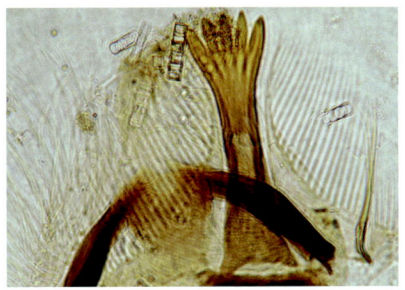

カスリモンユスリカ属1 *Tanypus* 1

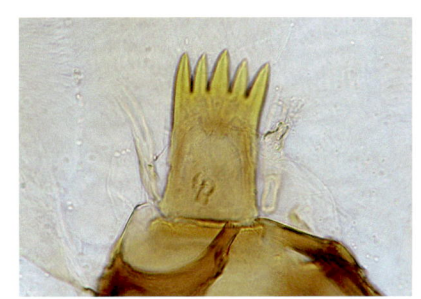

カスリモンユスリカ属2 *Tanypus* 2

ヤマユスリカ亜科 Diamesinae

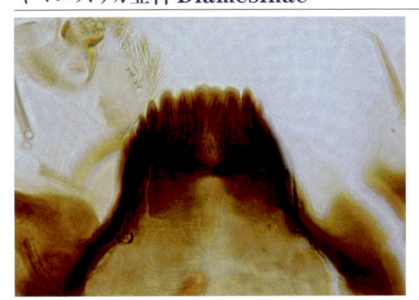

タニユスリカ属 *Boreoheptagyia*

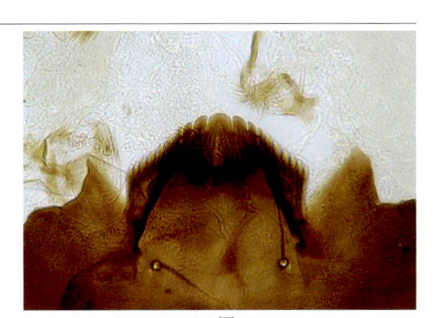

ヤマユスリカ属 *Diamesa*

オオユキユスリカ属 *Pagastia*

サワユスリカ属 *Potthastia*

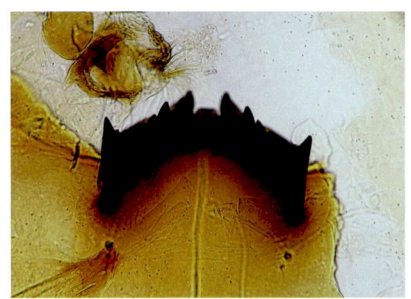

ケユキユスリカ属 *Pseudodiamesa* 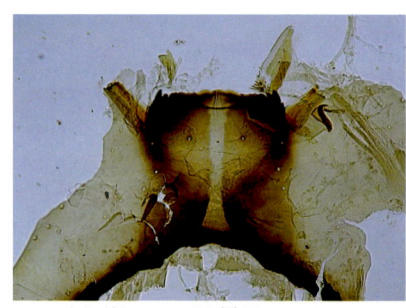　　　　オナガヤマユスリカ属 *Protanypus*

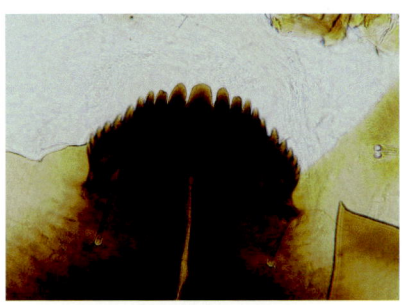

ユキユスリカ属 *Syndiamesa*

オオヤマユスリカ亜科 **Prodiamesinae**

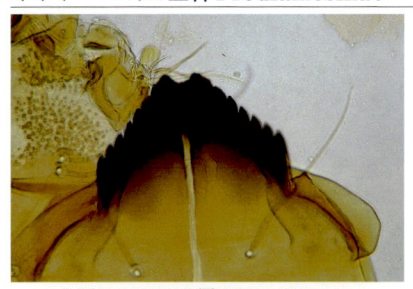

トゲヤマユスリカ属 *Monodiamesa* 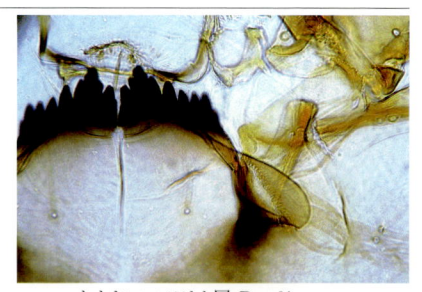　　　　オオヤマユスリカ属 *Prodiamesa*

エリユスリカ亜科 **Orthocladiinae**

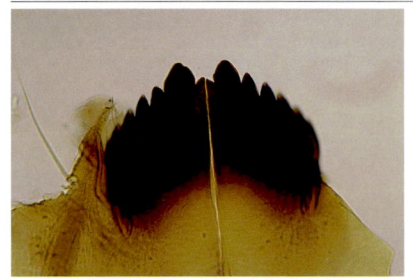

ケブカエリユスリカ属 *Brillia* 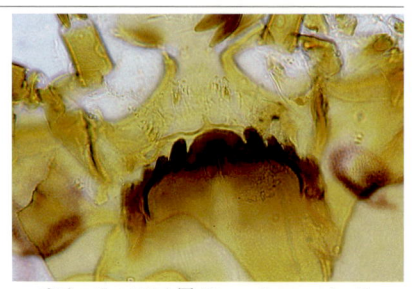　　　　マドオエリユスリカ属 *Bryophaenocladius*

幼虫の下唇板　xxxv

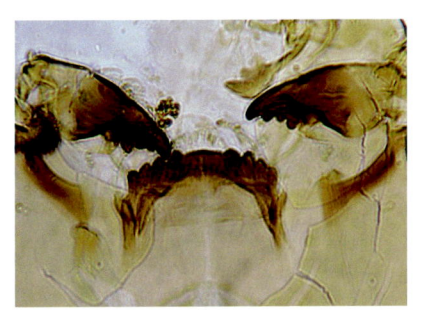

センチユスリカ属 *Camptocladius*

ハダカユスリカ属 *Cardiocladius*

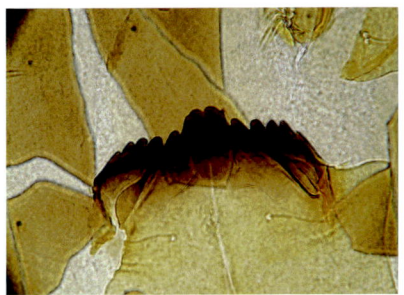

トゲアシエリユスリカ属1 *Chaetocladius* 1

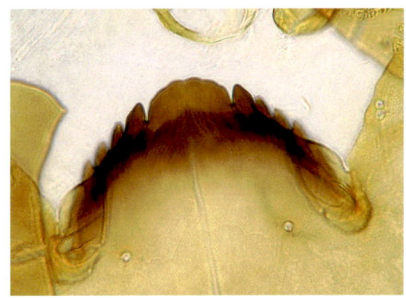

トゲアシエリユスリカ属2 *Chaetocladius* 2

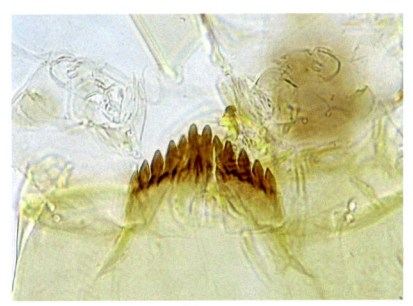

コナユスリカ属 *Corynoneura*

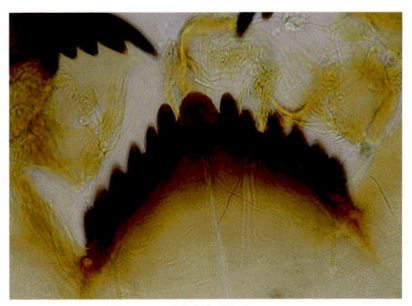

ツヤユスリカ属 *Cricotopus*

フタエユスリカ属 *Diplocladius*

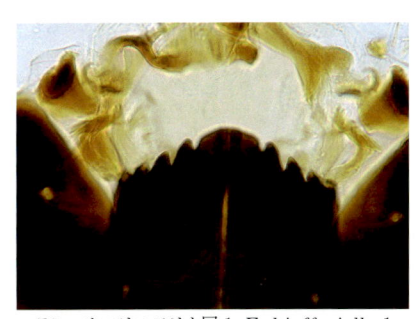

テンマクエリユスリカ属1 *Eukiefferiella* 1

テンマクエリユスリカ属 2 *Eukiefferiella* 2    トビケラヤドリユスリカ属 *Eurycnemus*

ヒロトゲケブカエリユスリカ属 *Euryhapsis* 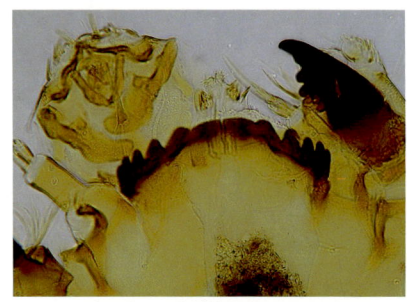   シッチエリユスリカ属 *Georthocladius*

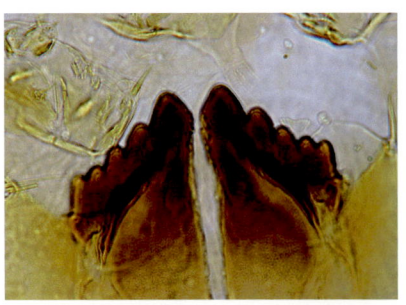

ケナガエリユスリカ属 *Gymnometriocnemus* 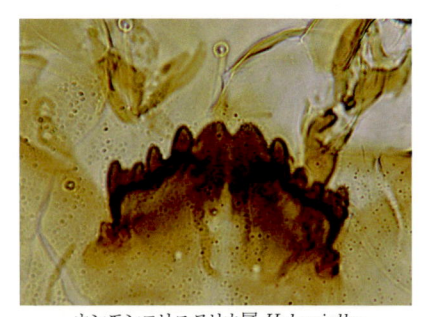   ウンモンエリユスリカ属 *Heleniella*

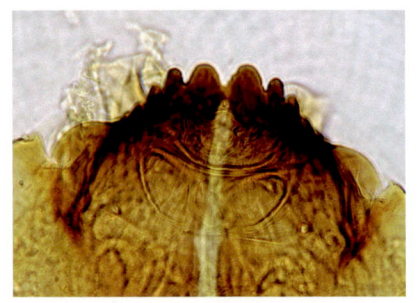

キリカキケバネエリユスリカ属 *Heterotrissocladius* 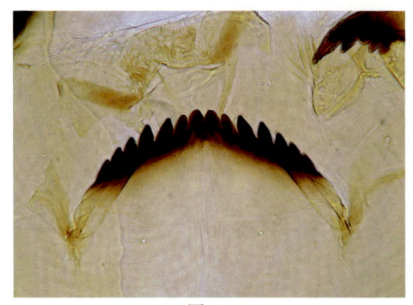   フユユスリカ属 *Hydrobaenus*

幼虫の下唇板　xxxvii

シミズビロウドエリユスリカ属 *Kreosmittia*

ムナトゲユスリカ属 *Limnophyes*

ケバネエリユスリカ属 *Metriocnemus*

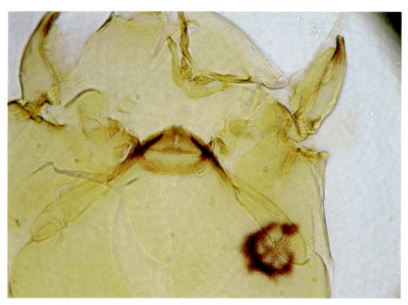

コガタエリユスリカ属 *Nanocladius*

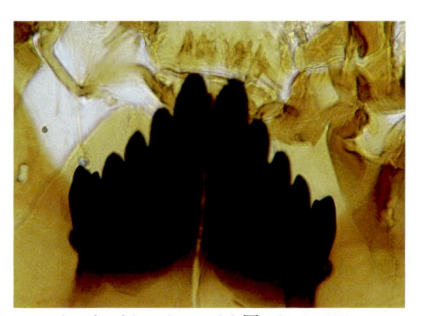

ホソケブカエリユスリカ属 *Neobrillia*

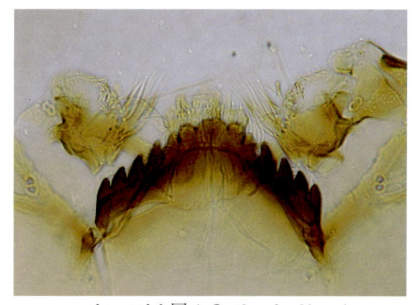

エリユスリカ属 1 *Orthocladius* 1

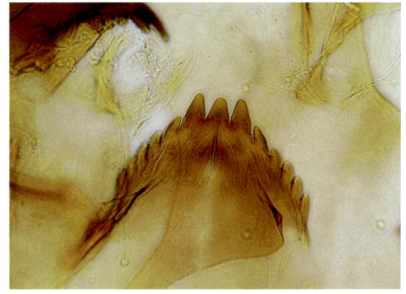

エリユスリカ属 2 *Orthocladius* 2

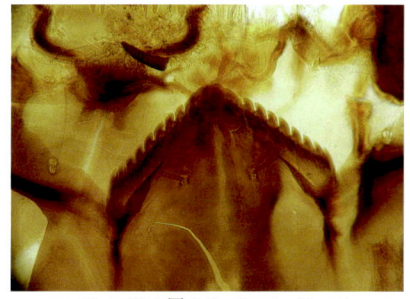

エリユスリカ属 3 *Orthocladius* 3

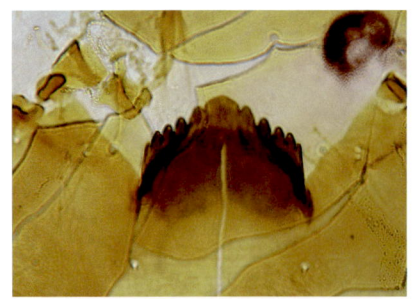

ニセナガレツヤユスリカ属 *Paracricotopus*	ケボシエリユスリカ属 *Parakiefferiella*
ニセケバネエリユスリカ属 *Parametriocnemus*	クロツヤエリユスリカ属 *Paratrichocladius*
アカムシユスリカ属 *Propsilocerus*	ヒメエリユスリカ属1 *Psectrocladius* 1
ヒメエリユスリカ属2 *Psectrocladius* 2	ニセエリユスリカ属 *Pseudorthocladius*

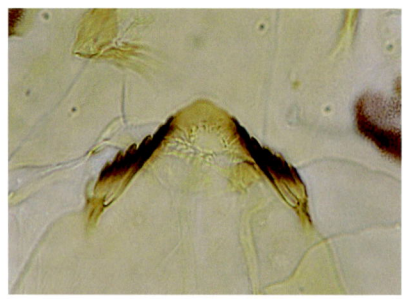

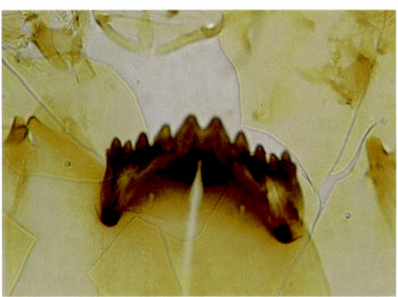

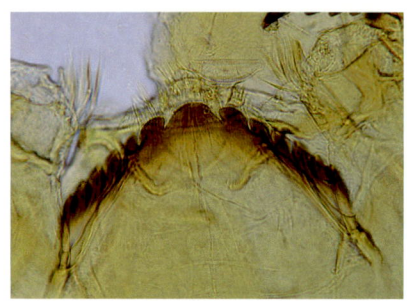

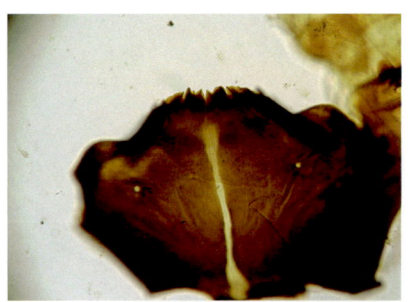

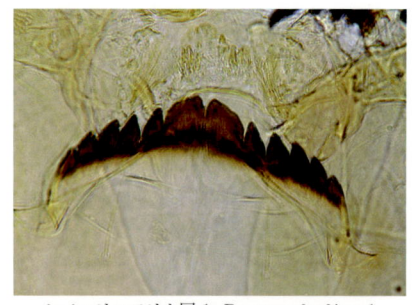

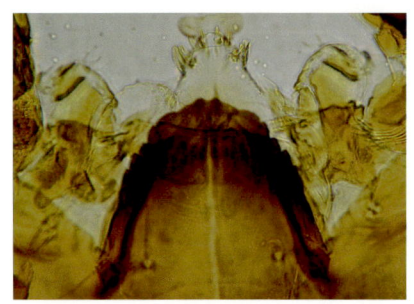

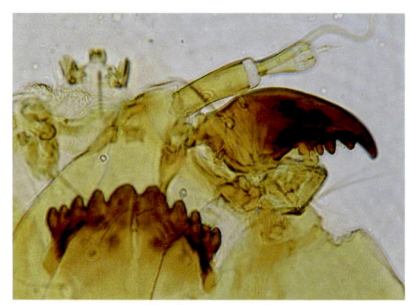

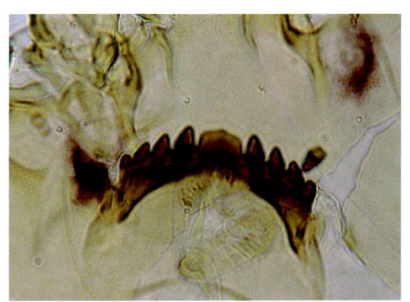

幼虫の下唇板　xxxix

ニセビロウドエリユスリカ属 *Pseudosmittia*

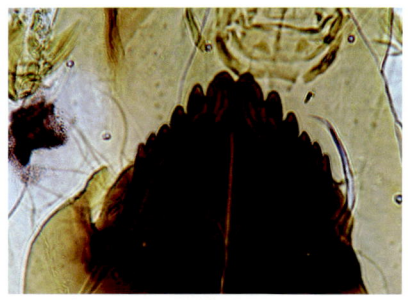

ナガレツヤユスリカ属 *Rheocricotopus*

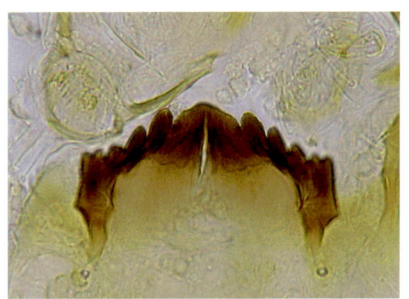

ビロウドエリユスリカ属 *Smittia*

ムナクボエリユスリカ属 *Synorthocladius*

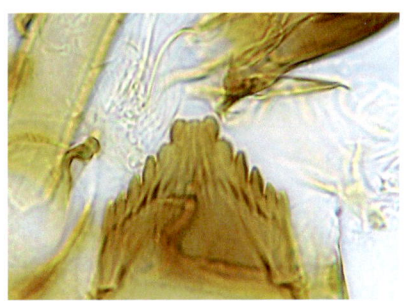

ヌカユスリカ属1 *Thienemanniella* 1

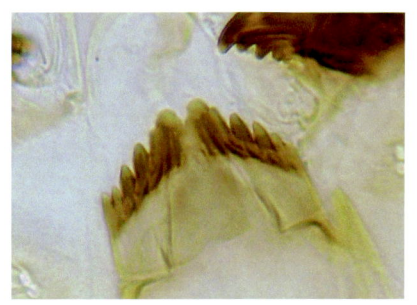

ヌカユスリカ属2 *Thienemanniella* 2

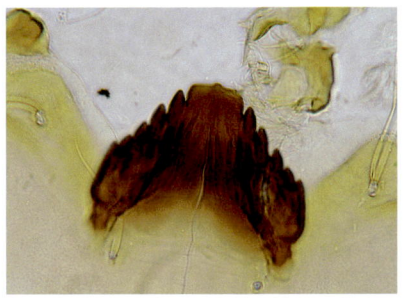

ニセテンマクエリユスリカ属1 *Tvetenia* 1

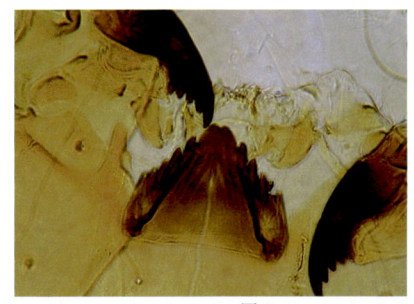

ニセテンマクエリユスリカ属2 *Tvetenia* 2

ユスリカ亜科 Chironominae

ユスリカ属 *Chironomus*

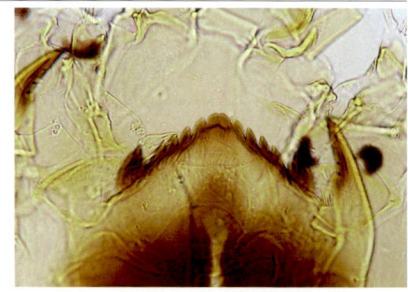

ナガコブナシユスリカ属 *Cladopelma*

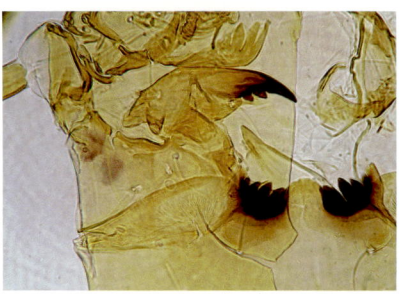

カマガタユスリカ属 *Cryptochironomus*

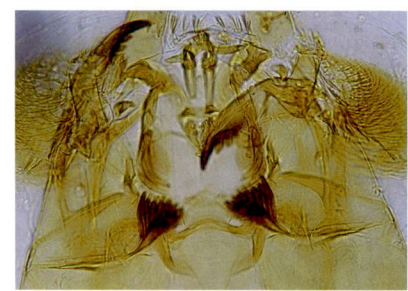

スジカマガタユスリカ *Demicryptochironomus*

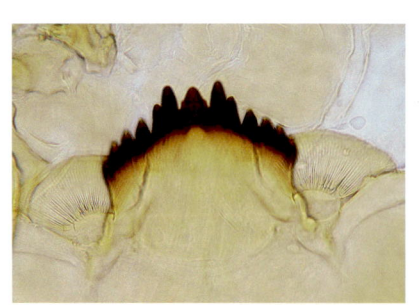

ホソミユスリカ属1 *Dicrotendipes* 1

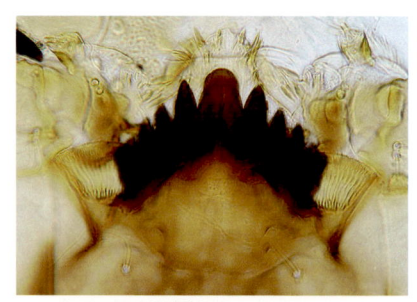

ホソミユスリカ属2 *Dicrotendipes* 2

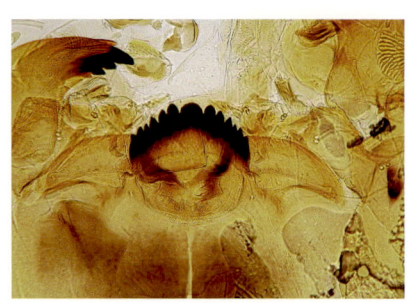

クロユスリカ属 *Einfeldia*

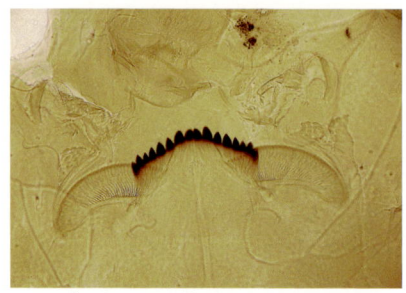

ミズクサユスリカ属 *Endochironomus*

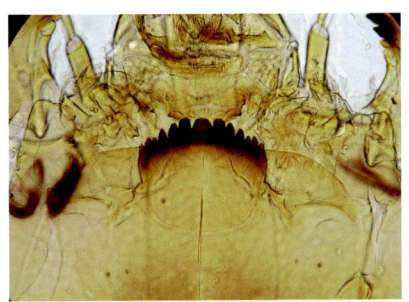

幼虫の下唇板　xli

セボリユスリカ属 *Glyptotendipes*

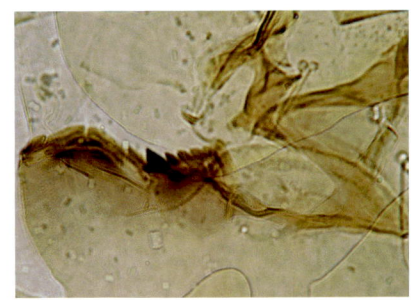

コブナシユスリカ属 *Harnischia*

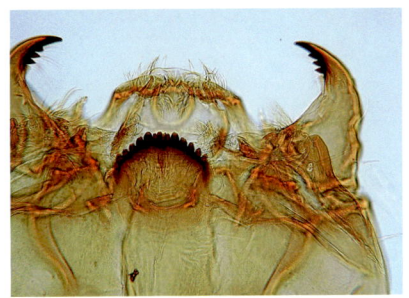

オオミドリユスリカ属 *Lipiniella*

コガタユスリカ属 *Microchironomus*

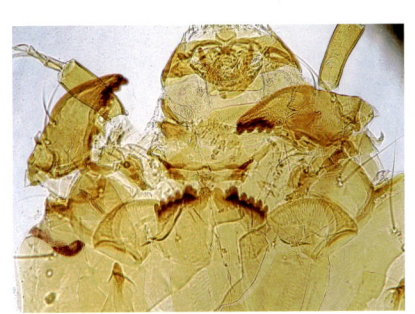

ツヤムネユスリカ属 *Microtendipes*

ミナミユスリカ属 *Nilodorum*

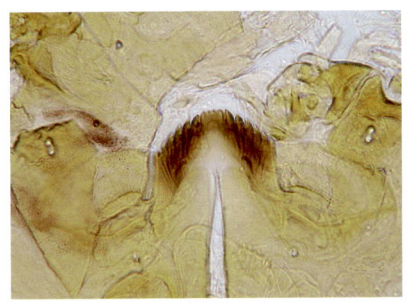

アヤユスリカ属 *Nilothauma*

ニセコブナシユスリカ属 *Parachironomus*

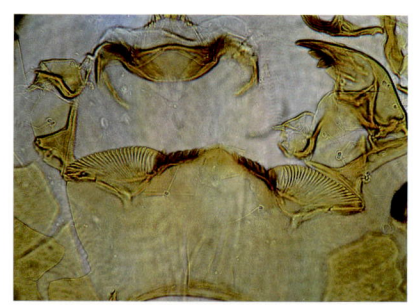

ケバコブユスリカ属 *Paracladopelma*

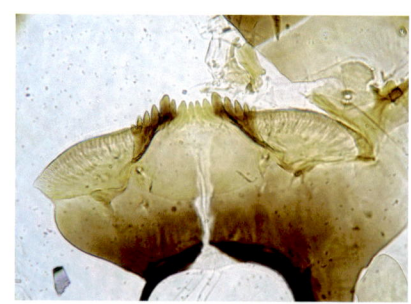

カワリユスリカ属 *Paratendipes*

ハケユスリカ属 *Phaenopsectra*

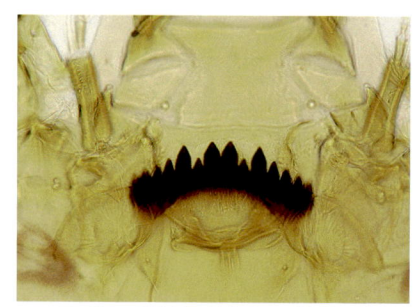

ハモンユスリカ属 1 *Polypedilum* 1

ハモンユスリカ属 2 *Polypedilum* 2

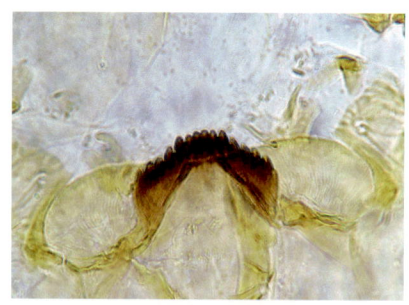

ハモンユスリカ属 3 *Polypedilum* 3

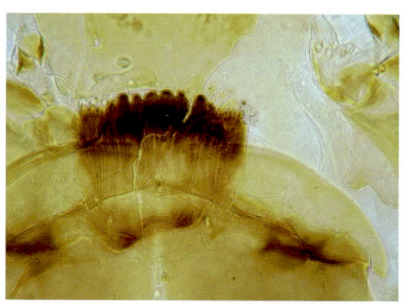

ハモンユスリカ属 4 *Polypedilum* 4

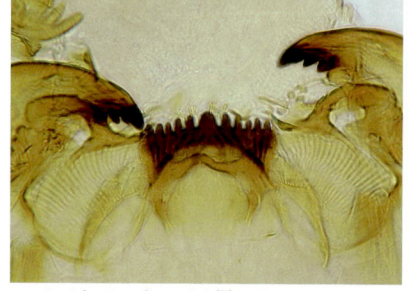

ヒメケバコブユスリカ属 1 *Saetheria* 1

幼虫の下唇板　*xliii*

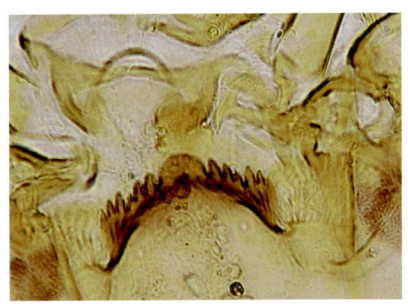

ヒメケバコブユスリカ属 2 *Saetheria* 2

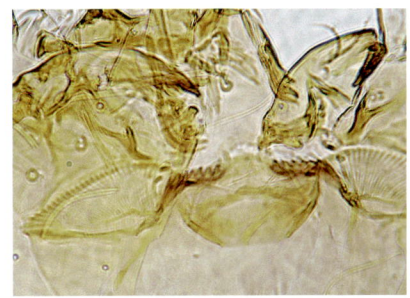

ヒメケバコブユスリカ属 3 *Saetheria* 3

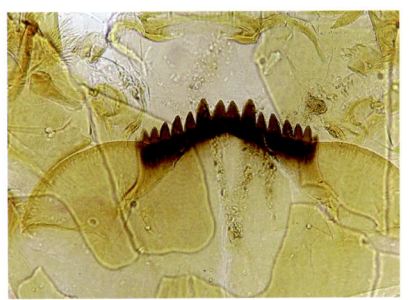

キザキユスリカ属 *Sergentia*

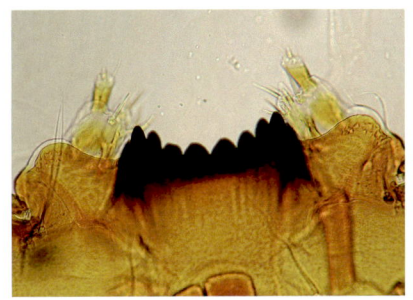

ハムグリユスリカ属 *Stenochironomus*

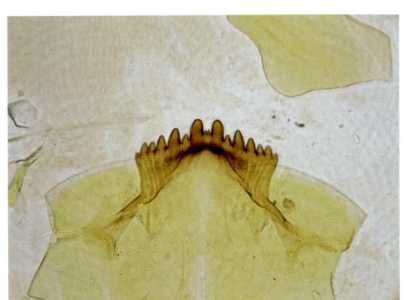

アシマダラユスリカ属 1 *Stictochironomus* 1

アシマダラユスリカ属 2 *Stictochironomus* 2

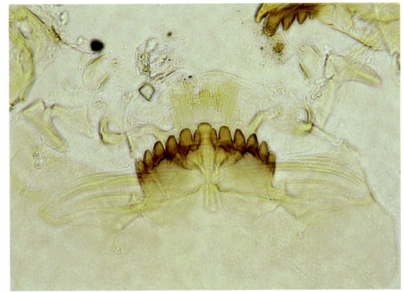

エダゲヒゲユスリカ属 *Cladotanytarsus*

ナガスネユスリカ属 *Micropsectra*

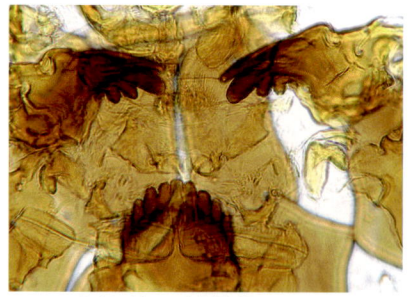

フトオヒゲユスリカ属 *Neozavrelia*

ニセヒゲユスリカ属 *Paratanytarsus*

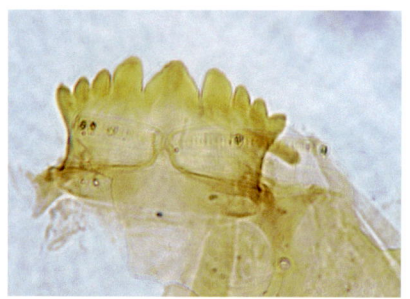

オヨギユスリカ属 *Pontomyia*

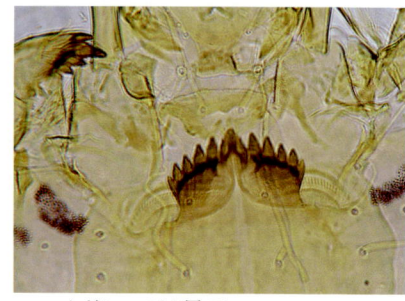

ナガレユスリカ属 *Rheotanytarsus*

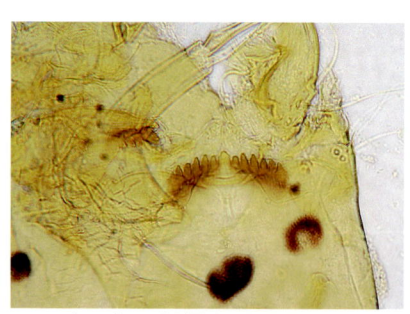

ケミゾユスリカ属 *Stempellinella*

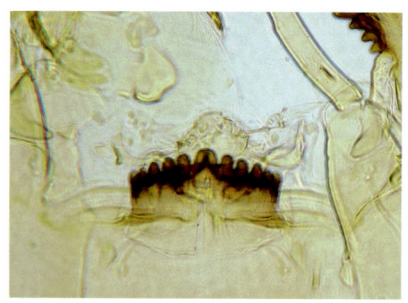

ヒゲユスリカ属 *Tanytarsus*

ユスリカ類の生息環境

■流水域

河川源流域（熊野川）

河川沿岸の窪みの水溜り（古座川・滝の拝）

河川中流域（熊野川）

河川中流域（矢作川）

中小河川

水路

■止水域

湖沼（琵琶湖）

湖沼（河口湖）

湖沼（霞ヶ浦）  ため池

水田  休耕田を利用したビオトープ

■河口・海岸・温泉

マングローブ（西表島浦内川河口）  干潟（西表島星砂の浜）

岩礁海岸（奄美大島）  ロックプール（西表島）

主な日本産ユスリカ類の形態　xlvii

温泉（川湯温泉）

温泉（雲仙温泉）

■湿地・浄水場・河川敷・畑地など

池塘（尾瀬湿原）

濾過池（長野県上田市・染屋浄水場）

河川敷（陸生種）

ホウレンソウ畑（陸生種）

手水鉢

雨水のたまった人工容器

草の葉にとまるユスリカ成虫

オオユスリカ
Chironomus plumosus

ヒシモンユスリカ
Chironomus flaviplumus

ヤモンユスリカ
Polypedilum nubifer

ミナミソメワケハモンユスリカ
Polypedilum okiharaki

ツクバハモンユスリカ
Polypedilum tsukubaense

ハムグリユスリカ属の一種
Stenochironomus sp.

図説
日本のユスリカ

日本ユスリカ研究会 編

文一総合出版

はじめに

　ユスリカ学の先駆者故徳永雅明博士が"ユスリカは人生に深く関わっている昆虫である"と著書『日本動物分類　揺蚊科1』に書いているように，1年を通じて，われわれの生活の中で見かけない時はない。種によっては，屋内外のさまざまな水環境からしばしば大量発生して，虫体混入による苦情をはじめとして時に経済的被害に及び，またそれらの乾燥遺体が吸入アレルゲンとして喘息の原因となることが報告されている。反面，湖沼学では以前から湖沼の分類のための指標生物として有用であったばかりか，故佐々 学博士は国立環境研究所所長時代に"ヘドロを食う虫"としてユスリカによる水環境浄化を提唱した。さらにユスリカは，湖の人為的富栄養化，大河の堰築造，海面干拓など水環境の人為的改変に対し鋭敏に反応し，特定の種が大発生して私達人間に警鐘を鳴らしてくれる昆虫でもある。最近では，温度や乾燥に対するユスリカの驚異的な耐性が科学的に解明されつつあり，昆虫科学に多大な貢献をもたらしている。日本産ユスリカは2,000種ともいわれ，調査・研究材料として潜在的に多くの有用な資質を有するものと考えられ，陸水学，農学，医学などさまざまな分野での研究の進展が期待されている。

　しかしながら，ユスリカの分類に関する専門書では，属までの検索しかできないのが現状である。ユスリカ亜科やエリユスリカ亜科には，何十もの種を含む大きな属が多くあり，属レベルの同定では目的とする種の生態や生理学的特性などを知ることができない。このため，わが国における一般的な調査で採集されるユスリカ成虫，幼虫の同定のための手引書として本書が企画された。

　本書では，ユスリカの同定のために，口絵におよそ130種の雄全形画像，100属の幼虫の下唇板のカラープレートの掲載をはじめとして，標本作成法，飼育法ならびにおもな生息環境における種類相などについて概説し，成虫およそ330種について解説と採集記録を加え，

主要な属については種への検索表をつけて種の同定ができるように配慮した。

　最後に，本書の出版にあたって，ご理解ご協力をいただいた文一総合出版編集部菊地千尋氏に，また多くの画像を提供していただき本書をより魅力的にして下さった皆様に厚く御礼申し上げる。本書によって，日本のユスリカ学がますます発展することを切望する次第である。

　　　生命(いのち)あるもののかなしさ早春の光のなかに揺り蚊(ユスリカ)の舞ふ
　　　　皇后陛下御歌（平成21年歌会始　お題「生」）
　　　　　御所のお庭で，早春の日差しを受け，蚊柱をなして舞っているユスリカの群れをご覧になり，命あるものの愛おしさ，かなしさをお詠みになった。ユスリカは，水中で育ち，さなぎから羽化し産卵すると，一，二日でその生命を終え，その間は一切餌をとることもない。

　　　　　　　　　　　　　　2010年9月
　　　　　　　　　　　　　　　日本ユスリカ研究会 図説編集委員会

図説　日本のユスリカ

目　次

はじめに……………………………………………………………… *3*
写真提供者…………………………………………………………… *9*

1. ユスリカ科の昆虫　小林 貞

1-1. ユスリカ科の特徴……………………………………………… *11*
1-2. 標本の作り方…………………………………………………… *20*

2. 主要種への検索

2-1. 科への検索　小林 貞…………………………………………… *26*
2-2. ユスリカ科の亜科への検索　小林 貞………………………… *29*
2-3. 属・主要種への検索

　Ⅰ. イソユスリカ亜科　小林 貞………………………………… *34*
　　　イソユスリカ属　34　　ハマベユスリカ属　34

　Ⅱ. ケブカユスリカ亜科　小林 貞……………………………… *37*
　　　キタケブカユスリカ属…38　ニセキタケブカユスリカ属…38

　Ⅲ. モンユスリカ亜科　小林 貞………………………………… *40*
　　　ヒラアシユスリカ属…53　ミズゴケヌマユスリカ属…54
　　　ミジカヌマユスリカ属…54　キタモンユスリカ属…54
　　　ナカヅメヌマユスリカ属…56　ボカシヌマユスリカ属…56
　　　クロバヌマユスリカ属…56　モンヌマユスリカ属…58
　　　ダンダラヒメユスリカ属…58　ヒメユスリカ属…60
　　　フトオウスギヌヒメユスリカ属…62　シロヒメユスリカ属…62
　　　コジロユスリカ属…62　コヒメユスリカ属…64

コシアキヒメユスリカ属…64　ウスギヌヒメユスリカ属…64
　　　セマダラヒメユスリカ属…66　ハヤセヒメユスリカ属…66
　　　ヤマヒメユスリカ属…68　カユスリカ属…68
　　　テドリカユスリカ属　70　カスリモンユスリカ属…70

IV. ヤマユスリカ亜科　小林 貞 …………………………………… 72
　　　タニユスリカ属…74　ヤマユスリカ属…77
　　　リネビチアヤマユスリカ属…80　オオユキユスリカ属…80
　　　サワユスリカ属…82　オナガヤマユスリカ属…84
　　　ケユキユスリカ属…85　ササユスリカ属…86
　　　フサユキユスリカ属…87　ユキユスリカ属…88

V. オオヤマユスリカ亜科　小林 貞 …………………………………… 91
　　　ケバネオオヤマユスリカ属…91　トゲヤマユスリカ属…92
　　　オオヤマユスリカ属…92　エゾオオヤマユスリカ属…92

VI. エリユスリカ亜科　山本 優 …………………………………… 96
　　　ケブカエリユスリカ属…96　マドオエリユスリカ属…97
　　　ハダカユスリカ属…98　ミヤマユスリカ属…98
　　　ウミユスリカ属…100　クシバエユスリカ属…101
　　　コナユスリカ属…103　ツヤユスリカ属…104
　　　フタエユスリカ属…109　テンマクエリユスリカ属…110
　　　トビケラヤドリユスリカ属…110
　　　ヒロトゲケブカユスリカ属…111　シッチエリユスリカ属…112
　　　ウンモンエリユスリカ属…112　フユユスリカ属…114
　　　ムナトゲユスリカ属…116　ケバネエリユスリカ属…117
　　　コガタエリユスリカ属…118　ホソケブカエリユスリカ属…119
　　　エリユスリカ属…120　ニセナガレツヤユスリカ属…122
　　　ケボシエリユスリカ属…124　ニセケバネエリユスリカ属…125
　　　ケナガケバネエリユスリカ属…126
　　　クロツヤエリユスリカ属…126　アカムシユスリカ属…127
　　　ヒメエリユスリカ属…128　ニセエリユスリカ属…130
　　　ニセビロウドエリユスリカ属…132
　　　ナガレツヤユスリカ属…133
　　　シリキレエリユスリカ属…135　ビロウドエリユスリカ属…135
　　　コケエリユスリカ属…139　ムナクボエリユスリカ属…139
　　　ヌカユスリカ属…140　トクナガエリユスリカ属…142
　　　ヤマケブカエリユスリカ属…142
　　　トゲビロウドエリユスリカ属…143
　　　ニセテンマクエリユスリカ属…144

エリユスリカ亜科の幼虫…146

VII. ユスリカ亜科　山本 優……………………………………158

マルオユスリカ属…158　ヤチユスリカ属…158
ユスリカ属…159　ナガコブナシユスリカ属…170
カマガタユスリカ属…171　スジカマガタユスリカ属…172
ホソミユスリカ属…172　クロユスリカ属…176
ミズクサユスリカ属…178　セボリユスリカ属…180
コブナシユスリカ属…182　ヒカゲユスリカ属…184
オオミドリユスリカ属…186　コガタユスリカ属…187
ツヤムネユスリカ属…189　ミナミユスリカ属…190
アヤユスリカ属…192　ニセコブナシユスリカ属…193
ケバコブユスリカ属…196　カワリユスリカ属…197
ハケユスリカ属…198　ハモンユスリカ属…199
ヒメケバコブユスリカ属…223　キザキユスリカ属…224
ハムグリユスリカ属…224　アシマダラユスリカ属…227
カイメンユスリカ属…230　ビワヒゲユスリカ属…230
エダゲヒゲユスリカ属…232　ナガスネユスリカ属…234
フトオヒゲユスリカ属…235　ニセヒゲユスリカ属…236
オオヨギユスリカ属…237　ナガレユスリカ属…238
ケミゾユスリカ属…240　ヒゲユスリカ属…241
ユスリカ亜科の幼虫…247

3. 近年におけるユスリカの分類学

3-1. 走査型電子顕微鏡を用いたユスリカの形態観察　上野隆平…261
3-2. ユスリカ類の分子生物学的手法による分類　粕谷志郎……268

4. ユスリカの生息環境と指標種

はじめに　山本 優……………………………………………273
4-1. 湖沼　中里亮治……………………………………………273
4-2. 大河　河合幸一郎…………………………………………279
4-3. 都市の中小河川　大野正彦………………………………281
4-4. ため池と水田　近藤繁生…………………………………285
4-5. 湿地　平林公男……………………………………………288

4-6. 海岸　河合幸一郎 ……………………………… *290*

4-7. その他の環境　山本　優 …………………………… *291*

5. 採集・飼育法　河合幸一郎

5-1. 採集法 ………………………………………………… *295*

5-2. 飼育法 ………………………………………………… *297*

コラム

1	ユスリカ成虫と蚊柱　平林公男 ……………………………… *24*
2	浄水場のろ過池とユスリカ　平林公男 ……………………… *36*
3-1	ユスリカの同定は難しいか1　小林　貞 …………………… *90*
3-2	ユスリカの同定は難しいか2　小林　貞 …………………… *95*
4	室内プールとユスリカ　平林公男 …………………………… *260*
5	湖底のユスリカ　北川禮澄 …………………………………… *267*
6	繭をつくるユスリカ　近藤繁生 ……………………………… *272*
7	湖とユスリカ　北川禮澄 ……………………………………… *280*
8	光に誘引されるユスリカ　平林公男 ………………………… *289*
9	ユスリカの卵塊　近藤繁生 …………………………………… *294*

収録種一覧 ……………………………………………………… *302*

ユスリカ属の形態に関する用語 ……………………………… *314*

参考文献 ………………………………………………………… *320*

和名索引 ………………………………………………………… *338*

学名索引 ………………………………………………………… *346*

執筆者一覧 ……………………………………………………… *354*

写真提供者

井上栄壮（信州大学繊維学部，現滋賀県琵琶湖環境科学研究センター）
　ブユ科幼虫，ティーネマンキタケブカユスリカ成虫，ハヤセヒメユスリカ成虫，クビレサワユスリカ成虫，ナガイオオヤマユスリカ成虫，ヒロバネエリユスリカ成虫，ニッポンケブカエリユスリカ成虫，ハダカユスリカ成虫，フタエユスリカ成虫，エリユスリカ属成虫，キイロケバネエリユスリカ成虫，ミヤマナガレツヤユスリカ成虫，ビロウドエリユスリカ成虫，ムナクボエリユスリカ成虫，トクナガエリユスリカ属成虫，タマニセテンマクエリユスリカ成虫，ウスオビツヤムネユスリカ成虫，ケバコブユスリカ成虫，イツホシハモンユスリカ成虫，クロハモンユスリカ成虫，ナガスネユスリカ属成虫，ニセヒゲユスリカ属雄成虫

市橋秀幸（岐阜県病害虫防除所飛騨支所）
　生息環境（岐阜市ホウレンソウ圃場）

上野隆平
　ガガンボ科幼虫，ボカシヌマユスリカ成虫，ナカツメヌマユスリカ成虫，クロバヌマユスリカ成虫，オオミドリユスリカ成虫，ミズクサユスリカ成虫，生息環境（霞ヶ浦）

河合幸一郎
　フタモンツヤユスリカ成虫，ミダレニセナガレツヤユスリカ成虫，エビイケユスリカ成虫，シオダマリユスリカ成虫，スルガハモンユスリカ成虫，タカオハモンユスリカ成虫，ウナギイケヒゲユスリカ成虫，写真9（ハモンユスリカ属の翅面），生息環境（西表島干潟，奄美大島岩礁，西表島ロックプール，雲仙温泉）

北川禮澄
　ニセキタケブカユスリカ属幼虫，オオユキユスリカ属幼虫，ウスギヌヒメユスリカ属幼虫，コシアキヒメユスリカ属幼虫，生息環境（熊野川源流，古座川，川湯温泉，琵琶湖，手水鉢）

下村　浩（広島県東広島市）
　ヨドミツヤユスリカ成虫，キミドリユスリカ成虫，ジャワユスリカ成虫，イノウエユスリカ成虫，イボホソミユスリカ成虫，メスグロユスリカ成虫

杉丸勝郎（フマキラー株式会社）
　オヨギユスリカ属成虫

鈴木　博（宮崎県西都市）
　草の葉にとまるユスリカ成虫（オオユスリカ，ヒシモンユスリカ，ヤモンユスリカ，ミナミソメワケユスリカ，ツクバハモンユスリカ，ハムグリユスリカ属の1種）
　扉（キイロケバネエリユスリカ，ナカオビツヤユスリカ，ニイツマホソケブカエリユスリカ，ニッポンケブカエリユスリカ，ヒロオビハモンユスリカ，ホソヒゲハモンユスリカ）

肥後麻貴子（東京都伊藤学園）
　オオミドリユスリカ幼虫

平林公男
　生息環境（尾瀬湿原，染屋浄水場，河口湖）

山本　優
　ヤマトイソユスリカ成虫，生息環境（西表島マングローブ）

口絵において，上記の提供された写真および幼虫下唇板以外の画像は全て近藤繁生の撮影による．

　　　　　　　　　写真撮影協力
角坂照貴（愛知医科大学）

1. ユスリカ科の昆虫

1-1. ユスリカ科の特徴

　ユスリカ（ハエ目）ほど至る所で見られる昆虫はない。幼虫は山地の渓流から河口まで，さらに海にも生息している。淡水域ではしばしば優占種となる。水生だけでなく，陸生，湿生の種も少なくない。ヒマラヤの標高 5,600 m の氷河からも報告されている（幸島，1984; Sæther and Willassen, 1987）。南極の有翅昆虫はユスリカだけ（石川，1996）と言われる。種によっては幼虫が強い無機，有機の汚濁耐性を示し，他の水生動物が棲めないような強酸高温の温泉（Yoshimura,1933; Cranston et al., 1997）に生息する種もある。

　世界で 15,000 種（Cranston, 1995），日本には約 2,000 種が記録されているが，未記載種がどれほどあるか不明である。春秋によく見られる「蚊柱」は多くの場合ユスリカの雄で構成されている。これを「群飛（swarming）」と言う。近くにいる雌が群飛の中に飛び込んで交尾する。群飛は雄の配偶行動である。交尾を終えた雌は水辺に移動して産卵する。

　ハエ目（双翅目）は後翅が平均棍に退化して前翅だけを残したグループであり，アリストテレス（紀元前 350 年ごろ，『動物誌』）はすでにこのグループを認識していた。触角が短い短角亜目 Brachycera と，触角が細長い長角亜目 Nematocera に分けられる。前者にはアブ科，イエバエ科などが，後者にはユスリカ科やカ科，ブユ科，ヌカカ科などが属する。長角亜目は，ユスリカ科以外では吸血性の種を含むものも見られるが，ユスリカ科は雌雄ともに口器は退化して吸血はしない。しかし，花の蜜を吸う種があることは知られている（Downes, 1974）。成虫は食物を摂らないので，多くの種の成虫は寿命が 1 日から数日である。世代数は年 1 化から多化まで。幼虫期が 2 年に及ぶものもある。幼虫は 4 令を経て蛹となる。蛹の期間は短く，数日である。水面に浮上した蛹は胸部背面が縦に裂けて瞬間的に羽化する。日本では，4〜5月と 9〜10 月に羽化する種が多く，また厳冬期に羽化する種もある。

　ある種の幼虫は「アカムシ」と呼ばれるが，幼虫が赤いのは一部の種で，白，

1. ユスリカ科の昆虫

黄色,褐色などさまざまである。多くの種の幼虫は水底のデトリタス(有機残渣)食や藻類食であるが,モンユスリカ亜科では肉食性(小さなミミズ類,甲殻類,他のユスリカ幼虫などを捕食)や雑食性の種が多い。陸生の種では幼虫がイネ,野菜などの農作物を食害するものもある。肉食性の幼虫は巣をつくらず,自由生活をする。デトリタス食の幼虫は,唾液で水底の残渣をつづった筒型の巣をつくる。カゲロウ,トビケラ,ヘビトンボなど水生昆虫の幼虫に寄生する種もある。幼虫は,魚類などの水生動物の重要な餌となり,食物連鎖の底辺を支え,生態系にとって重要な構成要素となっている。種によっては真冬でも大量に羽化し,餌が少ない冬季に鳥類の餌になっている。また,従来より幼虫の水質指標性が報告されていて,水質判定に利用されている(Sæther, 1979; Kawai et al., 1999)。幼虫はデトリタス食の種が多いので,大量発生する場合は水質浄化にも寄与していると考えられている。しかし,他方で幼虫,成虫のアレルゲン性についても多くの報告がある(Cranston et al., 1981; 佐々, 1986)。熱帯アフリカに生息するネムリユスリカ Polypedilum vanderplanki は,乾期になると,幼虫が完全に乾燥して無代謝状態で休眠(クリプトビオシス)をすることが知られている(Hinton, 1960)。乾燥幼虫は100℃から−270℃までの驚異的な温度耐性をもつ。最近,代謝,遺伝面からの詳細な研究が進み,多方面から注目を集めている(Okuda, 2004)。

身の回りで多く発生し,また環境浄化などに重要な役割をもつユスリカだが,その分類は敬遠されがちである。その第一の理由は,同定が難しいとされているためだろう。この問題を克服するために,本書では,できるだけ図,写真を多用して簡便で実用的な検索ができるように工夫した。

ユスリカ科は現在10亜科に分類されているが,日本からイソユスリカ亜科 Telmatogetoninae, ケブカユスリカ亜科 Podonominae, モンユスリカ亜科 Tanypodinae, ヤマユスリカ亜科 Diamesinae, オオヤマユスリカ亜科 Prodiamesinae, エリユスリカ亜科 Orthocladiinae, ユスリカ亜科 Chironominae の7亜科が記録されている。通常,採集されるユスリカのほとんどは,モンユスリカ,エリユスリカ,ユスリカの3亜科(特に後の2亜科)で,他の4亜科は少ない。亜科(Subfamily)はさらに族(Tribe)に分けられる。ユスリカ亜科はユスリカ族(Chironomini)とヒゲユスリカ族(Tanytarsini)に分けられる。

雄は腹部がほっそりしていて,体長0.7 mm〜10 mm。触角は羽毛状である。カのように長い吻がないこと,翅やからだに鱗状の毛がないこと,止まるとき

前脚を持ち上げる（カは後脚を持ち上げる）ことで，識別は容易である。雌成虫は触角が短く，毛も少ない。腹部が太く短い。一部の種を除いて雌だけによる種の同定は困難である。

　成虫は捕虫ネット，ライトトラップ，マレーズトラップなどにより採集する。夜間，灯火に集まる成虫を吸虫管で直接採集することもできる。特に夜間，自動販売機での採集は簡単である。幼虫は水生昆虫採集用のサーバーネット，深い水底の場合はエクマンバージの採泥器などで，底質とともに採取してバットに移し，ピンセットやピペットで拾い出す方法が一般的である。固定・保存は通常，70％アルコールを使う。アルコール保存は，虫体が脱色しやすい。赤い幼虫は短時間で脱色してしまう。4％フォルマリンの方が色の保存は良いが，刺激臭があること，解離処理（「スライド標本の作り方」参照）がうまくいかなくなることなどの欠点がある。最近は DNA 解析用を兼ねて，100％アルコール保存が普及しつつある。

　種の同定は，実体顕微鏡下でも困難な場合が多く，正確な同定のためには，生物顕微鏡用のスライド標本にする必要がある。スライド標本の作り方を**写真 8** に示した。

　主な形態用語は**図 1** に示した。翅脈と翅膜の略号は Sæther（1980）に準拠した。主な形態用語とその説明は巻末の用語一覧を参照されたい。

1. ユスリカ科の昆虫

【成虫】

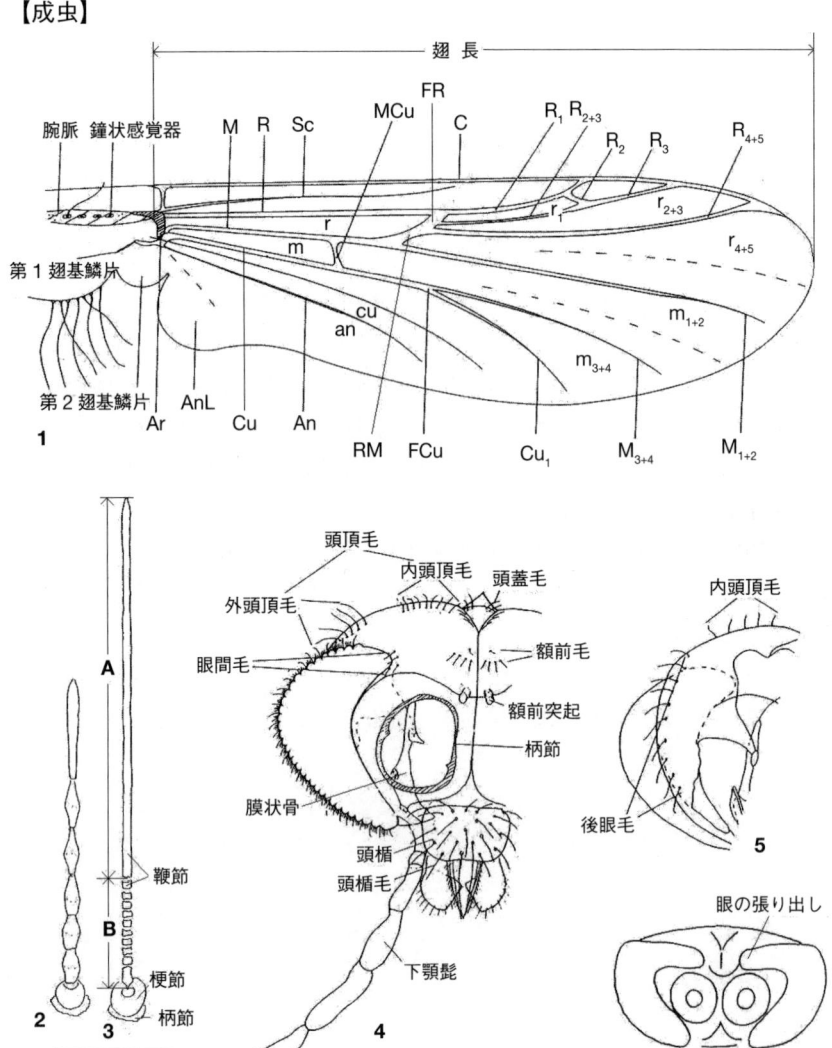

図1 ユスリカ科の形態用語
1 成虫：翅，2 成虫：触角（雌），3 成虫：触角（雄），4 成虫：雄頭部（前面），5 成虫：雄頭部（後面），6 成虫：雄頭部（前面）。ユスリカ亜科

1-1. ユスリカ科の特徴

図1 ユスリカ科の形態用語

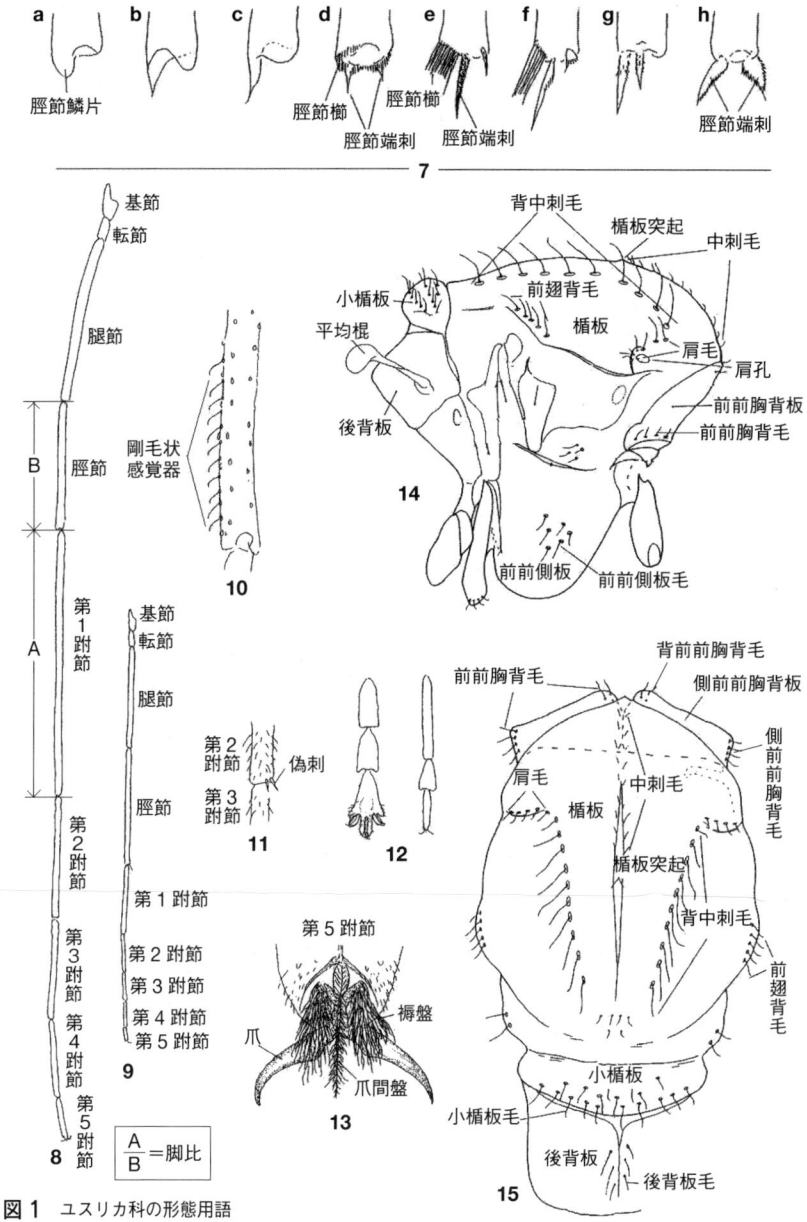

7 成虫：脛節の先端いろいろ，8 成虫：脚。ユスリカ亜科，9 成虫：脚。エリユスリカ亜科，10 成虫：中脚跗節の剛毛状感覚器，11 成虫：脚の跗節の偽刺，12 成虫：脚の跗節 3-5。イソユスリカ亜科（左），ヤマユスリカ亜科ヤマユスリカ属 *Diamesa*（右），13 成虫：脚の跗節5の褥盤，14 成虫：胸部（側面），15 成虫：胸部（背面）

1. ユスリカ科の昆虫

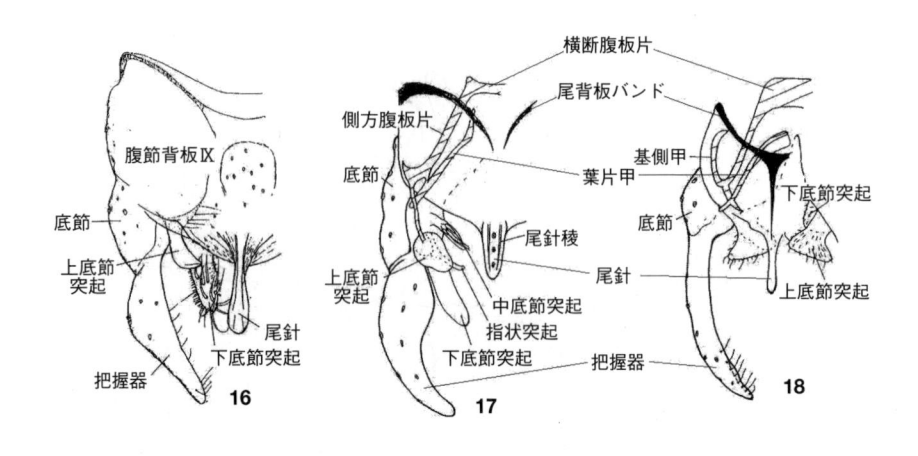

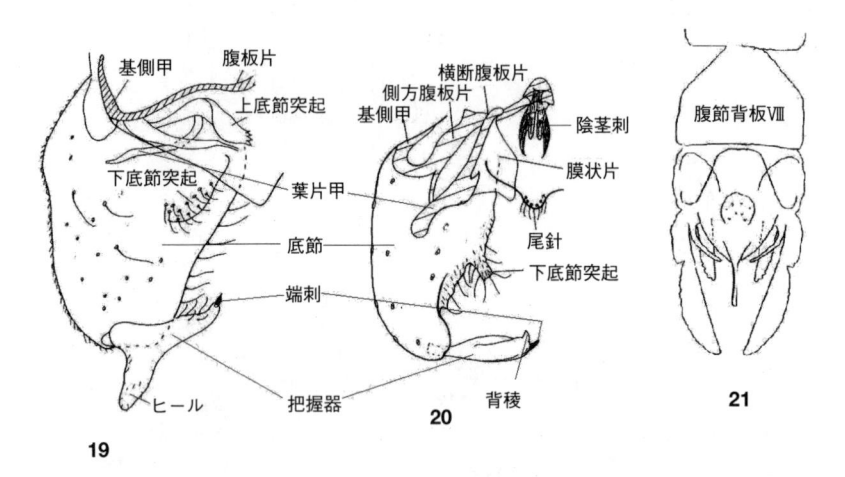

図1 ユスリカ科の形態用語
16 成虫：雄交尾器。ユスリカ亜科ユスリカ族，17 成虫：雄交尾器。ユスリカ亜科ヒゲユスリカ族，18 成虫：雄交尾器。ユスリカ亜科ケバコブユスリカ属 *Paracladopelma*，19 成虫：雄交尾器。モンユスリカ亜科カユスリカ属 *Procladius*，20 成虫：雄交尾器。エリユスリカ亜科，21 成虫：雄交尾器。ユスリカ亜科ハモンユスリカ属 *Polypedilum*

1-1. ユスリカ科の特徴

【幼虫】

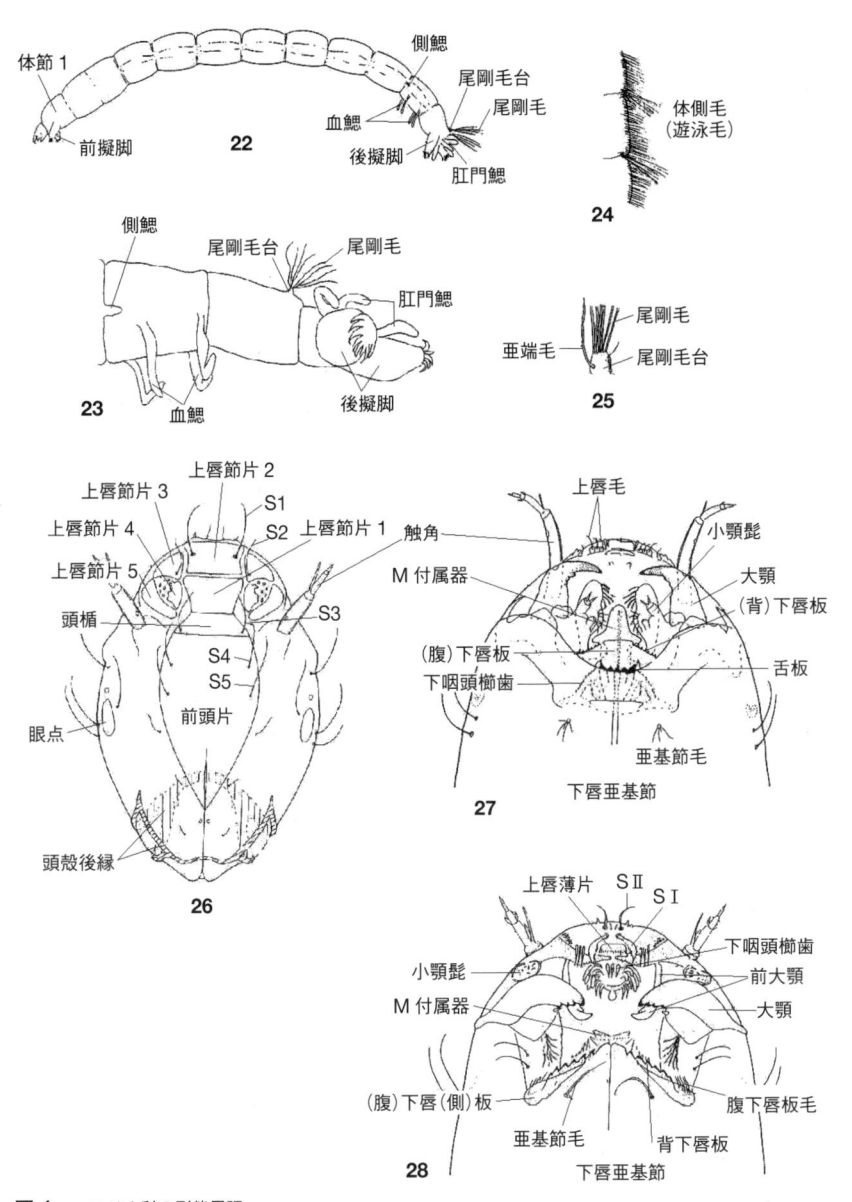

図1 ユスリカ科の形態用語
22 幼虫：ユスリカ亜科，23 幼虫：尾部。ユスリカ亜科，24 幼虫：遊泳毛。モンユスリカ亜科，25 幼虫：尾剛毛台，26 幼虫：頭部。ユスリカ亜科，27 幼虫：頭部。モンユスリカ亜科，28 幼虫：頭部。オオヤマユスリカ亜科・エリユスリカ亜科・ユスリカ亜科

1. ユスリカ科の昆虫

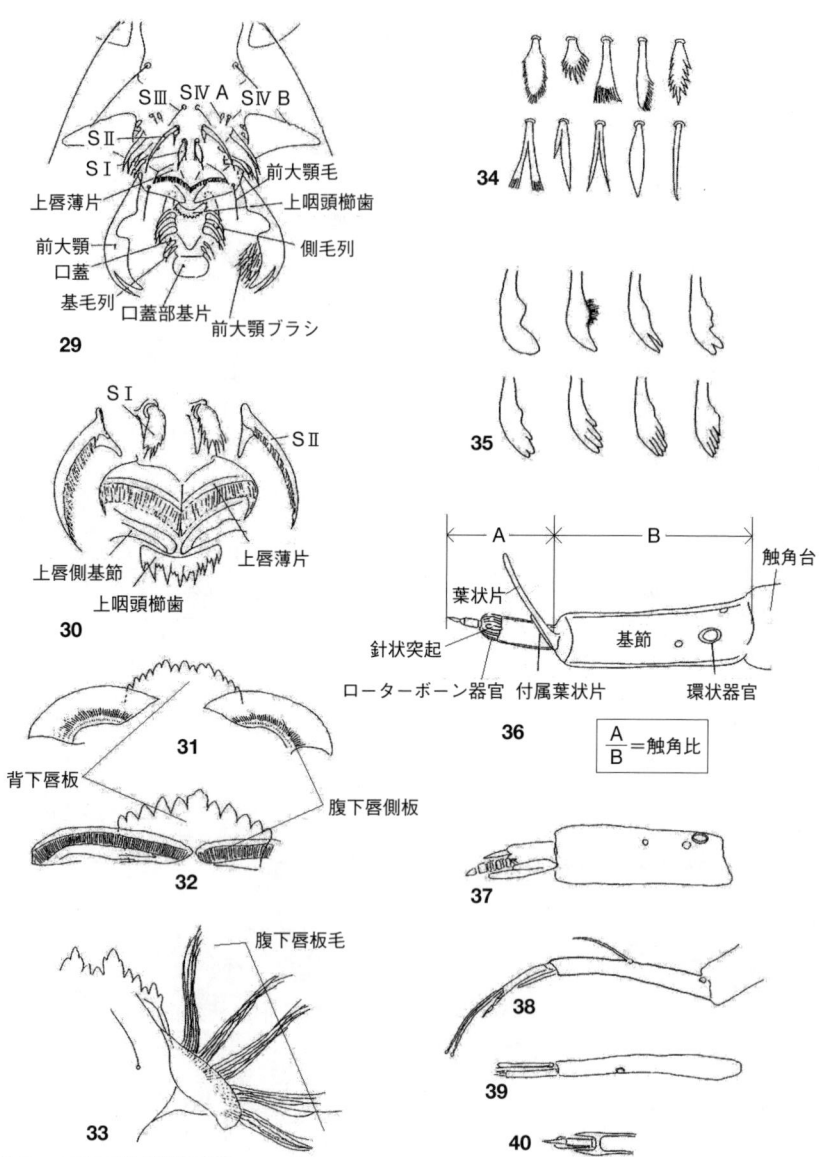

図 1 ユスリカ科の形態用語

29 幼虫：上唇部。ユスリカ亜科ユスリカ族，30 幼虫：上唇薄片の周辺。ユスリカ亜科，31 幼虫：下唇板。ユスリカ亜科ユスリカ族，32 幼虫：下唇板。ユスリカ亜科ヒゲユスリカ族，33 幼虫：下唇板。オオヤマユスリカ亜科オオヤマユスリカ属 *Prodiamesa*，34 幼虫：SⅠのいろいろ，35 幼虫：前大顎のいろいろ，36 幼虫：触角。エリユスリカ亜科，37 幼虫：触角。ヤマユスリカ亜科，38 幼虫：触角。ユスリカ亜科，ヒゲユスリカ族，39 幼虫：触角。モンユスリカ亜科，40 幼虫：触角。モンユスリカ亜科シロヒメユスリカ属 *Krenopelopia*

1-1. ユスリカ科の特徴

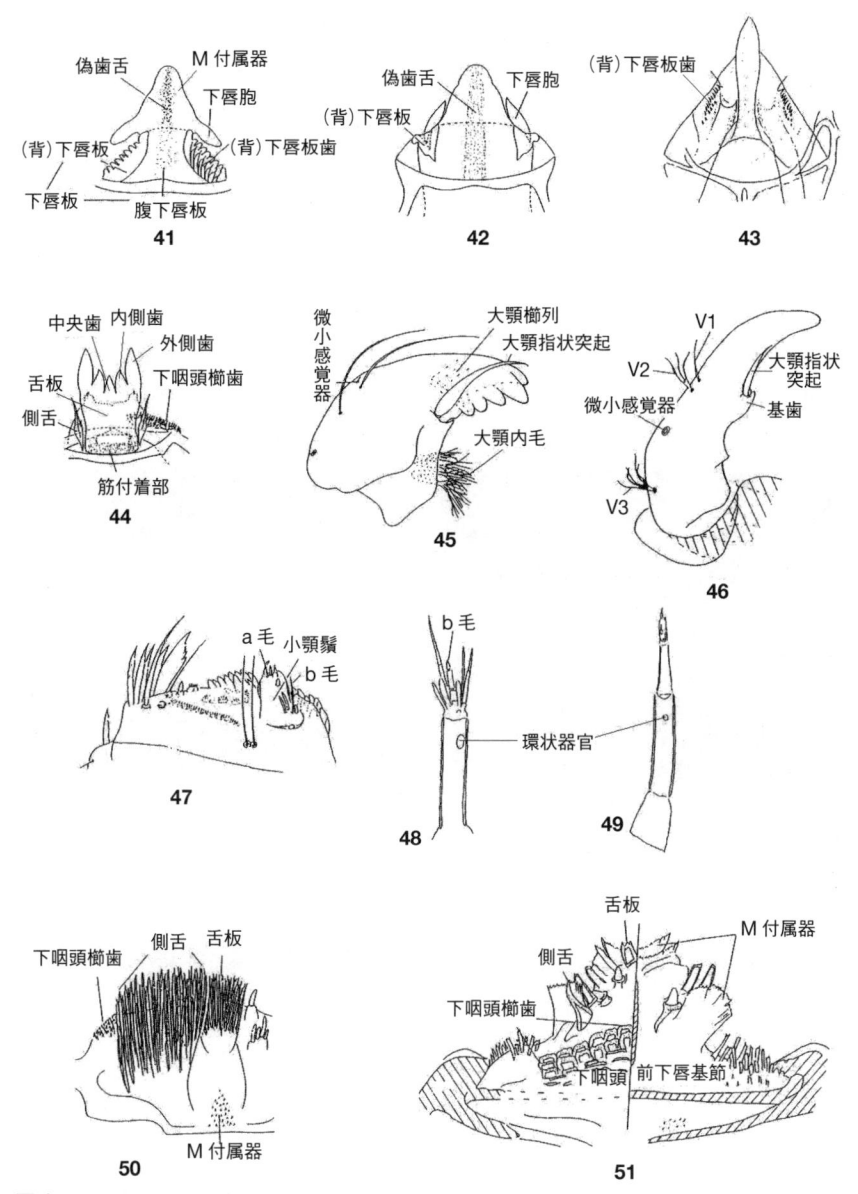

図1 ユスリカ科の形態用語
41 幼虫：下唇板。モンユスリカ亜科，42 幼虫：下唇板。モンユスリカ亜科，43 幼虫：下唇板。モンユスリカ亜科，44 幼虫：舌板。モンユスリカ亜科，45 幼虫：大顎。ユスリカ亜科，46 幼虫：大顎。モンユスリカ亜科，47 幼虫：小顎。エリユスリカ亜科，48 幼虫：小顎鬚。モンユスリカ亜科，49 幼虫：小顎鬚。モンユスリカ亜科，50 幼虫：下咽頭付近。ヤマユスリカ亜科，51 幼虫：下咽頭付近。エリユスリカ亜科

1. ユスリカ科の昆虫

1-2. 標本の作り方

1. 成虫(雄)のスライド標本の作り方

I. 必要な器具・薬品類

カバーグラス類(写真1)
下敷き(写真2)
スクリュービン,ラック(写真4)
無色透明のマニキュア(写真5)
実体顕微鏡・生物顕微鏡

スライドグラス(写真2)
プレパラート10枚用マッペ(写真3)
封入剤(ホイヤー液)(写真5)
微針,ピンセット類(写真6)
試料(70〜100%アルコールに保存した標本)(写真7)

写真1 カバーグラス類
左から8×24mm,18mm丸,18×18mm方形

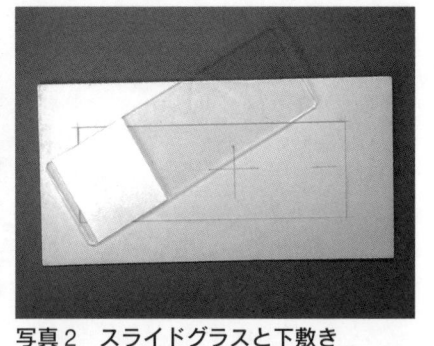

写真2 スライドグラスと下敷き
下敷きはスライドグラスより大きめの長方形の厚紙を,スライドグラスの形に穴をあけ,それをもう一枚の厚紙に張りつけて自作する

写真3 プレパラート10枚用マッペ
スライドグラスにラベル用紙を貼っておく

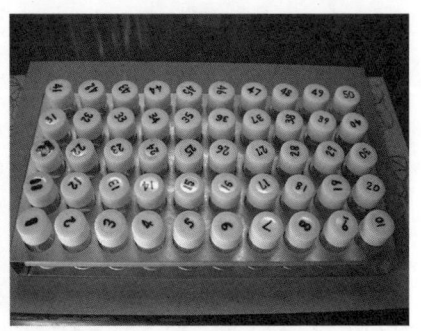

写真4 スクリュービンとラック
スクリュービンに10% KOH溶液を入れておく

1-2. 標本の作り方

写真 5　封入剤，無色透明マニキュア

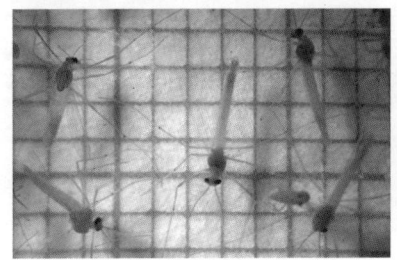

写真 7　試料
1 mm 方眼紙を下敷きにする

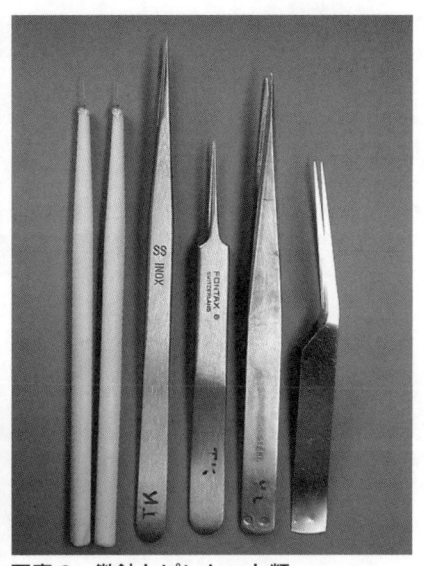

写真 6　微針とピンセット類
左から，柄付き微針（2 本），先鋭ピンセット（2 本），AA ピンセット（ガラス類用），虫体保持用ピンセット

II. 手順

① 実体顕微鏡下で，2 本の先鋭ピンセットを使い，翅の付け根から翅をはずす（写真 8-1）。

② 切り取った翅をスライドグラスの右端へ置く。アルコールは間もなく乾いて翅はスライドグラスに張り付く（写真 8-2）。

③ 翅がとれたボディ。体長の計測（1 mm 方眼をもとに）（写真 8-3）。

④ ボディを 10％水酸化カリウム（KOH）液へ（写真 8-4）。**数時間から一晩静置（解離）**。

⑤ ラベルに体長と採集データ（採集場所，採集年月日など）を記入（写真 8-4）。

⑥ 翅が乾いたら，スライドグラス右端の上下に少量のマニキュアをつける（翅につけないように）（写真 8-5）。

⑦ 8 × 24 mm のカバーグラスをかぶせ，翅を固定する（写真 8-6）。

封入剤（ホイヤー液）の作り方：蒸留水 50 g にアラビアゴム 30 g を十分に溶かす。これに抱水クロラール 200 g を加えてよく撹拌し，1〜2 日放置。これにグリセリン 20 g を加え，グラスウールなどで濾過し（省略可），密栓した容器に保存する。

1. ユスリカ科の昆虫

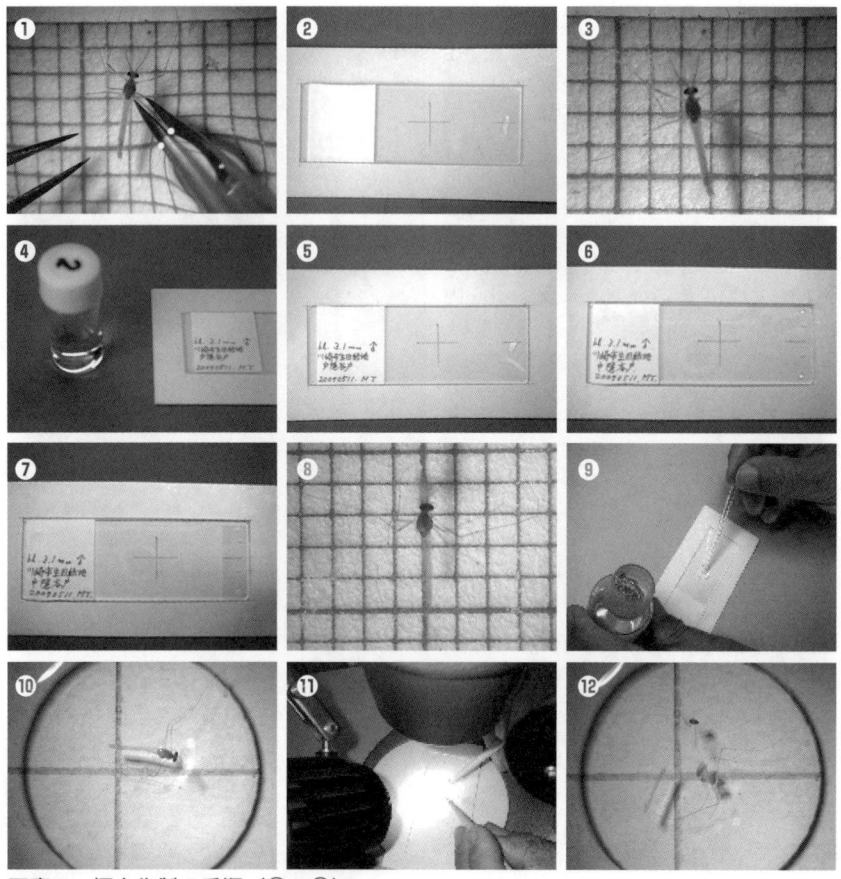

写真8　標本作製の手順（①〜⑫）

⑧虫体は解離を終えたら70% アルコールに数分つける（写真8-8）。
⑨スライドグラス中央付近に封入剤（ホイヤー液）を滴下（写真8-9）。
⑩虫体を滴下した封入剤の中へ入れる（写真8-10）。
⑪実体顕微鏡下で2本の微針を使って解剖（写真8-11）。
⑫頭部，胸部，腹部を切り離す。楯板を切り離して背面を上にする（写真8-12）。
⑬**最重要！**微針などで腹部後端にある交尾器を正しく背側が上になるように，腹部全体を整える（写真8-13）。
⑭頭部は正面を上に配置。できれば触角を梗節の付け根から切り離す（写真8-14）。

1-2. 標本の作り方

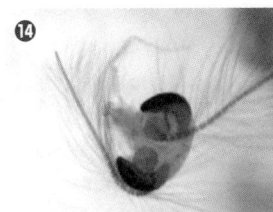

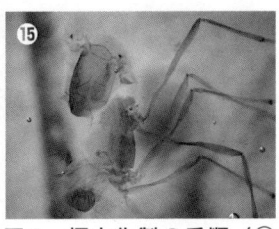

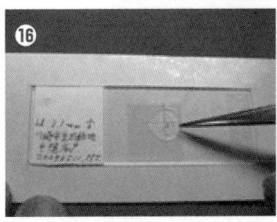

図8 標本作製の手順（⑬〜⑯）

⑮ 脚はなるべく重ならないように配置（写真8-15）。
⑯ 18 × 18mm のカバーグラスをかけてできあがり。封入剤が乾燥するまではカバーグラスを動かさないように注意（写真8-16）。

2. 幼虫のスライド標本の作り方

① 10% 水酸化カリウムで解離（室温で数時間）した後，70% アルコールに数分つける。
② スライドグラスの中央と右端に封入剤を滴下。右端の方は少量。
③ 中央の封入剤の中に虫体を入れる。
④ 実体顕微鏡下で微針を使って頭部を切り離す。
⑤ 頭部を微針の先端でひろい，右の封入滴に移す。
⑥ 微針で頭部の腹面が上になるようにする。
⑦ 胴部（中央）と頭部（右端）にそれぞれカバーガラス（ともに 18 × 18 mm でよい）をかける。
⑧ 頭部のカバーガラスを真上から軽く押して頭部をつぶす。

3. 蛹殻のスライド標本の作り方（解離不要）

① スライドグラス上に封入剤を滴下。
② 封入剤の中に蛹殻を入れる。
③ 微針を使って背側（胸部が裂開している側）を上に配置。
④ カバーガラスをかぶせる。

コラム 1 「ユスリカ成虫と蚊柱」

　夕方，日が沈みかけた頃，水田のあぜ道や川べりでユスリカの成虫が群がって蚊柱をつくる。蚊柱をつくっているのは雄の成虫だけである。雄の成虫がなぜこのような群飛を行うかというと，雌と交尾をして，子孫を残すためである。ヒトの場合には，「言葉」をコミュニケーションの手段として用いるが，ユスリカは，「羽音」をコミュニケーションの手段として用いている (Ogawa, 1992; Ogawa et al., 1993)。

　多くの雄の成虫が集まることにより，雄の羽音が鳴り響く。雌は水辺の植物などにとまっていて，雌に聞こえるように羽音を「ブンブン」させる。水辺には，多くの種類のユスリカがいるが，種ごとに聞こえる羽音が違うので，決して違った種の雄がつくっている蚊柱に雌が飛び込んでいくことはない (Hirabayashi et al., 2001)。同じ種の雄がつくっている蚊柱に，同じ種の雌が飛び込んで交尾をする。蚊柱に入った雌の羽音を雄が聞きつけて，いっせいに雌に飛びかかるが交尾できるのは1匹だけで，ペアになったものは蚊柱から脱落し，地上で交尾する。蚊柱ができ始める時には，数匹で雄成虫が群飛をし，だんだんと多くの雄個体が集まり，どんどん大きくなっていく。ピークに達すると，蚊柱の規模は時間とともに小さくな

セスジユスリカの群飛（撮影／近藤繁生）

り始め，最終的には消えてしまう。種類によっても異なるが，この間30分から1時間程度である。したがって，蚊柱の大きさは，種類や時間帯によって数十cmから数十mまで大きく異なる。オオユスリカやアカムシユスリカのつくる蚊柱は数十mにまで達することがよくある (Hirabayashi et al., 1999; 2000)。

　蚊柱ができる場所は水辺である。幼虫は水の中に生息しており，また，蛹から羽化したばかりの成虫はしばらく水辺の草むらで休んでいる。水辺で羽を乾かさないと飛べないからである。したがって，水辺周辺で蚊柱はよく観察される。夕方や朝方の風の強くない時間帯，気象条件が安定している時間帯によく立つ。雨が降っていても蚊柱は立つが，強風であると立たない（平林ほか，1992；平林ほか，2003）。

　蚊柱をつくるとき，雄の成虫は周辺と違った目印（スワーミング・マーカー）を探して，その目印の上に蚊柱をつくる。夕方，白い車の上に蚊柱が立ったり，道路上のヒトの頭の上に蚊柱が立つというのも，周囲と違う異なったコントラストが目印になっているからである。

　ユスリカの成虫の飛翔能力は比較的他の昆虫類に比べて小さく，多くの場合，風で吹き飛ばされて移動していることが多い。最も大きなオオユスリカでも風速6m以上で吹き飛ばされてしまう（平林，1991）。

参考文献

平林公男　1991　日衛誌 **46**: 652-661.
平林公男ほか　1992　日本環境動物昆虫学会誌 **4**: 71-77.
Hirabayashi K. *et al.* 1999 *J. Entmologia Experimentalis et Applicata* 92:233-238.
Hirabayashi K. *et al.* 2000 *Med. Entomol. Zool.* **51**: 223-230.
Hirabayashi K. *et al.* 2001 *Annals of the Entomological Society of America* **94**: 123-128.
平林公男ほか　2003　日本ペストロジー学会誌 **18**: 91-101.
Ogawa K. 1992 *Jpn. J. Sanit. Zool.* **43**: 77-80.
Ogawa K. *et al.* 1993 *Jpn. J. Sanit. Zool.* **44**: 355-360.

（平林公男）

2. 主要種への検索表

2-1. 科への検索

ユスリカ科と近縁の科の検索表

【雄成虫（図2-1〜18）】

1. 翅脈C（前縁脈）は外縁を連続して一巡するが，後縁では弱い（図2-1〜4）。中央室がある（カ科を除く）（図2-1d, 3d, 4d） ………………………………………………………………… **2**
 － Cは翅の先端付近で消失し，中央室がない ………………………………………………… **5**
2. 触角（図2-8）は触肢（図2-8, 10, 14のmp）より短く，頭部とほぼ等長（図2-8）。翅は6〜7脈が外縁に達する（図2-1） ………………………………… **ユスリカバエ科 Thaumaleidae**
 － 触角は少なくとも頭部の2倍以上の長さがあり（ブユ科（図2-12）を除く），毛が輪生する …… **3**
3. 翅脈に鱗片状の毛がある（図2-2）。口吻は頭部より長い（図2-9-p）。雄の触角は羽毛状 …
 ………………………………………………………………………… **カ科 Culicidae**
 － 翅脈に毛があることがあるが鱗片状の毛ではない。口吻は短い ……………………… **4**
4. 翅脈にはまばらな短毛がある。翅脈 R_2（径脈2），R_3（径脈3）は弧状に強く曲がる（図2-3）。触角の毛は短くてまばら（図2-10） ……………………… **ホソカ科 Dixidae**
 － 翅脈に長毛を密生。R_2, R_3 は曲がらない（図2-4）。触角にも長毛が輪生（図2-11）。
 …………………………………………………… **フサカ科（ケヨソイカ科）Chaoboridae**
5. 翅脈 Cu（肘脈）は翅の基部で分岐する（図2-5）。触角は短く，頭部とほぼ等長。触角の毛は雌雄ともに短い（図2-12） ……………………………………… **ブユ科 Simuliidae**
 － Cu は翅の中央付近で分岐する（図2-6, 7）。触角は頭部よりずっと長く，通常，雄では雌より毛が多い（図2-13, 14） …………………………………………………………………… **6**
6. 通常3本のR（径脈）が外縁に達する（図2-6）。口器は角質化せず，ものを食べるのに役立つような大顎はない。後背板に中央溝がある（図2-15） … **ユスリカ科 Chironomidae**
 － 外縁に達するRは2本以下（図2-7）。口器は角質化し，刺すのに適する（図2-14）。後背板に中央溝がない（図2-16） ……………………… **ヌカカ科 Ceratopogonidae**

注：キノコバエ科 Mycetophilidae（図2-17）とタマバエ科 Cecidomyiidae（図2-18）は水生昆虫ではないが，成虫のソーティング（選り分け）のとき，特に間違えやすい。キノコバエ科の翅は M_{1+2} と M_{3+4} が，RM（図1参照）の先端寄りで分岐するが，ユスリカ科では翅の基部で分岐している。タマバエ科は翅脈が非常に単純でわかりやすい。

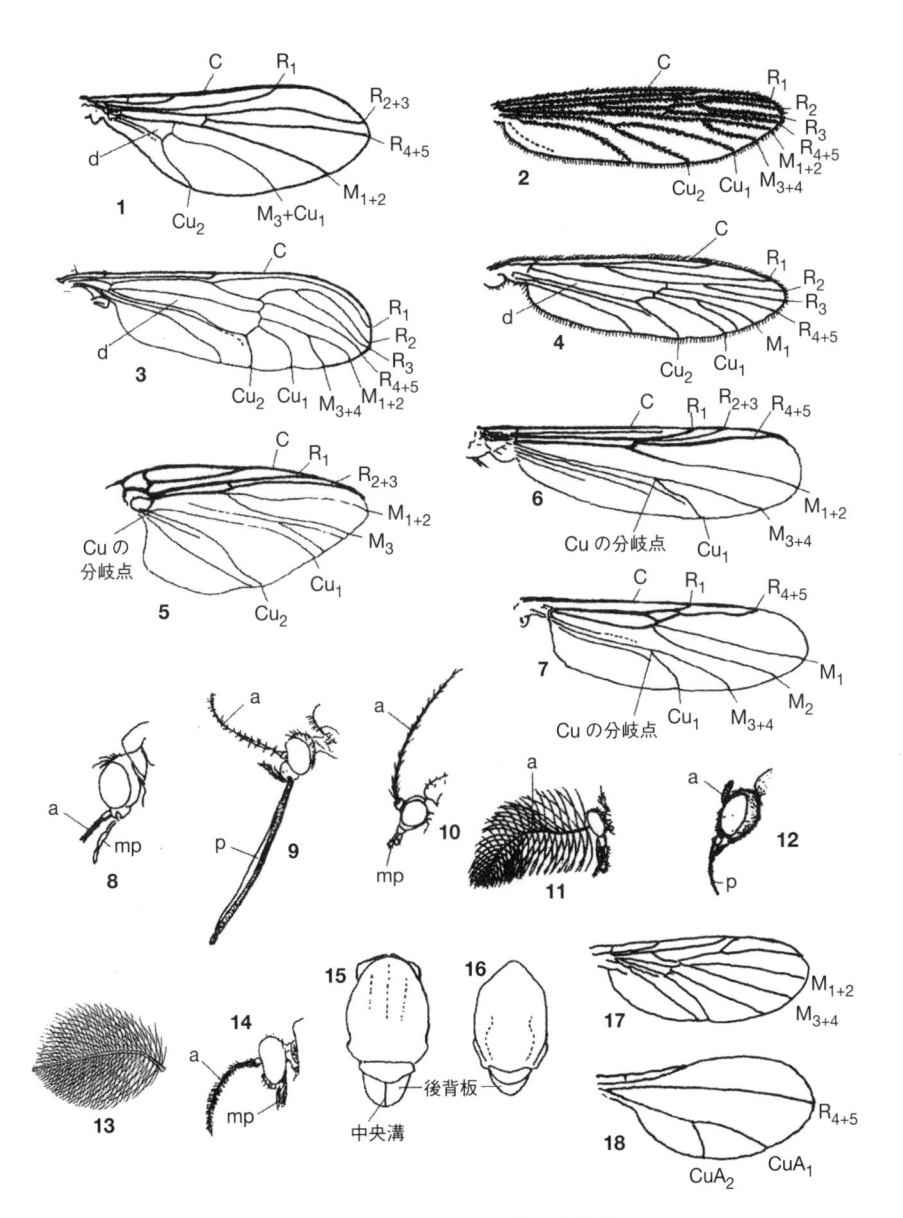

図2 成虫1〜7翅(C: 前縁脈, R: 径脈, M: 中脈, Cu: 肘脈, d: 中央室)
1: ユスリカバエ科, 2: カ科, 3: ホソカ科, 4: フサカ科, 5: ブユ科, 6: ユスリカ科, 7: ヌカカ科, 8〜14: 頭部(a: 触角, mp: 触肢, p: 口吻): 8: ユスリカバエ科, 9: カ科, 10: ホソカ科, 11: フサカ科, 12: ブユ科, 13: ユスリカ科, 14: ヌカカ科, 15: ユスリカ科の胸部背面, 16: ヌカカ科の胸部背面, 17: キノコバエ科の翅, 18: タマバエ科の翅(1〜14, 17, 18: Coffman & Ferrington Jr., 1996 から引用)

2. 主要種への検索

【幼虫　図2 (19-26)】

胸部から明瞭に区別できる頭部がある(カ群)

1. 胸部第1節に擬脚がある(図2-19, 23, 24) ・・・・・・・・・・・・・・・・・・・・・・・・・・・・・・・ 2
－ 胸部第1節に擬脚はない(図2-20〜22, 25, 26) ・・・・・・・・・・・・・・・・・・・・・ 5
2. 腹部末端節は肥大し後端に吸盤がある(図2-23) ・・・・・・・・・・・ ブユ科 Simuliidae
－ 腹部末端節は肥大せず後端に吸盤はない ・・・・・・・・・・・・・・・・・・・・・・・・・・・・・・・・・・ 3
3. 体節に肉質突起はなく，剛毛があることもある ・・・・・・・・・・・・・・・・・・・・・・・・・・・ 4
－ 体節背側に沿って肉質突起，あるいは長い剛毛がある(図2-25) ・・・・・・・・・・
　・・・・・・・・・・・・・・・・・・・・・・・・・・・・・・・・・・・・・・・ ヌカカ科 Ceratopogonidae(一部)
4. 1対(先端だけが対のことも)の前擬脚がある(図2-24) ・・・・・・・・・・・・・・・・・・・・
　・・ ユスリカ科 Chironomidae
－ 前擬脚は対にならない(図2-19) ・・・・・・・・・・・・・・・ ユスリカバエ科 Thaumaleidae
5. 胸部は明瞭で腹節より太くない(図2-21, 26) ・・・・・・・・・・・・・・・・・・・・・・・・・・・ 7
－ 胸部は融合して，肥大することがある(図2-20, 22) ・・・・・・・・・・・・・・・・・・・・ 6
6. 触角先端は短毛のみ(図2-20) ・・・・・・・・・・・・・・・・・・・・・・・・・・・・・ カ科 Culicidae
－ 触角先端に長い剛毛がある(図2-22) ・・・・・・・・・ フサカ科(ケヨソイカ科)Chaoboridae
7. 前部の腹節に擬脚はない(図2-25, 26) ・・・・・・・・・ ヌカカ科 Ceratopogonidae(一部)他
－ 少なくても第4体節に擬脚がある(図2-21) ・・・・・・・・・・・・・・・・・・ ホソカ科 Dixidae 他

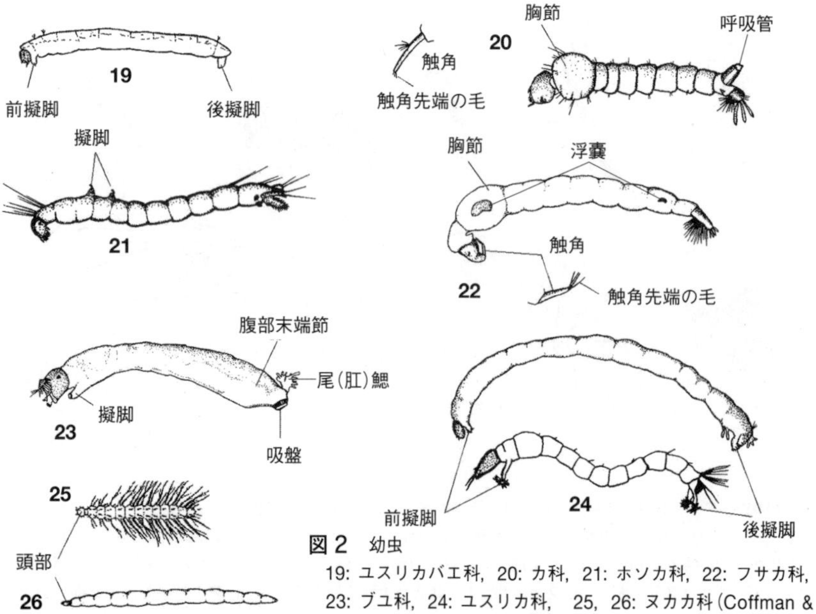

図2　幼虫
19: ユスリカバエ科, 20: カ科, 21: ホソカ科, 22: フサカ科, 23: ブユ科, 24: ユスリカ科, 25, 26: ヌカカ科 (Coffman & Ferrington, Jr., 1996 より引用)

2-2. ユスリカ科の亜科への検索

検索上の注意点

(1) ユスリカ科成虫の雄と雌の区別は容易。雄の触角は一般にフサフサした毛があり節の数も多くて長いが，雌の触角は短く，節の数は少なく，毛も少ない。また腹部は雄では細長いが，雌では太い。交尾器は当然異なる。属・種の同定のための情報の多くは雄成虫の交尾器にある。

(2) 翅膜に毛があることがあるが，すべての図で毛を示してあるわけではないので注意を要する。翅膜の毛は，翅の先端付近だけにあることもある。また，毛が抜けてしまっていて毛孔だけが残っていることがある。誤って「翅膜に毛はない」と判断しないように，顕微鏡で翅膜をよく見ること。翅膜が無数の微細な刺状のものに被われていることがある。これを毛と混同しないように注意が必要。毛孔は低い倍率でもわかる。

(3) 検索表や図などに表現される特徴は，典型的な個体をもとにしている。種内変異があるので，できれば多くの標本を観察して同定することが必要。

(4) 成虫は，同種であっても，冬〜春に羽化する個体は初夏〜夏に羽化する個体よりも一般に大きく，体色も濃い。

日本産ユスリカ科は次の7亜科が知られている。
1. イソユスリカ亜科 Telmatogetoninae
2. ケブカユスリカ亜科 Podonominae
3. モンユスリカ亜科 Tanypodinae
4. ヤマユスリカ亜科 Diamesinae
5. オオヤマユスリカ亜科 Prodiamesinae
6. エリユスリカ亜科 Orthocladiinae
7. ユスリカ亜科 Chironominae

2. 主要種への検索

亜科への検索

【雄成虫（図 3-1 〜 14）】

1. 翅に MCu（中肘横脈）がある（図 3-1） **2**
 - MCu がない（図 3-2） **5**
2. R_{2+3}（径脈 $_{2+3}$）がない。R_1（径脈 1）と R_{4+5}（径脈 $_{4+5}$）の間隔が広い（図 3-3）。幼虫は山地渓流などに多い .... **ケブカユスリカ亜科 Podonominae**
 - R_{2+3} がある（図 3-4 〜 6）。ないときは R_1 と R_{4+5} の間隔は翅脈の太さより狭い **3**
3. R_{2+3} は通常，その先端で R_2 と R_3 に分かれる（図 3-5）。この分岐がないときは翅膜に毛が多い。幼虫は湖沼など止水に多いが，流水に棲む種もある。ユスリカ亜科，エリユスリカ亜科に次いで普通 .... **モンユスリカ亜科 Tanypodinae**
 - R_{2+3} は分岐しない（図 3-4, 6）。翅の先端にわずかに毛があることもある **4**
4. FCu（肘脈分岐）は通常，MCu（中肘横脈）より翅の基部にある（図 3-6）（（タニユスリカ属（*Boreoheptagyia* のなかま）と短翅型を除く）。短翅型のときは，FCu は MCu よりも先端寄りか，同じ位置にある）。第 4 跗節は通常短くてハート型（図 3-7）。冷涼な地方や山地に多い .... **ヤマユスリカ亜科 Diamesinae**
 - FCu は MCu と同じ位置か，より翅の先端にある（図 3-9）。翅は短縮型にならない。第 4 跗節はハート型ではない。含まれる種も個体数も少ない
 .... **オオヤマユスリカ亜科 Prodiamesinae**
5. R_{2+3} はない。R_1 と R_{4+5} の間隔は広い（図 3-8）。海生
 .... **イソユスリカ亜科 Telmatogetoninae**
 - R_{2+3} がある（図 3-4）。ないときは R_1 と R_{4+5} の間隔が翅脈の太さより狭い **6**
6. 前脚の第 1 跗節は脛節より長い（図 3-10）か，あるいはほぼ同じ長さ。把握器は底節に対して可動的ではないか，あるいは癒合していて，まっすぐに後方へ伸びる（図 3-12, 13）。エリユスリカ亜科とならび，最も普通な亜科である .... **ユスリカ亜科 Chironominae**
 - 前脚の第 1 跗節は脛節より短い（図 9-11）。把握器は底節に対して可動的（図 3-14）。ユスリカ亜科とならび最も普通な亜科である .... **エリユスリカ亜科 Orthocladiinae**

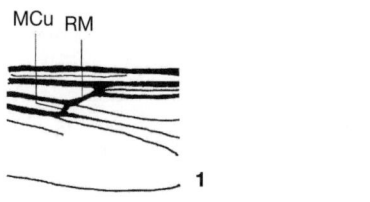

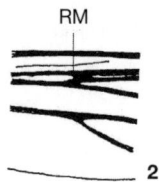

図 3 成虫 1. 翅（モンユスリカ亜科），2: 翅（エリユスリカ亜科）

2-2. ユスリカ科の亜科への検索

図3 成虫
3: 翅(ケブカユスリカ亜科),4: 翅(ユスリカ亜科),5: 翅(モンユスリカ亜科),6: 翅(ヤマユスリカ亜科),7: 前脚の跗節(ヤマユスリカ亜科),8: 翅(イソユスリカ亜科),9: 翅(オオヤマユスリカ亜科),10: 前脚(ユスリカ亜科) 11: 前脚(エリユスリカ亜科),12: 雄交尾器(ユスリカ亜科(セスジユスリカ)),13: 雄交尾器(ユスリカ亜科(ケバコブユスリカ)),14: 雄交尾器(エリユスリカ亜科)

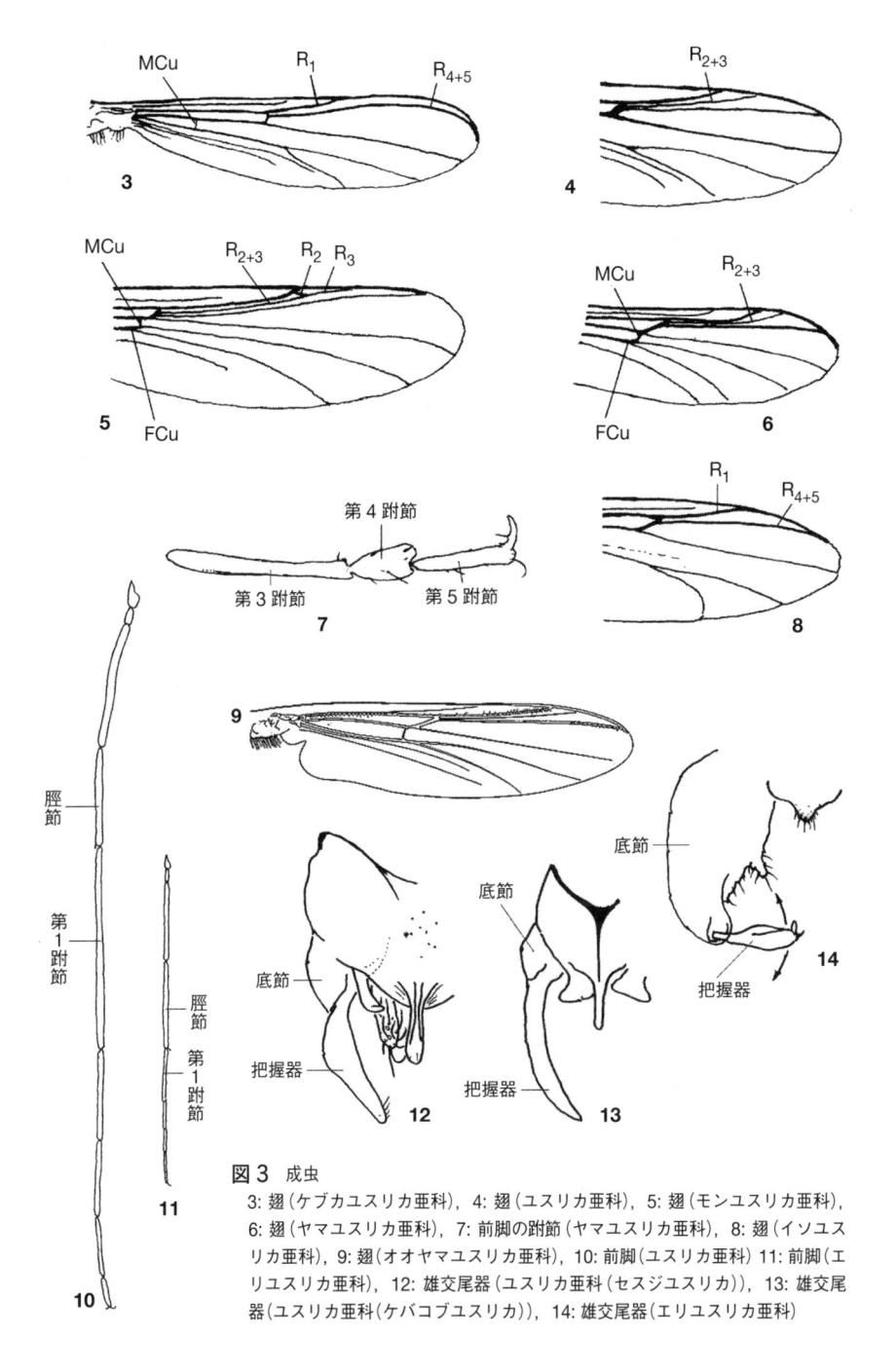

2. 主要種への検索

【幼虫（図 3-15 〜 26）】*

1. 触角を頭殻の中に引き込むことができる（図 3-15）。下咽喉には歯のある舌板がある（図 1-27, 3-16）。下唇板は淡色で，あまり硬化していない（図 3-17）
 ……………………………………………………… モンユスリカ亜科 **Tanypodinae**
- 触角は頭殻に引っ込められない。舌板は上のようではない。下唇板はほとんど常に暗色に硬化した歯のある板状である（図 3-18 〜 20, 24） …………………………………… **2**

2. 下唇板の左右に幅の広い，放射状の細いすじ（条理）がある腹下唇（側）板をもつ（図 3-19）。ハムグリユスリカ属 *Stenochironomus* とコブナシユスリカ属 *Harnischia* は例外で，腹下唇板に筋はなく，いくつかの棘状の突起がある（図 3-20）
 ……………………………………………………… ユスリカ亜科 **Chironominae**
- 下唇板は比較的小さく，腹下唇板は放射状のすじはない ………………………… **3**

3. 前大顎がない ………………………………………… ケブカユスリカ亜科 **Podonominae**
- 前大顎がある（図 3-21） ………………………………………………………… **4**

4. 下唇板の腹側にある舌板とその両側の側舌がブラシ状（図 3-22）になる。触角第 3 節にしばしば環紋がある（図 3-23） ……………………… ヤマユスリカ亜科 **Diamesinae**
- 舌板や側板はブラシ状にならないが，中央の M 付属器がブラシ状になることがある。触角節に環紋はない ………………………………………………………………… **5**

5. 腹下唇板は左右に伸び，長い毛（腹下唇板毛）がある（図 3-24）
 ……………………………………………………… オオヤマユスリカ亜科 **Prodiamesinae**
- 腹下唇板はいろいろで，これが大きいときは長い毛はない ……………………… **6**

6. 下唇板の腹側に，多数の細かい枝に分かれたブラシ状の M 付属器がある（図 3-25）。前大顎は短くて幅が広く，内側に強いブラシがある。触角は短く，明瞭に 4 節である
 ……………………………………………………… イソユスリカ亜科 **Telmatogetoninae**
- M 付属器はブラシ状ではない（図 3-26）。前大顎のブラシはないか，あっても弱い。触角は 4 節で短い（大顎の長さの半分以下）とき，末端節ははっきり見えない
 ……………………………………………………… エリユスリカ亜科 **Orthocladiinae**

＊：幼虫の触角の節数は基本的には 5 であるが，3 〜 7 の範囲で変化する。ユスリカ亜科のヒゲユスリカ族は触角台が長いので，これを触角の基節と間違えないように注意が必要。

2-2. ユスリカ科の亜科への検索

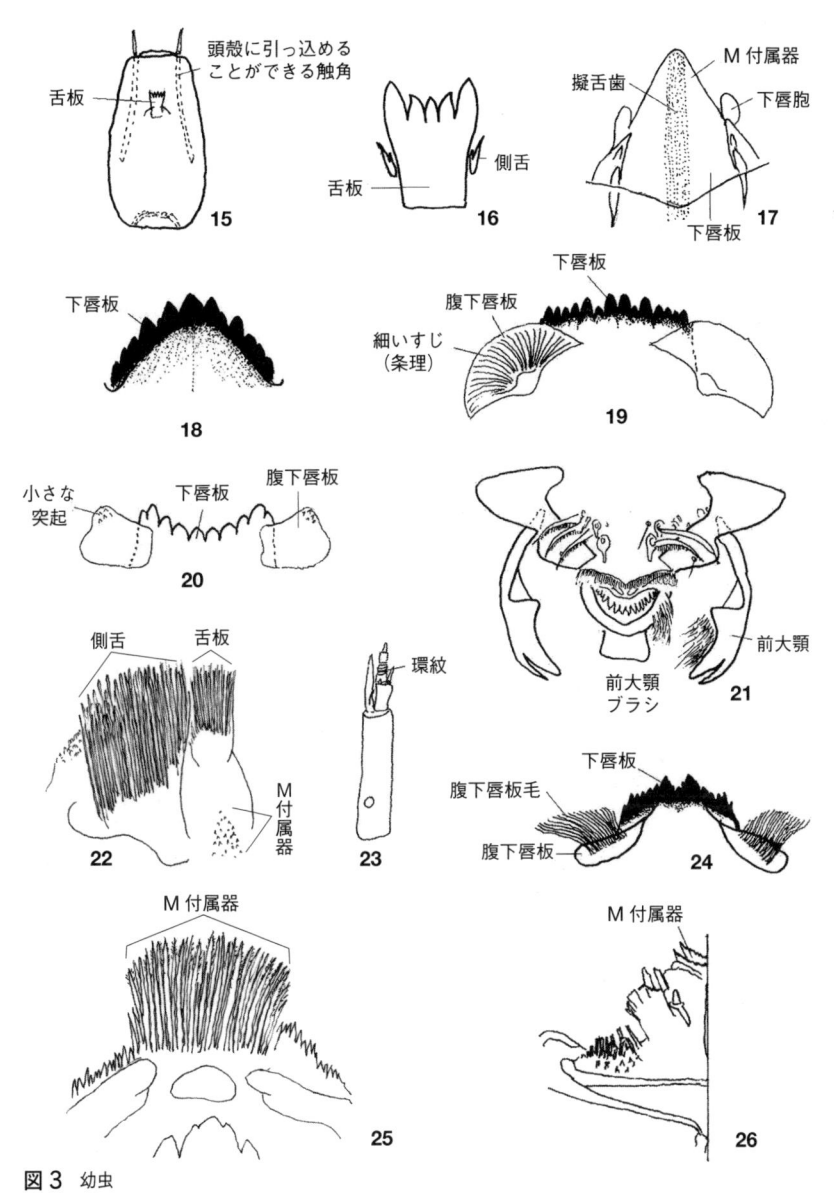

図3 幼虫

15: 幼虫頭殻(モンユスリカ亜科), 16: 舌板(モンユスリカ亜科), 17: 下唇板(モンユスリカ亜科), 18: 下唇板(エリユスリカ亜科), 19: 下唇板と腹下唇板(ユスリカ亜科), 20: 下唇板と腹下唇板(ユスリカ亜科ハムグリユスリカ属), 21: 前大顎(ユスリカ亜科), 22: 舌板と側舌(ヤマユスリカ亜科), 23: 触角(ヤマユスリカ亜科), 24: 下唇板と腹下唇板(オオヤマユスリカ亜科), 25: M付属器(イソユスリカ亜科), 26: M付属器周辺(エリユスリカ亜科) (16～21, 24: Epler, 2001; 22, 23, 25, 26: Cranston, 1983 より引用)

2-3. 属・主要種への検索

I. イソユスリカ亜科 Telmatogetoninae（図4, 5）

【雄成虫】

1. 多数の中刺毛がある（図4-1）。第5跗節は単純。小顎鬚は4節
   .... ハマベユスリカ属 *Thalassomya*
－ 中刺毛はない（図4-2）。第5跗節は三叉する（図4-3）。小顎鬚は2節
   .... イソユスリカ属 *Telmatogeton*

【幼虫】

1. 前頭片の前部は上唇節片と頭楯にはっきり分かれる（図4-4）。S3毛はよく発達した隆起上にある。前大顎は3本の丸みのある先端歯がある（図4-6） .... イソユスリカ属 *Telmatogeton*
－ 前頭片前部の上唇節片と頭楯は分かれていない（図4-5）。S3毛は隆起上にない。前大顎は単純 .... ハマベユスリカ属 *Thalassomya*

属・種の説明（図5）

2属3種が知られている。すべて海生。

ヤマトイソユスリカ *Telmatogeton japonicus* Tokunaga, 1933（図5-1～3）

雄成虫：体長3.5～4.5mm。翅脈RMはFCuとほぼ同じレベルにある（図5-3）。海岸の岩礁地帯や藻の多い潮間帯，浅海に生息する。藻類食。濃い緑褐色。あまり飛ばず，歩行して岩の上で交尾。寒さに強い。冬の北海道でも成虫が羽化，産卵する。千葉，神奈川，高知，和歌山，広島，鳥取県の海岸にも記録があるが，九州までは全国の海岸に分布するものと思われる。

ミナミイソユスリカ *Telmatogeton pacificus* Tokunaga, 1935（図5-4）

雄成虫：体長3～4mm。ヤマトイソユスリカに比べて，翅脈RMの位置はFCuよりずっと基部にあることで区別される。高知（足摺岬），和歌山県，トカラ列島での記録がある。

ヤマトハマベユスリカ

　　　　Thalassomya japonica Tokunaga et Etsuko K., 1955（図5-5, 6）

2-3. 属・主要種への検索

雄成虫：体長約4mm。中刺毛があり，第5跗節が単純であることで，イソユスリカ属と区別できる。高知，熊本，宮崎，長崎，鹿児島，屋久島，沖縄（石垣，西表，トカラ，与那国）など暖地から亜熱帯の河口付近など塩分のやや少ない潮間帯，岩礁地帯に生息する。

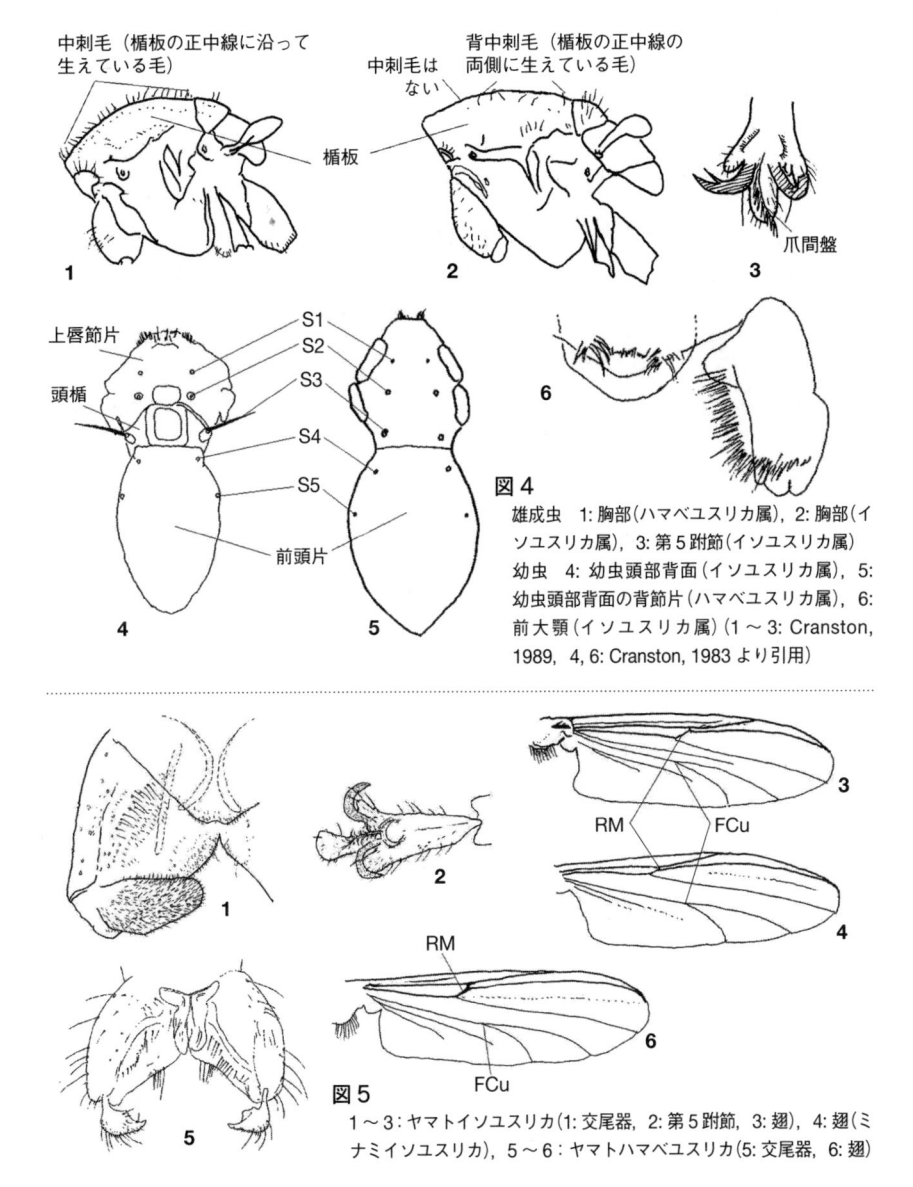

図4
雄成虫　1: 胸部(ハマベユスリカ属)，2: 胸部(イソユスリカ属)，3: 第5跗節(イソユスリカ属)
幼虫　4: 幼虫頭部背面(イソユスリカ属)，5: 幼虫頭部背面の背節片(ハマベユスリカ属)，6: 前大顎(イソユスリカ属) (1〜3: Cranston, 1989, 4, 6: Cranston, 1983 より引用)

図5
1〜3: ヤマトイソユスリカ(1: 交尾器, 2: 第5跗節, 3: 翅)，4: 翅(ミナミイソユスリカ)，5〜6: ヤマトハマベユスリカ(5: 交尾器, 6: 翅)

コラム2　浄水場のろ過池とユスリカ

　緩速ろ過式浄水法は，自然の伏流水の仕組みを人工的に取り入れた生物処理法の1つで，河川水などをゆっくりとした速度で砂礫層を通過させ，微小生物や微生物の力を借りて浄水し，飲料水をつくる生物処理法の1つである。現在，日本では，上水道・水道用水供給事業による総浄水量の4%弱の量を維持している。ろ過池の砂礫層表面には，水中の有機物が蓄積し，生物膜が形成される。この生物膜が浄水に重要な役割を果たしている。ろ過池内に生息する生物群集（線虫類，水生貧毛類，トビケラ類，ガガンボ類，ユスリカ類の幼虫など）は，生物膜を食物の資源や造巣材料として利用するために砂層表面に集中して生活している（平林ほか，2004）。

　ろ過池表層におけるユスリカ類幼虫の生息密度は，河川や湖沼などの他の生息場所に比べ，極めて高い。その理由として，ろ過池砂層表面には餌が極めて多く，また，常に水が一定方向に移動しているので，適度な酸素の供給がなされているためである。こうした条件下ではユスリカ類は増殖し，時に成虫はろ過池から大量発生することもある（Hirabayashi *et al.*, 2004）。一方，幼虫は，砂層表面で藻類を捕食し，また，造巣活動を行う。その過程で水中有機物の粒子化を行い，砂層への水の浸透を促進する作用をもたらしている。そのため，ろ過池内では濾過閉塞を防ぐ重要な役割を果たしていることが知られている（Hirabayashi *et al.*, 1998; Wotton *et al.*, 1999）。私たちが毎日飲んでいる一部の水道水は，ユスリカ類の力を借りてつくられていることを忘れてはならない。

参考文献

Hirabayashi K. *et al.* 2004 *J. American Mosquito Control Association* **20**: 74-82.
平林公男 ほか　2004　日本ペストロジー学会誌 **19**: 77-88.
Hirabayashi K. *et al.* 1998 *Hydrobiol.* **382**: 151-159.
Wotton R. *et al.* 1999 *Water Research* **33**: 1509-1515.

（平林公男）

II. ケブカユスリカ亜科 Podonominae

【雄成虫】

1. 眼の背側中央への張り出しは長い(図6-2)。中肘横脈MCuは肘脈分岐FCuと同じ位置か，わずかに先端方向に超える(図6-1)。底節突起は底節の先端近くにあり細長い(図6-5) ································· ニセキタケブカユスリカ属 *Paraboreochlus*
- 眼の背側中央への張り出しはない(図6-3)。MCuは翅の基部近く，翅脈Mの中央より幾分基部寄りにある(図6-4)。底節突起は底節の基部近くにあり太い(図6-6) ································· キタケブカユスリカ属 *Boreochlus*

【幼虫】

1. 肛門鰓のすぐ前に2本の長くて黒い毛がある。尾剛毛は8本(図6-7) ································· ニセキタケブカユスリカ属 *Paraboreochlus*
- 肛門鰓のすぐ前の対の毛はない。尾剛毛は5本(図6-8) ································· キタケブカユスリカ属 *Boreochlus*

図6 雄成虫 1: 翅(ニセキタケブカユスリカ属)，2: 頭部(ニセキタケブカユスリカ属)，3: 頭部(キタケブカユスリカ属)，4: 翅(キタケブカユスリカ属)，5: 交尾器(ニセキタケブカユスリカ属)，6: 交尾器(キタケブカユスリカ属) 幼虫 7: 幼虫の尾端部(ニセキタケブカユスリカ属)，8: 幼虫の尾端部(キタケブカユスリカ属) (7, 8: Cranston, 1983 より引用)

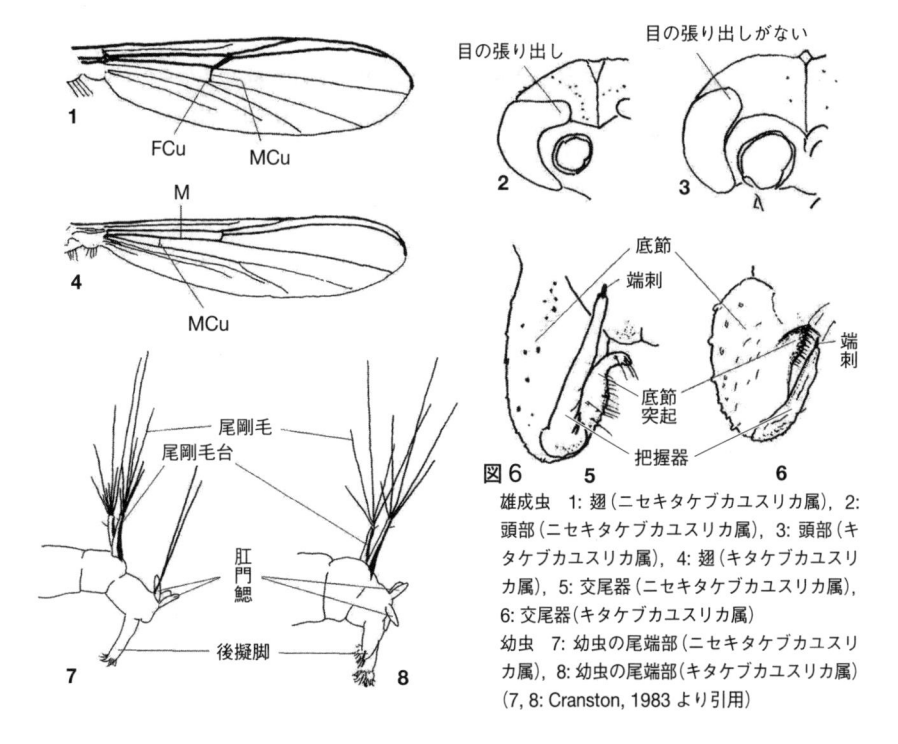

亜科・属の説明（図7）

成虫：翅脈の R_{2+3} がなく MCu があることで，亜科や属の同定は容易。
幼虫：非常に長い尾剛毛台をもつ。山間地の小さい流れなど，冷涼な水域を好む。
この亜科では3属3種が記録されている。

キタケブカユスリカ属 *Boreochlus* Edwards, 1938（図7-1～4）

雄成虫：この属はニセキタケブカユスリカ属 *Paraboreochlus* に似るが，眼の背側中央への張り出しがないこと，底節突起の形状の違いで区別は容易。
幼虫：約5mm。幼虫は山地渓流のコケの間に棲む。2種が知られている。

ティーネマンキタケブカユスリカ
Boreochlus thienemanni Edwards, 1938（図7-1, 2）

雄成虫：体長約 1.5 mm。
ナガサキキタケブカユスリカより普通に見られる。北海道，富山，茨城，愛媛，栃木，群馬，埼玉，山梨県などに記録がある。

ナガサキキタケブカユスリカ *Boreochlus longicoxalsetosus*
Kobayashi et Suzuki, 2000（図7-3, 4）

雄成虫：体長約2mm。底節の内側のほぼ中央部に，内側に向かって2本の非常に長い剛毛があり，また底節突起の位置がティーネマンキタケブカユスリカよりも基部に近い。記録は北海道，埼玉，岐阜，愛媛，長崎県。

ニセキタケブカユスリカ属 *Paraboreochlus* Thienemann, 1939（図7-5, 6）

雄成虫：体長約 1.5～2mm。
幼虫：約5mm。細長い。冷涼な湧水，流れのコケの間に生息。

オキナワニセキタケブカユスリカ
P. okinawanus Kobayashi et Kuranishi, 1999（図7-5, 6）

雄成虫：北海道，山梨，愛媛，滋賀，奈良，鹿児島，沖縄（国頭村）などに記録がある。

2-3. 属・主要種への検索

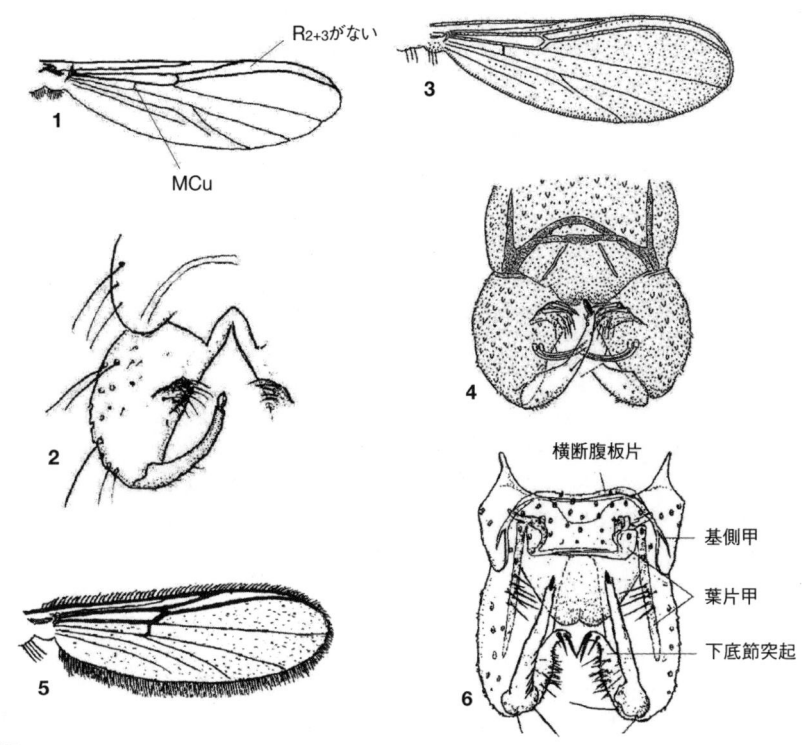

図7

1～2:ティーネマンキタケブカユスリカ(1: 翅, 2: 交尾器), 3～4:ナガサキキタケブカユスリカ(3: 翅, 4: 交尾器), 5～6:オキナワニセキタケブカユスリカ(5: 翅, 6: 交尾器)

2. 主要種への検索

Ⅲ. モンユスリカ亜科 Tanypodinae

【雄成虫（図8）】

1. 翅脈 MCu は，翅脈分岐 FCu よりも翅の基部にある（図8-4） ························ 2
 - 翅脈 MCu は，翅脈分岐 FCu を越えて翅の先端寄りにある（図8-5） ··············· 5
2. 楯板突起がある（図8-9） ·· 3
 - 楯板突起はない ·· 4
3. 把握器は底節のほぼ2/3の長さ（図8-8）。前脚の脛節刺は9～10の側歯がある（図8-33）
 ································· テドリカユスリカ属 *Saetheromyia*
 - 把握器は底節のほぼ1/2の長さ（図8-11）。前脚の脛節刺に側歯がほとんどない（図8-34） ···
 ································· カスリモンユスリカ属 *Tanypus*
4. 全脚の第4跗節は第5跗節より短く，ハート型（図8-1）。前脚と後脚に脛節櫛がある（図8-30） ································· ヒラアシユスリカ属 *Clinotanypus*
 - 全脚の第4跗節は第5跗節より長く，円筒型（図8-1）。脛節櫛は後脚の脛節だけにある
 ································· カユスリカ属 *Procladius*
5. 楯板突起がある（図8-9） ·· 6
 - 楯板突起はない ·· 10
6. 底節突起がある（図8-25～27） ··· 7
 - 底節突起はない（図8-24, 29, 32） ··· 8
7. 底節は背側がくぼんでいて貝殻状（図8-25）。底節突起は底節の長さの1/2以上で両側に多くの細い葉状の枝がある（図8-25） ··············· ヒメユスリカ属 *Conchapelopia*
 - 底節の背側はそのようではない。底節突起はより短く，細毛におおわれる（図8-26, 図20） ··············· フトオウスギヌヒメユスリカ属（新称）*Hayesomyia*
8. すべての脛節刺はたてごと型（図8-23）。翅脈 R_{2+3} は分岐しない
 ································· コジロユスリカ属 *Larsia*
 - すべての脛節刺がたてごと型ではない。翅脈 R_{2+3} は分岐する（図8; 14, 15） ·········· 9
9. 前脚と後脚に脛節櫛がある（図8-30）。中脚の爪は普通（図8-16, 図15）
 ································· ボカシヌマユスリカ属 *Macropelopia*
 - 脛節櫛は後脚の脛節だけにある。中脚の爪は丸いへら状（図8-17, 図14）
 ································· ナカヅメヌマユスリカ属 *Fittkauimyia*
10. 底節突起がある（図8-25～27） ·· 11
 - 底節突起はない（図8-24, 29, 32） ·· 13
11. 把握器の先端は丸く，へら状（図8-12） ··············· ダンダラヒメユスリカ属 *Ablabesmyia*
 - 把握器の先端は通常の端刺がある ··· 12
12. 中脚の第3跗節先端付近に，強い剛毛のブラシがある（図8-28, 図25）（注：剛毛が抜けていて，毛穴しか見られないことがあるので注意）
 ································· ウスギヌヒメユスリカ属 *Rheopelopia*

2-3. 属・主要種への検索

- 中脚の第3跗節先端付近に，強い剛毛のブラシはない(図26)
 ………………………………………… セマダラヒメユスリカ属 *Thienemannimyia*
13. 褥盤がある(図8-16) ………………………………………………………… **14**
 - 褥盤はない ……………………………………………………………………… **18**
14. すべての脛節刺はたてごと型(図8-23) ……… ハヤセヒメユスリカ属 *Trissopelopia*
 - すべての脛節刺がたてごと型ではない ………………………………………… **15**
15. 後脚だけでなく前脚にも脛節櫛がある(図8-30) … ミズゴケヌマユスリカ属 *Alotanypus*
 - 脛節櫛は後脚の脛節だけにある ………………………………………………… **16**
16. 腹節背板 IX に長毛がある(図12) …………… ミジカヌマユスリカ属 *Apsectrotanypus*
 - 腹節背板 IX に長毛はない ……………………………………………………… **17**
17. 把握器は底節の長さの約 4/5(図16) ……………… クロバヌマユスリカ属 *Psectrotanypus*
 - 把握器は底節の長さの約 1/2(図13) ……………… キタモンユスリカ属 *Brundiniella*
18. 前脚の脛節刺はたてごと型(図28) ……………… ヤマヒメユスリカ属 *Zavrelimyia*
 - 前脚の脛節刺はたてごと型ではない …………………………………………… **19**
19. 前脚にも脛節櫛がある(図8-30)。翅脈 RM に丸い黒斑がある(図17)
 ………………………………………………………… モンヌマユスリカ属 *Natarsia*
 - 脛節櫛は後脚の脛節だけにある。翅脈 RM に黒斑はない …………………… **20**
20. 腹節背板 IX に長毛はない(図8-24) …………… コシアキヒメユスリカ属 *Paramerina*
 - 腹節背板 IX に長毛がある ……………………………………………………… **21**
21. 翅脈 R_{2+3} はなく，C は M_{3+4} の末端より基部で終わる(図23)。個眼の間に毛がある
 ……………………………………………………… コヒメユスリカ属 *Nilotanypus*
 - 翅脈 R_{2+3} があり，C は M_{3+4} の末端より先端寄りで終わる。個眼の間に毛はない
 ……………………………………………………… シロヒメユスリカ属 *Krenopelopia*

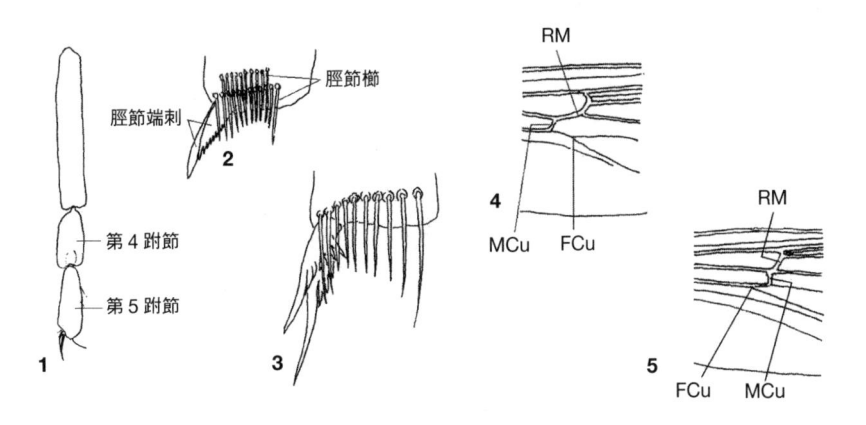

図8(1〜5)　雄成虫
 1: 前脚第3〜4跗節(ヒラアシユスリカ属)，2: 後脚脛節櫛(ヒラアシユスリカ属)，3: 後脚脛節櫛(モンヌマユスリカ属)，4: 翅脈(ヒラアシユスリカ属)，5: 翅脈(モンヌマユスリカ属)

2. 主要種への検索表

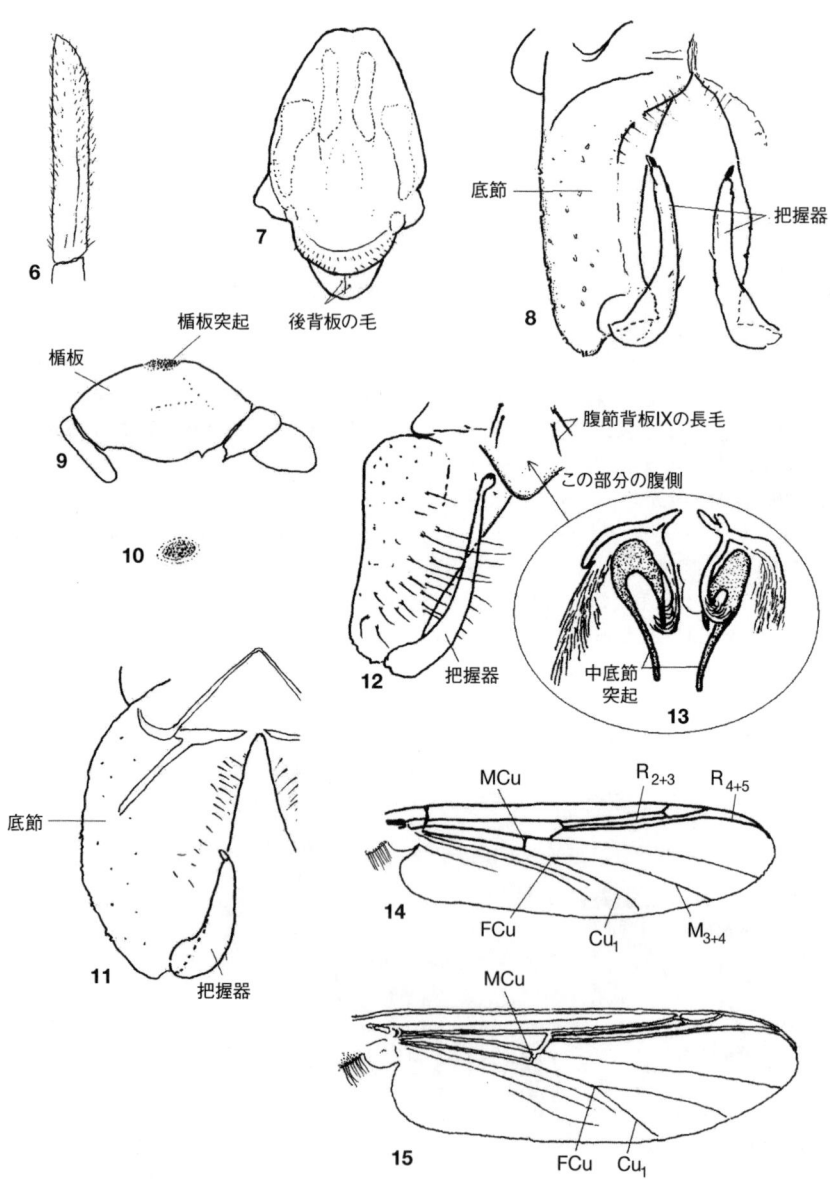

図8(6〜15) 雄成虫
6: 触角末端節(ヒラアシユスリカ属), 7: 後背板毛(ヒラアシユスリカ属), 8: 交尾器(テドリカユスリカ属), 9: 胸部側面観(カスリモンユスリカ属), 10: 楯板突起背面観(カスリモンユスリカ属), 11: 交尾器(カスリモンユスリカ属), 12: 交尾器(ダンダラヒメユスリカ属), 13: 中底節突起(ダンダラヒメユスリカ属), 14: 翅(カスリモンユスリカ属), 15: 翅(テドリカユスリカ属)

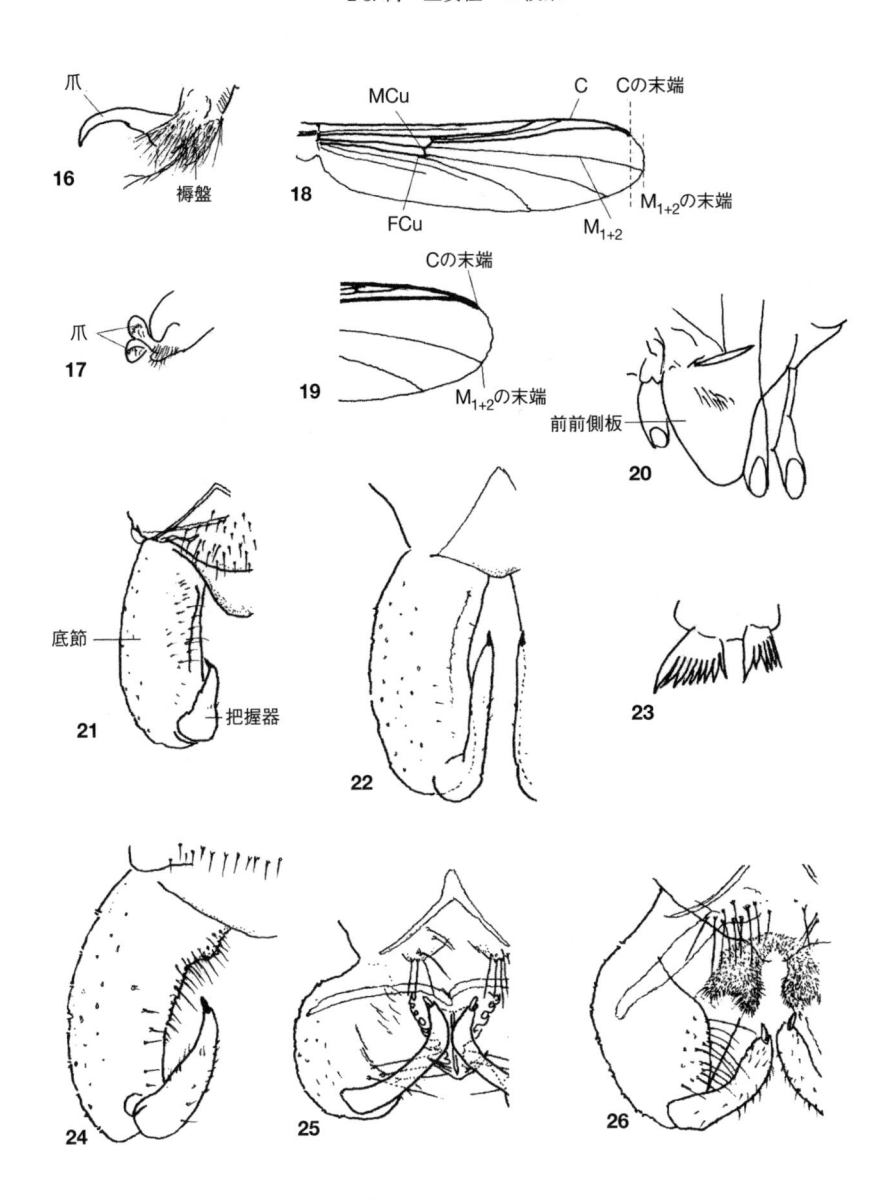

図 8 (16～26)　雄成虫
16: 第5跗節の先端(クロバヌマユスリカ属), 17: 中脚の第5跗節の先端(ナカヅメヌマユスリカ属), 18: 翅(コジロユスリカ属), 19: 翅の先端(ナカヅメヌマユスリカ属), 20. 前前側板の毛(モンヌマユスリカ属), 21: 交尾器(ミジカヌマユスリカ属), 22: 交尾器(クロバヌマユスリカ属), 23: 中脚の脛節端刺(ハヤセヒメユスリカ属), 24: 交尾器(ボカシヌマユスリカ属), 25: 交尾器(ヒメユスリカ属), 26: 交尾器(フトオウスギヌヒメユスリカ属)

2. 主要種への検索表

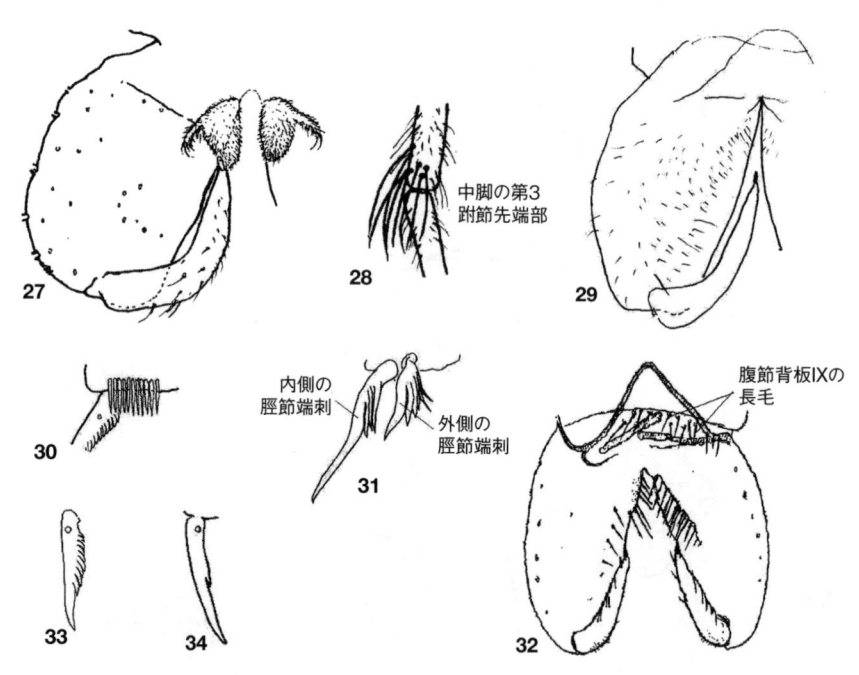

図8(27～32)　雄成虫
27: 交尾器(ウスギヌヒメユスリカ属)，28: 中脚第3跗節の先端(ウスギヌヒメユスリカ属)，29: 交尾器(モンヌマユスリカ属) 30. 前脚の脛節櫛(ミズゴケヌマユスリカ属)，31: 中脚の脛節端刺(ヤマヒメユスリカ属)，32: 交尾器(ミズゴケヌマユスリカ属)，33: 前脚の脛節端刺(テドリカユスリカ属)，34: 前脚の脛節端刺(カスリモンユスリカ属)

【幼虫（一部蛹を含む）（図9）】

1. 頭殻は丸いか丸に近い（図9-1）。縦か横に並ぶ下唇板の歯がある（図9-2, 3）。よく発達した遊泳毛がある（図1-24） ……………………………………………………… **2**
－ 頭殻はより細長い（図9-4）。縦か横に並ぶ下唇板の歯はない（図9-5, 6）。発達した遊泳毛はない（フトウスギヌヒメユスリカ属 *Hayesomyia* は小さな遊泳毛がある） …… **11**
2. 大顎の先端歯は強く内側に曲がる（図9-10）。下唇板の歯は，ほぼ縦に並ぶ（図9-3）
 …………………………………………………………………… ヒラアシユスリカ属 *Clinotanypus*
－ 大顎の先端歯は強く曲がらない（図9-13）。下唇板の歯は，ほぼ横か斜めに並ぶ（図9-2, 7～9） ………………………………………………………………………………………………… **3**
3. 大顎は基部が太く，先端歯は基部に対して小さく見える（図9-11）。M付属器は偽歯舌がない（図9-12） ………………………………………… カスリモンユスリカ属 *Tanypus*
－ 大顎はあまり太くなく，先端歯は基部に対して大きく見える（図9-13）。M付属器は偽歯舌がある（図9-14） ……………………………………………………………………………… **4**
4. 大顎内側に多数の付属歯がある（図9-15, 16） ……………………………………………… **5**
－ 大顎には基歯と1～2本の付属の歯がある（図9-13） ……………………………………… **6**
5. 舌板は5歯で，内側歯は中央歯の方へ傾く（図9-17）。下唇板の歯の列は中央部の歯列が左右の歯列より低い（図9-18）。大顎は背側と腹側に数列の付属歯列がある（図9-19）
 ……………………………………………………… ナカヅメヌマユスリカ属 *Fittkauimyia*
－ 舌板は4歯でまっすぐ前へ向く（図9-20）。下唇板の歯の列はほぼ横並び（図9-21）。大顎の内側に付属歯の列がある（図9-22） ……………… クロバヌマユスリカ属 *Psectrotanypus*
6. 小顎鬚の環状器官は基部近くにある（図9-23） …… ボカシヌマユスリカ属 *Macropelopia*
－ 小顎鬚の環状器官は中央部か先端寄りにある（図9-24） ………………………………… **7**
7. 舌板の歯は黒か暗色。側舌は外側にも歯がある（図9-25, 26） …………………………… **8**
－ 舌板は黄褐色か赤褐色。側舌は外側には歯がない（図9-27） …………………………… **9**
8. 舌板の中央歯は最も小さく，内側歯はまっすぐ前へ向く（図9-25） ……………………
 …………………………………………………………………………… カユスリカ属 *Procladius*
－ 舌板の中央歯は内側歯より大きく，内側歯の先端は外側へ向く（図9-26） ……………
 ………………………………………………………… テドリカユスリカ属 *Saetheromyia*
9. 第3触角節の長さはその幅のほぼ2倍（図9-28）。下唇板の歯は片側に5～7本（図9-29）
 ………………………………………………………… ミズゴケヌマユスリカ属 *Alotanypus*
－ 第3触角節は短く，長さは幅と同じくらい（図9-30）。下唇板歯は大きく，4～5本（片側）（図9-31） ……………………………………………………………………………………… **10**
10. 下唇板の内側は擬歯舌の近くまで届き，M付属器はくびれる。後偽脚の小さい爪は基部の幅が広い（図9-21，図13G） ………………………… キタモンユスリカ属 *Brundiniella*
－ 下唇板の内側は擬歯列に届かず，M付属器はあまりくびれない（図12）。後偽脚の小さい爪の幅は広くない ……………………………… ミジカヌマユスリカ属 *Apsectrotanypus*
11. 小顎鬚は2つ以上の硬化した節からなる（図9-32, 33） ………………………………… **12**

2. 主要種への検索

- 小顎鬚の基節は1つの硬化した節からなる（図9: 34〜36） ………………… **13**
12. 小顎鬚の基節は長さの異なる2つの節からなり、基部の節は2番目の節の長さの1/2より短い（図9-32）。偽歯舌は基部の幅が広がり、後縁に接しているように見える。偽歯舌の細粒は縦列に並ばない（図9-37） …………… コシアキヒメユスリカ属 *Paramerina*
- 小顎鬚の基節は2〜6節で、2節のときは節の長さがほぼ等しいか、基部の節は2番目の節の長さの1/2より大きい。2節以上ある種では基部の節が非常に小さい（図9-38）。偽歯舌の基部の節は広がらず、後縁に接しているようには見えない。偽歯舌の細粒はしばしば縦列に並ぶ（図9-5, 39） …………… ダンダラヒメユスリカ属 *Ablabesmyia*
13. 舌板の中央歯は内側歯よりも長く、外側歯の先端に届くか、それを越える（図9-40） ……………………………………………… コヒメユスリカ属 *Nilotanypus*
- 舌板の中央歯は内側歯と同じくらいか、より小さい（図9-41, 42） …………… **14**
14. 第2触角節の先端に音叉のような形の大きなローターボーン器官がある（図9-43, 44） **15**
- 第2触角節先端のローターボーン器官はより小さく音叉のようにならない ………… **16**
15. 第4〜10体節の前側方に4本の長い毛のフリンジがある（図9-45）。偽歯舌の細粒は非常に細かい（図9-46） ……………………… モンヌマユスリカ属 *Natarsia*（一部）
- 体節の前側方に4本の長い毛のフリンジはない。偽歯舌の細粒は粗く、縦列に並ぶ（図9-47） ……………………………………… シロヒメユスリカ属 *Krenopelopia*
16. 大顎の基歯は大きい（図9-48, 49） ………………………………………… **17**
- 大顎の基歯は小さい（図9-50, 51） ………………………………………… **19**
17. 後擬脚の小さい爪のうちの1本は、内側に歯があるか2つの枝に分かれる（図9-52） ……………………………………………… ヤマヒメユスリカ属 *Zavrelimyia*
- 後擬脚の爪は単純 …………………………………………………………… **18**
18. 第4〜10体節の前側方に長い毛のフリンジがある（図9-53） ……………………………………………… モンヌマユスリカ属 *Natarsia*（一部）
- 体節にそのようなフリンジはない ……………………… コジロユスリカ属 *Larsia*
19. 小顎鬚の環状器官は基節の中央付近にある（図9-54） ……………………………………………… ハヤセヒメユスリカ属 *Trissopelopia*
- 小顎鬚の環状器官は基節の先端近くにある（図9-55） ……………………… **20**
20. 小顎鬚のb毛は3節（図9-56） ……………………………………………… **21**
- 小顎鬚のb毛は2節（図9-57） ……………………………………………… **22**
21. 大顎の基歯と付属歯はほとんど退化的で、付属歯は1000倍で見えるくらい（図9-59）。後擬脚の基部近くの毛は長さの異なる2つの枝に分かれる（図58）。蛹の呼吸角は袋状で単純（図9-60, 61） ……………… ウスギヌヒメユスリカ属 *Rheopelopia*（一部）
- 大顎の基歯と付属歯はより大きく、400倍で見える（図9-62）。後擬脚の基部付近の毛は枝分かれしない ……………………………… ヒメユスリカ属 *Conchapelopia*
22. 小顎鬚の基節は触角第2節より短い。大顎の基歯と付属歯はほとんど退化的で、付属歯は1000倍で見えるくらい（図9-63）。蛹の呼吸角は単純な袋状で、気室ははっきりしない（図9-65） ……………………… ウスギヌヒメユスリカ属 *Rheopelopia*（一部）
- 小顎鬚の基節は触角第2節より長い。大顎の基歯と付属歯はより大きく、400倍で見え

2-3. 属・主要種への検索

る(図9-64)。蛹の呼吸角はプラストロン板があるか、あるいは気室に複雑な凹凸がある(図9-66, 67) ·· **23**

23. (4齢幼虫のみ)触角比は5以上。触角第2節は約40 μm。触角の葉状片の硬化した基部は、その幅と同じくらいの長さ(図9-68)。蛹の呼吸角にコロナはなく、気室には多くの凹凸がある(図9-67) ·································· セマダラヒメユスリカ属 *Thienemannimyia*

− (4齢幼虫のみ)触角比は5以下。触角第2節は約50 μm。触角の葉状片の硬化した基部は、長さが幅のほぼ2倍(図9-69)。蛹の呼吸角はコロナに囲まれたはっきりした空気孔があり、気室は1〜2つの凹凸がある(図9-66) ·································· フトオウスギヌヒメユスリカ属(新称)*Hayesomyia*

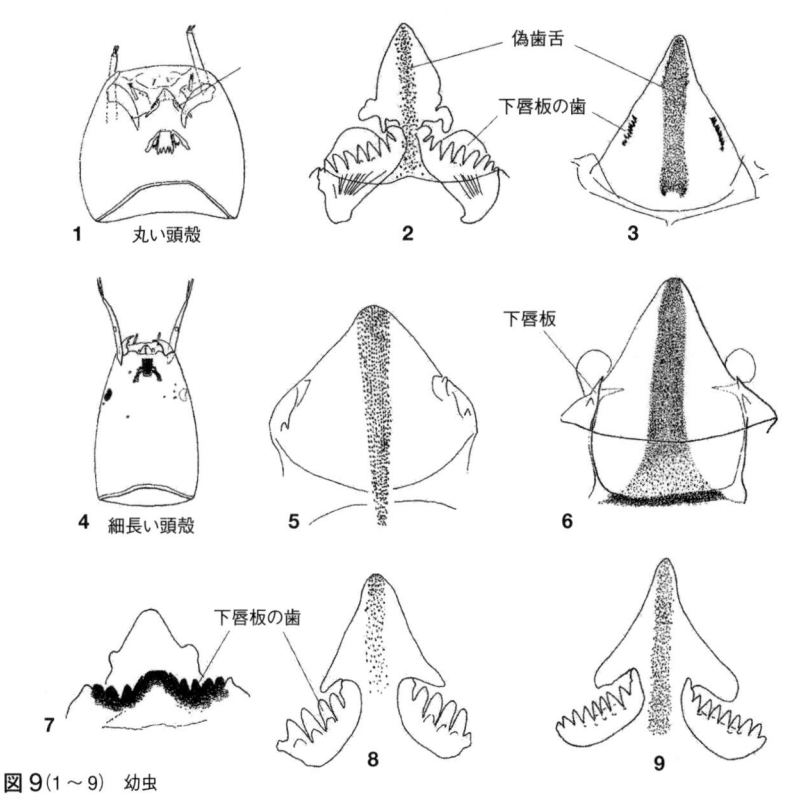

図9(1〜9) 幼虫
1: 頭殻(カユスリカ属など丸い頭殻), 2: M付属器と下唇板(クロバヌマユスリカ属), 3: M付属器と下唇板(ヒラアシユスリカ属), 4: 頭殻(ダンダラヒメユスリカ属などの細長い頭殻), 5: M付属器と下唇板(ダンダラヒメユスリカ属), 6: M付属器と下唇板(ヤマヒメユスリカ属), 7: M付属器と下唇板(カスリモンユスリカ属), 8: M付属器と下唇板(ミジカヌマユスリカ属), 9: M付属器と下唇板(カユスリカ属)(Epler, 2001より引用)

2. 主要種への検索

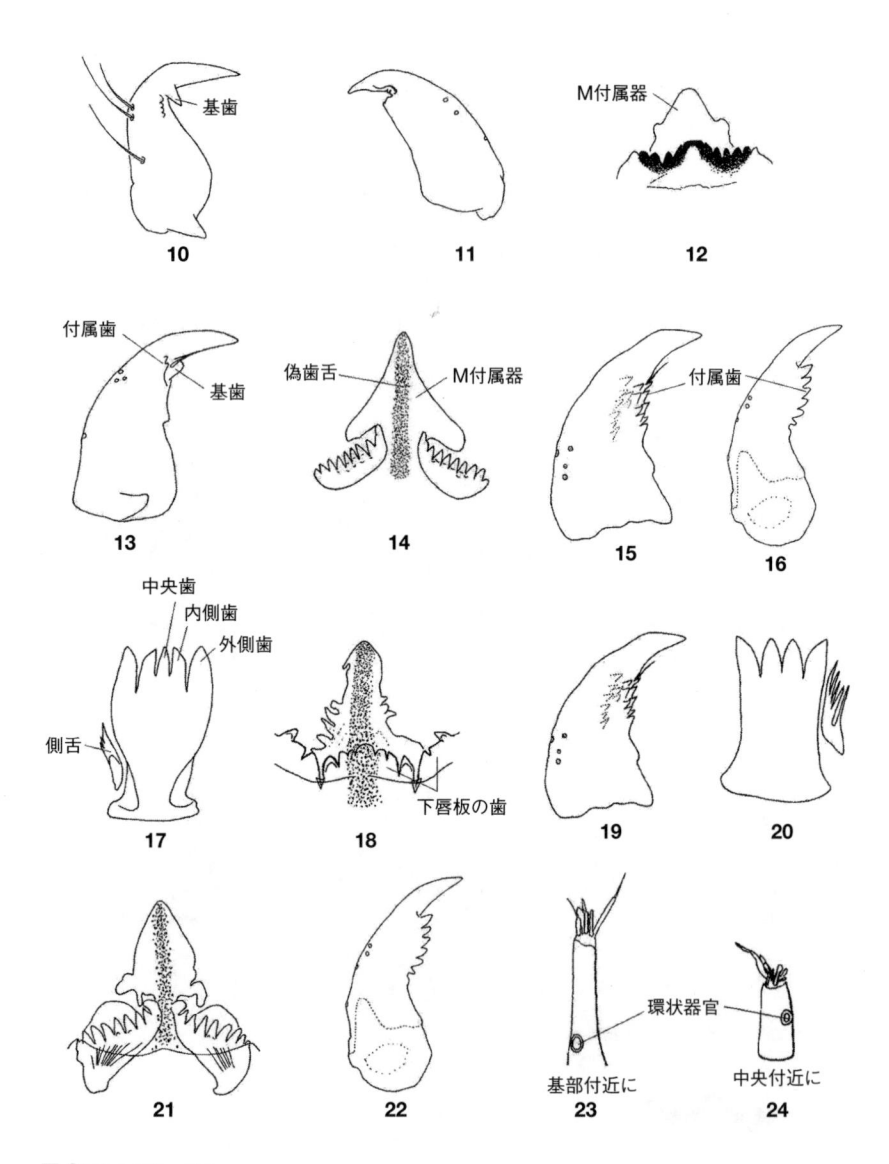

図9(10〜24) 幼虫
10: 大顎(ヒラアシユスリカ属), 11: 大顎(カスリモンユスリカ属), 12: M付属器と下唇板(カスリモンユスリカ属), 13: 大顎(カユスリカ属), 14: M付属器と下唇板(カユスリカ属), 15: 大顎(ナカヅメヌマユスリカ属), 16: 大顎(クロバヌマユスリカ属), 17: 舌板(ナカヅメヌマユスリカ属), 18: M付属器と下唇板(ナカヅメヌマユスリカ属), 19: 大顎(ナカヅメヌマユスリカ属) 20: 舌板(クロバヌマユスリカ属), 21: M付属器と下唇板(クロバヌマユスリカ属), 22: 大顎(クロバヌマユスリカ属), 23: 小顎鬚(ボカシヌマユスリカ属), 24: 小顎鬚(カユスリカ属)(Epler, 2001 より引用)

2-3. 属・主要種への検索

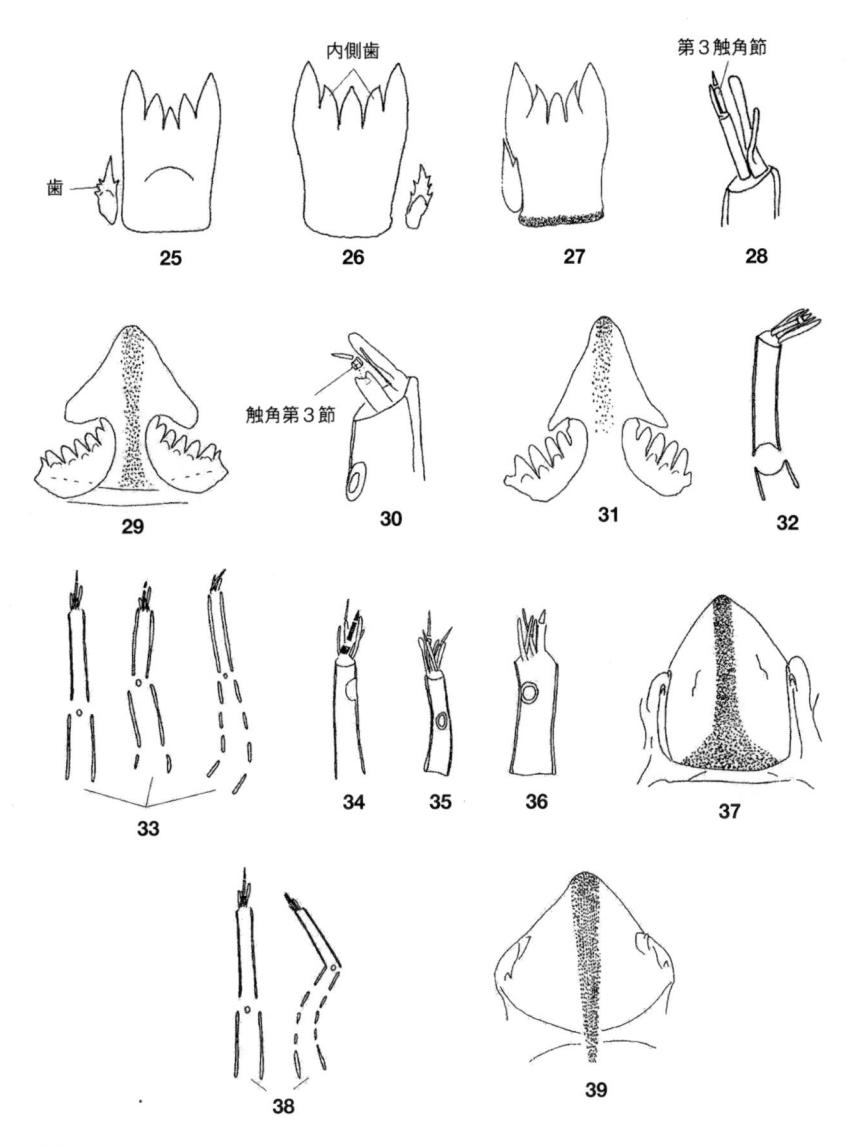

図9(25〜39) 幼虫
25: 舌板(カユスリカ属), 26: 舌板(テドリカユスリカ属), 27: 舌板(ミジカヌマユスリカ属), 28: 触角先端(ミズゴケヌマユスリカ属), 29: M付属器と下唇板(ミジカヌマユスリカ属), 30: 触角(ミジカヌマユスリカ属), 31: M付属器と下唇板(ミジカヌマユスリカ属), 32: 小顎鬚(コシアキヒメユスリカ属), 33: 小顎鬚(ダンダラヒメユスリカ属), 34: 小顎鬚(ヒメユスリカ属), 35: 小顎鬚(コジロユスリカ属), 36: 小顎鬚(モンヌマユスリカ属), 37: M付属器と下唇板(コシアキヒメユスリカ属), 38: 小顎鬚(ダンダラヒメユスリカ属), 39: M付属器と下唇板(ダンダラヒメユスリカ属)(Epler, 2001 より引用)

2. 主要種への検索

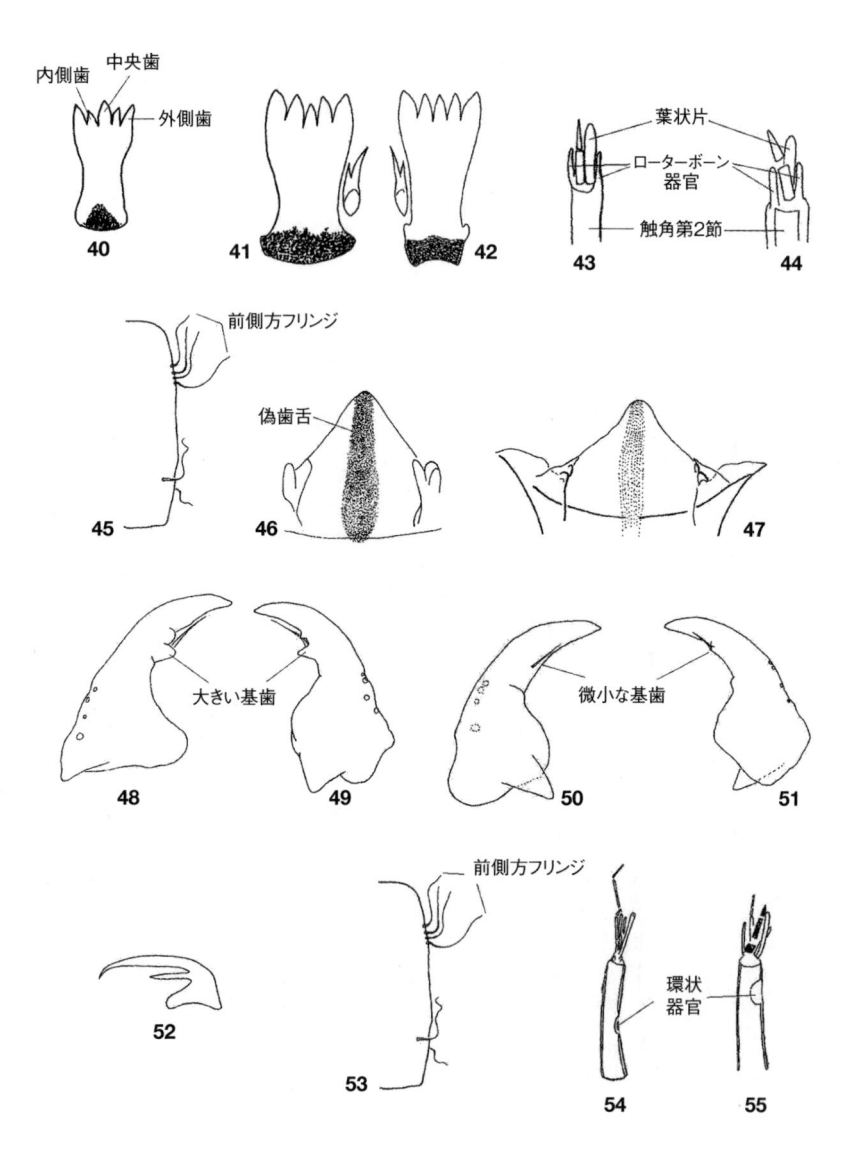

図9(40〜55) 幼虫
40: 舌板(コヒメユスリカ属), 41: 舌板(コジロユスリカ属), 42: 舌板(ヤマヒメユスリカ属), 43: 触角先端部(モンヌマユスリカ属), 44: 触角先端部(モンヌマユスリカ属), 45: 体節4〜10の側面(モンヌマユスリカ属), 46: M付属器と下唇板(モンヌマユスリカ属), 47: M付属器と下唇板(シロヒメユスリカ属), 48: 大顎(ヤマヒメユスリカ属), 49: 大顎(コジロユスリカ属)50: 大顎(ウスギヌヒメユスリカ属), 51: 大顎(ヒメユスリカ属), 52: 後擬脚の爪の1つ(ヤマヒメユスリカ属), 53: 体節4〜10の側面(モンヌマユスリカ属), 54: 小顎鬚(ハヤセヒメユスリカ属), 55: 小顎鬚(ヒメユスリカ属)(Epler, 2001より引用)

2-3. 属・主要種への検索

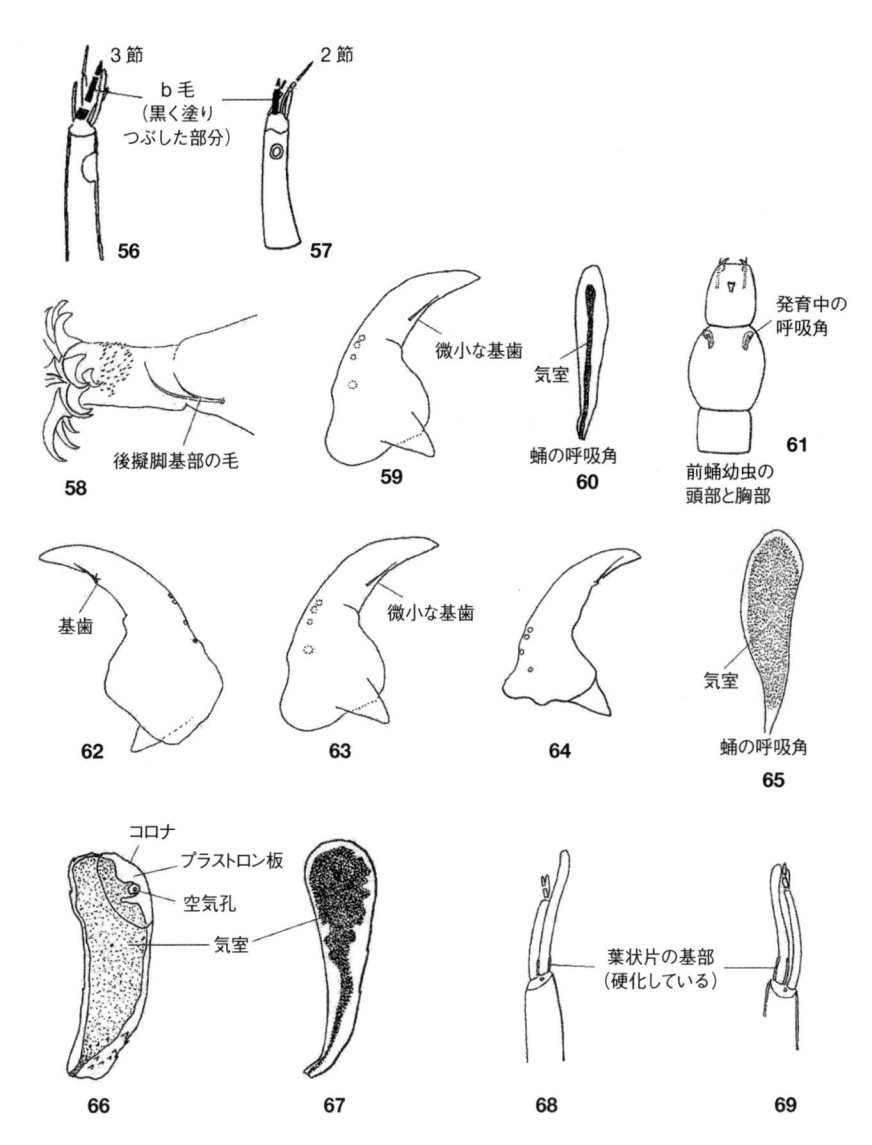

図9(56〜69) 幼虫
56: 小顎鬚(ヒメユスリカ属), 57: 小顎鬚(セマダラヒメユスリカ属), 58: 後擬脚(ウスギヌヒメユスリカ属), 59: 大顎(ウスギヌヒメユスリカ属), 60. 蛹の呼吸角(ウスギヌヒメユスリカ属), 61: 前蛹幼虫の頭部と胸部(ウスギヌヒメユスリカ属), 62: 大顎(ヒメユスリカ属), 63: 大顎(ウスギヌヒメユスリカ属), 64: 大顎(セマダラヒメユスリカ属), 65: 蛹の呼吸角(ウスギヌヒメユスリカ属), 66: 蛹の呼吸角(フトオウスギヌヒメユスリカ属), 67: 蛹の呼吸角(セマダラヒメユスリカ属), 68: 触角先端部(セマダラヒメユスリカ属), 69: 触角先端部(フトオウスギヌヒメユスリカ属)(Epler, 2001 より引用)

属・種の説明

　モンユスリカ亜科 Tanypodinae は次の7族（Tribe）に分けられる。現在日本から記録されているものは主に下記のIを除く6族22属である。幼虫はすべて自由生活をし，営巣しない。

　I. ヌマユスリカ族 Anatopyniini（日本での生息は確認されていない）
　II. アナモンユスリカ族 Coelotanypodini
　　①ヒラアシユスリカ属 *Clinotanypus*
　III. ボカシヌマユスリカ族 Macropelopiini
　　②ミズゴケヌマユスリカ属 *Alotanypus*
　　③ミジカヌマユスリカ属 *Apsectrotanypus*
　　④キタモンユスリカ属 *Brundiniella*
　　⑤ナカヅメヌマユスリカ属 *Fittkauimyia*
　　⑥ボカシヌマユスリカ属 *Macropelopia*
　　⑦クロバヌマユスリカ属 *Psectrotanypus*
　IV. モンヌマユスリカ族 Natarsiini
　　⑧モンヌマユスリカ属 *Natarsia*
　V. ヤマトヒメユスリカ族 Pentaneurini
　　⑨ダンダラヒメユスリカ属 *Ablabesmyia*
　　⑩ヒメユスリカ属 *Conchapelopia*
　　⑪フトオウスギヌヒメユスリカ属 *Hayesomyia*
　　⑫シロヒメユスリカ属 *Krenoppelopia*
　　⑬コジロユスリカ属 *Larsia*
　　⑭コヒメユスリカ属 *Nilotanypus*
　　⑮コシアキヒメユスリカ属 *Paramerina*
　　⑯ウスギヌヒメユスリカ属 *Rheopelopia*
　　⑰セマダラヒメユスリカ属 *Thienemannimyia*
　　⑱ハヤセヒメユスリカ属 *Trissopelopia*
　　⑲ヤマヒメユスリカ属 *Zavrelimyia*
　VI. カユスリカ族 Procladiini
　　⑳カユスリカ属 *Procladius*
　　㉑テドリカユスリカ属 *Saetheromyia*

VII. カスリモンユスリカ族 Tanypodini
  ㉒カスリモンユスリカ属 *Tanypus*

アナモンユスリカ族 Coelotanypodini

①ヒラアシユスリカ属 *Clinotanypus* Kieffer, 1913（図 10）

雄成虫：体長 4〜6 mm。翅の MCu が FCu より基部寄りにあるのは，日本産ではカユスリカ属 *Procladius*，テドリカユスリカ属 *Saetheromyia*，ヒラアシユスリカ属 *Clinotanypus*，カスリモンユスリカ属 *Tanypus* の 4 属である。属によって肘脈比（図 29 翅）が異なり，それぞれ平均値が，0.8，0.65，0.28，0.25 である。これは，ヒラアシユスリカ属がカスリモンユスリカ属に比べて，MCu が FCu にわずかに遠い（翅の基部に近い）位置にあることを示している。

幼虫：大きくて体長 15 mm に達する。体色は赤。三角形の下唇板，縦に近い位置に並ぶ下唇板の歯が特徴的で同定は容易。

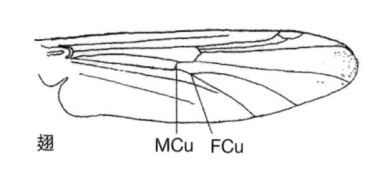

図 10　ヒラアシユスリカ属

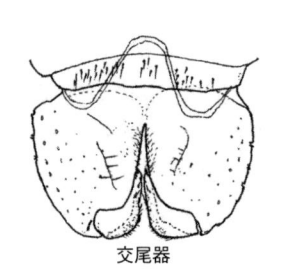

暖帯の緩い流れや湖沼の浅い軟泥の水底を好む。水田に発生することも多い。記録は全国にある。モンキヒラアシユスリカとスギヤマヒラアシユスリカの交尾器には顕著な差は認められない。同じアナモンユスリカ族 Coelotanypodini に属するアナモンユスリカ属 *Coelotanypus* は旧北区では発見されていない。

種への検索（雄成虫）

1. 楯板が暗色で翅の RM その他の部分に暗紋がない
　………………………モンキヒラアシユスリカ *Clinotanypus japonicus* Tokunaga, 1937
－ 楯板が黄色で翅の RM に黒い斑紋がある
　………………スギヤマヒラアシユスリカ *Clinotanypus sugiyamai* Tokunaga, 1937

②ミズゴケヌマユスリカ属 *Alotanypus* Roback, 1987（図11）

雄成虫：体長5〜7mm。把握器の長さが底節の1/2ほどであること，前脚の脛節にも（他の多くの種では後脚脛節にだけある）脛節櫛があることなどの点でボカシヌマユスリカ属 *Macropelopia* に似るが，楯板突起がない（ボカシヌマユスリカにはある）こと，把握器がボカシヌマユスリカのそれより細いことで区別できる。

幼虫：やや大きく体長11mm。触角第3節は少なくともその幅の2倍以上。大顎の側方腹側の毛（V毛）（図1-46）はすべて枝分かれしない。体側毛あり（図1-24）。

日本では1種が知られている。福島，静岡，富山，広島県で記録がある。

　　　　ミズゴケヌマユスリカ *Alotanypus kuroberobustus*
　　　　　　　　　　　　　　　　　　　　（Sasa et Okazawa, 1992）

③ミジカヌマユスリカ属 *Apsectrotanypus* Fittkau, 1962（図12）

雄成虫：体長5〜7mm。把握器は相対的に短く，底節の0.33〜0.5倍。翅に暗色の紋様がある。腹節背板Ⅸの背側が盛り上がり多くの毛を備える。

幼虫：体長8mmほど。終齢幼虫の頭殻は褐色で眼点のまわりが淡色。体は褐色で黄色い斑紋がある。幼虫の触角第3節は非常に短い。舌板の内側歯の先端が外側へ向く。下咽頭櫛歯は4本が大きく，外側の1本は小さい。大顎の V_2 と V_3 毛は先端が枝分かれする（図1-46）。

冷涼な水域を好む。千島列島，秋田，福島，栃木，群馬，東京（都下），富山，静岡，京都，岡山などに記録がある。ボカシヌマユスリカ属，クロバヌマユスリカ属，カユスリカ属と同様，主に肉食性であるが，若齢のときは，藻類，デトリタス食。

　　　　ヨシムラユスリカ *Apsectrotanypus yoshimurai*（Tokunaga, 1937）

④キタモンユスリカ属 *Brundiniella* Roback, 1978（図13）

雄成虫：体長3〜3.5mm。褥盤がある（図1-13），前前側板毛がある（図1-15），腹節背板Ⅸに剛毛はない，把握器は底節の1/2。

幼虫：舌板歯の先端を結ぶ線はかなりくぼむ。内側歯はほとんどまっすぐ前に向く。下唇板歯の内側は偽歯舌近くにとどく。後偽脚の爪は基部の幅が広い。ヤグキキタモンユスリカ1種が知られている。

2-3. 属・主要種への検索

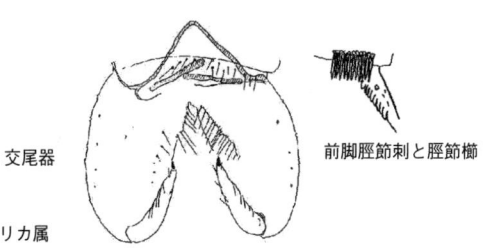

図 11 ミズゴケヌマユスリカ属

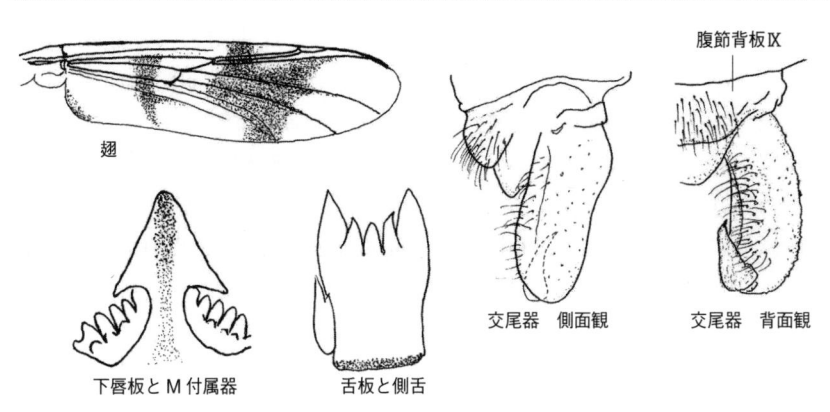

交尾器　　前脚脛節刺と脛節櫛

図 12 ミジカヌマユスリカ属

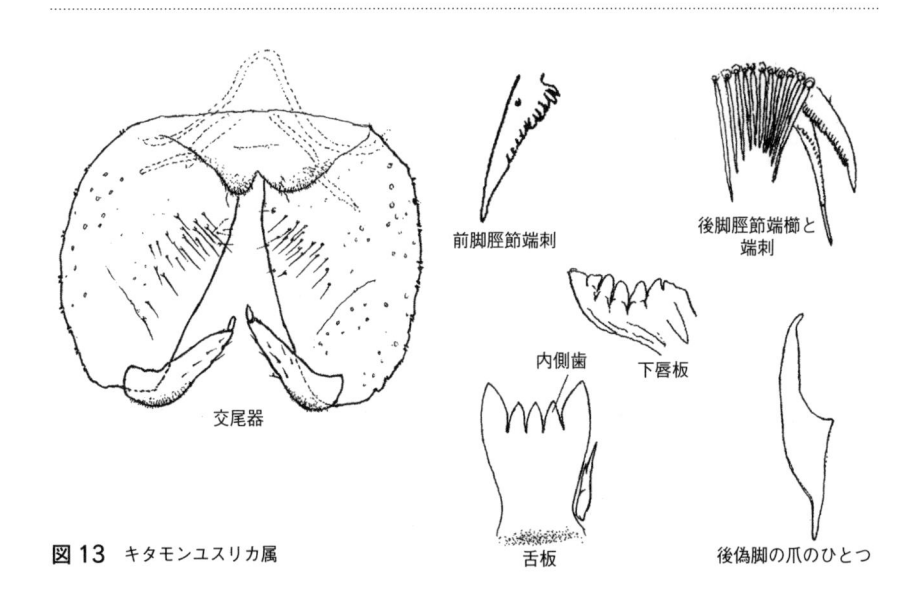

翅　　下唇板とM付属器　　舌板と側舌　　交尾器 側面観　　交尾器 背面観　　腹節背板IX

図 13 キタモンユスリカ属

交尾器　　前脚脛節端刺　　後脚脛節端櫛と端刺　　内側歯　　下唇板　　舌板　　後偽脚の爪のひとつ

55

冷涼な小流に生息。福島，岐阜，広島で記録がある。
ヤグキキタモンユスリカ _Brundiniella yagukiensis_ Niitsuma, 2003

⑤ナカヅメヌマユスリカ属 _Fittkauimyia_ Karunakaran, 1969 （図14）

雄成虫：体長約3.5 mm。中脚の爪の先が丸いヘラ型なのが大きな特徴。後背板毛（図1-15），楯板突起（図1-14, 15）がある。眼の内背側，触角の柄節の間に毛で被われた突起がある（図14）。

幼虫：体長数mm。頭殻は褐色で卵型。大顎の腹側に10数個の付属歯があること，舌板の内側歯先端が中央歯の方へ傾くこと，背下唇板歯列は3つの部分に別れ，中央部分が低いので歯列がくぼんで見える。頭殻は褐色，体も褐色。

河川，湖沼の沿岸帯。福島，茨城，静岡，京都で記録がある。

F. nipponica Ueno, 2005 は，_F. olivacea_ の新参同物異名と考えられる。
ナカヅメヌマユスリカ _Fittkauimyia olivacea_ Niitsuma, 2004

⑥ボカシヌマユスリカ属 _Macropelopia_ Thienemann, 1916 （図15）

雄成虫：体長約8～10 mmで大きい。翅は毛で覆われ，先端半分に不鮮明な暗色の斑紋がある。把握器は太く頑丈で，長さは底節の1/2。基部が太くて少し内側にカーブしながら先端1/3が先細る。楯板突起がある。前脚にも脛節櫛がある。

幼虫：11～14 mmでかなり大きい。頭殻は丸くて黄色，体色は赤。M付属器の前方半分では，偽歯舌の両側の細粒は細かい。舌板の外側歯は長く，歯列は大きくくぼむ。

幼虫は砂底質のやや冷涼な水域を好む。全国に分布。
ボカシヌマユスリカ _Macropelopia paranebulosa_ Fittkau, 1962

⑦クロバネヌマユスリカ属 _Psectrotanypus_ Kieffer, 1909 （図16）

雄成虫：体長6～8 mm。翅は黒い毛で密に覆われ，翅室r_{4+5}（R_{4+5}とM_{1+2}の間の翅膜）に，特に濃い大きな斑紋がある。RMは斜めに長く伸びる。把握器は先端近くまで同じ太さで，長さは底節の0.75倍。腹節背板Ⅸに毛の列はない。

幼虫：大きく10～11 mm。頭殻は丸い，体色は薄紅色。舌板の歯は大きさ，高さがほぼ同じ4本（図9-20）。大顎の内側に数本の付属歯がある（図9-22）。

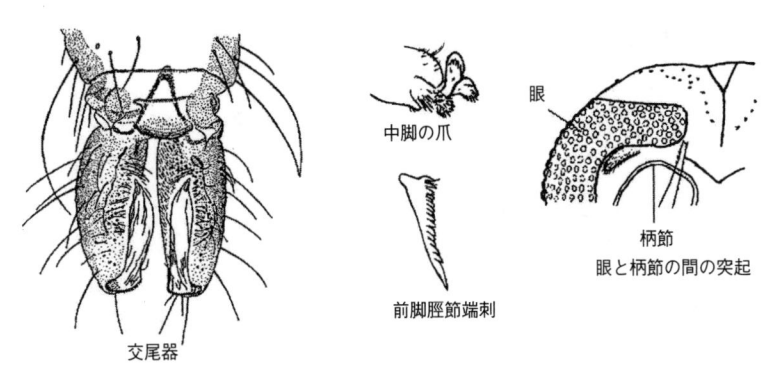

2-3. 属・主要種への検索

図14 ナカヅメヌマユスリカ属
- 交尾器
- 中脚の爪
- 前脚脛節端刺
- 眼
- 柄節
- 眼と柄節の間の突起

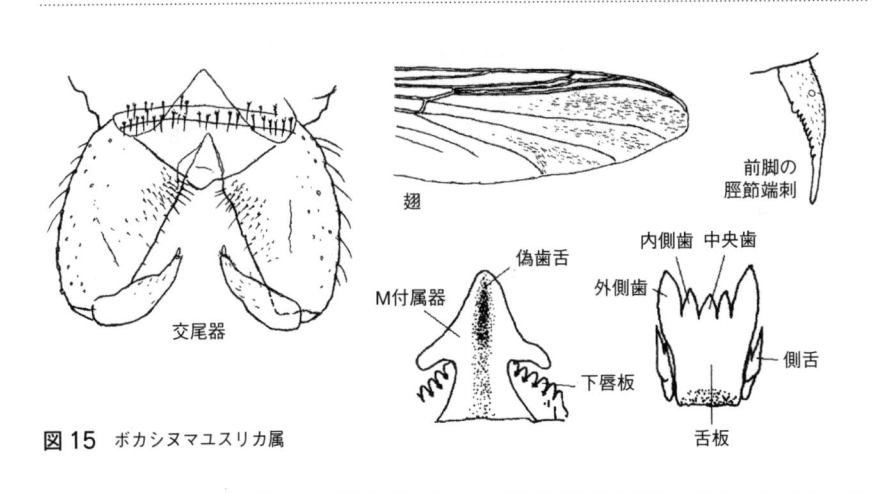

図15 ボカシヌマユスリカ属
- 交尾器
- 翅
- 前脚の脛節端刺
- 偽歯舌
- M付属器
- 下唇板
- 内側歯　中央歯
- 外側歯
- 側舌
- 舌板

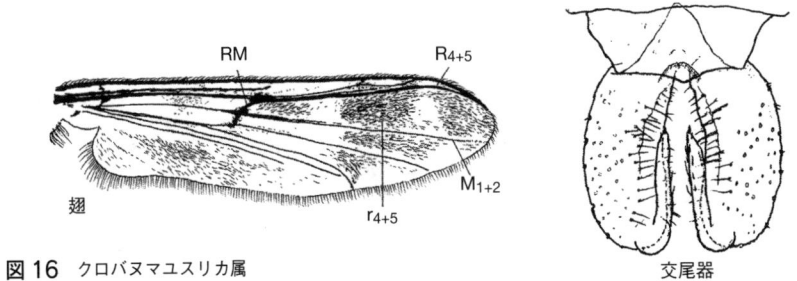

図16 クロバヌマユスリカ属
- 翅
- RM
- R_{4+5}
- M_{1+2}
- r_{4+5}
- 交尾器

湖沼の浅い部分に棲む。かなり汚濁の進んだ水域にも見られる。全国に分布する。

　　クロバヌマユスリカ *Psectrotanypus orientalis* Fittkau, 1962

⑧モンヌマユスリカ属 *Natarsia* Fittkau, 1962（図17）

　雄成虫：体長5mm前後。前脚にも脛節櫛がある。爪の先端がヘラ状。翅のRM付近にはっきりした丸い黒斑があるのが特徴。把握器の長さは底節の0.75倍。

　幼虫：体長は約10mm。頭殻は黄褐色，体は淡紅色から赤色。（背）下唇板歯がないこと，大顎の基歯が大きいこと，触角が頭殻の1/3ほどで短いこと，第2触角節先端にローターボーン器官があること（図9-43, 44）で同定は容易。

　流水，湖沼の沿岸帯に生息。全国に分布。

　　モンヌマユスリカ *Natarsia tokunagai*（Fittkau, 1962）

⑨ダンダラヒメユスリカ属 *Ablabesmyia* Johannsen, 1905（図18）

　雄成虫：体長4〜5mm。脚の斑紋が非常に特徴的なので肉眼でも属の同定は容易。細長い把握器の先端は，小さな丸い手のひら状になる。種は雄の交尾器のブレード（中底節突起）（図18-A〜C）の形態で同定する。ウシの角のような単純なブレードならオナガダンダラヒメユスリカ，根元で長短の枝に分かれていればダンダラヒメユスリカ，ブレードが太くて両縁が並行で舌のような形状ならフトオダンダラヒメユスリカである。ブレードの背側には歯ブラシ状の付属器（上底節突起）が，また，両側には毛の房のような付属器がある。

　幼虫：体長約11mm。頭殻は黄褐色，体は黄色から褐色でときに暗色の斑点がある。後擬脚に1〜3本の暗色の爪があること，小顎鬚の基節が2〜5の節（亜分節）に分かれていること，小顎鬚の環状器官が末端の2節の間にあること（図9-38），上咽頭櫛歯の大きさが不揃いなこと，などが特徴。あまり環境を選ばず，止水，流水，貧栄養，富栄養，暖地から冷涼地まで。全国に普通。

種への検索（雄成虫）

1. ブレードは基部で長短の2本に分かれる（図18-A）
　　　　……………………………… ダンダラヒメユスリカ *A. monilis*（Linnaeus, 1758）
－ ブレードは2本に分かれない ……………………………………………………………… 2
2. ブレードは角状で先細る（図18-B）

2-3. 属・主要種への検索

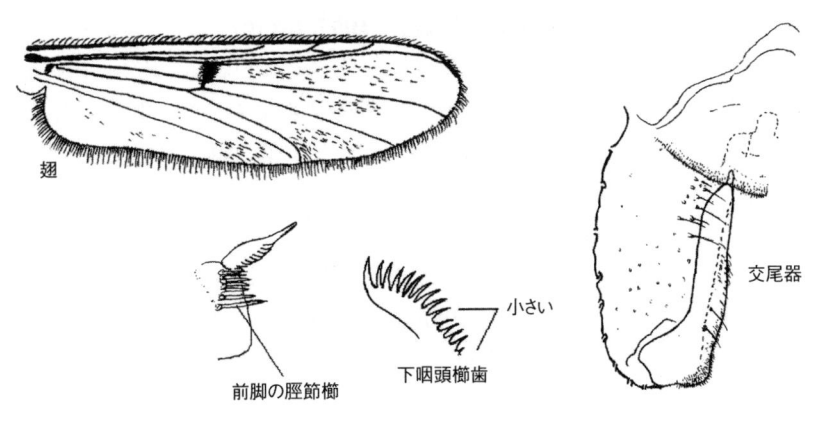

図17 モンヌマユスリカ属

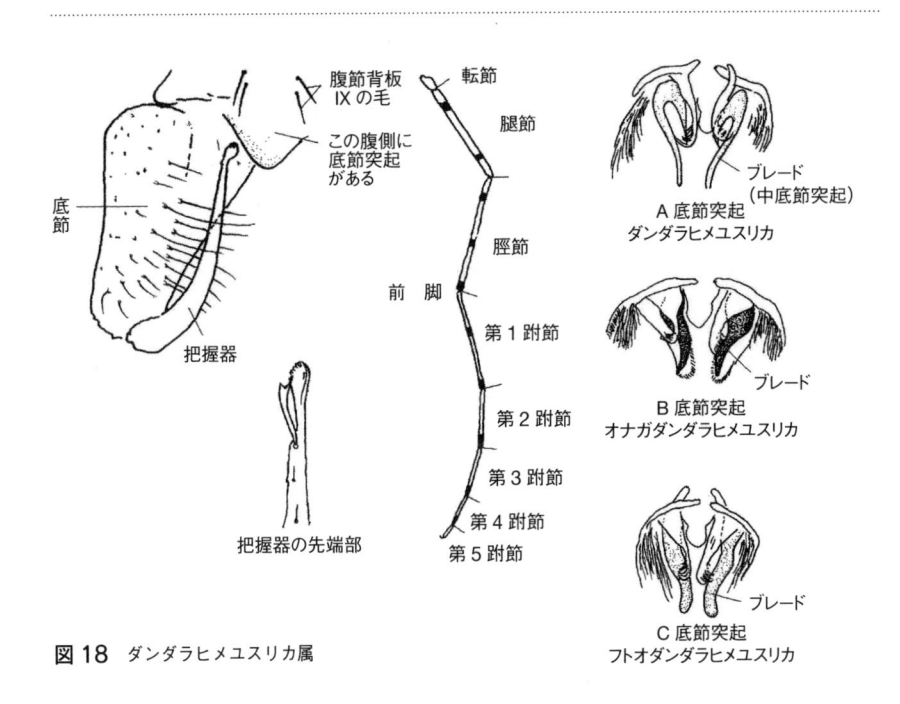

（翅、前脚の脛節櫛、下咽頭櫛歯（小さい）、交尾器）

図18 ダンダラヒメユスリカ属

（底節、把握器、腹節背板IXの毛、この腹側に底節突起がある、把握器の先端部、転節、腿節、脛節、前脚、第1跗節、第2跗節、第3跗節、第4跗節、第5跗節）

A 底節突起 ダンダラヒメユスリカ（ブレード（中底節突起））

B 底節突起 オナガダンダラヒメユスリカ（ブレード）

C 底節突起 フトオダンダラヒメユスリカ（ブレード）

────────── オナガダンダラヒメユスリカ（新称）*A. longistyla* Fittkau, 1962
- ブレードの両縁は平行で先端まで先細らず，先端が丸い（図18-C）
  ────── フトオダンダラヒメユスリカ（新称）*A. prorasha* Kobayashi et Kubota, 2002

⑩ヒメユスリカ属 *Conchapelopia* Fittkau, 1957 （図19）

　雄成虫：体長約3〜5mm。セボシヒメユスリカの成虫胸部の地色は白いが，楯板の前部にある横並びの黒い4つ星（側条紋の前端の2つと中条紋の中間の2つで計4斑紋）が目立つのでこの名がある。この4斑紋に加えて楯板の後部両側（側条紋の後端）に2つで計6つ，さらに楯板前端（中条紋の前端）に2つあって計8つのものもある（図19-B）。また，黒斑がまったくないものもある。また，これらの黒斑がにじんだようになることもあるが，こうなると肉眼的にはウスギヌヒメユスリカ属 *Rheopelopia* などとの区別をつけにくい。以前はこれらの斑紋の違いで種を分けていたが，これらの斑紋は属や種の基準にはならず，交尾器の中底節突起の形態だけが安定的な種の表徴と考えられる。雄交尾器の底節は貝殻（concha は貝のラテン語）のように丸くて背側がくぼんでいるのが特徴（図19-A）。

　幼虫：体長は7mmほど。頭殻は淡色，体は淡黄色。肉食性であるが，緑藻類も食べる。全国の河川，湖沼に普通。富栄養の水域にも見られる。セボシヒメユスリカが最も普通で，次いでキソヒメユスリカが多い。

種への検索（雄成虫）

1. 中底節突起の中間部両縁には葉状片はない(図19-C, F) ……………………… **2**
－ 中底節突起は全縁側方に隙間なく葉状片が並ぶ(図19-D, E, G, H) ……………… **3**
2. 中底節突起の基部側方に長く伸びる部分がある(図19-F)。楯板に4(または2, 6, 8)の黒い斑点があることが多い … **セボシヒメユスリカ** *C. quatuormaculata* Fittkau, 1957
－ 中底節突起の基部に，側方へ伸びる枝状の部分はない(図19-C)。楯板に黒い斑点はない
　　……………………………… **キソヒメユスリカ** *C. esakiana* (Tokunaga, 1939)*
3. 左右の中底節突起が離れず，全体で三角形に見える(図19-E, H) …………… **4**
－ 左右の中底節突起が中間部分から先が左右に開く(図19-D, G) ……………… **5**
4. 中底節突起の中間部から先端の葉状片は先細りで，中間から基部の葉状片は幅が広いくさび型(図19-E) ……… **ウスイロヒメユスリカ**（新称）*C. pallidula* (Meigen, 1818)
－ 中底節突起の葉状片は先端から基部まですべて先細り(図19-H)
　　……………………………… **タビビトヒメユスリカ**（新称）*C. viator* (Kieffer, 1911)
5. 中底節突起の基部に，短いが側方に伸びる部分がある(図19-G) ………………
　　……………………………… **ルリカヒメユスリカ**（新称）*C. rurika* (Roback, 1957)
－ 中底節突起の基部に，側方に伸びる部分はない(図19-D)
　　……………………………… **トガヒメユスリカ**（新称）*C. togapallida* Sasa et Okazawa, 1992

＊：キソヒメユスリカ *C. esakiana* の原著（Tokunaga, 1939）には，「中底節突起が3つ」とあるが，たまたま異常型の個体をタイプに選んだものと思われる。中底節突起は通常，左右1対である。

2-3. 属・主要種への検索

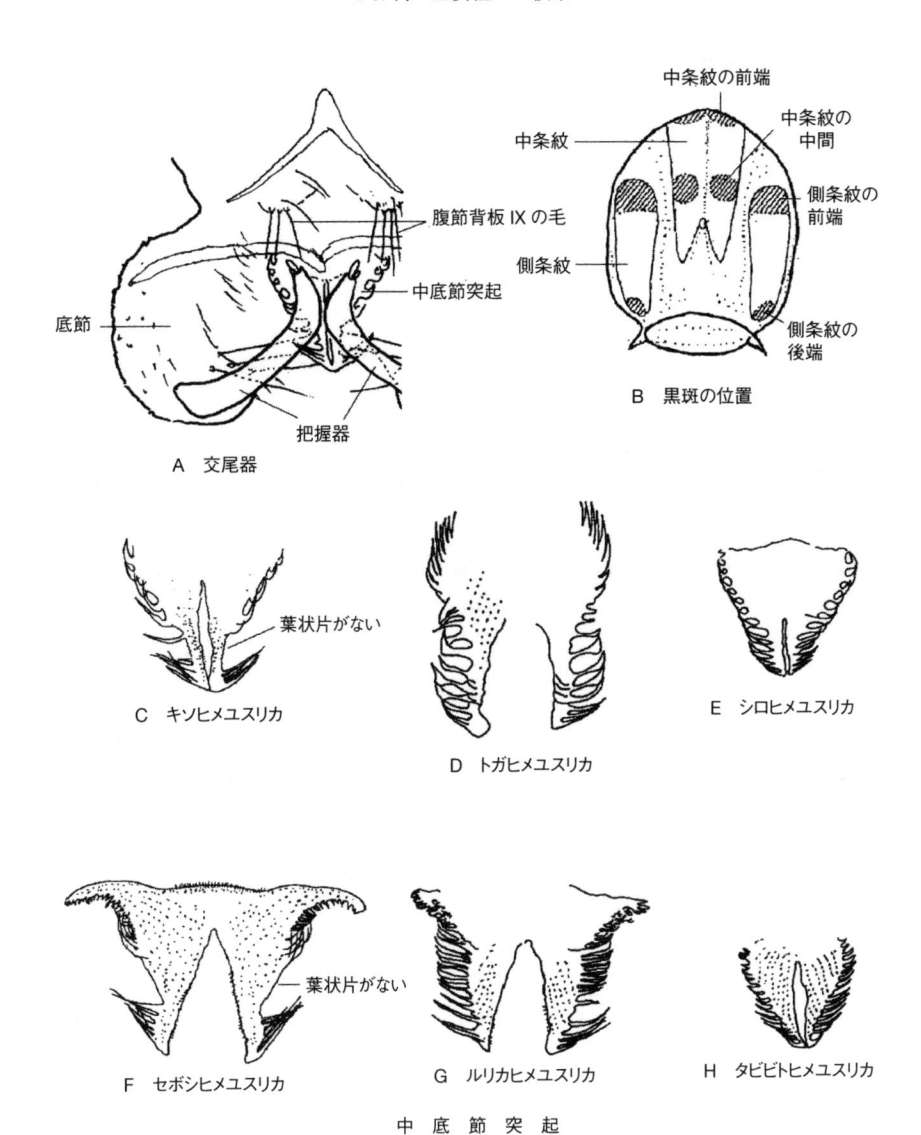

A 交尾器
- 腹節背板IXの毛
- 中底節突起
- 底節
- 把握器

B 黒斑の位置
- 中条紋の前端
- 中条紋
- 中条紋の中間
- 側条紋の前端
- 側条紋
- 側条紋の後端

C キソヒメユスリカ — 葉状片がない

D トガヒメユスリカ

E シロヒメユスリカ

F セボシヒメユスリカ — 葉状片がない

G ルリカヒメユスリカ

H タビビトヒメユスリカ

中底節突起

図19 ヒメユスリカ属

⑪フトオウスギヌヒメユスリカ属（新称）
Hayesomyia Murray & Fittkau, 1985（図20）

雄成虫：体長約4mm。ウスギヌヒメユスリカとよく似ているために混同されやすい。把握器がウスギヌでは徐々に先細るが，この属では先端近くまで同じ太さであるのが特徴（図20）。

幼虫：セマダラヒメユスリカ属 *Thienemannimyia* との区別は大変難しい。触角葉状片の硬化した基部の長さが，その幅の2倍ならフトオウスギヌヒメユスリカ，同じならセマダラヒメユスリカ属である（図9-68, 69）。

1種が知られ，全国に分布する。

フトオウスギヌヒメユスリカ（新称）
Hayesomyia tripunctata（Goetghebuer, 1922）

⑫シロヒメユスリカ属 *Krenopelopia* Fittkau, 1962（図21）

雄成虫：体長4～6mm。体が全体的に白いのが大きな特徴。

幼虫：体長約6mmで小さい。頭殻はたまご型で茶色味を帯びる。体は淡色。大顎の基歯，付属歯が大きいこと，先端歯が大きくて太いこと，触角のローターボーン器官が音叉のような形であることで区別できる（図9-43, 44）。

幼虫は狭低温性。水がしみ出すような湿地を好む。全国の河川の支流，源流域，上流域で記録されている。

シロヒメユスリカ *Krenopelopia alba*（Tokunaga, 1937）

⑬コジロユスリカ属 *Larsia* Fittkau, 1962（図22）

雄成虫：体長約3.5mm。ハヤセヒメユスリカ属 *Trissopelopia* などと同様，すべての脛節刺がたてごと型。楯板突起があること，翅脈 R_{2+3} が分岐しないことで，ハヤセヒメユスリカ属と区別できる。

幼虫：体長は約5mm。頭殻は黄色から茶色っぽいものまで。体は淡色。蛹や成虫はヤマヒメユスリカ属 *Zavrelimyia* に似る。舌板はモンヌマユスリカ属 *Natarsia* に似る。下咽頭櫛の外側の歯は内側の歯と同じくらい（ヤマヒメユスリカでは外側の歯は内側に比べて小さいことが多い）（図17, 図22）。

さまざまな水域に生息する。全国に分布。

ミヤガセコジロユスリカ *L. miyagasensis* Niitsuma, 2001 の記載はあるが，旧北区に広く分布する *L. atrocincta* (Goet., 1942) や *L. curticalcar* (Kieff., 1918) との比

2-3. 属・主要種への検索

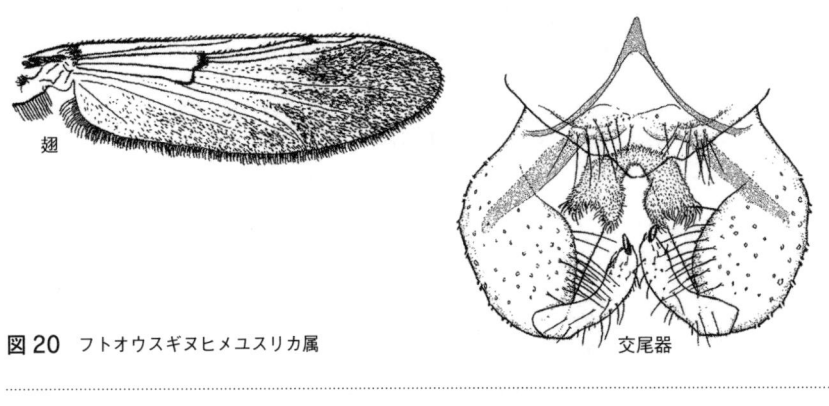

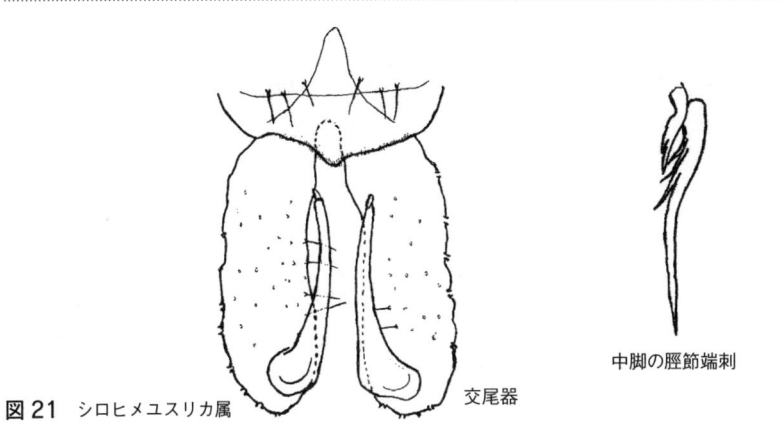

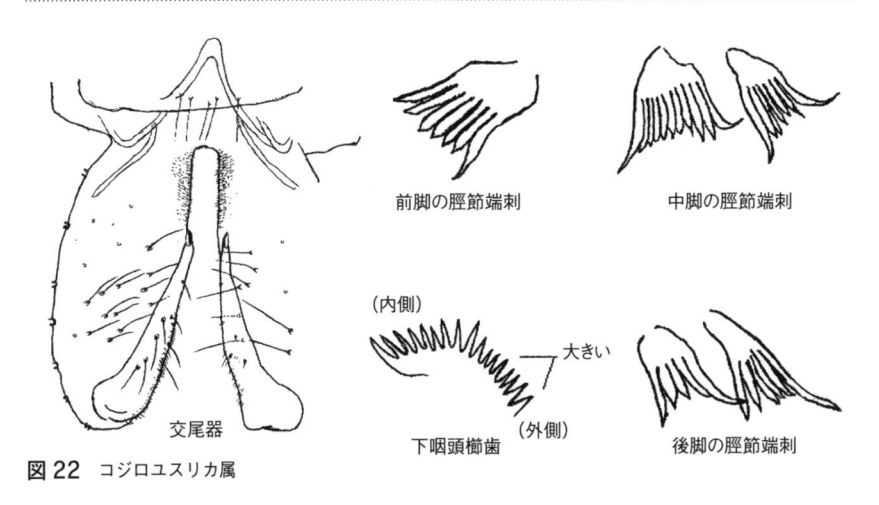

図20 フトオウスギヌヒメユスリカ属
翅 / 交尾器

図21 シロヒメユスリカ属
交尾器 / 中脚の脛節端刺

図22 コジロユスリカ属
交尾器 / 前脚の脛節端刺 / 中脚の脛節端刺 / 下咽頭櫛歯（内側）（外側）大きい / 後脚の脛節端刺

較検討が必要。
ミヤガセコジロユスリカ *Larsia miyagasensis* **Niitsuma, 2001**

⑭コヒメユスリカ属 *Nilotanypus* Kieffer, 1923（図23）

雄成虫：体長約3mmで小さい。翅脈Cの先端が大きく後退し，M_{3+4}の先端よりはっきり基部寄りにある。RM，MCu，FCuの位置も基部に近い。R_{2+3}を欠く。個眼の間に毛がある。

幼虫：体長3mm前後。頭殻は黄褐色，体は淡色。山間渓流の流れの緩やかな場所を好む。全国に分布。

コヒメユスリカ *Nilotanypus dubius*（Meigen, 1804）

⑮コシアキヒメユスリカ属 *Paramerina* Fittkau, 1962（図24）

雄成虫：体長約3.5mmで，ほっそりとして華奢なユスリカ。すべての脛節端刺が細長い。横断腹板片の前端が前方に突きだしているのが特徴。葉片甲は長くて明瞭。把握器は細く，底節の4/5。

幼虫：体長約6mm。頭殻は黄褐色，体は赤褐色の斑点をもつ淡色。広温性で，さまざまな底質の止水に棲む。2種ともに全国に分布するが，コシアキヒメの方がふつう。

種への検索（雄成虫）

1. 腹節背板ⅡとⅤが暗色で，前縁に淡色の帯があるか，あるいは全体に暗色 ……………………………… オビヒメユスリカ（新称）*P. cingulata*（Walker, 1856）
- 腹節背板ⅡとⅤが淡色……………………コシアキヒメユスリカ *P. divisa*（Walker, 1856）

⑯ウスギヌヒメユスリカ属 *Rheopelopia* Fittkau, 1962（図25）

雄成虫：体長約5mm。中脚第3跗節の先端近くに太い剛毛のブラシがあるのが重要な特徴の1つとされるが，毛が抜けていて大きな毛穴だけが見られることも多いので要注意。ウスギヌヒメユスリカ *R. toyamazea* では中底節突起の側方に細い枝がある。フトオウスギヌヒメユスリカ属 *Hayesomyia* とよく似ているので注意が必要。ウスギヌヒメユスリカ1種が知られている。

幼虫：体長約8mm。頭殻の後縁か，後半分は暗褐色，体は黄白色。大顎の基歯はほとんど見えないこと，付属歯がないこと，触角比が非常に低いこと（3.8を超えない）で，近縁のセマダラヒメユスリカ属 *Thienemannimyia* やヒメ

2-3. 属・主要種への検索

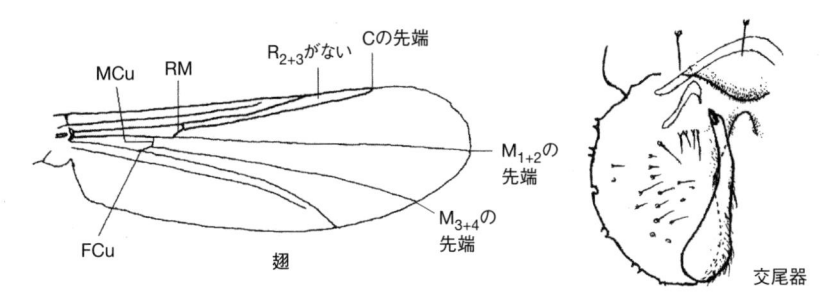

図23 コヒメユスリカ属

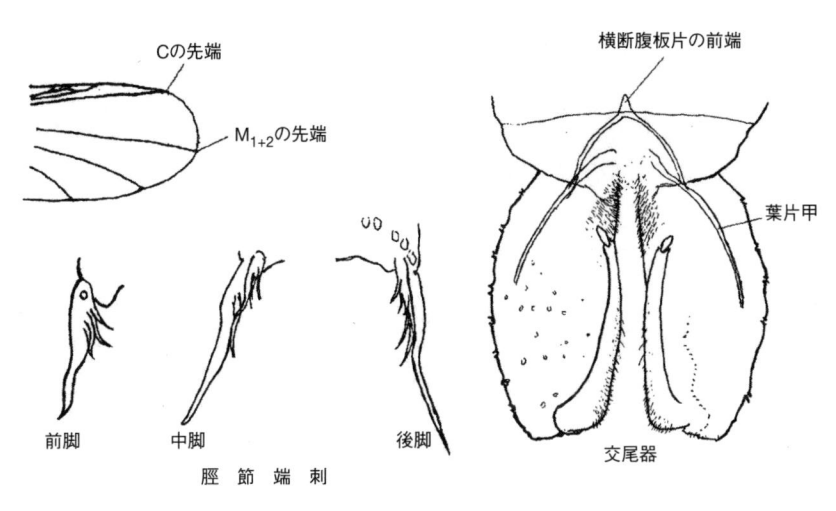

図中ラベル: MCu, RM, R$_{2+3}$がない, Cの先端, M$_{1+2}$の先端, M$_{3+4}$の先端, FCu, 翅, 交尾器

図24 コシアキヒメユスリカ属

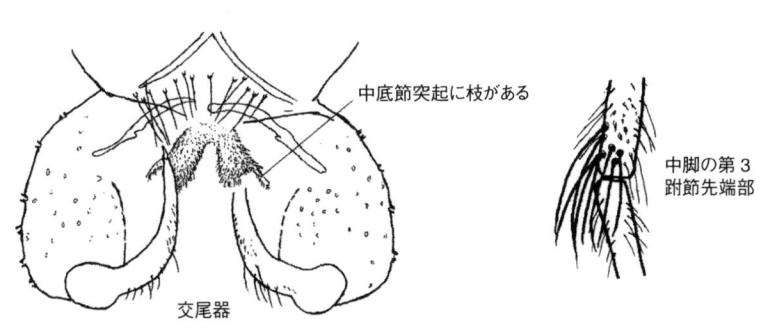

図中ラベル: Cの先端, M$_{1+2}$の先端, 横断腹板片の前端, 葉片甲, 前脚, 中脚, 後脚, 脛節端刺, 交尾器

図25 ウスギヌヒメユスリカ属

図中ラベル: 中底節突起に枝がある, 中脚の第3跗節先端部, 交尾器

ユスリカ属 *Conchapelopia* と区別できる。全国に分布。

　従来，日本で *R. ornata* とされてきた種は脚先端の褥盤が痕跡的（*R. ornata* は明瞭），前前側板毛がない（*R. ornata* はある）ことで別種とされる。
　　ウスギヌヒメユスリカ *Rheopelopia toyamazea*（Sasa, 1996）

⑰セマダラヒメユスリカ属 *Thienemannimyia* Fittkau, 1957（図26）

　雄成虫：体長約5mm。交尾器の中底節突起がフトオウスギヌヒメユスリカ属 *Hayesomyia* やウスギヌヒメユスリカ属 *Rheopelopia* によく似ているので，両属と混同されやすい。フトオウスギヌヒメユスリカ属は小さな楯板突起があり（この属にはない），ウスギヌヒメユスリカ属は中脚第3跗節の先端近くに強い剛毛のブラシがある（この属にはない）ことで区別される。翅に薄い青味がかった斑紋がある。

　幼虫：体長は10mmに達する。頭殻は褐色で後縁は暗褐色。体は淡黄色。ヒメユスリカ属 *Conchapelopia*，ウスギヌヒメユスリカ属 *Rheopelopia* に似ているが，この2属の小顎鬚のb毛（図9-56）は3節，セマダラヒメユスリカ属は2節である。またこの2属と比べて下咽頭櫛歯は大きく数が多い（図1-27, 44; 図26）。

　属の記録は北海道に多いが，神奈川，山梨，京都，奈良，三重，広島の各県にも記録がある。流水性，低狭温性。貧栄養湖の沿岸から深底にも分布する。

種への検索（雄成虫）

1. 中底節突起の後縁はくぼむ。把握器の基部に突起はない（図26-A）
　　　　　　　　　　　　　　セマダラヒメユスリカ *T. laeta*（Meigen, 1818）
− 中底節突起の後縁はくぼまない。把握器の基部に突起がある（図26-B）
　　　　　　　　　　　カカトセマダラヒメユスリカ（新称）*T. fusciceps*（Edwards, 1929）

⑱ハヤセヒメユスリカ属 *Trissopelopia* Kieffer, 1923（図27）

　雄成虫：体長約6mm。脛節端刺は半たてごと型あるいはたてごと型で，主歯はやや太く，他の歯よりもやや長い。後脚脛節櫛は不鮮明で数本の刺状剛毛からなる。把握器の長さは底節のほぼ2/3。褥盤が大きい（図1-13）。

　幼虫：体長約8mm。頭殻は黄褐色で細長くて大きく，4令（終令）では10mm以上になる。体は緑黄色で褐色の斑点がある。舌板の内側歯先端は外側に向く。偽歯舌は細粒が縦列に並び，下咽頭の硬化した部分につながる。

2-3. 属・主要種への検索

A セマダラヒメユスリカ T. laeta

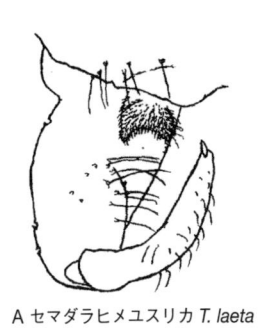

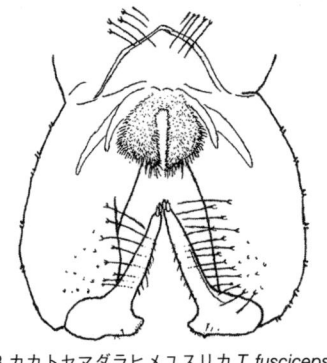

B カカトセマダラヒメユスリカ T. fusciceps

幼虫の下咽頭櫛歯

図 26　セマダラヒメユスリカ属

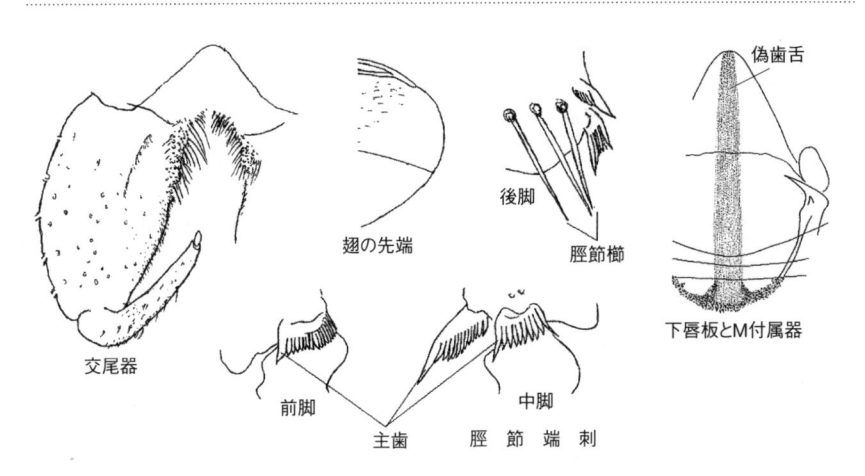

交尾器　翅の先端　後脚　脛節櫛　偽歯舌　下唇板とM付属器
前脚　中脚　主歯　脛節端刺

図 27　ハヤセヒメユスリカ属

　山間地の冷涼な湧水，流水，貧栄養の湖沼の沿岸に生息し豊富な酸素を要求する。砂質底，ミズゴケを好む。全国的に記録がある。ハヤセヒメユスリカ 1 種が知られている。

ハヤセヒメユスリカ *Trissopelopia longimana*（Staeger, 1839）

⑲ヤマヒメユスリカ属 *Zavrelimyia* Fittkau, 1962 (図28)

雄成虫：体長 4〜6 mm。中脚の第4跗節が長いこと，翅に薄い斑紋があること，また特に前脚の脛節刺，中脚と後脚の外側の脛節端刺が半たてごと型であることが特徴。

幼虫：体長約 9 mm。頭殻は黄褐色で前 1/3 が部分的に暗褐色，体は暗褐色の斑点のある黄褐色。後擬脚の爪のうちの1本に長い枝歯があるのが特徴的(図9-52)。またコシアキヒメユスリカ属 *Paramerina* とともに偽歯舌の幅が広く後縁に接していることも（図9-6）特徴的であるが，コシアキヒメユスリカの小顎鬚の基節は非常に大きな環状器官によって2節に分かれている（図9-32）。

多少とも狭冷温性で，冷涼な湖沼の沿岸帯，止水域で砂質かデトリタスの多い水底を好む。属の記録は対馬，京都，和歌山，東京（南浅川），山梨，福島，富山，長崎，沖縄，広島の各県にある。

種への検索（雄成虫）

1. 翅の中央部と先端部にうすい暗色の斑紋があり，腹節背板は全体的に淡色(Ⅷのみ淡黄色) ·················· ヤマヒメユスリカ *Zavrelimyia monticola* (Tokunaga, 1937)
- 翅に斑紋がなく，腹節背板ⅡからⅤの前縁に淡褐色帯があり，Ⅵ，Ⅷは全体に淡褐色，Ⅶは逆三角の淡褐色の斑紋がある
 ···················· ミヤコヒメユスリカ *Zavrelimyia kyotoensis* (Tokunaga, 1937)

⑳ カユスリカ属 *Procladius* Skuse, 1889 (図29, 30)

雄成虫：体長 3.5〜6 mm。翅の MCu が FCu より基部にある4属（カユスリカ属 *Procladius*，テドリカユスリカ属 *Saetheromyia*，ヒラアシユスリカ属 *Clinotanypus*，カスリモンユスリカ属 *Tanypus*）のうち，肘脈比（図29）0.8 で最も MCu と FCu が遠い（ヒラアシユスリカの項参照）（図29）ので，属の同定は容易。種は雄成虫の把握器の形態で同定する。日本だけで10種に余る報告があったが，3種程度にまとめられる。把握器のヒールが短ければウスイロカユスリカ，長ければアミメカユスリカである。ヒールの長さは変異があるので，正確に同定するときは，ヒールの長さ/把握器の長さを算出し（図30），これが約 0.22 以下ならウスイロ，以上ならアミメと判断する。ヒールの長さ以外には，連続する種内変異が非常に多く種を分ける手がかりはほとんど発見されていない。

幼虫：体長 6〜11 mm。頭殻は丸く，体色は白っぽいが，種内変異が多い。

2-3. 属・主要種への検索

図 28 ヤマヒメユスリカ属

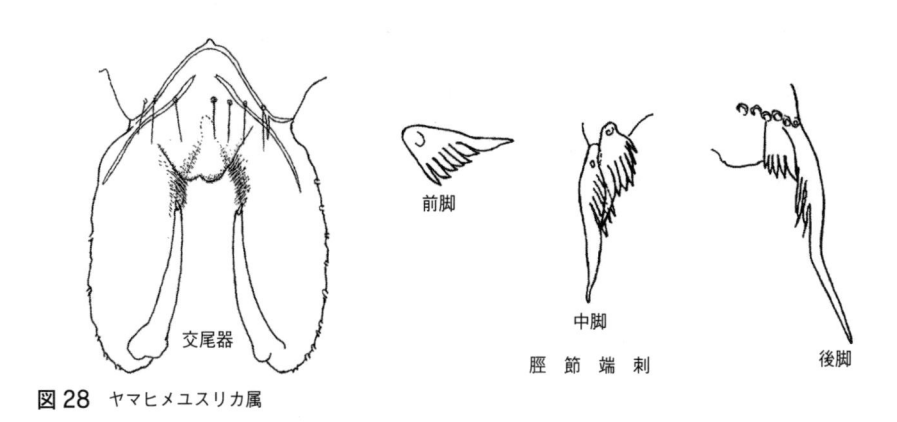

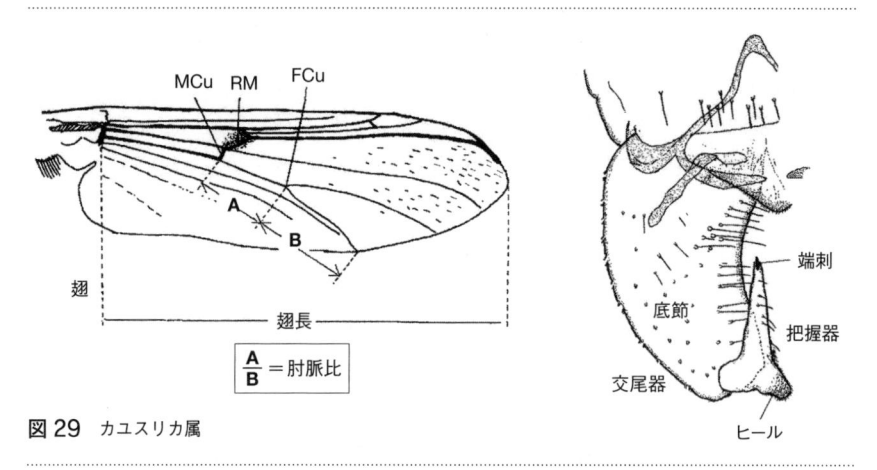

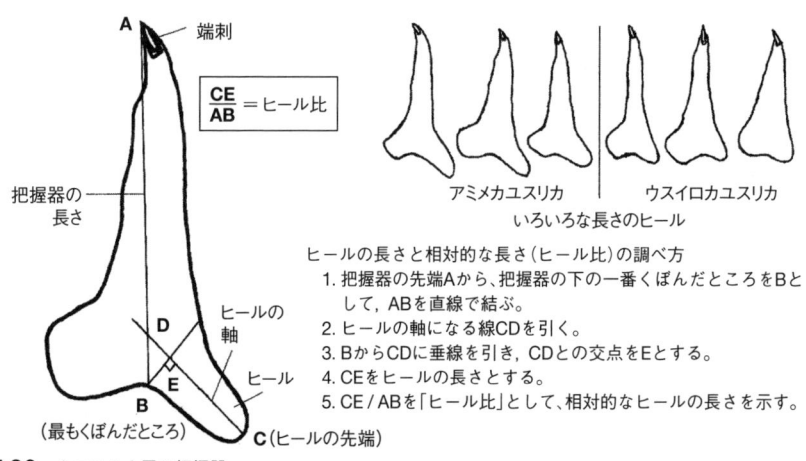

交尾器／前脚／中脚／脛節端刺／後脚

図 29 カユスリカ属

翅／翅長／MCu／RM／FCu／$\dfrac{A}{B}$＝肘脈比

端刺／把握器／底節／交尾器／ヒール

図 30 カユスリカ属の把握器

$\dfrac{CE}{AB}$＝ヒール比

把握器の長さ／端刺／ヒールの軸／ヒール／B（最もくぼんだところ）／C（ヒールの先端）

アミメカユスリカ　ウスイロカユスリカ
いろいろな長さのヒール

ヒールの長さと相対的な長さ（ヒール比）の調べ方
1. 把握器の先端Aから、把握器の下の一番くぼんだところをBとして、ABを直線で結ぶ。
2. ヒールの軸になる線CDを引く。
3. BからCDに垂線を引き、CDとの交点をEとする。
4. CEをヒールの長さとする。
5. CE / ABを「ヒール比」として、相対的なヒールの長さを示す。

しばしば胸部に斑点がある。止水の泥底を好む。琵琶湖などでは，沿岸部から深さ80m付近まで広く分布する。肉食性だが，藻類食もする。ほぼ中央構造線を境として，東には両種が，西はほとんどウスイロである。更に，西日本の海岸付近にはヒールがない種がいるが，詳細は未知。

種への検索（雄成虫）

1. ヒール比（ヒールの長さ／把握器）が約0.22未満（図30）
 ································ウスイロカユスリカ **P. choreus**（Meigen, 1804）
- ヒール比約0.22以上（図30）······アミメカユスリカ **P. culiciformis**（Linnaeus, 1767）

㉑テドリカユスリカ属 *Saetheromyia* Niitsuma, 2007（図31）

雄成虫：体長3～5mm。翅のMCuの位置は，カユスリカ属 *Procladius* ほど基部寄りではなく，肘脈比（図29）が0.6～0.7（カユスリカ属では約0.8）である（図31）。大きな（長径50μmほど）楕円型の楯板突起（図8-9, 10）があり，葉状の剛毛数本を備える。さらにその後部にやや小さい第2の楯板突起がある。把握器は細長く底節の4/5。これらの特徴から同定は容易。

幼虫：舌板の中央歯は内側歯より大きく，内側歯は先端が外側へ向く。やや冷涼な緩い流水や止水に棲む。テドリカユスリカ1種が知られている。本種はSasaにより石川県の手取ダムで採集され，「*Psilotanypus*属」として新種記載された。北海道，神奈川，福島，愛知，岐阜，滋賀，福島などで記録されている。今のところ，記録は日本だけ。

テドリカユスリカ *Saetheromyia tedoriprimus*（Sasa, 1994）

㉒カスリモンユスリカ属 *Tanypus* Meigen, 1803（図32）

雄成虫： 体長4～7mm。翅には斑紋があり，特に翅室 r_{4+5} に横並びの4

注：従来，日本で *T. puncitpennis* とされてきた種には大小2型があり，大型のものは新種，小型のものは *T. kraatzi* と考えられる。
1. 大型で（翅長ほぼ3mm以上）の翅膜 r_{4+5} の中央の1対の斑紋の間隔がその対の斑紋の大きさより大きい·· ***Tanypus* sp.**
2. 小型（翅長ほぼ3mm以下）で，翅膜 r_{4+5} の中央の対の斑紋の間隔が斑紋より狭い
·· ***T. kraatzi***

幼虫の違いはさらに明瞭で，舌板が細長く，側舌が非常に細かい櫛の歯状の新種と，舌板が幅広く，側舌は小さくて2本の枝に分かれる種（*T. kraatzi*）である。前者は霞ヶ浦，印旛沼，諏訪湖，琵琶湖に，後者は霞ヶ浦（千葉，茨城）の他，秋田，福島，栃木，東京，諏訪湖（長野），静岡，愛知，富山，岐阜，琵琶湖（滋賀），広島，大阪，長崎に記録がある。
Niitsuma (2001a) は，以前に *T. puncitpennis* として記録されてきた邦産 *Tanypus* は，東洋区産の *T. formosanus* である，としたが，これは上記小型種，すなわち旧北区に広く分布する *T. kraatzi* と考えられる。

図 31　テドリカユスリカ属

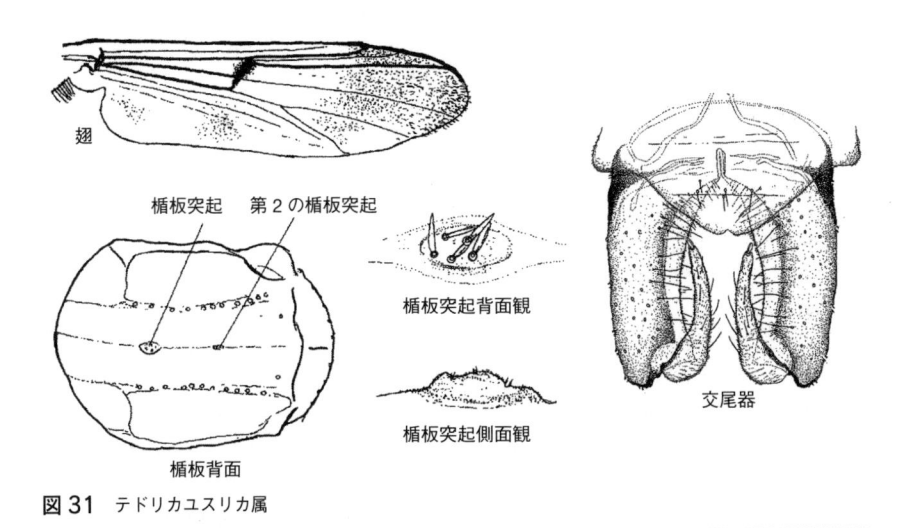

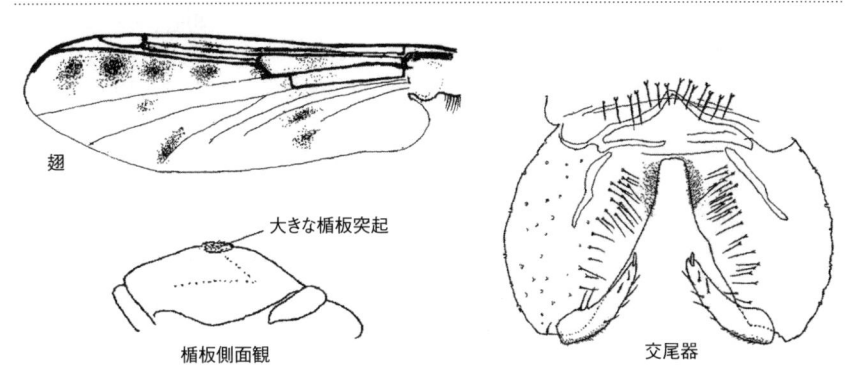

（翅／楯板背面／楯板突起背面観／楯板突起側面観／交尾器）

図 32　カスリモンユスリカ属

（翅／楯板側面観／交尾器）

つの黒斑が目立つ。肘脈比（図29）は 0.2 〜 0.3（平均 0.25）で，カユスリカ属 *Procladius*，テドリカユスリカ属 *Saetheromyia* よりも MCu がずっと FCu 近く，ヒラアシユスリカ属 *Clinotanypus* に近い。大きな楯板突起がある。

幼虫：体長 10 〜 12 mm。頭殻は丸い。体は白っぽいが，種内変異が多い。胸部にしばしば斑点がある。幼虫の下唇板に偽歯舌がない。舌板や側舌の形態にかなりの変異があり，2種の生息の可能性がある。

　比較的温暖な止水や緩やかな流れの軟泥底質を好む。浅い湖沼や水田に多発することがある。全国に分布。

カスリモンユスリカ *Tanypus punctipennis* Meigen, 1818

IV. ヤマユスリカ亜科 Diamesinae

【雄成虫（図 33 〜 43）】

1. 胸部の中上側板 II，後上側板，前上側板に毛がある（図 1-14, 15）。左右の背側毛の列は小楯板の前部で合流する（図 35-B） ·· 2
－ 胸部の上側板，後上側板に毛はないが，前上側板に毛があることがある。背側毛の列は楯板の前部で合流しない ·· 3
2. 底節の先端は把握器の付け根の先から後方に長く伸びる（図 38-A）
 ··· オナガヤマユスリカ属 *Protanypus*
－ 底節先端は把握器の先まで強く伸びない（図 35-C）
 ·· リネビチアヤマユスリカ属 *Linevitshia*
3. 胸部に明瞭な軟毛がある。額前突起は大きくて円錐型（図 33-E）。触角の羽毛は短くて少ない。触角比は 0.25 以下 ······························· タニユスリカ属 *Boreoheptagyia*
－ 胸部に明瞭な軟毛はない。額前突起があるときは小さく，不鮮明。触角は通常の羽毛があるが，稀には退化。触角比は 0.3 以上で，通常は 1.0 よりも大
 ·· ヤマユスリカ族 Diamesini 4
4. 側前前胸背毛，背前前胸背毛ともにある（図 1-14） ········· オオユキユスリカ属 *Pagastia*
－ 側前前胸背毛だけがある ·· 5
5. 第 5 跗節はハート型（図 1-12） ··· 6
－ 第 5 跗節は円筒型 ··· 7
6. 頭部に内頭頂毛がある（図 1-4）。交尾器の膜状片は 1 つ（図 34-A 〜 G）。R_{4+5} に毛がある
 ·· ヤマユスリカ属 *Diamesa*
－ 頭部に内頭頂毛はない。交尾器の膜状片は 2 つ（図 37-A 〜 C）。R_{4+5} は通常毛はない
 ·· サワユスリカ属 *Potthastia*
7. 内頭頂毛はない。下顎鬚第 3 節の先端に強く硬化した半円形の突起があることがある
 ·· フサユキユスリカ属 *Sympotthastia*
－ 内頭頂毛がある（図 1-9）。下顎鬚第 3 節の先端に突起はない ································· 8
8. 眼間毛がある（図 1-4） ······································· ユキユスリカ属 *Syndiamesa*
－ 眼間毛はない ·· 9
9. すべての脚の第 1 〜 3 跗節に偽刺がある（図 1-11）
 ·· ケユキユスリカ属 *Pseudodiamesa*
－ 前脚の第 1 〜 3 跗節にだけ偽刺がある（図 1-11） ········· ササユスリカ属 *Sasayusurika*

2-3. 属・主要種への検索

【幼虫（図33〜42）】

1. 頭殻の背面に長い大きな突起がある（図33-P, Q）。体背面には多数の枝分かれした小さい刺や黒い小粒が粗く集まってできた紋様がある（図33-N）。偽脚の爪は円形に配列する（図33-R） ··· タニユスリカ属 *Boreoheptagyia*
- 頭殻の背面に突起はない。体は上のような紋様はない。偽脚の爪は不規則に配列する … **2**

2. 頭殻は多数の粗い毛がまばらにつく。頭殻後縁に1対の長い突起がある（図38-D, E）。下唇板は中央2/3に歯がない（図38-G） ························ オナガヤマユスリカ属 *Protanypus*
- 頭殻の毛はより少ない。頭殻後縁に上のような突起はないが，ある場合は，突起は短い。下唇板は中央2/3に歯があるか，あるいはまったく歯を欠く ································ **3**

3. 下唇板は歯がない（図37-I）。前大顎歯は15，あるいはそれ以上の小さな先端がとがった歯がある（図37-G）。大顎内毛はない（図37-K）
  ···················· サワユスリカ属 *Potthastia*（カモヤマユスリカ *P. longimana*）
- 下唇板に歯がある。前大顎の歯は13以下でより幅が広い。大顎内毛がある（図1-45）
  ··· **4**

4. 下唇板の中央歯は三角形で，深いV字型の切れ込みによって第1側歯から分かれる（図39-D）。PH（上咽頭櫛歯）は7本の鱗片からなる（図39-F）
  ·· ケユキユスリカ属 *Pseudodiamesa*
- 下唇板の中央歯の先端は丸みがあり，第1側歯との切れ込みは深くない（図34-O, R） … **5**

5. 上咽頭櫛歯は長くて先端が丸い5本の鱗片で構成される（図34-I, L） ····················· **6**
- 上咽頭櫛歯は先端がとがる3本の鱗片で構成される（図36-G） ···························· **8**

6. 尾剛毛台は非常に退化的か，これを欠く。4本の尾剛毛があり，尾剛毛台がないときは体壁から直接生じる。尾剛毛台の亜端毛は尾剛毛台あるいは尾剛毛の前方の体壁から生じる（図34-T） ···································· ヤマユスリカ属 *Diamesa*
- 尾剛毛台があり，5〜7本の尾剛毛と2本の亜端毛がある（図1-25） ······················ **7**

7. 下唇板の中央歯の幅は第1側歯の幅の3倍以上（図40-E）。触角第3節は第2節の1.8倍（図40-D） ·· ササユスリカ属 *Sasayusurika*
- 下唇板の中央歯の幅は第1側歯の幅の2倍以下（図41-G）。触角第3節は第2節の長さと同じくらいか，より短い（図41-O） ························· ユキユスリカ属 *Syndiamesa*

8. 亜基節毛（図1-27）は下唇板よりも頭殻後縁寄りにある。下唇板は先端を断ち切ったように尾根状で，4〜6本の細かい歯がある（図36-I）。前大顎は1色（図36-H）
  ·· オオユキユスリカ属 *Pagastia*
- 亜基節毛は頭殻後縁よりも下唇板寄りにある。下唇板の先端はなめらかでドーム型か，あるいは弱く2裂した歯がある。前大顎の先端半分は暗色 ································ **9**

9. 下唇板の中央歯はドーム型で，幅は第1側歯の幅の5倍かそれ以上（図37-I）。小顎の外葉は1列のくさび型の葉片と一群の剛毛状の葉片がある（図37-L）
  ···················· サワユスリカ属 *Potthastia*（クビレサワユスリカ *gaedii* group）
- 下唇板の中央歯は丸みをもつか，あるいは浅く2裂し，その幅は第1側歯の4倍以下（図41-G）。小顎の外葉は剛毛状の葉片だけがある ······ フサユキユスリカ属 *Sympotthastia*

タニユスリカ属 *Boreoheptagyia* Brundin, 1966（図33, 34）

雄成虫：体長は約3.5 mm。中刺毛は長く，前前胸背板の付近から小楯板付近まで分布する。ときに小楯板付近で2列に分かれる。背中刺毛は1～3列，あるいは2群に分かれる。前翅背毛はかなり前方まで分布する（図1-14）。触角比は0.25以下で非常に小さい。

幼虫：約8 mm。頭殻は前後が細く，触角第3節に環状紋があり，頭殻背面にある1, 2対の長い角状の突起（図33-P, Q），そして，体表面に微細なヒドラ状の毛様突起が多数連なり（図33-O），全体として黒い紋様に見える（図33-N）ことなどが特徴。

冷涼な山地渓流に生息する。下記の4種が知られている。

なお，遠藤（2002）は，タニヒメユスリカ *B. eburnea* および *B. nipponica* はいずれもクビレサワユスリカ *Potthastia gaedii*（Meigen, 1838）の新参同物異名であると指摘している。

種への検索（雄成虫）

1. 触角は13鞭節 ………………………………………………………………… 2
- 触角は5～8鞭節 ……………………………………………………………… 3
2. 前前側板と中上側板IIに毛がある(図33-B)。脚は褐色か暗褐色で白い斑点はない。横断腹板片の先端に小さな刺のある部分がある(図33-C)
   ………… ササタニユスリカ(新称)*B. sasai* Makarchenko, Endo, Wu et Wang, 2008
- 前前側板と中上側板IIに毛はない。腿節と脛節に白い斑点，あるいはリングがある。横断腹板片の先端に小さな刺のある部分はない(図33-F)
   ………………………………… ヒラアシタニユスリカ *B. brevitarsis*（Tokunaga, 1936）
3. 触角は5鞭節。底節の基部は大きくて丸い(図33-H, I)。AR 0.64
   ………………………………… クロベタニユスリカ *B. kurobebrevis*（Sasa et Okazawa, 1992）
- 触角は6あるいは8鞭節。底節の基部は上と異なる(図33-K, L)。AR 0.50
   ………………………………… ロクセツタニユスリカ *B. unica* Makarchenko, 1994

2-3. 属・主要種への検索

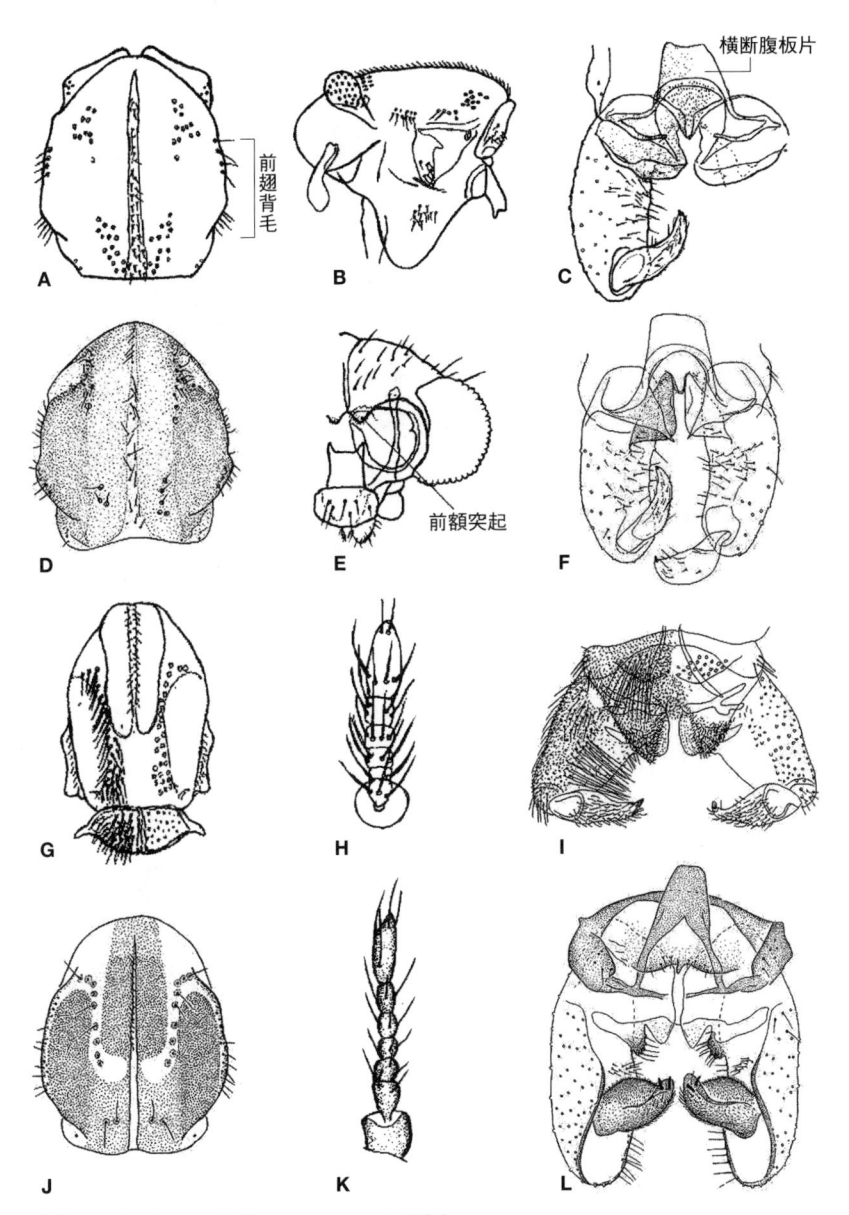

図 33 (A〜L)　タニユスリカ属 *Boreoheptagyia* 雄成虫
A〜C：ササタニユスリカ *B. sasai* (A: 胸部背面，B: 胸部側，C: 交尾器)。D〜F：ヒラアシタニユスリカ *B. brevitarsis* (D: 胸部背面，E: 頭部正面，F: 交尾器)。G〜I：クロベタニユスリカ *B. kurobebrevis* (G: 胸部背面，H: 触角，I: 交尾器)。J〜Y：ロクセツタニユスリカ *B. unica* (J: 胸部背面 K: 触角 L: 交尾器。(A〜F, J〜L: Makarchenko et al., 2008; G〜I: Sasa & Okazawa, 1992 より引用))

2. 主要種への検索

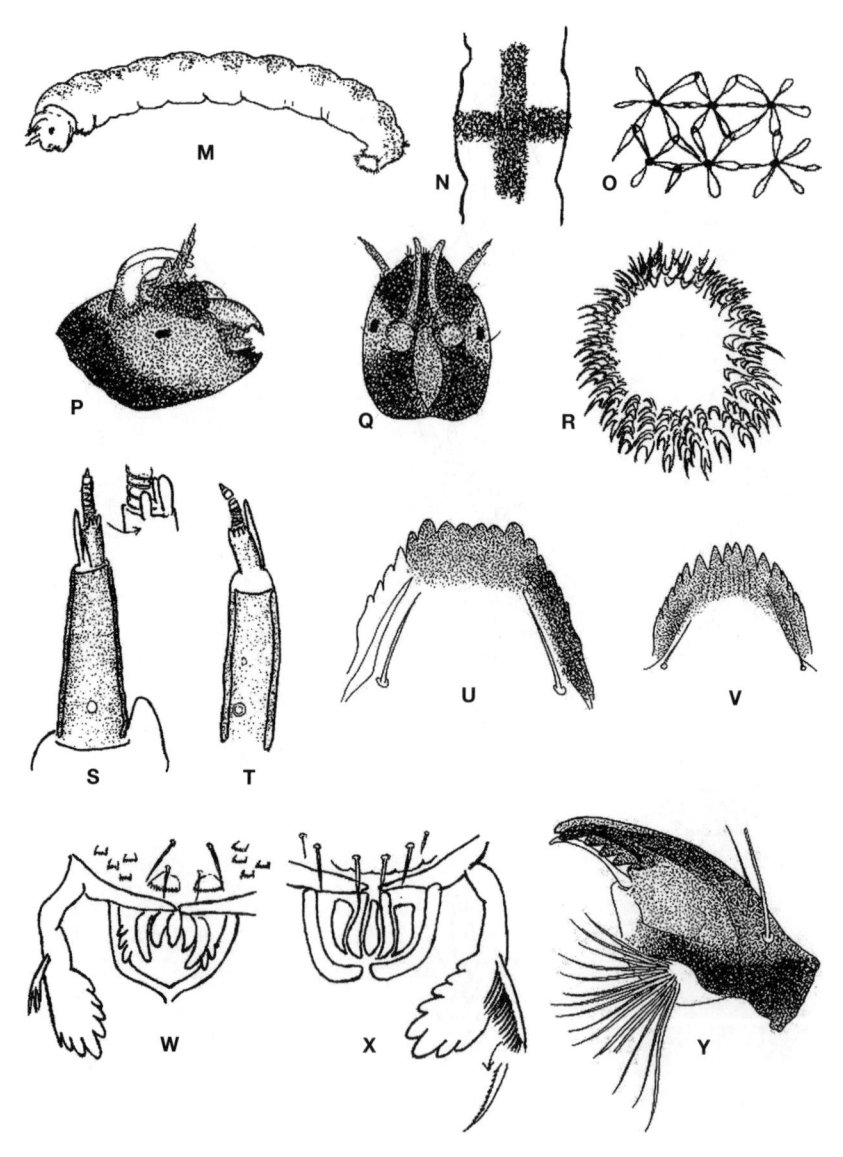

図 33(M〜Y) タニユスリカ属 *Boreoheptagyia* 幼虫
M: 全体, N. 腹節背面の紋様, O: 腹節背面紋様部分の拡大（ヒドラ状突起）, P: 頭部側面, Q: 頭部背面, R: 後偽脚の爪, S: 触角, T: 触角, U: 下唇板, V: 下唇板, W: 上唇部と前大顎, X: 上唇部と前大顎, Y: 大顎（M〜Y: 北川, 2000 より引用）

ヤマユスリカ属 *Diamesa* Meigen, 1835（図34）

雄成虫：体長4～10 mm。レオナヤマユスリカのような短翅型もある。短翅型は脚が長く触角は退化的で短く，地上で交尾する。すべての種で個眼の間に毛がある。

幼虫：数mmから10 mmを超える種もある。触角第3節に環状紋がある。最大でも4本の尾毛をもつ非常に退化的な尾剛毛台が特徴。尾毛が体壁から直接出ているように見えることも多い。

一般的に冷水に適応した属で，流水，浅い止水，湿地に生息する。記録されている種は多いが，確実視されているのは下記の7種である。

種への検索（雄成虫）

1. 触角の羽毛は長く密。13鞭節 ·· 2
- 触角の羽毛は短くてまばら。8鞭節 ·· 4
2. 個眼の間に個眼の直径より短い微毛がある。底節の内側先端近くに舌状の突起（フラップ flap）がある（図34-A）·············· エゾヤマユスリカ（新称）*D. gregsoni* Edwards, 1933
- 個眼の間に個眼の直径より長い毛がある ·· 3
3. 底節の基部内側に剛毛のある細長い付属器はない。底節の基部内側に剛毛のついた2つの低い突起がある（図34-B）······ フサケヤマユスリカ *D. plumicornis* Tokunaga, 1936
- 底節の基部内側に剛毛のある細長い付属器がある（図34-C，D）
  ······························ ユビヤマユスリカ（新称）*D. dactyloidea* Makarchenko, 1988
4. 底節先端部はよく発達していて細長い。把握器の先端半分は細く，内側に屈曲する（図34-D）··· ツツイヤマユスリカ *D. tsutsuii* Tokunaga, 1936
- 底節先端部の発達は弱い ·· 5
5. 把握器先端に3～4本の鋸歯がある。腹節背板 IX は小さくて透明な尾針がある（図34-E）
  ································· アルプスヤマユスリカ *D. alpina* Tokunaga, 1936
- 把握器にそのような鋸歯はない ··· 6
6. 尾針は強く，まっすぐ後方に伸びる（図34-F）。翅は普通
  ································· ニッポンヤマユスリカ *D. japonica* Tokunaga, 1936
- 尾針は短く，先端は腹側に曲がる（図34-G）。翅は退化している
  ································· レオナヤマユスリカ（新称）*D. leona* Roback, 1957

注：ケナシヤマユスリカ *D. astyla* Tokunaga, 1936 は原著者の記録以外に記録がないので割愛した。

2. 主要種への検索

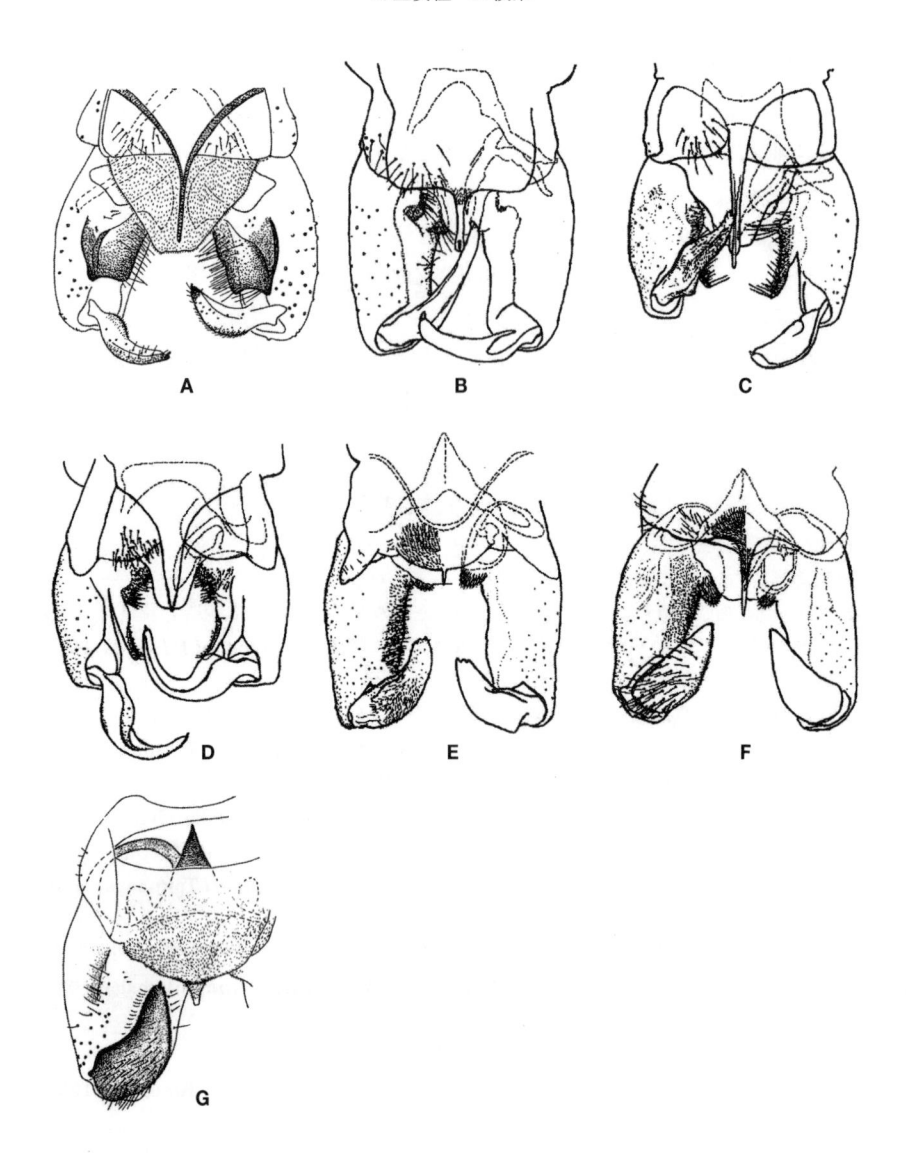

図 34(A～G)　ヤマユスリカ属 *Diamesa* 雄成虫
A～G：交尾器（A: エゾヤマユスリカ *D. gregsoni*, B: フサケヤマユスリカ *D. plumicornis*, C: ユビヤマユスリカ *D. dactyloidea*, D: ツツイヤマユスリカ *D. tsutsuii*, E: アルプスヤマユスリカ *D. alpina*, F: ニッポンヤマユスリカ *D. japonica*, G: レオナヤマユスリカ *D. leona*）(A～G: Endo, 1999 より引用)

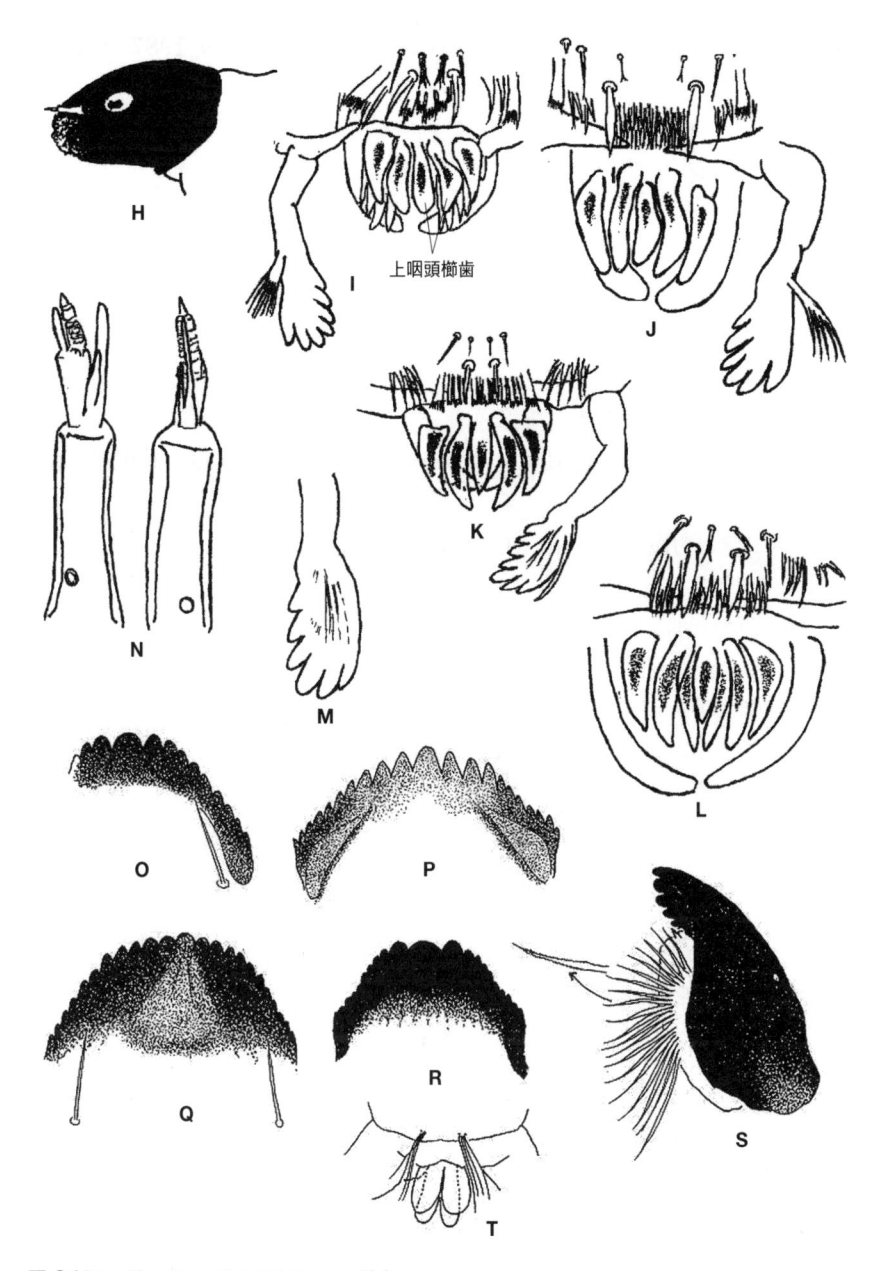

図34 (H〜T)　ヤマユスリカ属 *Diamesa* 幼虫
H: 頭部側面, I: 上唇部と前大顎, J: 上唇部と前大顎, K: 上唇部と前大顎, L: 上唇部, M: 前大顎, N: 触角, O: 下唇板, P: 下唇板, Q: 下唇板, R: 下唇板, S: 大顎, T: 肛門鰓と尾剛毛 (H〜T: 北川, 2000 より引用)

リネビチアヤマユスリカ属（新称）*Linevitshia* Makarchenko, 1987（図35）

　この属は従来，ケブカユスリカ亜科 Podonominae に属するとされていたが，Endo et al. (2007) は，リネビチアヤマユスリカ *L. yezoensis* Endo et al., 2007 を新種記載して，幼虫や蛹が未知なこともあり，とりあえずヤマユスリカ亜科に置くのが適当とした。成虫はオナガヤマユスリカ属 *Protanypus* に似ているが，リネビチアヤマユスリカでは底節の先端が長く伸びない。

　雄成虫： 体長7～8mm。第2基翅鱗片に毛がある。翅脈 R_{2+3} があり，C は R_{4+5} の先端を超えて伸びる。幼虫は未知。

　記録は今のところ北海道のみ。

リネビチアヤマユスリカ（新称）
Linevitshia yezoensis Endo, Makarchenko et Willassen, 2007（図35）

オオユキユスリカ属 *Pagastia* Oliver, 1959（図36）

　雄成虫：体長は5～7mm。ケユキユスリカ属 *Pseudodiamesa* に似るが，前前胸背板の背側と腹側に毛があることで区別できる。

　幼虫：数 mm から大きいもので 10 mm 余。触角第3節に環状紋がある。亜基節毛（図1-27）が後方にあること，幅が広く癒合し，尾根のような先端部をもつ腹下唇板（図36-I）は大きくその背面両側を被う。これらはヤマユスリカ亜科の中で際立った特徴である。

　中小の流水に棲む。次の4種が知られている。属の記録は北海道から九州まで。

種への検索（雄成虫）

1. 中央と側方に膜状片がある。AR 3.0～3.7。把握器先端にかかと（ヒール）がある（図36-A） ················· アルプスケユキユスリカ *P. nivis* (Tokunaga, 1936)
− 側方だけに膜状片あり。AR 1.5～2.1。把握器の先端にヒールはない ················· **2**
2. 尾針は指状で先端は丸い（図36-B）
················· サキマルオオユキユスリカ（新称）*P. orthogonia* Oliver, 1959
− 尾針の先端は細く尖っていて，しばしばペグがある（図36-C） ················· **3**
3. 把握器は外側基部に小さな突起がある（図36-C'）。膜状片は先端が細く先細る（図36-C）。尾針は背側から見るとほとんど両側が平行で，先端が尖ったペグがある（図36-C）
················· ヒダカオオユキユスリカ（新称）*P. hidakamontana* Endo, 2004
− 把握器の基部外側に突起はない。膜状片は幅が広く，先端は丸い（図36-D）。尾針は基部で最も幅が広く，先端に向かって尖り，稀にペグがある（図36-D）
················· キョウトユキユスリカ *P. lanceolata* (Tokunaga, 1936)

2-3. 属・主要種への検索

図35 リネビチアヤマユスリカ
Linevitshia yesozensis 雄成虫
A: 翅, B: 胸部背面, C: 交尾器 (Endo, et al., 2007 より引用)

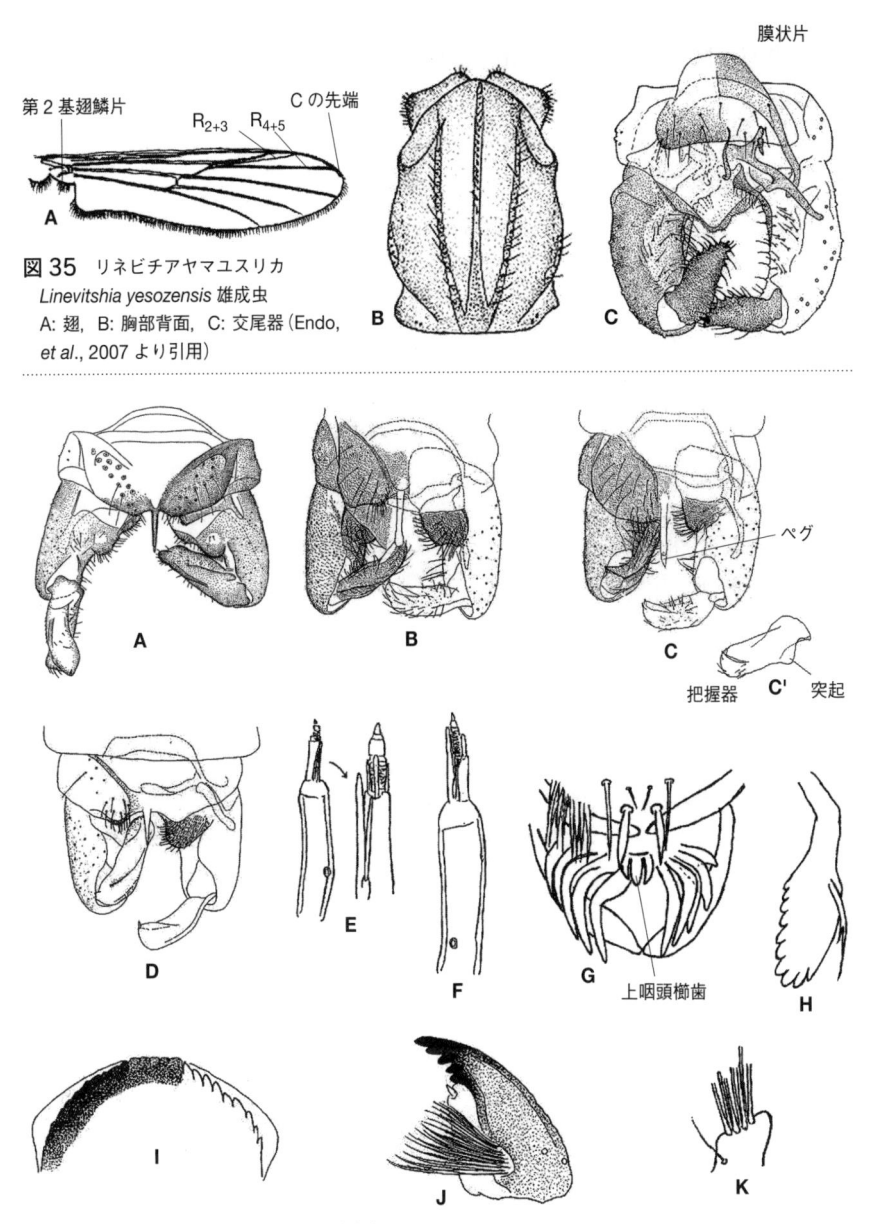

図36 オオユキユスリカ属 *Pagastia* 雄成虫
A～D: 交尾器 (A: アルプスケユキユスリカ *P. nivis*, B: サキマルオオユキユスリカ *P. orthogonia*, C: ヒダカオオユキユスリカ *P. hidakamontana*, D: キョウトユキユスリカ *P. lanceolata*)
E～K: 幼虫 (E: 触角とその先端部, F: 触角, G: 上唇部, H: 前大顎, I: 下唇板, J: 大顎, K: 尾剛毛台) (A～C: Endo, 2004; D～K: 北川, 2000 より引用)

2. 主要種への検索

サワユスリカ属 *Potthastia* Kieffer, 1922（図37）

雄成虫：体長は3～4mm。フサユキユスリカ属 *Sympotthastia* に似るが，フサユキユスリカでは側方の膜状片が刺のある長い葉状であるのに対して，サワユスリカ属では側方の膜状片は刺もなく退化している。

幼虫：最大で10mm。下唇板は幅広いドーム状でほとんど歯がなく，全体に半透明の膜状（図37-H, I）。多数の細かい切れ込みがある前大顎（図37-G）などが特徴。

さまざまな形態の流水，止水の砂質底を好む。次の3種が知られている。クビレサワユスリカとカモヤマユスリカは北海道から九州まで広く分布し，記録は多い。リョウカクサワユスリカは北海道，神奈川，岐阜，広島，熊本などに記録がある。

遠藤（2005）は，ササユスリカ属（*Sasayusurika*. 1998）の模式種 *aenigmata* Makarchenko, 1993 はニイガタユキユスリカ *P. nigatana* (Tokunaga, 1936) の新参シノニム（新参同物異名）であると指摘している。

種への検索（雄成虫）

1. 把握器の内側の先端約1/3に明瞭なくぼみがある(図37-A)
   ·· クビレサワユスリカ *P. gaedii*（Meigen, 1838）
- 把握器の内側に明瞭なくぼみはない ·· 2
2. 短い三角形の尾針がある(図37-B)
   ·· リョウカクサワユスリカ *P. montium*（Edwards, 1929）
- 尾針はない(図37-C) ···················· カモヤマユスリカ *P. longimana* Kieffer, 1922

2-3. 属・主要種への検索

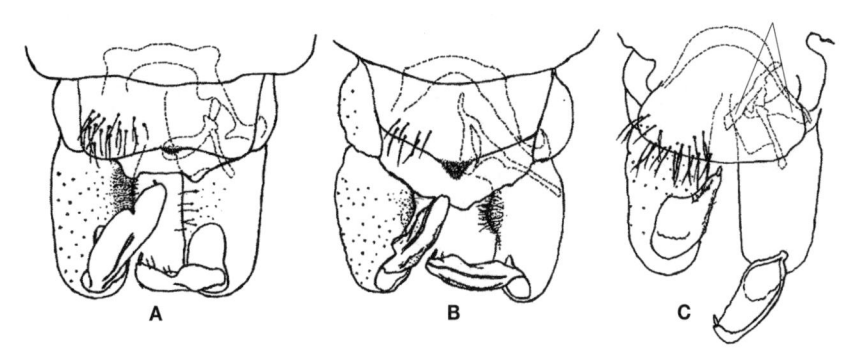

図37 サワユスリカ属 *Potthastia* 雄成虫
A〜C：交尾器(A: クビレサワユスリカ *P. gaedi*, B: リョウカクサワユスリカ *P. montium*, C: カモヤマユスリカ *P. longimana*) (A〜C: Endo, 1999 より引用)

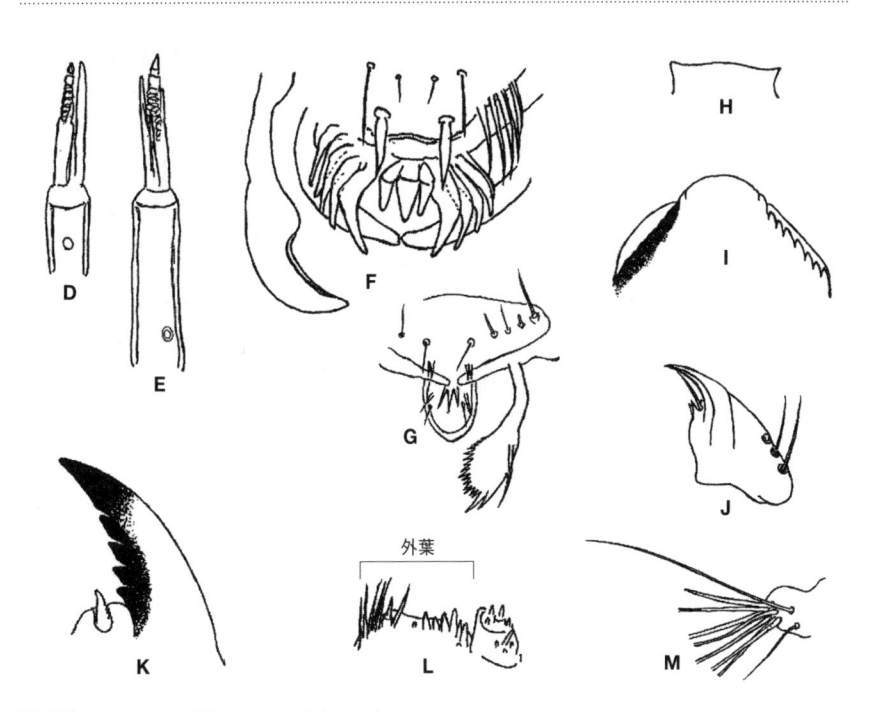

図37 サワユスリカ属 *Potthastia* 幼虫
D: 触角, E: 触角, F: 上唇部と前大顎, G: 上唇部と前大顎, H: 下唇板(カモヤマユスリカ), I: 下唇板(クビレサワユスリカ), J: 大顎, K: 大顎, L: 小顎, M: 尾剛毛台(D〜M: 北川, 2000 より引用)

2. 主要種への検索

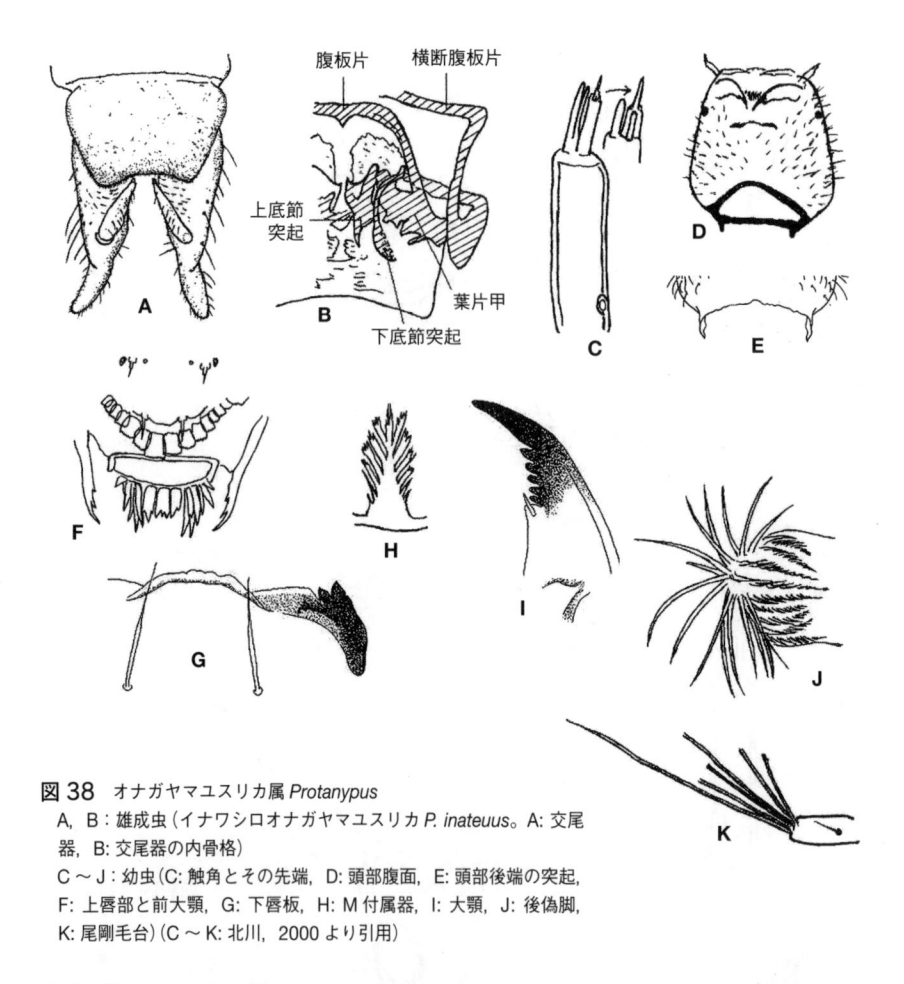

図38 オナガヤマユスリカ属 *Protanypus*
A, B: 雄成虫（イナワシロオナガヤマユスリカ *P. inateuus*。A: 交尾器, B: 交尾器の内骨格）
C～J: 幼虫（C: 触角とその先端, D: 頭部腹面, E: 頭部後端の突起, F: 上唇部と前大顎, G: 下唇板, H: M付属器, I: 大顎, J: 後偽脚, K: 尾剛毛台）（C～K: 北川, 2000 より引用）

オナガヤマユスリカ属 *Protanypus* Kieffer, 1906 （図38）

雄成虫：体長約 8 mm。底節が把握器の付け根より更に長く後方に伸びること, 胸部全体に毛が多いことなどが特徴。

幼虫：大きくて 14 mm ほどある。頭殻表面に無数の毛があり, 下唇板の歯が両側にわずかしかない, M付属器は葉状片になって深く裂けている。

貧栄養の湖沼に生息する。1種が知られている。秋田（田沢湖）, 福島（猪苗代湖など）, 長野（野尻湖）などに記録がある。

イナワシロオナガヤマユスリカ（新称）
***Protanypus inateuus* Sasa, Kitami et Suzuki, 2001** （図38）

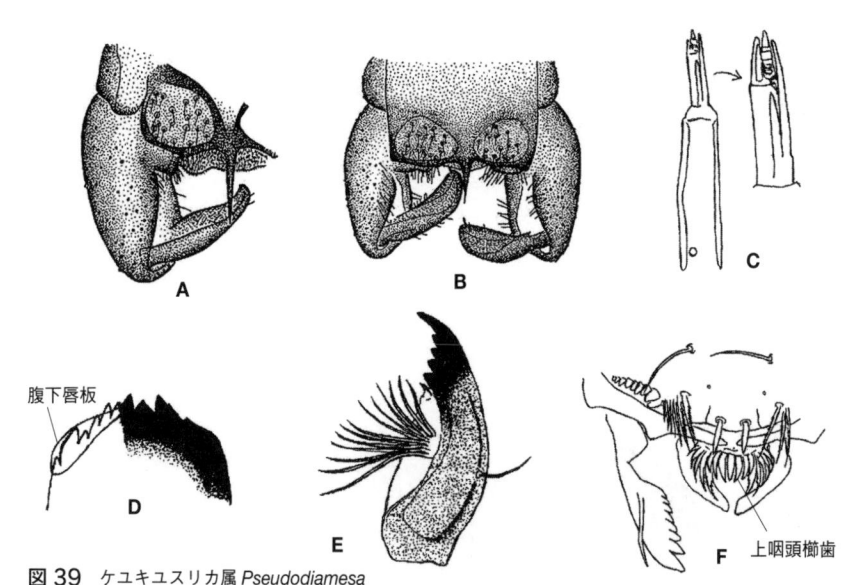

図 39 ケユキユスリカ属 Pseudodiamesa
A, B：雄成虫交尾器(A: ケナシケユキユスリカ P. stackelbergi, B: ナミケユキユスリカ P. branickii)
C〜E: 幼虫 (C: 触角とその先端, D: 下唇板, E: 大顎, F: 上唇部と前大顎) (A, B: Makarchenko, 2006; C〜F: 北川, 2000 より引用)

ケユキユスリカ属 Pseudodiamesa Goetghebuer, 1939（図39）

雄成虫：体長は8〜10 mm ほどで大きい。オオユキユスリカ属 Pagastia に似るが，この属では前前胸背板の背側に毛がないことで区別できる。

幼虫：16 mm に達する。三角形の下唇板中央歯が，第一側歯との間の深いV型の切れ込みで分かれる。これらは明らかに腹下唇板につながり，下唇板の前縁は融合した腹下唇板で形成されているように見える。

貧栄養の湧水，流水，湖沼（深底帯にも）に生息する。北海道，栃木（日光），富山（黒部），山梨，岐阜，京都で記録がある。ケナシケユキユスリカとナミケユキユスリカの2種が知られている。

ケブカユキユスリカ Pseudodiamesa crassipilosa (Tokunaga, 1937) は，Endo (2004) により，キョウトユキユスリカ Pagastia lanceolata (Tokunaga, 1936) の新参同物異名にされた。

種への検索（雄成虫）

1. 把握器は基部が太く，先端が細い。翅膜には毛がない(図39-A)
 ‥‥‥‥‥‥‥‥‥‥ ケナシケユキユスリカ(新称)**P. stackelbergi** (Goetghebuer, 1933)
- 把握器は基部が太くなく，先端が太くて丸い。翅膜に毛がある(図39-B)
 ‥‥‥‥‥‥‥‥‥‥‥‥‥‥‥‥ ナミケユキユスリカ **P. branickii** (Nowicki, 1973)

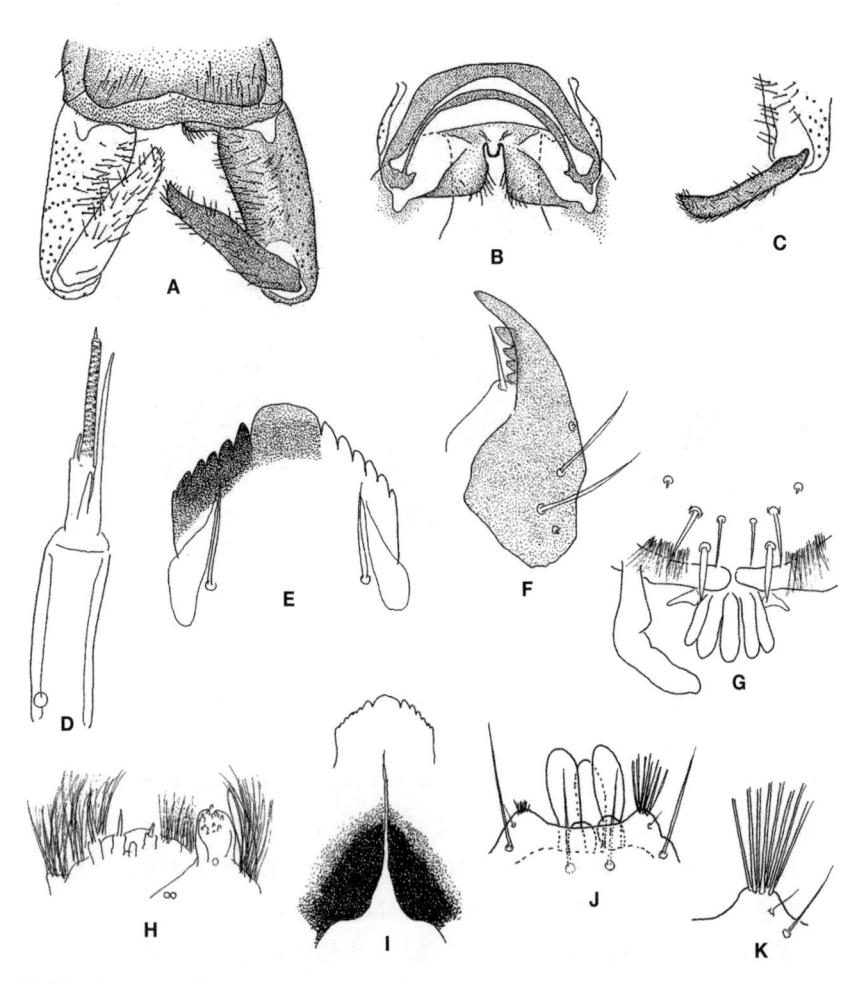

図40 ササユスリカ属 Sasayusurika
A～C：雄成虫（ササユスリカ S. aenigmata）：（A: 交尾器，B: 腹節Ⅸ末端部腹面，C: 把握器）
D～K：幼虫（D: 触角，E: 下唇板面，F: 大顎，G: 上唇部，H: 小顎，I: 頭殻の後部背面，J: 後端部，K: 尾剛毛台）（A～C: Makarchenko, 2006; D～K: 北川，2002 より引用）

ササユスリカ属 *Sasayusurika* Makarchenko, 1993（図40）

雄成虫：体長約8～9mm。ケユキユスリカ属*Pseudodiamesa*に似るが，前前胸背板の背側が広くU字型に切れ込み，頭楯毛がない，後脚に脛節櫛がないなどの違いがある。

幼虫：体長7～8mm。触角第3節が非常に長く，頭の後縁が黒い。

2-3. 属・主要種への検索

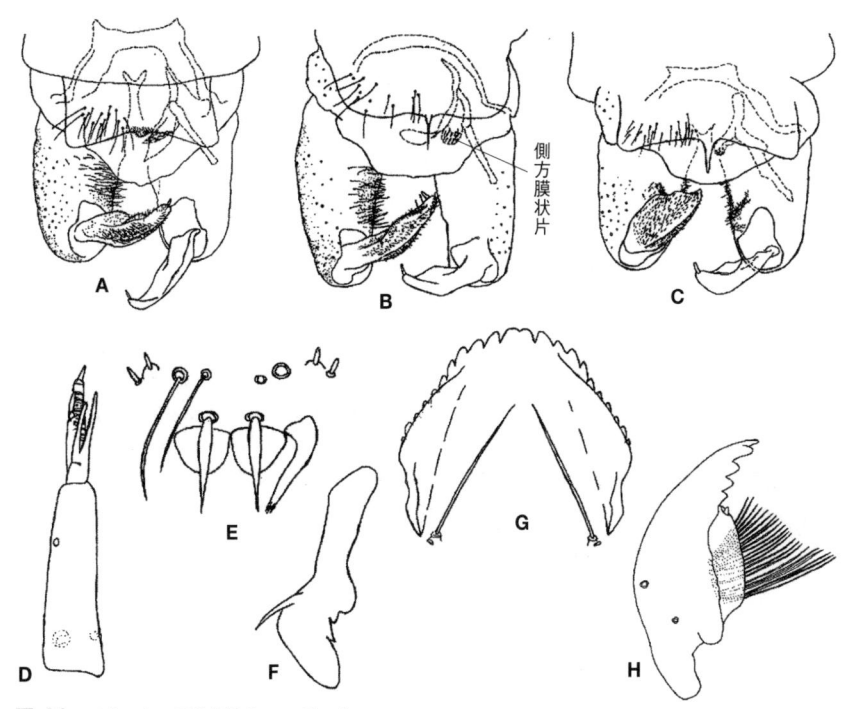

図 41 フサユキユスリカ属 Sympotthastia
A〜C：雄成虫交尾器(A: フトオフサユキユスリカ S. gemmaformis, B: タカタユキユスリカ S. takatensis, C: チャイロフサユキユスリカ S. fulva)
D〜H：幼虫(D: 触角, E: 上唇部, F: 前大顎, G: 下唇板, H: 大顎)(A, C: Endo, 1999; D〜H: Oliver, 1983 より引用)

栃木（日光）と宮崎でササユスリカ 1 種だけが知られている。

ササユスリカ *Sasayusurika aenigmata* **Makarchenko, 1993**（図 39）

フサユキユスリカ属 *Sympotthastia* Pagast, 1947（図 41）

　雄成虫：体長 4.5〜5.5 mm。刺のある側方膜状片で，他のヤマユスリカ亜科との区別は容易。体長約 6 mm。

　幼虫：大きくて 7 mm。クビレサワユスリカ *Potthastia gaedii* によく似ている。クビレサワユスリカの下唇板中央歯の方が幅広い。

注：Kitagawa (2002) の宮崎県耳川産 Diamesinae Genus DB は，Endo (2005) によって *S. aenigmata* の幼虫であるとされた。

冷涼な流水，湧水に棲む。3種が知られている。チャイロフサユキユスリカは北海道，フトオフサユキユスリカは北海道，富山，神奈川，愛知，長崎などで，またタカタユキユスリカは北海道，神奈川，大阪などでの記録がある。

種への検索（雄成虫）

1. 尾針は小さく，突起状（図41-A）。中央部の膜状片は先端が腎臓型
   ‥‥‥‥‥‥‥‥‥‥‥ フトオフサユキユスリカ *S. gemmaformis* Makarchenko, 1994
－ 尾針はより長くとげ状（図41-B, C）‥‥‥‥‥‥‥‥‥‥‥‥‥‥‥‥‥‥‥ 2
2. 中央部の膜状片は先端部が棍棒状。側方の膜状片は卵型。尾針は小さく，針状（図41-B）
   ‥‥‥‥‥‥‥‥‥‥‥ タカタユキユスリカ *S. takatensis* (Tokunaga, 1936)
－ 中央部の膜状片の先端部は単純。側方の膜状片は非常に小さい。尾針はより太い（図41-C）‥‥‥‥‥‥‥ チャイロフサユキユスリカ（新称）*S. fulva* (Johannsen, 1921)

ユキユスリカ属 *Syndiamesa* Kieffer, 1918 （図42）

雄成虫：体長約7〜8 mm。ヤマユスリカ属 *Diamesa* に似るが，第4跗節は円筒形（ヤマユスリカ属では腎臓型）で，中刺毛（図1-14）がある（ヤマユスリカ属にはほとんどない）ことで区別される。

幼虫：約11 mm。特に口器が，ヤマユスリカ属 *Diamea* によく似ている。ユキユスリカ属では，触角第3節が第2節より長い。尾剛毛台には5〜6本の尾剛毛と2本の側毛があるが，典型的なヤマユスリカ属では，尾剛毛台は小さいか，これを欠き，尾剛毛は4本。

湧水，小流，湿地に生息。属の記録は全国。キブネユキユスリカ *S. bicolor* Tokunaga, 1937 とチュウゼンジユキユスリカ *S. chuzemagna* Sasa, 1989 は記録がきわめて稀。次の6種が知られている。

種への検索（雄成虫）

1. 個眼の間に，個眼の直径より長い毛がある。把握器は硬化した歯や薄片はない（図42-A, B）。AR 0.8〜1.1 ‥‥‥‥‥‥‥‥‥‥ ケナガユキユスリカ *S. longipilosa* Endo, 2007
－ 個眼の間に微毛がある。把握器の先端付近に硬化した歯か薄片がある（図42-E, H）。AR 1.0〜2.9‥‥‥‥‥‥‥‥‥‥‥‥‥‥‥‥‥‥‥‥‥‥‥‥‥‥‥‥‥‥‥‥‥ 2
2. 底節の内側，先端近くに，短い剛毛で覆われた小さな突起がある（図42-C）。AR は2より小さい ‥‥‥‥‥‥‥‥‥‥‥‥‥‥‥‥‥‥‥‥‥‥‥‥‥‥‥‥‥‥‥‥ 3
－ 底節の内側，先端近くには明瞭な突起はない。AR は2より大きい ‥‥‥‥‥ 5
3. 底節の内側，基部付近に小さな突起はない。腹節背板 IX は浅くくぼむ（図42-C, D）。把握器は先端部分の幅が広い（図42-E）
   ‥‥‥‥‥‥‥‥‥ キョウゴクユキユスリカ *S. kyogokusecunda* Sasa et Suzuki, 1998

2-3. 属・主要種への検索

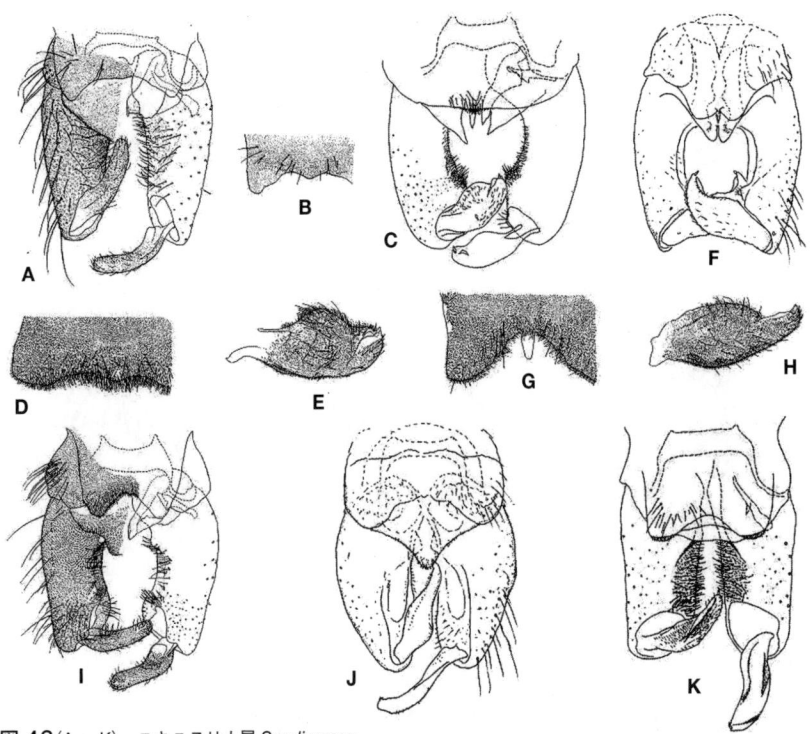

図42(A〜K)　ユキユスリカ属 *Syndiamesa*
A〜E: A, B: ケナガユキユスリカ *S. longipilosa*(A: 交尾器，B: 腹節背板Ⅸの末端)C〜E: キョウゴクユキユスリカ *S. kyogokusecunda*(C: 交尾器，D: 腹節背板Ⅸの末端，E: 把握器)　F〜H: 雄成虫　ミヤマユキユスリカ *S. montana*(F: 交尾器，G: 腹節背板Ⅸの末端，H: 把握器)I: キタユキユスリカ *S. mira* 交尾器，J: カシマユキユスリカ *S. kashimae* 交尾器，K: ヨシイユキユスリカ *S. yoshiii* 交尾器)(A〜K: Endo, 2007 より引用)

- 底節の内側，基部付近に小さな突起がある(図42-F, I)。腹節背板Ⅸは強くくぼむ(図42-G)。把握器は先端部分が細くなる(図42-H, I) ･･････････････････････････ **4**

4. 腹節背板Ⅸには短い円筒状の尾針がある(図42-G)。把握器は中央部で幅が広く，先端付近に硬化した葉片がある(図42-H)
　････････････････ ミヤマユキユスリカ ***S. montana*** Tokunaga, 1936

- 腹節背板Ⅸには小さな突起状の尾針がある。把握器は比較的幅がせまく，先端近くに硬化した三角形または半円形の歯がある(図42-I) ･････････････････････
　････････････････ キタユキユスリカ ***S. mira*** (Makarchenko, 1980)

5. 把握器の先端部分にごく小さな3つの端刺がある(図42-J)。前前胸背板の側方に毛がない ･･････････････ カシマユキユスリカ ***S. kashimae*** Tokunaga, 1936

- 把握器は1本，稀には2本の端刺がある(図42-K)。前前胸背板の側方に毛がある
　････････････････ ヨシイユキユスリカ ***S. yosiii*** Tokunaga, 1964

2. 主要種への検索

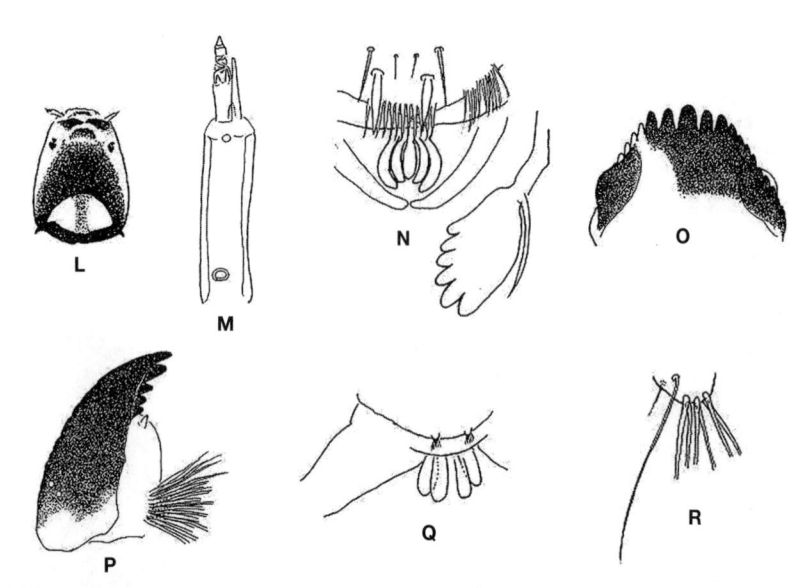

図42（L～R）　ユキユスリカ属 *Syndiamesa*
L～R：幼虫（L: 頭部腹面, M: 角, N: 上唇部と前大顎, O: 下唇板, P: 大顎, Q: 肛門鰓, R: 尾剛毛台）（L～R: 北川，2000より引用）

コラム3-1　ユスリカの同定は難しいか1

　ユスリカ科以上に同定困難な分類群はいくらでもあるに違いないが，「ユスリカ科の同定が難しい」という話をよく聞く。それを少しでも改善する方法はないのか，考えてみた。

　「同定が難しい」とされる理由は次の2点にまとめられるだろう。①虫体が小さいので，顕微鏡用スライド標本にしなければならないこと，②検索表（用語，表現，種内変異）の問題，である。

①標本づくりのポイント

　ほとんどの場合，種までの同定に利用できるのは雄成虫に限られる。そして，多くの情報は交尾器に集中している。ユスリカは成虫，幼虫ともに10 mm以下のものがほとんどである。重要なカギになる雄の交尾器，幼虫の口器は，透過光型生物顕微鏡用のスライド標本にしなければ観察できない。同定のための時間の多くはこれに費やされる。しかも，不出来な標本ではほとんど使えない。これがまず困難な点である。

　標本づくりで重要なのは，交尾器の背側を正しく上にすることである。これに失敗すると，他の部分がいくらよく見えても，ほとんど使えない標本になる。しかし，これは難しくない。何枚か標本を作るうちにすぐ慣れる。　　　（小林　貞）

V. オオヤマユスリカ亜科 Prodiamesinae

【雄成虫】

1. 翅膜に毛がある。下底節突起は退化的（図43-A）… ケバネオオヤマユスリカ属 *Compteromesa*
－ 翅膜に毛はない。下底節突起は多少とも発達 ……………………………………… 2
2. 目の背側の伸張部は小さい。中底節突起は低く，1～4本の毛がある（図43-B）
……………………………………… エゾオオヤマユスリカ属 *Odontomesa*
－ 目の背側の伸張部は長い。中底節突起は1つから数個の硬化した指状の付属器か，あるいは長い刺状の硬化した突起になる ……………………………………… 3
3. 中底節突起は指状の付属器をもち，しばしば尾針を欠く（図43-D, E）。把握器は2枝になることがある。下顎鬚第3節の先端に5～6本の槍先型の棍棒状感覚器がある
……………………………………… オオヤマユスリカ属 *Prodiamesa*
－ 中底節突起は長い硬化した刺状突起になり，尾針がある（図43-C）。把握器は単純。下顎鬚第3節の先端に，2～3本の不鮮明な棍棒状感覚器がある
……………………………………… トゲヤマユスリカ属 *Monodiamesa*

【幼虫】

1. 下唇板中央歯は非常に幅広く山型（図43-V）…… エゾオオヤマユスリカ属 *Odontomesa*
－ 下唇板中央歯は1本で先端が凹型，あるいは2本の小さな中央歯となる（図43-H, M, S）。… 2
2. 下唇板の中央歯は幅が広く先端が凹型。腹下唇板の幅は狭い（図43-M）。腹下唇板毛は弱い ……………………………………… トゲヤマユスリカ属 *Monodiamesa*
－ 下唇板は対になる小さな中央歯がある（図43-H, S）。腹下唇板の幅は広く，腹下唇板毛は強いことも弱いこともある ……………………………………… 3
3. 前大顎の先端歯は2本（図43-R）。腹下唇板毛は数が多く長い（図43-S）
……………………………………… オオヤマユスリカ属 *Prodiamesa*
－ 前大顎の先端歯は1本（図43-J）。腹下唇板毛は数が少なく短い（図43-H）
……………………………………… ケバネオオヤマユスリカ属 *Compretomesa*

オオヤマユスリカ亜科は，以下の4属4種が記録されている。

ケバネオオヤマユスリカ属 *Compteromesa* Sæther, 1981（図43-A, G～K）

雄成虫（図43-F）：体長は約4 mm。トゲヤマユスリカ属 *Monodiamesa* とともに，目の内側への張り出しがあるが，トゲヤマユスリカ属より張り出しは弱い。翅膜に毛があること，下底節突起が退化的であること，尾針の先端に1本の剛毛があることなどで，他のオオヤマユスリカ亜科からの区別は容易。

幼虫（図43-G～J）：腹下唇板はよく発達し，腹下唇板毛がある。1対の中

央歯と第1側歯は低く，第2側歯はこれらより長く突出する。湧水のゆるい流れを好む。長崎，静岡，福島の各県に記録がある。1種が知られている。

ケバネオオヤマユスリカ Compteromesa haradensis
Niitsuma et Makarchenko, 1997

トゲヤマユスリカ属 Monodiamesa Kieffer, 1922 (図43-D, E, L～O)

雄成虫（図43-C, D）：体長約6mm。オオヤマユスリカ属に似るが，下顎鬚第3節先端に感覚突起がある（オオヤマユスリカ属にはない）こと，中底節突起に長い硬化したとげ状の突起をもつこと（オオヤマユスリカ属では1～3本の硬化した指状の付属器をもつ）で区別できる。

幼虫（図43-L～O）：大きく，16mmに達する。下唇板の中央歯は幅が広く凹型で，多数の短い腹下唇板毛がある。

一般的には，中栄養から貧栄養湖沼の沿岸から深底までの砂底に生息するが，ときには流水やかなり富栄養の湖に生息する。千島列島，サハリン，神奈川，滋賀（琵琶湖）に記録がある。

シブタニオオヤマユスリカ Monodiamesa bathyphila (Kieffer, 1918)

オオヤマユスリカ属 Prodiamesa Kieffer, 1906 (図43-E, F, P～S)

雄成虫（図43-E, F）：の体長4～7mm。下顎鬚第3節先端に感覚突起はない。中底節突起は，1～3本の硬化した指状の突起となる。

幼虫（図43-S～V）：大きく，15mmに達する。下唇板の1対の中央歯は短く，第一側歯は長く，両側に小さな付属歯をもつ。

湧水，河川，池，湖の沿岸帯に棲む。北はサハリンから九州まで記録は多い。

ナガイオオヤマユスリカ P. nagaii Sasa et Kawai, 1985 は Kobayashi et Endo (2008) により，P. levanidovae Makarchenko, 1982 の新参同物異名とされた。

ナガイオオヤマユスリカ Prodiamesa levanidovae Makarchenko, 1982

エゾオオヤマユスリカ属（新称）Odontomesa Pagast, 1947 (図43-B, T～V)

雄成虫（図43-O～R）：体長約5mm。形態はオオヤマユスリカ属 Prodiamesa に似るが，目の背内側の張り出しがない。

幼虫：体長約7mm。横に細長い下唇板，長毛のある腹下唇板，幅の広い中央歯，細長くて先が2裂する前大顎などが特徴的。

2-3. 属・主要種への検索

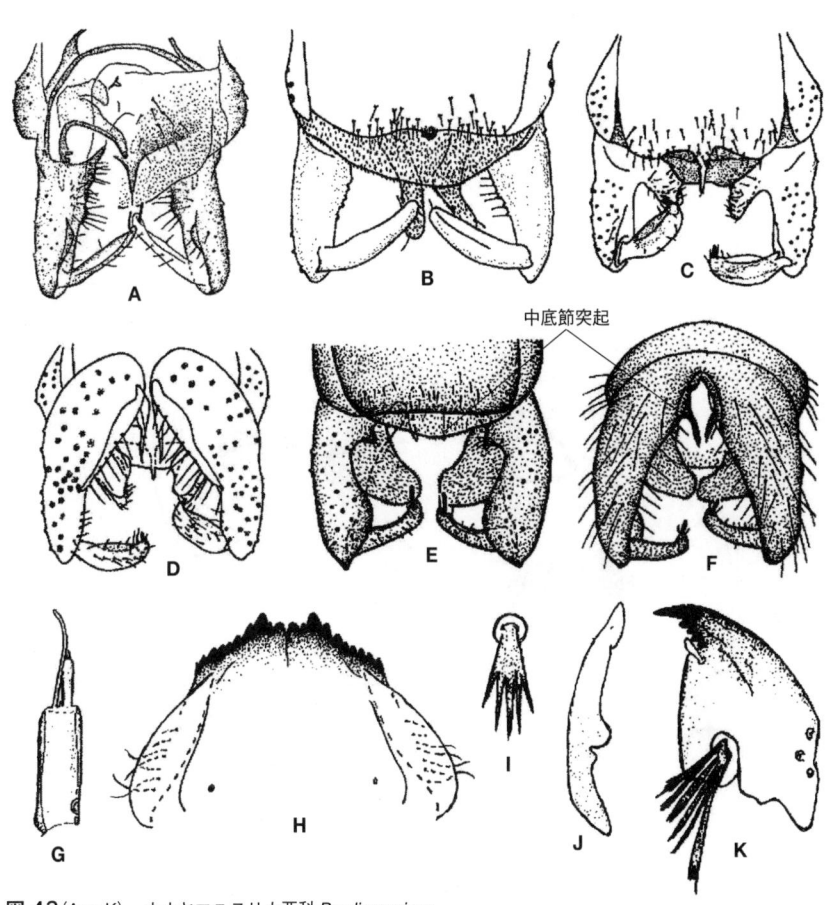

中底節突起

図 43(A～K)　オオヤマユスリカ亜科 Prodiamesinae
A～F：雄成虫（A: ケバネオオヤマユスリカ属ケバネオオヤマユスリカ Compteromesa haradensis 交尾器背面, B: エゾオオヤマユスリカ属 Odontomesa, C: トゲヤマユスリカ属シブタニオオヤマユスリカ Monodiamesa bathyphila 交尾器背面, D: 同交尾器腹面, E. トゲヤマユスリカ属ナガイオオヤマユスリカ Prodiamesa levanidovae 交尾器背面, F: 同交尾器腹面）
G～K：幼虫　ケバネオオヤマユスリカ Compteromesa haradensis（G: 触角, H: 下唇板, I: SI毛, J: 前大顎, K: 大顎）(A～F: Makarchenko, 2006; G～K: Niitsuma, 1997 より引用)

冷涼な地域の緩い流れや湖沼の沿岸の砂やシルトの底質を好む。受動的藻類食。

北海道で1種が知られる。

エゾオオヤマユスリカ（新称）*Odontomesa fulva*（Kieffer, 1919）

2. 主要種への検索

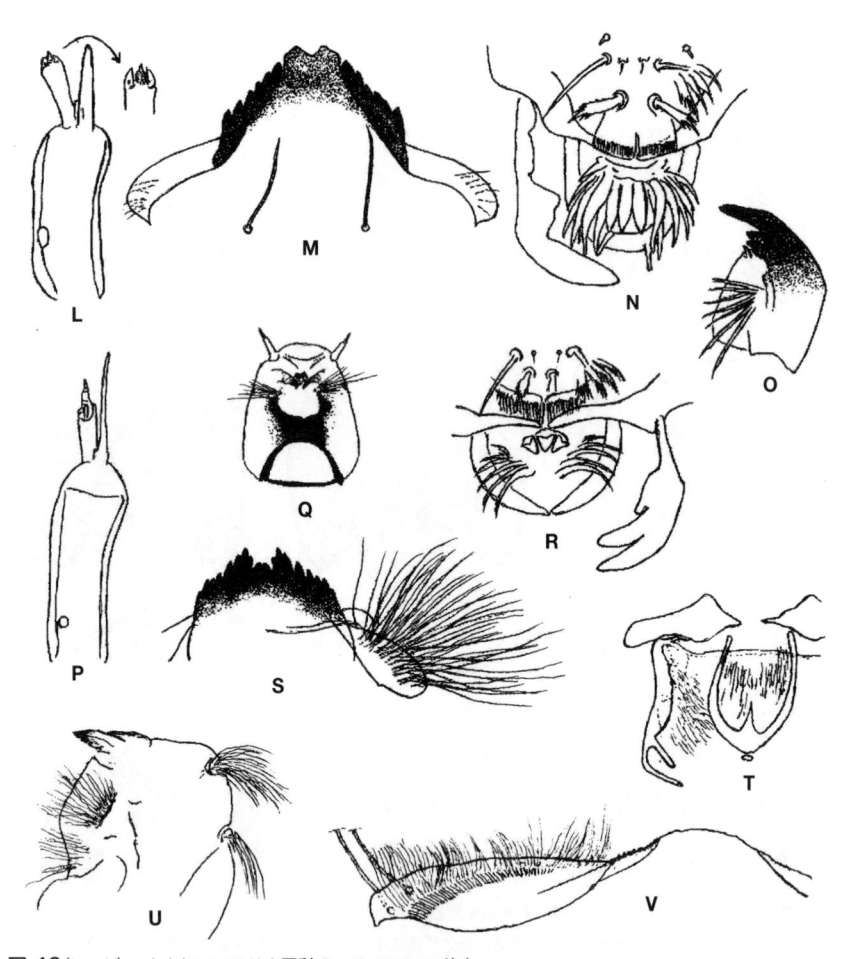

図 43(L〜V)　オオヤマユスリカ亜科 *Prodiamesinae* 幼虫
L〜O: トゲヤマユスリカ属シブタニオオヤマユスリカ *Monodiamesa bathyphila*(L: 触角, M: 下唇板, N: 上唇部と前大顎, O: 大顎)。P〜S: オオヤマユスリカ属ナガイオオヤマユスリカ *Prodiamesa levanidovae*(P: 触角, Q: 頭部腹面, R: 上唇部と前大顎, S: 下唇板)。T〜V: エゾオオヤマユスリカ *Odontomesa fulva*(T: 幼虫上唇部と前大顎, U: 大顎, V: 下唇板)(L〜S: 北川, 2001 より引用)

コラム 3-2　ユスリカの同定は難しいか 2

②検索表を使うために

　検索表も人間がつくったものであり，決して完璧なものではない。観察データの増加蓄積に伴って「進化」するものである。検索表に不適当な表現や間違いを見つけることは，あまり難しくない。検索表のちょっとした間違いで，とんでもないところに落ちてしまうことがある。

【用語に慣れる】　日本語の検索表には，見たことのないような難しい漢字の用語がゾロゾロ出てくる。ビギナーはここでもう放り出したくなるが，用語というのは一種の「記号」にすぎないと割り切ること。図や写真と照合して，「この部分はこう呼ぶ」と，丸暗記すればよい。数回実物と照合すれば，すぐ慣れる。日本語の用語は，もともと英語やドイツ語の翻訳である。「なぜこう呼ぶのか」などとあまり詮索せず，その道の専門家にまかせておこう。

【図・写真を活用する】　「強い剛毛」「弱い剛毛」などの微妙な表現がある。経験が少ない人にとっては，見ている剛毛が「強い」のか「弱い」のか見当がつかない。あいまいさを避けるために，長さについては，「○○の部分に比べて，その 1/3 くらいである」などの表現が使われることもあるが，色の表現となると，ほとんどお手上げに近い。翅の複雑な斑紋なども，文章での正確な表現は不可能に近い。その意味で，カラー写真は有効だ。しかし，写真のできぐあい，標本の状態で鮮明さは変わるし，焦点深度の問題もある。一方図は，見たいところだけをはっきり示すことができる反面，全体のイメージはつかみにくい。図と写真はそれぞれ一長一短がある。検索表では図と写真の併用が望ましい。

【「絵合わせ」は有効】　昔から「『絵合わせ』はダメだ」とよく言われてきたが，よくできた図や写真は，ことば以上に豊富な情報をもっている。実際，絵合わせだけでズバリ行くことも少なくない。検索表や説明は，絵合わせの後に読む方がずっと効率的だし，実際にはほとんどの場合そうしているのではないか。標本を見ながら図を探し，だいたいの見当がついたところで，検索表や説明を見る。そこには，見るべきポイントが書いてあるので，それをもとに，もう一度，図と実物で確かめればよい。

【種内変異の問題】　種内変異が大きければ，検索表や説明の表現も幅のあるものにならざるを得ない。これも泣き所だ。表現の幅を広げると他種（属）との境界があいまいになり，狭めれば誤同定の機会を増やしてしまう。そうした試行錯誤によって，検索表も次第により良いものに進歩する。

（小林　貞）

VI. エリユスリカ亜科 Orthocladiinae

ケブカエリユスリカ属 *Brillia* Kieffer, 1913

　体長3～5mm。複眼背方伸長部は頭頂方向に強く伸長する。前前胸背板は良く発達し，中央部で深く切れ込み，側刺毛，背刺毛ともに良く発達する。多数の背中刺毛を持つ。中刺毛を欠く。翅は大毛を密生する。径中横脈（RM脈）は長い。跗節は偽刺を持たない。褥盤は良く発達する。雄生殖器第9背板は尾針を持たない。底節はほぼ平行で，長い。上底節突起は良く発達する。把握器は叉分し，先端部は巨刺を欠く。流水性のユスリカで，河川渓流で良く見られる。日本から4種が報告されている。以下に解説するホソケブカエリユスリカ属（*Neobrillia*），ヤマケブカエリユスリカ属（*Tokyobrillia* Kobayashi et Sasa），ミナミケブカエリユスリカ属（*Xylotopus* Oliver），およびヒロトゲケブカエリユスリカ属（*Euryhapsis* Oliver）は本属に近縁な属である。後3者はそれぞれ1種ヤマケブカエリユスリカ（*Tokyobrillia tamamegaseta* Kobayashi et Sasa, 1991），ミナミケブカエリユスリカ（*Xylotous amamiapiatus* (Sasa, 1990)），ウスキヒロトゲケブカユスリカ *Euryhapsis subviridis* (Siebert, 1979)（*E. hidakacedea* (Sasa et Suzuki, 2000)）はおそらく本種のシノニムであろう）が知られるのみ。

種への検索表

1. 把握器の内葉と外葉の長さはほぼ同じである
　………………………………… フタマタケブカエリユスリカ *bifida* (Kieffer, 1909)
　Brillia modesta (Meigen), 1830 は *Chironomus modestus* Say, 1823 の新参ホモニムであることから，*Chironomus modestus* Meigen（Say の *modestus* ではない）の最も古いシノニムの *B. bifida* が採用された
－ 把握器の内葉は外葉よりも明らかに短い ……………………………………………… 2
2. 把握器の内葉は外葉のほぼ1/2の長さである
　………………………………… オナガケブカエリユスリカ *flavifrons* (Johannsen, 1905)
　B. longifurca は本種の新参シノニムである
－ 把握器の内葉は外葉のほぼ2/3の長さである
　………………………………… ニッポンケブカエリユスリカ *japonica* Tokunaga, 1939
　小笠原から得られている *B. ogasaquinta* Sasa et Suzuki, 1997 は形態的に *B. japonica* からは区別できない。同種である可能性が高い。

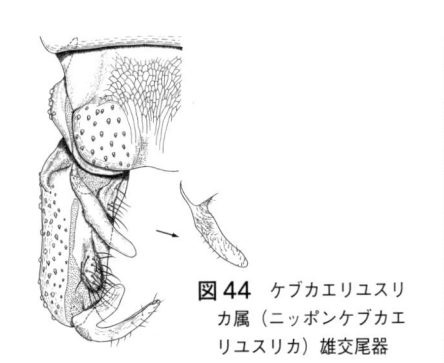

図44　ケブカエリユスリカ属（ニッポンケブカエリユスリカ）雄交尾器

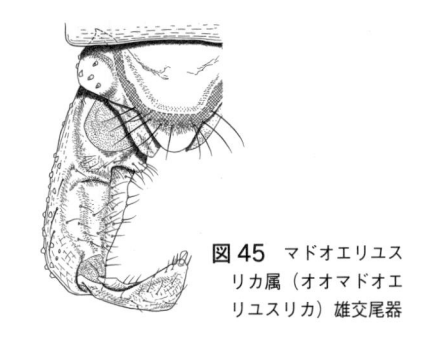

図45　マドオエリユスリカ属（オオマドオエリユスリカ）雄交尾器

ニッポンケブカエリユスリカ *Brillia japonica* **Tokunaga, 1939**（図44）

　　体長3～4mm。体色は黄褐色。楯板條紋は黒褐色，腹部各節端部は黒褐色となる。幼虫は流水性で渓流で得られる。フタマタケブカエリユスリカおよびオナガケブカユスリカの色彩は淡黄色で，ニッポンケブカエリユスリカより標高の高い地域に生息する傾向が強い。分布：奄美大島，屋久島，九州，四国，本州，北海道。

マドオエリユスリカ属 *Bryophaenocladius* Thienemann, 1934

　　体長3～5mm。色彩は変化に富む。触角鞭節は13分環節よりなり，最終分環節は端刺毛を持たない。前前胸背板は良く発達し，背中央部は深くV字状に切れ込む。中刺毛は比較的長く，楯板前縁部付近から生じることが多いが，時に中央部に生じること，欠如することもある。翅面は明瞭な微毛（microtrichia）で被われることが多い。前縁脈CはR$_{4+5}$末端を越える。第1肘脈は緩やかにカーブする。中脚に櫛状歯列を持つ種もある。後脚脛節の櫛歯状歯列は時に欠如する。跗節の偽刺はまれに存在する。尾針は透明で通常半円形，三角形をしているが，時に非常に細長くなる。底節突起の形状は変化に富む。把握器の形状は変化に富む。把握器末端は1～2本の巨刺を持つ。幼虫は水生，陸生，亜陸生である。日本から16種が知られる。

オオマドオエリユスリカ

***Bryophaenocladius matsuoi* (Sasa et Shimomura, 1993)**（図45）

　　体長4mm前後。体色は黒色。翅面は弱い微毛で被われる。中刺毛を欠く（この属では珍しい特徴）。尾針はほぼ半月形で，尾針基部に10本前後の長い刺毛がほぼ1列に並んで生える。分布：九州，本州。

2. 主要種への検索表

ハダカユスリカ属 *Cardiocladius* Kieffer, 1912

複眼背方伸長部の発達は弱い。体色は黒色で，肩部に銀白色毛を持つ。楯板は中刺毛を欠く。中，後脚第1～3跗節は偽刺を持つ。第4跗節は第5跗節より短く，ハート形となる。褥盤を欠く。第9背板は尾針を持たない。底節は細長く，底節突起は底節内面に沿って後方に伸長する。幼虫は流水性で，渓流，流れの速い中流域に生息する。ブユの捕食者として知られる。日本から3種が知られるが，一種 *C. esakii* Tokunaga, 1939 は雌で記載され，雄は現在まで報告されていない。

種への検索表

1. 第4跗節は非常に短く，長さ/幅はほぼ1.5
  .... クロハダカユスリカ *fuscus* Kieffer, 1924
- 第4跗節は，第5跗節より短いが，前者より長く長さ/幅は1.7より大きい
  .... ハダカユスリカ *capucinus* (Zetterstedt, 1850)

ハダカユスリカ *Cardiocladius capucinus* (Zetterestedt, 1850) (図46)

体長約3.2 mm。全体ほぼ一様に黒色で，胸部は一部に銀粉状の微毛を装う。触角比は約1.48。第4跗節は検索表に示す通り。把握器は細く長い。幼虫は貧栄養の流水下に生息する。分布：九州，本州；ヨーロッパ，レバノン。

クロハダカユスリカ *Cardiocladius fuscus* Kieffer, 1924

体長約2.8 mm。前前胸背板は黄色。中胸背板の地色は黒色。楯板の肩部と側縁部は黄色。楯板條紋は黒色。小楯板および側板は褐色。後背板は黒色。平均棍は白色。腹部は黄色である第1～2節を除いて黒色。脚は褐色ないしは黒褐色。第4跗節は検索表に示す通り。把握器は比較的短く，幅広い。幼虫はハダカユスリカと同様の環境下に生息する。分布：九州，本州（四国にも分布するであろう）；ヨーロッパ，中国，韓国。

ミヤマユスリカ属 *Chasmatonotus* Loew, 1964

基本形態は雌雄ともに5分環節よりなる触角鞭節を持ち，歩行に適した丈夫な脚を持つ。複眼は無毛で小さくかつ背方の伸長部も認められない。翅は無毛で広範囲に褐色から黒色となる。前前胸背板は非常に良く発達し，背面中央部で大きくV字状に切れ込み，左右に明瞭に分離する。楯板は中央に楯板全

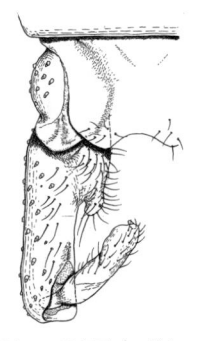

図46 ハダカユスリカ属（ハダカユスリカ）
雄交尾器

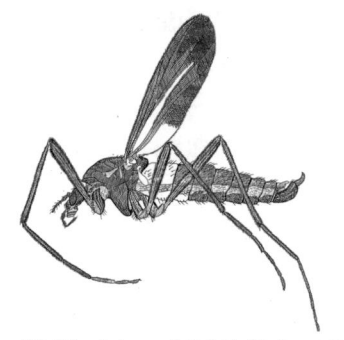

図47 ミヤマユスリカ属（ミヤマユスリカ）
全形

長の約4/5ほどまで伸びる，長い，明瞭な溝を持つ．生殖器以外に雌雄での形態的差異は見られない．

　上述した形態的特徴はこの属の典型的なもので，この形質状態を示すものはほとんどが中部山岳地帯の1000 mを超す高山帯に生息する．しかし，上述した形質とは異なり，雄の触角鞭節が13分環節からなり，かつ良く発達した羽状毛を持つ種（ヒゲナガミヤマユスリカ *Chasmatonotus akanseptimus* (Sasa et Kamimura, 1987)）が平地から山地にかけて生息することが知られている．しかし，この種も楯板の溝は明瞭で，他の属から容易に識別される．

ミヤマユスリカ（新称）*Chasmatonotus unilobus* Yamamoto, 1980（図47）

　　体長1.8～2.8 mm．触角鞭節は雌雄ともに5分環節よりなる．頭部は強く丸みを帯び，硬化が強く，複眼は小さい．脚は良く発達する．頭部および胸部全体はやや光沢のある褐色味を帯びた黒色である．腹部は黄色の基部2つの背板および3つの腹板を除いて黒褐色である．脚はほぼ一様に褐色を帯びた黒褐色である．翅は基部を除いて褐色となる．翅端部から翅室 an の端半部は黒褐色となる．平均棍は黄色．尾針は短く，その両側縁はほぼ平行で，先端部は裁断状となる．また，側面より観察した時，基部1/3付近で強く背方に弧を描く．把握器は長く，中央部で内方に緩やかに曲がり，基部には内方に強く突出した先端部が叉分した葉片様の突起を持つ．十分に発達した翅を持つが，胸部の発達は弱く，翅は滑空程度にしか使われないと思われる．1000 m以上の山地に生息し，湿原周囲の草上の葉の上を盛んに歩き回る行動が見られる．幼虫は陸生と思われる（北米の種は陸生であることが確認された）．分布：本州．

ウミユスリカ属 *Clunio* Hariday, 1855

　雄触角の鞭節は6～9分環節より構成され，羽状毛を持たない。柄節，梗節および鞭節第1分環節は長い。複眼は小さく，密に毛で覆われる。頭盾には刺毛がない。小顎髭は2小環節より構成される。前前胸背板の発達は弱く，各葉片は左右に広く分離する。翅面は無毛。翅は広く強く丸みを帯びる。肘脈 Cu_1 は強く湾曲する。雌は翅を欠く。胸脚は太く，良く発達した基節を有する。雄交尾器は良く発達し，胸部とほぼ同じ大きさとなる。把握器は幅広く偏平で，ほぼ三角形を呈する。日本から6種1亜種が報告されている。本属の種の同定には，触角比，肘脈の湾曲の度合いが重要な特徴として用いられる。雄成虫は飛翔することはほとんどなく，水面で翅を回転させることで滑走する。幼虫は海生で，各地の沿岸部で見られる。筆者の経験では，岩礁地帯より小さな砂浜に見られる海草が密生した岩などに生息していることが多かった。

ツシマウミユスリカ *Clunio tsushimensis* Tokunaga, 1933（図48）

　　体長約1.5 mm。雄触角の鞭節は10分環節より構成される。体色は緑を帯びた淡褐色でる。触角比は約0.87。肘脈は著しく湾曲する。雄交尾器は体軸に対して180°の角度でねじれる。把握器は亜三角形で先端に約5本の小歯状突起を持つ。分布：九州，本州沿岸。

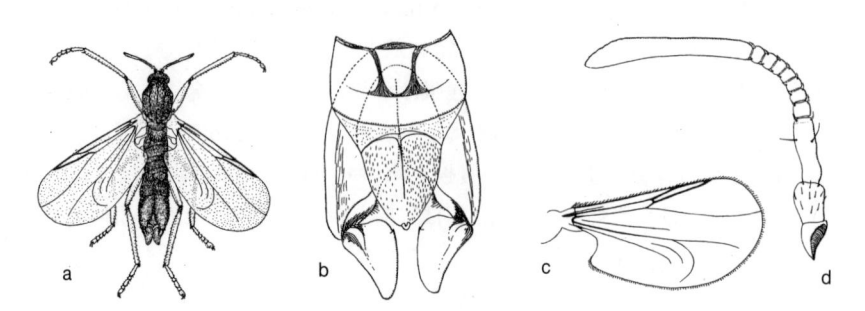

図48　ツシマウミユスリカ（Tokunaga, 1933, 1937 より引用）
　a: 全形，b: 雄交尾器，c: 翅，d: 雄触角

クシバエリユスリカ属 *Compterosmittia* Sæther, 1981

　触角鞭節は13分環節よりなる。頭楯刺毛は背方部に集中する。鞭節末端は弱い端刺を持つ。前前胸背板は良く発達するが，中央部で明瞭に分断される。中刺毛は短いが明瞭で，鉤状で楯板中央部に配列する。翅面は雄では無毛か先端部に少数の刺毛を有する。雌ではほぼ全面に大毛を有する。前縁脈Cは径脈R_{4+5}を大きく越えて伸長する。全脚跗節は偽刺を持たない。褥盤は小さい。尾針は細く短く，その両側はほぼ平行となり，先端付近にまで微毛を有する。底節突起の発達状態の変異は大きい。把握器末端の巨刺は先端で広がり，櫛状に歯を持つ。本邦産の種の幼生期は不明であるが，海外ではウツボカズラなどの筒内に生息しているという報告がある。日本から5種が知られ，うち2種は小笠原から報告されているが，ツジクシバエリユスリカ以外は検索表に示すように今後の検討が必要である。なお，未記載種1種を確認している。

種への検索表

1. 体色は黒褐色；翅の臀片は比較的良く発達する
　　…… クロクシバエリユスリカ *togalimea*, 1992; *tuberculifera* (Tokunaga, 1964)
- 体色は黄褐色 ………………………………………………………………… 3
2. 把握器は比較的長い；小さな三角形の内陰茎刺（virga）を持つ
　　………………… ツジクシバエリユスリカ *tsujii* (Sasa, Shimomura et Matsuo, 1991)
- 把握器は比較的短く側縁は丸みを帯びる；内陰茎刺を持たない
　　………… ヒメクシバエリユスリカ *oyabelurida* (Sasa, Kawai et Ueno, 1988);
　　　　　　　　　　　　　　　　　　　　　　　　　claggi (Tokunaga, 1964)

ヒメクシバエリユスリカ
Compterosmittia oyabelurida (Sasa, Kawai et Ueno, 1988)（図49-A）

　体長約1.7mm。色彩はツジクシバエリユスリカとほぼ同様である。触角比は0.4。生殖器の形状もツジクシバエリユスリカに類似するが以下の点で異なる。内陰茎刺を持たない，把握器は比較的短く，幅の約3倍で，外側は緩やかな弧を描く。小笠原に分布する *C. claggi* は単純な底節突起を持つが，これは標本作製の際に生じた変形の可能性がある。一方，*claggi* の触角比は0.63〜0.89と本種に比べてやや大きくなるが，この差をもって別種であると同定することはきわめて危険である。*C. claggi* は *C. nerius* (Curran, 1930) の新参シノニムであるとの可能性が指摘されている (Mendes *et al.*, 2004)。また，八重山諸島（与那国島，西表島）

2. 主要種への検索表

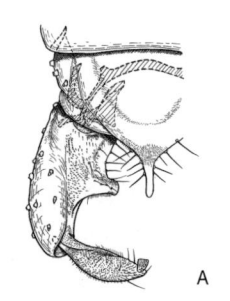

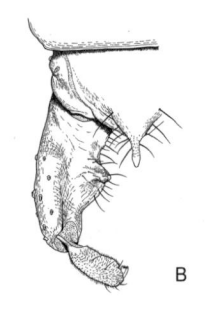

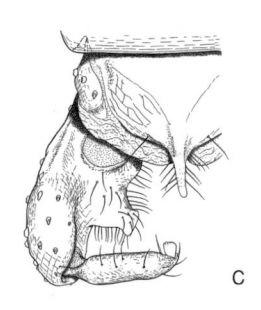

図49 クシバエリユスリカ属
雄交尾器（A: ヒメクシバエリユスリカ，B: クロクシバエリユスリカ，C: ツジクシバエリユスリカ）

に生息する本属の種は C. nerius と同定される。しかし，今後詳細な比較が必要である。ここでは一時的に oyabelurida の名称を使用しておく。分布：本州；（琉球列島，北米，ミクロネシア）。

クロクシバエリユスリカ
***Compterosmittia togalimea* (Sasa et Okazawa, 1992)** （図49-B）
　体長2mm前後。全体黒色。雄生殖器は内陰茎刺を持たない。把握器は比較的短く，その両側はほぼ平行となる。底節突起は前2者に比べて，その発達は弱く，端部で角ばることはない。ミクロネシア（小笠原父島を含む）から記載された C. tuberculifera (Tokunaga, 1964) を見ていないが，八重山諸島の与那国島からこの種と思われる標本を確認している。C. togalimea から明確に区別することは出来なかった。C. togalimea と tuberculifera は同種である可能性が高い。しかし，前者はすべてかなり標高の高い内陸部で採集されていることから若干の疑問も残る。分布：九州，本州，小笠原（父島）；与那国島，ミクロネシア。

ツジクシバエリユスリカ ***Compterosmittia tsujii*
(Sasa, Shimomura et Matsuo, 1991)** （図49-C）
　体長2mm前後。胸部の地色は黄色，楯板條紋，後背板は褐色。腹部は褐色。頭楯刺毛は背方に限定される。雄は翅に大毛を持たない。脚は黄色。触角比は0.69〜0.78。尾針は細く，両側はほぼ平行となり，数本の刺毛を持つ。底節突起は強く張り出し，端部は角張る。小さな三角形の内陰茎刺を持つ。把握器は比較的長くほぼ真っ直ぐで両側はほぼ平行となり，幅の約4倍強である。分布：本州。

コナユスリカ属 *Corynoneura* Winnertz, 1846

複眼は無毛。楯板は中刺毛を欠く。翅面は無毛である。前縁脈Cは先端部で径脈R_1, R_{4+5}と融合し、翅の基部1/3付近で太い翅脈を形成する。中脈M_{3+4}と第1肘脈Cu_1の分岐点は前縁脈、径脈融合部よりもずっと先端方向に位置する。前脚転節は背方に強く隆起する。後脚脛節先端は肥大し、斜めに裁断されたような形状を呈する。雄生殖器第9背板は尾針を持たない。把握器は短く、強く湾曲する。幼虫は止水、流水どちらでも発見される。日本から20種が報告されているが、再検討が必要なグループである。

クロイロコナユスリカ *Corynoneura cuspis* Tokunaga, 1936 (図50-A)

体長0.9〜1.4 mm。触角鞭節は10分環節よりなり、触角比は約0.6。前前胸背板は黒褐色。中胸背板の地色は暗褐色。楯板條紋は黒色で明瞭である。小楯板は褐色。後背板は黒色。側板は褐色ないし暗褐色。前前側板は黒色。平均棍は黄色。腹部背板はほとんど暗褐色である。第1腹背板は前縁部が黄色。第7腹背板は端部1/2が黄色。腹部第1—5腹板は黄色。第6腹板以降は褐色ないしは暗褐色。脚は褐色。底節突起は発達しない。把握器は明瞭な背面稜縁を持つ。成虫は低山地の流水周辺で得られる。分布：本州。

クロムネコナユスリカ *Corynoneura lobata* Edwards, 1924 (図50-B)

体長1〜1.3 mm。触角鞭節は10分環節よりなり、触角比は0.4〜0.58。胸部は黒色。楯板條紋は不明瞭である。脚基節は黒色、腿節は褐色、脛節以降は淡褐色。腹部第1〜4背板は黄色で淡褐色の不明瞭な小斑を持つ。第5背板以降は黒褐色であるが第7背板の後縁部は淡色となる。

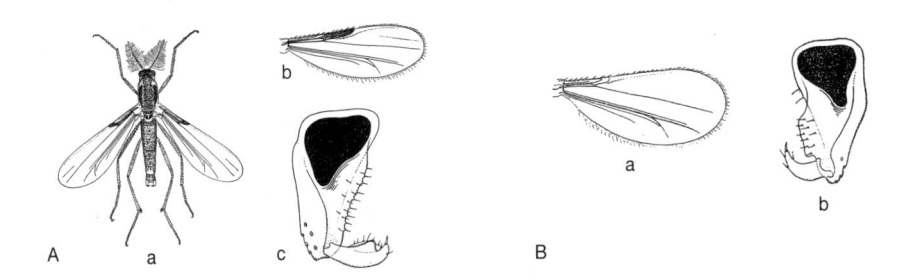

図50 コナユスリカ属
A: クロイロコナユスリカ (a: 全形, b: 翅, c: 雄生殖器, 底節および把握器 (Tokunaga, 1936, 1937より引用))
B: クロムネコナユスリカ (a: 翅, b: 雄生殖器, 底節および把握器 (Tokunaga, 1936, 1937より引用))

底節突起は板状である。把握器は端半部で強く湾曲する。分布：九州，本州，北海道；全北区。

ツヤユスリカ属 *Cricotopus* van der Wulp, 1874

複眼は個眼間に毛を密生する。数列に配列した多数の伏臥した背中刺毛を持つ。前翅背毛は1～3列以上の配列を有し，時に側小楯板線後方にまで伸びる。翅面は無毛。第9背板は通常尾針を欠くが，時に短い明瞭な尾針を持つ。把握器は通常単純。しかし，基部に附属突起を持つ種もある。腹部の基調色は黒色であるが，いくつかの腹節および脚に明瞭な黄色～白色の紋を持つものが多く，分類・同定に有用である場合がある。しかし，季節，特に冬期から早春期にかけて出現する個体は強く黒化し全体黒色となり，斑紋の有効性が失われることも多い。その場合は雄生殖器を観察しなければ種の特定には至らない。幼虫は止水，流水いずれの環境下でも見られ，食植性で，時に水田ではイネの移植直後に葉を切り落としてしまうなどの害虫としての側面もある。日本から4亜属50種の報告があるが，上述のように季節による色彩変異の大きな種も多数あるため，再検討が必要なグループである。しかし，我々が通常見かける種はかなり限定される。また下記の検索表に示した亜属で，特に類似した *Cricotopus* 亜属と *Isocladius* 亜属の決定に際しては厳密には雄生殖器を観察しなければならないが，普通に見られる種に関しては斑紋パターンで同定は可能である（図51）。

亜属の検索

1. 把握器は基部に附属突起を持つ。内陰茎刺を持つ。上底節突起は良く発達する
   ·· ニセツヤユスリカ亜属 *Pseudocricotopus* Nishida, 1987
- 把握器は単純である。内陰茎刺を欠く。上底節突起を持つかあるいはこれを欠く …… 2
2. 尾針は明瞭で比較的長く先端部は丸みを帯びる
   ·· *Nostococladius* Ashe et Murray, 1980
- 通常尾針を持たないが，まれに小さな先端部が鋭く尖った尾針を持つことがある …… 3
3. 底節基部内縁は単純で張り出しを持たない。底節突起は単純であるかあるいは叉分する，またときにこれを欠如する。時に尾針を持つ
   ···························· ツヤユスリカ亜属 *Cricotopus* Van Del Wulp, 1874
- 底節基部内縁は明瞭な張り出しを持つ。底節突起は常に存在し，しかも単純である。尾針は常に欠如する ···································· *Isocladius* Kieffer, 1909

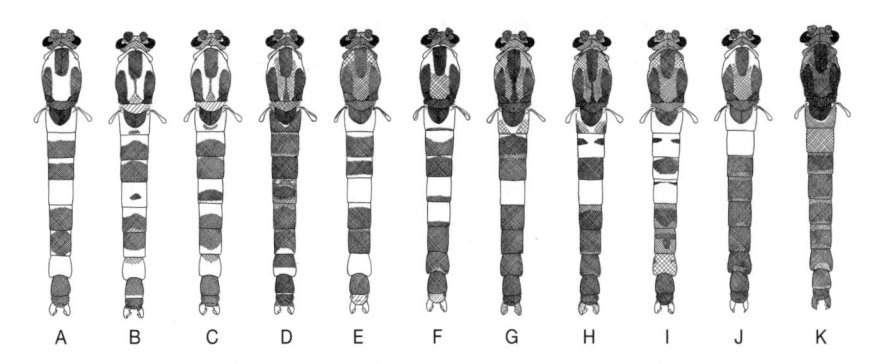

図 51 ツヤユスリカ属
体の斑紋パターン（A: モモグロミツオビツヤユスリカ, B: ミツオビツヤユスリカ（明色型）, C: ミツオビツヤユスリカ（暗色型）, D: ヨドミツヤユスリカ, E: ナカグロツヤユスリカ, F: ナカオビツヤユスリカ, G: フタスジツヤユスリカ, H: フタモンツヤユスリカ, I: ニセフタモンツヤユスリカ, J: ホソトゲツヤユスリカ, K: ヤマツヤユスリカ）

フタスジツヤユスリカ *Cricotopus* (*Cricotopus*) *bicinctus* (Meigen, 1818)（図 52-A）

体長 2.5〜3.0 mm。胸部は全体として暗化が強く，條紋もやや不明瞭となる。腹部第 1 節，第 4 節および底節・把握器は黄白色。褥盤を欠く。冬期に出現する個体は全身黒色となることがあるので同定には注意が必要となる。分布：南西諸島，九州，四国，本州；旧北区。

フタモンツヤユスリカ *Cricotopus* (*Cricotpsus*) *bimaculatus* Tokunaga, 1936（図 52-B）

体長 2 mm 前後。胸部の色彩はフタスジツヤユスリカにほぼ同じ。腹部第 1 節，第 4 節および底節・把握器は黄白色。腹部第 2 節の地色は黄白色で，1 対の黒色の明瞭な斑紋を持つ。褥盤を欠く。分布：北海道，本州，四国，九州。

ナカグロツヤユスリカ *Cricotopus* (*Cricotopus*) *metatibialis* Tokunaga, 1936（図 52-C）

体長 2 mm 前後。腹部の斑紋はモモグロミツオビツヤユスリカとほぼ同じパターンを示すが，より小型であること，淡色部の基色が橙色味を強く帯びることで，識別は容易である。一方，雄生殖器は上述の種とは顕著に異なる。本種は底節突起を全く欠く。分布：北海道，本州，九州（四国にも分布すると思われるが，調査不足である）。

ニセフタモンツヤユスリカ（新称）*Cricotopus (Cricotopus)*
polyannulatus Tokunaga, 1936 （図 52-D）

体長 2 mm 前後。腹部の斑紋はフタモンツヤユスリカに類似するが，第 3 節の後方 1/3 は黄白色，第 4 節前方部に細い褐色の帯を持つ・第 7 節は褐色を帯びた黄色。雄生殖器基節および把握器は黄白色となる点で識別は容易である。雄生殖器もフタモンツヤユスリカによく似るが，底節突起はやや細く，より急角度で後方に伸びる。把握器は端部 1/3 付近が最も幅広くなる。分布：本州（その他の地域については調査不足）。

ヨドミツヤユスリカ *Cricotopus (Isocladius) sylvestris* (Fabricius, 1784)

体長 2～3 mm。全体的に暗褐色となり，ミツオビツヤユスリカの最も強く暗化した個体に類似する。雄生殖器の構造はミツオビツヤユスリカ，モモグロミツオビツヤユスリカと酷似し，その識別には熟練を要する。図 51-D の斑紋のパターン図で識別してもほぼ問題はない。分布：北海道，本州，九州（四国は調査不足）。

ナカオビツヤユスリカ *Cricotopsus (Cricotopsus)*
triannulatus (Macquart, 1826) （図 52-E）

体長 2.5～3.0 mm。楯板の地色は黄色で，條紋は黒色で明瞭である。腹部第 1 節，第 4 節および第 5 節は黄白色。第 4，第 5 節末端部は黒褐色の細いバンドを持つ（*C. trifascia* Edwards, 1929 は色彩で本種に酷似するが，第 4 腹節末端に黒褐色のバンドを持たずに，第 4，5 節が一様に連続して黄色となることで識別できる）。褥盤を欠く。底節および把握器は淡黄褐色。底節突起は端部が明瞭に叉分する。季節による色彩変異は少ない種である。分布：九州，四国，本州：全北区。

モモグロミツオビツヤユスリカ *Cricotopus (Isocladius)*
tricinctus (Meigen, 1818) （図 52-F）

体長 2～3 mm。斑紋パターンはミツオビツヤユスリカに酷似するが，基色の黄色はより鮮やかで黒色部とのコントラストが明瞭である。楯板の基色も鮮やかな黄色で，條紋とのコントラストが明瞭となる。第 4 腹節に黒色の斑紋が現れることはない。分布：本州，四国，九州。

ミツオビツヤユスリカ *Cricotopus (Isocladius)*
trifasciatus (Meigen in Panzer, 1813) （図 52-G）

体長 2～3 mm。楯板の地色は黄色で，條紋は黒色ないしは黒褐色で明

2-3. 属・主要種への検索

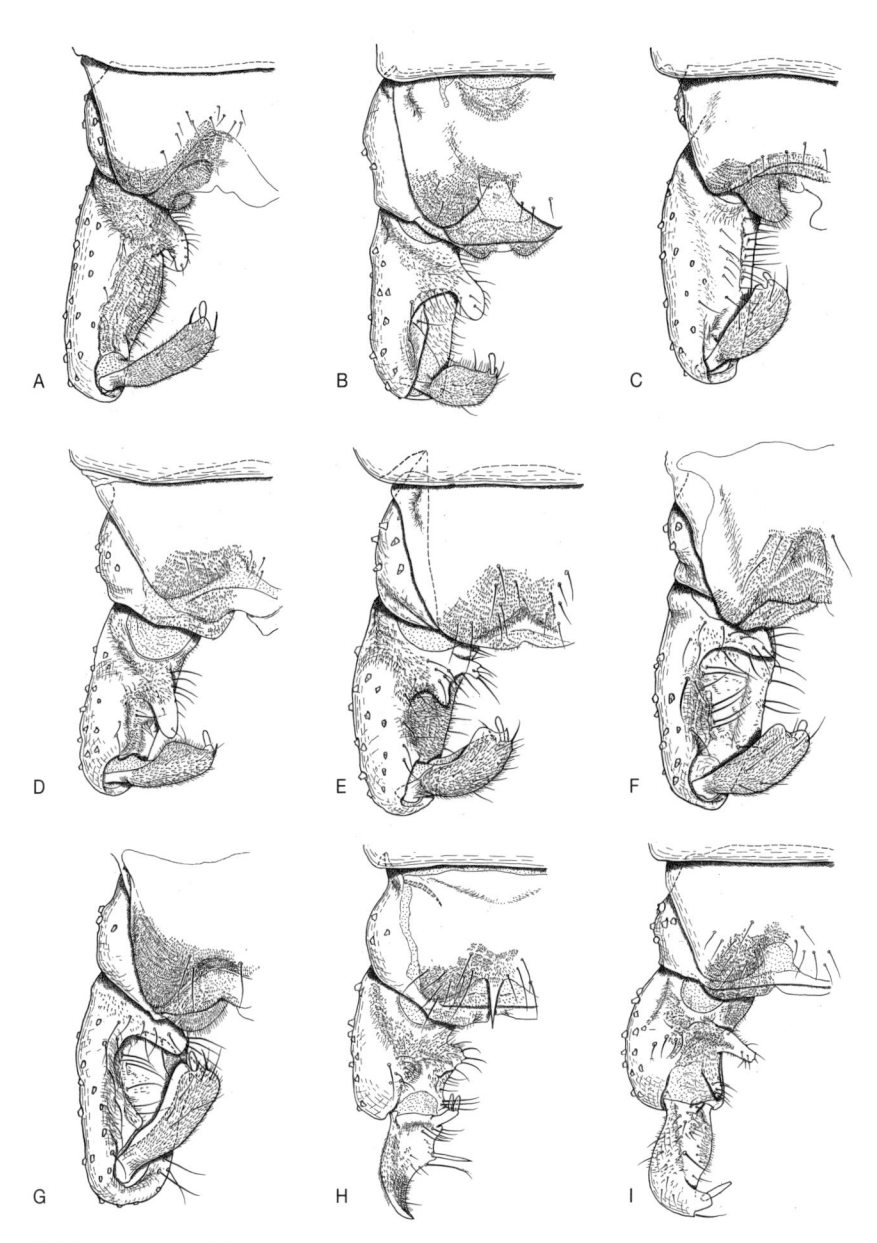

図52 ツヤユスリカ属
雄交尾器（A: フタスジツヤユスリカ，B: フタモンツヤユスリカ，C: ナカグロツヤユスリカ，D: ニセフタモンツヤユスリカ，E: ナカオビツヤユスリカ，F: モモグロミツオビツヤユスリカ，G: ミツオビツヤユスリカ，H: ヤマツヤユスリカ，I: ホソトゲツヤユスリカ）

瞭である。腹部は腹部第1, 4, 7節はほとんどあるいは完全に黄色である。第4節は時に中央部に小さな黒色の斑点を持つことがある。この黒色斑点は季節によって広がり，帯状となることもある。第2, 3, 5, 6節の基部は狭く黄色の縁取りを持つ。底節，把握器は黄色を呈する。分布：北海道，本州，四国，九州。

Pseudocricotopus 亜属，種への検索表（Nishida, 1987 より）

1. 尾針を持つ。把握器は基部突起を持ち，先端部に巨刺を欠く ················· **2**
－ 尾針を欠く。把握器は基部突起を持たず，先端部に巨刺を持つ
　················· ホソトゲツヤユスリカ *tamadigitatus* **Sasa, 1981**
2. 前脚跗節第2, 3節は白色。尾針は尖る。把握器は鎌状で中央部に強く長い刺毛を持つ
　················· ヤマツヤユスリカ *montanus* **Tokunaga, 1936**
－ 前脚跗節は完全に黒色。尾針の先端は尖らない。把握器は鎌状とはならず，亜先端部に長く強い刺毛を持つ ················· *nishikiensis* **Nisihida, 1987**

　Pseudocricotopus 亜属は日本から6種が報告されている。しかし，これらのうち3種以外については今後の再検討が必要である。また，ここに示した3種はいずれも胸部は暗色で，條紋は不明瞭となる。腹部は第1, 2節が白色ないしは黄褐色で，他の節は黒色となる。生殖器は黄色ないしは黄褐色。種の同定には雄生殖器の検鏡が必要である。しかし，形態的には明瞭なため，同定は比較的容易である。体長はいずれも3.5 mm前後。幼虫は貧栄養の流水下（山地渓流）に生息する。砂底質を好む。

ヤマツヤユスリカ（新称）*Cricotopus (Pseudocricotopus) montanus* Tokunaga, 1936 （図52-H）

　体長約3.5 mm。胸部は暗色で，條紋は楯板基色より濃くなるが，不明瞭である。腹部第1, 2節は黄白色から暗緑色となり，3〜9腹節はほぼ一様に暗褐色となる。雄生殖器底節は褐色となり，把握器は淡色となる。尾針は明瞭に尖る。把握器の基部内方に突出する細い突起は明瞭で，その先端部には2本の太く短い刺を持ち，把握器中央部には1本の丈夫な長い刺を持つ。分布：北海道，本州，四国。

ホソトゲツヤユスリカ（新称）*Cricotopus (Pseudocricotopus) tamadigitatus* Sasa, 1981 （図52-I）

　体長約3.5 mm。胸部の地色は黄色で，條紋は暗褐色で明瞭である。腹部第1, 2節は黄白色で，3〜9腹節はほぼ一様に暗褐色である。雄生殖

器の底節および把握器は黄白色である。尾針を持たない。底節は叉分した指状の底節突起を持つ。把握器基部には突起を持たず，先端部はやや丸みを帯び，比較的長い明瞭な巨刺を持つ。分布：本州，四国，九州。

フタエユスリカ属 *Diplocladius* Kieffer, 1908

複眼は個眼間に細毛を装う。前前胸背板は良く発達し，背中央部は幅広いV字状の切れ込みを持つ。中刺毛は短いが明瞭で，楯板の前縁部から始まる。翅面は無毛。前縁脈Cは径脈R_{4+5}をわずかに越える。胸脚跗節は偽刺を持たない。第9背板はほぼ四角形で，後縁中央部に，短く鋭い尾針を持つ。底節は後方に強く伸長する幅広い明瞭な底節突起を有する。把握器は基葉片と端葉片に明瞭に分離する。端葉片は巨刺を持たない。幼虫は緩やかな流水を好み，やや富栄養化した浅い水路あるいは比較的大きな湖沼の沿岸帯などに生息することが多い。フタエユスリカ1種のみが知られる。

フタエユスリカ *Diplocladius cultriger* Kieffer in Kieffer et Thienemann, 1908 （図53）

体長約3mm。脚を含めて，全体黒色。触角比は1.45〜1.91。前述したように，雄生殖器の形状から同定は容易である。晩秋から早春期にかけて山地に多い。分布：本州；全北区。

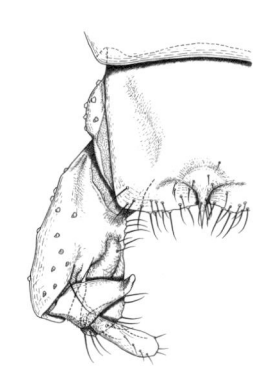

図53 フタエユスリカ属（フタエユスリカ）雄交尾器

テンマクエリユスリカ属 *Eukiefferiella* Thienemann, 1926

　触角鞭節は 12 〜 13 分環節よりなる。複眼は個眼間に細毛を装う。複眼は腎臓形を呈する。翅面は無毛。径脈 R_{2+3} は時に欠如する。胸脚蹠節は偽刺を持つ。第 9 腹節背板は尾針を持たない。底節は良く発達した底節突起を持つ。内陰茎刺を持つ。把握器は比較的細長く，緩やかに弧を描く。形態的にはニセテンマクエリユスリカ属 *Tvetenia* に類似する。しかし，本属は，複眼に細毛を装い，尾針を持たないことで識別される。幼虫は流水環境を好み，礫上で見られる。日本から 35 種以上が報告されているが，今後再検討が必要である。

テンマクエリユスリカ *Eukiefferiella coerulescens* (Kieffer in Zavřel, 1926)

　　体長約 2 mm。触角鞭節は 12 分環節よりなる。触角比は 0.42。楯板および小楯板は黄褐色，後楯板は黒褐色。楯板條紋は暗褐色。腹部は黄褐色。脚は黄色。極少数の中刺毛を持つ。第 1 翅基鱗片は縁毛を持たない。底節は大きな明瞭な底節突起を持つ。把握器は細長く，内縁はほぼ真っ直ぐとなる。幼虫は砂泥底質の浅い流水下で見られることが多い。近年，浄化の進んだ都市河川などでフタスジツヤユスリカとともに見られることが多い。分布：九州，本州，北海道；全北区。

トビケラヤドリユスリカ属 *Eurycnemus* van der Wulp, 1874

　触角鞭節は 13 の分環節よりなる。前前胸背板は側刺毛と背刺毛を持つ。複眼の背面伸長部は良く発達し，その両縁はほぼ平行となる。楯板は前前胸背板を大きく越え前方に伸長するため，背面から前前胸背板は見えない。中刺毛を欠く。多数の背中刺毛，小楯板刺毛を持つ。翅面は大毛で被われる。後脚脛節末端は櫛状刺列を持たない。褥盤は良く発達する。第 9 腹節背板は尾針を持たない。生殖器底節は非常に長い。上底節突起は長く，良く発達する。底節内縁末端には刺毛を備えた短い突起物を持つ。把握器は基葉片と端葉片とに叉分し，端葉片は端部に幅の広い複数の刺毛を持つ。日本から 1 種が報告されている。

ノザキトビケラヤドリユスリカ *Eurycnemus nozakii* Kobayashi, 1998 （図 54）

　　体長 6 〜 7 mm。体色はほぼ全体淡黄褐色。属の解説に示したように，胸部の特異な形態で他のユスリカからの識別は容易である。幼虫は渓流に生息し，ニンギョウトビケラ *Goera japonica* の巣内に入り，これを摂食する。分布：本州。

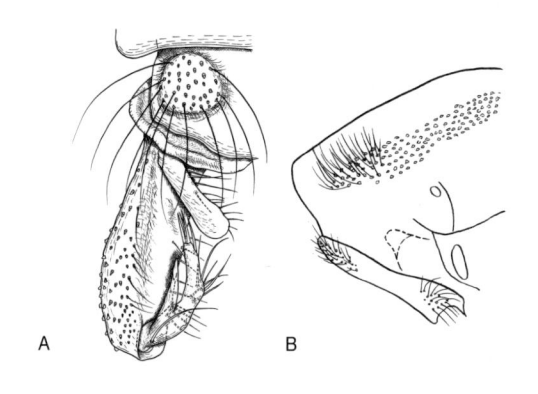

図54 トビケラヤドリユスリカ属
（ノザキトビケラヤドリユスリカ）
A: 雄交尾器，B: 楯板

ヒロトゲケブカユスリカ属 *Euryhapsis* Oliver, 1981

　触角鞭節は13分環節よりなり，最終分環節は端刺毛を持たない。複眼の背面伸長部は良く発達し，その背縁と腹縁はほぼ平行となる。前前胸背板葉は良く発達し，側刺毛，背刺毛はともに存在する。楯板は中刺毛を欠く。翅面はほぼ全面に大毛を装う。径中横脈RMは長い。後脛節は櫛状刺毛列を持つ。褥板はツメのほぼ半分の長さである。第9腹節背板は尾針を持たない。生殖器底節は長い。底節内縁末端近くに先端部が刺毛で覆われた細長い突起物を有する。把握器はほぼ同じ長さの基葉片と端葉片とに叉分し，端葉片は長い明瞭な幅の広い刺毛を有する。日本からウスキヒロトゲケブカユスリカ1種のみが知られる。

ウスキヒロトゲケブカユスリカ（新称）
Euryhapsis subviridis Oliver, 1981 （図55）

　体長4.5 mm前後。体はほぼ一様に淡黄色で，楯板の條紋も認められな

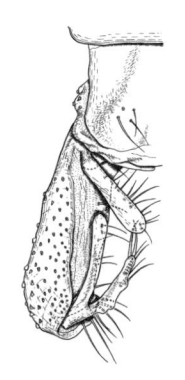

図55 ヒロトゲケブカユスリカ属
（ウスキヒロトゲケブカユスリカ）
雄交尾器

い。触角比は 1.1 ～ 1.3。生殖器の特徴は属の解説に準する。分布：本州，北海道；ヨーロッパ。

シッチエリユスリカ属 *Georthocladius* Strenzke, 1941

触角鞭節は 13 分環節よりなり，最終分環節は端刺毛を持つ。複眼は短い楔状の背面伸長部を持つ。中刺毛は明瞭で，楯板前縁部から始まる。前縁脈 C は径脈 R_{4+5} 末端を大きく越えて伸長する。径脈 R_{4+5} は中脈 M_{3+4} 末端の真上あるいはやや越えて終わる。中，後脚の第 1 跗節，しばしば第 2 跗節にも偽刺を有する。褥盤は良く発達する。第 9 腹節は三角形あるいは半円形の，微毛と長い刺毛を備えた尾針を有する。把握器は先端部付近で明瞭に膨らみ，時に外側に種々な程度の突起を持つ。時に外側の突起は非常に長くなり，完全に叉分した外観を持つ。内陰茎刺を欠く。日本からシオタニシッチエリユスリカ 1 種のみが知られる。

シオタニシッチエリユスリカ
Georthocladius shiotanii (Sasa et Kawai, 1987) （図 56）

体長約 3 mm。全体黒褐色で，楯板條紋および後背板は黒色となる。雄生殖器の把握器が顕著に V 字状に叉分することで，種の識別は容易である。里山的景観の残る林縁部の小水路近辺で採集されることが多い。東京都下では皇居吹き上げ御苑でも得られている。分布：本州。

ウンモンエリユスリカ属 *Heleniella* Gowin, 1943

触角鞭節は 13 分環節よりなり，最終分環節は末端に数本の短い刺毛を持つ。複眼は毛を密生し，背面伸長部はほとんど発達しない。前前胸背板は良く発達し，左右の葉片は密に接し，明瞭な縫合線で仕切られ，刺毛で被われる。中胸背板(後背板を含めて)，中胸側板は多数の刺毛を有する。楯板は中刺毛を欠く。翅面は日本産の種では明瞭な黒色の斑紋を持つ。前縁脈 C は径脈 R_{4+5} の端部を明瞭に越えて翅端方向に伸長する。径脈 R_{4+5} は中脈 M_{3+4} 末端の位置のほぼ真上か，やや越えて終わる。第 1 肘脈 Cu_1 は明瞭に湾曲する。第 1 翅基鱗片は縁毛を持たない。褥盤は小さいか，欠如する。第 9 腹節背板は尾針を持たない。底節突起は良く発達し，ほぼ三角形状に後方に向かって張り出す。内陰茎刺は良く発達し，かつ長い。日本から 2 種が記載報告されている。

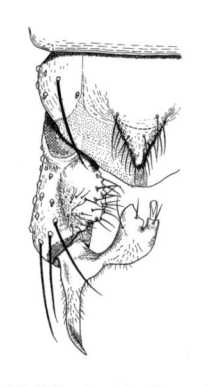

図 56 シッチエリユスリカ
（シオタニシッチエリユスリカ）
雄交尾器

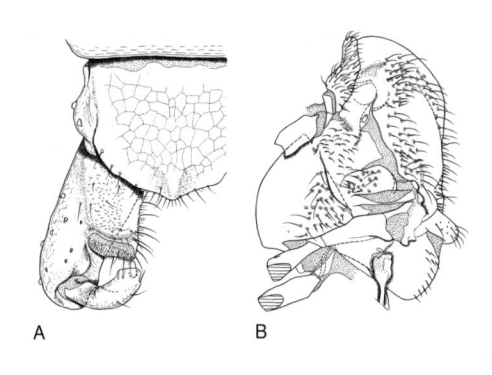

図 57 ウンモンエリユスリカ属
（ウンモンエリユスリカ）
A: 楯板，B: 胸部

種への検索表

1. 楯板は非常に多数の刺毛を持つ；背中刺毛 64 〜 80，前翅背毛 20 〜 23。触角比 0.81。内陰茎刺は多数の長い刺よりなる　　ウンモンエリユスリカ *osarumaculata* Sasa, 1988
− 楯板の刺毛数は少ない；背中刺毛 36，前翅背毛 9。触角比 0.53。内陰茎刺は数本の長い刺よりなる ……………………………………… *otujimaculata* Sasa et Okazawa, 1994

ウンモンエリユスリカ *Heleniella osarumaculata* Sasa, 1988（図 57）

　　体長約 2.3 mm。黒褐色で楯板條紋，後背板は黒色となる。脚は黄色であるが，前脚脛節の両末端，前脚跗節は褐色となる。翅面は黒褐色の翅を横切る 2 つの広い帯状斑紋を持つ。底節突起は角ばり，後方に張り出す。山地の細渓流下で見出せ，幼虫は底質が岩盤である場所を好む。分布：九州，四国，本州，北海道。

　　H. otujimaculata とは検索表に挙げた形質で異なるが，翅面の斑紋も非常によく似ている。また，雄生殖器の底節突起が *H. otujimaculata* では丸く張り出す点などの形態的な相違も原記載では示されている。しかし，この形状はプレパラート作成の段階で変形することもある。ここでは別種と判断したが，上述の形質が個体変異によるものかどうか今後の検討課題である。

フユユスリカ属 *Hydrobaenus* Fries, 1830

触角鞭節は 8 〜 13 分環節よりなる（通常は 13：Sæther, 1976）。複眼の背面伸長部はさまざまな程度に発達する。前前胸背板は良く発達し，背面中央部で顕著な V 字状の切れ込みにより明瞭に分離される。中刺毛は短く，楯板の前縁部からやや距離を置いて生じる。径脈 R_{4+5} は中脈 M_{3+4} 末端の真上か，あるいは大きく翅端方向に伸びて終わる。中，後脚第 1 跗節あるいは第 1 〜 2 跗節は偽刺を持つ。尾針の発達状態は変化に富む。内陰茎刺を持つ。日本から 6 種が知られるが，そのうちの 1 種 *H. ginzanneous* Sasa et Suzuki, 2001 は所属について疑問があり，以下の検索表からは除外した。

種への検索表

1. 第 9 背板は後方に向かって狭まり，逆三角形状を呈す ··· 2
 - 第 9 背板は後縁部が丸くなり，後縁中央部は凹みを持つ
   ································ マルオフユユスリカ *tsukubalatus* Sasa et Ueno, 1994
2. 明瞭な尾針を持つ。把握器は三角形状で，後端部は強く張り出す
   ································ トガリフユユスリカ *conformis* (Holmgren, 1869)
 - 尾針は存在する場合も，非常に不明瞭である．把握器は通常の形態で後縁部が張り出すことはない ··· 3
3. 底節突起は丸く突出し，単純である。把握器の外側縁は強く湾曲する
   ································ ビワフユユスリカ *biwaquartus* (Sasa et Kawai, 1987)
 - 底節突起は二重構造を示し，強く張り出した幅の広い突起を持つかあるいは小さな指状の突起を持つ．把握器の外側縁はほぼ直線状か緩やかに弧を描く程度 ···················· 4
4. 底節突起の張り出しは強くかつ幅広い
   ································ キソガワフユユスリカ *kondoi* Sæther, 1989
 - 底節突起は小さな指状の突起を持つ
   ································ コキソガワフユユスリカ *kisosecundus* Sasa et Kondo, 1991

ビワフユユスリカ *Hydrobaenus biwaquartus* (Sasa et Kawai, 1987) （図 58-A）

体長 3.5 〜 5.0 mm。体色は黒色で，翅の臀片も強く突出し，外見的にキソガワフユユスリカに酷似する。第 9 腹背板は後方 1/2 がほぼ全面刺毛で被われ，前脚跗節に長い髭毛を持たないこと，底節突起は単純で側縁が丸くなることで，識別される。出現期はキソガワフユユスリカと同様，冬期である。幼虫は止水性で，泥底質を好む傾向がある。分布：九州，本州（琵琶湖，京都の深泥池では特に多くの個体が見られる）。

トガリフユユスリカ（新称）*Hydrobaenus conformis* (Holmgren, 1869) （図 58-B）

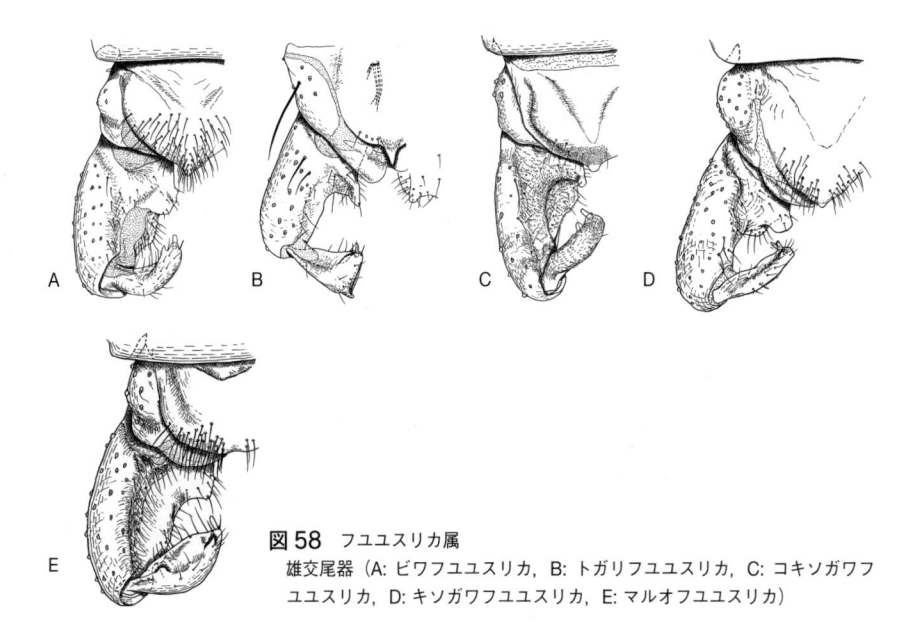

図58 フユユスリカ属
雄交尾器（A: ビワフユユスリカ, B: トガリフユユスリカ, C: コキソガワフユユスリカ, D: キソガワフユユスリカ, E: マルオフユユスリカ）

体長3.3 mmほど。体色は黒色。触角比は2.23〜2.27。翅の臀片は認められるが，前2種ほど強く張り出すことはない。腹部第9背板の刺毛は後縁部にあり，3〜4対と少ない。尾針は明瞭で，三角形状となる。底節突起はやや三角形状に突出する。把握器は特徴的で，三角形状を呈し，後角は鋭く角状に張り出す。尾針の形状，把握器の形状でこの属の他の種からの識別は容易である。成虫は冬期に出現する。分布：本州；北欧，ヨーロッパロシア，グリーンランド，カナダ。

コキソガワフユユスリカ
***Hydrobaenus kisosecundus* Sasa et Kondo, 1991**（図58-C）
体長3.5 mm内外。脚を含めて体色は黒褐色である。触角比は1.53〜1.65。臀片はほぼ直角。第9腹節背板は非常に小さな尾針を持つか，あるいはこれを欠き，中央部にかけて数本の対をなす刺毛群を持つ。底節突起は明瞭であるが，張り出し状態は弱く，2重構造を持った葉片から構成され，指状の突起を持つ。幼虫は流水性で，砂泥底質を好む。成虫は冬期に出現する。分布：本州。

キソガワフユユスリカ *Hydrobaenus kondoi* Sæther, 1989（図58-D）
体長4〜5 mm。体色は黒色である。触角比は2.51〜3.12。翅の臀片

は良く発達し，強く突出する。前脚跗節は長い髭毛を持つ。第9腹節背板上の刺毛は側方に集中し，中央部には見られない。尾針を欠くか，非常に小さな透明な尾針を持つ。底節突起は2重となった葉片から構成される。冬期に2度発生する。幼虫は流水中に生息し，砂泥底質を好む。木曽川中，下流域では冬期，大量に発生し不快害虫として知られる。分布：九州，四国，本州。

マルオフユユスリカ（新称）
Hydrobaenus tsukubalatus Sasa et Ueno, 1994 (図58-E)

体長4.6 mm前後。体色は褐色，脚は黄褐色。触角比は1.94〜2.21。翅の臀片は良く発達し，強く突出する。腹部第9背板後縁部は強く丸みを帯び，中央部で弱く窪み，刺毛群は両側に明瞭に分断される。尾針を欠く。底節突起は方形状に突出する。把握器は太く，強く丸みを帯びる。雄生殖器の形状が特徴的であるため，他の種からの識別は容易である。成虫は冬期から春期にかけて出現する。分布：本州。

ムナトゲユスリカ属 *Limnophyes* Eaton, 1875

触角鞭節は10〜13分環節よりなる。複眼の背面伸長部は弱い。前前胸背板は背面中央部に少なくとも1本，側方基部に数本の刺毛を有する。中刺毛は短く鉤状あるいは外科用のメスのような形状を示し，楯板中央部付近に配列される。背中刺毛は肩部および楯板後方域でしばしば葉状となる。肩孔はきわめて変化に富み，種によっては顕著な窪みを形成し，窪みの中心に向かって生える葉状刺毛を持つ。中胸は後上側板，後側板および前前側板に刺毛を持つ。前縁脈Cは径脈R_{4+5}を越えて，翅端方向に伸長する。径脈R_{4+5}は中脈M_{3+4}末端部のほぼ真上の位置か，それをやや越えて終わる。第1肘脈Cu_1は強く湾曲する。尾針は不明瞭で，第9腹節背板の後方への伸長として現れる。把握器の形状は変化に富む。内陰茎刺を持つ。日本から28種が報告されているが，再検討が必要である。分類の難しいグループで，同定には胸部の刺毛の形状，配列状態，雄生殖器の全体的な形状，内陰茎刺の形状を観察することが重要である。ここでは，比較的同定の容易な3種を解説する。

コムナトゲユスリカ *Limnophyes minimus* (Meigen, 1818) (図59-A)

体長2 mm前後。ややすすけた黒褐色の小型のユスリカ。触角比は0.48〜1.01。肩孔は小さく，単に膜質となり，わずかに盛り上がるのみ。

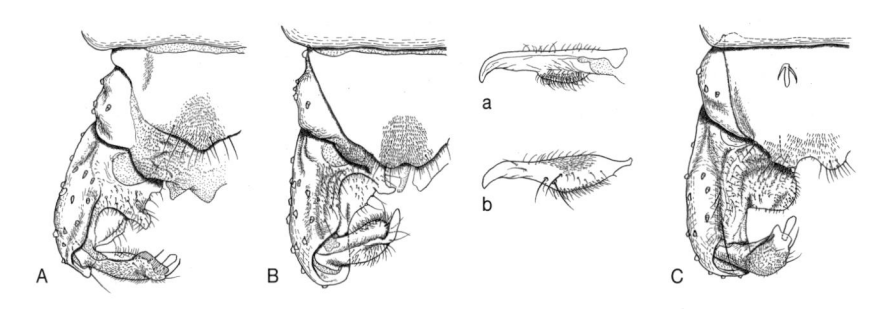

図 59 ムナトゲユスリカ属
A: コムナトゲユスリカ（雄交尾器）, B: ヤリガタムナトゲユスリカ（a: 把握器内側面, b: 把握器背側面），
C: ドブムナトゲユスリカ（雄交尾器）

楯板上の刺毛はすべて単純である。底節突起は小さく三角形状に突出する。内陰茎刺は2〜4本の刺より構成される。把握器は細長く，その両側はほぼ平行である。分布：本州，四国，九州，北海道（南西諸島から報告されている L. minimus と同定されている種については再検討が必要である）；全北区，南アフリカ。

ヤリガタムナトゲユスリカ *Limnophyes pentaplastus* (Kieffer in Thienemann, 1921) (図 59-B)

体長2〜2.5 mmでコムナトゲユスリカよりやや大きめであるが，体色はほぼ同じ。触角比も大きく変わらない。背中刺毛はコムナトゲユスリカが10本前後であるのに対し，本種では30〜72本と非常に多くなっている。さらに，楯板肩部および小楯板前方部に多数の葉状の刺毛を有する。把握器の形状は特徴的で，端部が非常に強く伸長する。分布：九州，四国，本州，北海道；ヨーロッパ，カナダ，インド。

ドブムナトゲユスリカ *Limnophyes tamakitanaides* Sasa, 1981 (図 59-C)

体長2.5 mm前後。体色は上述2種に比べ，黒色が強く，漆黒である。楯板基部に20本前後の葉状の刺毛を持つ。触角比は0.80。第9腹背板は後縁中央部がへこむ。底節突起は丸く張り出す。分布：九州，四国，本州。

ケバネエリユスリカ属 *Metriocnemus* van der Wulp, 1874

触角鞭節は13分環節よりなり，最終分環節は端刺を持つ場合と欠如する場合がある。複眼の背面伸長部は楔状となる。前前胸背板は良く発達し，背面中

央部で明瞭に分割される。中刺毛は長く明瞭で，楯板前縁部より始まる。背中刺毛は多数の刺毛から構成され，楯板肩部にまで伸びる。翅面は通常，密に大毛に被われる。前縁脈 C は径脈 R_{4+5} 末端部を明瞭に越えて翅端方向に伸長する。径脈 R_{4+5} は中脈 M_{3+4} の真上かやや基部寄り，または越えて終わる。肘脈 Cu_1 は通常真っ直ぐであるが，時に緩やかにカーブする。第1翅基鱗片は明瞭な縁毛を持つ。中，後脚の第1～2跗節は偽刺を持つ。時に，前脚第1～2跗節にも偽刺を持つことがある。褥盤は小さいが，明瞭である。通常良く発達した尾針を持つが，時にこれを欠く場合もある。尾針は無毛である。内陰茎刺は通常，明瞭である。日本から11種が知られるが，再検討の必要なグループである。

クロケバネエリユスリカ *Metriocnemus picipes* (Meigen, 1818) (図60)

体長約3mm。体色は黒色で，平均棍も暗色となる。触角比は2.5～3.0。翅面は，ほぼ全面を大毛に被われる。尾針は細長く，端部に向かって細くなり，先端は尖る。底節突起は底節端部付近でやや丸みを帯びて弱く突出する。分布：本州；樺太，ヨーロッパ，グリーンランド，北米。

コガタエリユスリカ属 *Nanocladius* Kieffer, 1913

触角鞭節は13分環節よりなり，最終分環節は端刺を持たない。複眼は毛を密生し，背面伸長部を欠く。時に明瞭な額突起を持つ。中刺毛は非常に短く，楯板中央部に2本存在する。翅面は滑らかである。前縁脈 C の伸長部は明瞭である。径脈 R_{4+5} は中脈 M_{3+4} の末端部のほぼ真上で終わる。第1翅基鱗片は無毛であるか，少数の刺毛を持つ。腹部背板は横1～2列の刺毛列を持つ。尾針は細長く，微毛や刺毛を持たない。底節突起は明瞭で，端部が丸くなるかあるいは尖る。日本から5種が知られており，その中の一種クビワユスリカ *Nanocladius* (*Plecopteracoluthus*) *asiaticus* Hayashi, 1998 は雄交尾器の特徴，幼虫の口器附属器の形状が通常のこの属に含まれる種とは全く異なっており，別属と考えるべきであろう。ここでは比較的普通に見られる2種について解説する。

コガタエリユスリカ *Nanocladius tamabicolor* Sasa, 1981 (図61)

体長1～1.5mm。体色は暗褐色から黒褐色。楯板肩部は黄色，前脚は一様に暗褐色，中，後脚の地色は淡黄色で，腿節の基半部，脛節の基部1/3，後脚脛節の末端部および第4～5跗節は黒褐色となる。腹部第6～

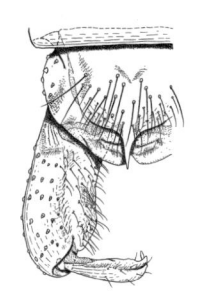

図60　ケバネエリユスリカ属（クロケバネエリユスリカ）雄交尾器

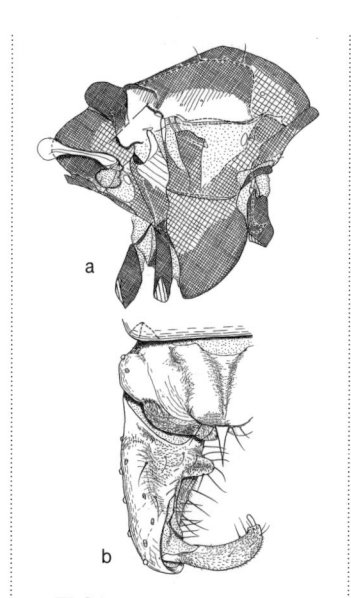

図61　コガタエリユスリカ属（コガタエリユスリカ）
a: 胸部側面図，b: 雄交尾器

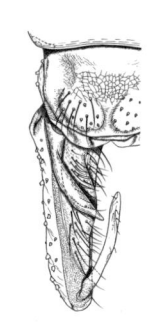

図62　ホソケブカエリユスリカ属（ニイツマホソケブカエリユスリカ）雄交尾器

7の基部はやや淡色となる。触角比は0.60〜0.83。底節突起は丸みを帯びた方形となる。体の大きさ，脚の色彩はこの種の同定に有効な特徴である。分布：本州，北海道；韓国。

セスジコガタエリユスリカ *Nanocladius tokuokasia* (Sasa, 1989)

　体長1〜2mm。楯板の地色は黄色で，明瞭な褐色の條紋を持つ。小楯板は褐色。後背板は黒褐色。前脚腿節は淡黄色で脛節，跗節は褐色となる。中，後脚は褐色の第4〜5跗節を除いて淡黄色である。腹部の色彩は特徴的で，第1〜2および第6〜8背板は黄色で，他は暗褐色となる。第3〜5背板の基縁と後縁は黄色である。触角比は0.46〜0.71。底節突起は三角形で，端部はやや尖る。分布：四国，本州。

ホソケブカエリユスリカ属 *Neobrillia* Kawai, 1991

　複眼は無毛。複眼の背面伸長部は良く発達し，その両縁はほぼ平行となる。触角鞭節は13分環節よりなり，最終分環節は1本の端刺を持つ。前前胸背板は良く発達しほぼ全面に刺毛を有し，背中央部に幅広い切れ込みを持つ。翅面

はほぼ全面を大毛で被われる。前縁脈Cは翅端付近にまで伸び，径脈R_{4+5}をわずかに越える。径脈R_{4+5}は中脈M_{3+4}の位置を大きく越えて終わる。径中横脈RMは長い。後脚蹠節は偽刺を持つ。褥盤は小さい。第9背板は尾針を持たない。底節は非常に長い。上底節突起は長く，良く発達する。把握器は単純で細長く，巨刺を持たない。幼虫は渓流に生息する，終齢幼虫は水没し分解の進んだ木や竹の中に潜む。日本から2種が知られる。

種への検索表

1. 触角比は1.09～1.45 … ニイツマホソケブカエリユスリカ *longistyla* Kawai, 1991
- 触角比は0.64 … ミヤマホソケブカエリユスリカ *raikoprima* Kikuchi et Sasa, 1994

ニイツマホソケブカエリユスリカ *Neobrillia longistyla* Kawai, 1991 （図62）

体長3～4.5 mm。色彩には変異が見られる。基本体色は黄褐色で，楯板條紋，後背板は黒褐色。脚は褐色である。腹部第3～6は各節の前方部に褐色の帯を持つ。第7～9節は褐色である。時に全体黄褐色となる。流水性のユスリカで，平地で普通に見られる。*N. raikoprima* は，触角比の違い以外形態的な相違は認められないが，山地帯に生息する傾向がある。分布：九州，本州。

エリユスリカ属 *Orthocladius* van der Wulp, 1874

触角鞭節は13分環節よりなる。複眼は通常無毛であるが，時に短い微毛を有することがあり，また背面伸長部の発達は弱い。中刺毛は短く，楯板の前縁付近から始まるが，時に欠如する。前縁脈Cの伸長部は比較的弱く，径脈R_{4+5}の末端を少し越える程度。径脈R_{4+5}は中脈M_{3+4}末端のほぼ真上の位置か，あるいはそれを越えて終わる。通常，中，後脚第1～2蹠節は偽刺を持つが，時に欠如する場合もある。尾針は良く発達し，その側縁には刺毛を持つ。底節の基部の葉片は通常良く発達し，鉤状を呈する。底節突起は通常良く発達し2重構造を呈することが多いが，単純な場合もあり，時に欠如する。把握器は比較的単純である。内陰茎刺を持つ場合も欠如する場合もある。本属は *Eudactylocladius, Euorthocladius, Mesorthocladius, Orthocladius, Pogonocladius, Symposiocladius* の6亜属から構成されるが，本邦からは *Pogonocladius* は知られていない。また，*Symposiocladius* 亜属として *O. (S.) lignicola* (Kieffer in Potthast, 1915) の幼虫が環境調査などで得られるこ

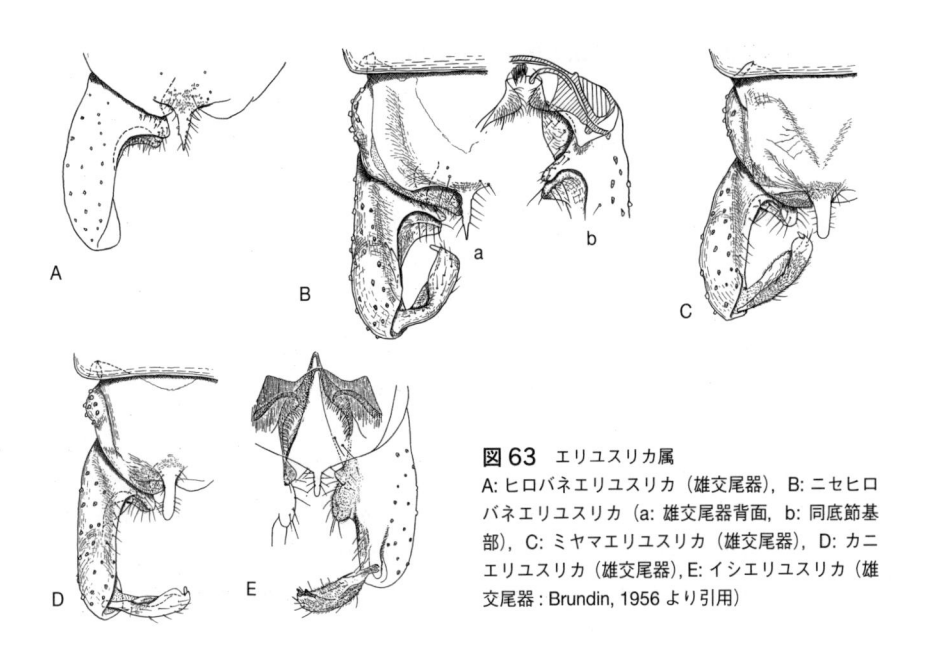

図63 エリユスリカ属
A: ヒロバネエリユスリカ（雄交尾器），B: ニセヒロバネエリユスリカ（a: 雄交尾器背面，b: 同底節基部），C: ミヤマエリユスリカ（雄交尾器），D: カニエリユスリカ（雄交尾器），E: イシエリユスリカ（雄交尾器：Brundin, 1956 より引用）

とがある。この種の幼虫は水中に没した腐食した材に潜ることから，下唇板は特徴的な形態を示す。日本から33種が報告されているが，再検討の必要なグループである。属の解説の項で亜属も示したが，研究者でない方にとっては亜属の分類は複雑で困難であるため，検索表は示さず，かつ亜属の表記も省略した。

ニセヒロバネエリユスリカ

***Orthocladius excavatus* Brundin, 1947**（図63-B）

ヒロバネエリユスリカにきわめて類似するが，触角比が2.1前後でやや小さいこと，小楯板の刺毛が2列ないしはそれ以上であること，また底節突起の背面突起がかなり狭くなることで識別可能である（Pinder and Cranston, 1976）。分布域はヒロバネエリユスリカと同じであろうと思われるが，今後の調査が必要である。Sasa (1985) は *Orthocladius glabripennis* と同定されうる標本に，小楯板上の刺毛配列が1列，2列および中間を示す個体があることをを示している。なお，Sasa (1985) によって示された小楯板が1列である個体に基づいて作図された雄生殖器は明らかに *O. glabripennis* であると判断される。

2. 主要種への検索表

ミヤマエリユスリカ *Orthocldius frigidus* (Zetterstedt, 1852) (図63-C)

体長3.5 mm 前後。体色は褐色。楯板條紋は黒褐色。小楯板は黄褐色。後背板は黒褐色。腹部は褐色。腿節は褐色。脛節は黄褐色で，その両端は褐色。跗節は黄褐色。短いが明瞭な中刺毛を持つ。触角比は1.7程度。尾針はカニエリユスリカより太く，その両側は明瞭に平行となり，端部は丸みが強い。底節突起は強く後方に突出する。分布：九州，本州，北海道；ヨーロッパ，グリーンランド。

ヒロバネエリユスリカ
Orthocladius glabripennis Goetghebuer, 1921 (図63-A)

体長3.7〜4.7 mm。エリユスリカ属の中では大型の種である。体色は黒色である。触角比は2.5〜3.0。小楯板は1列の刺毛列を有する。翅の臀片は良く発達し，非常に強く突出する。前脚跗節は長い髭毛を有する。分布：九州，四国，本州，北海道；ヨーロッパ。

カニエリユスリカ *Orthocladius kanii* Tokunaga, 1939 (図63-D)

体長3.5 mm 内外。体色は黒褐色から黒色。楯板は光沢を有する。小楯板は淡褐色。後楯板は黒色。脚は暗褐色。腹部は暗褐色。中刺毛を欠く。触角比は1.5〜1.76。尾針は端部が丸くなり，両側縁は刺毛を持つ。底節突起は幅広く端部は丸くなり，後縁部で窪む。把握器は端部に強く明瞭に突出する硬化片を持つ。幼虫は流水性で，流れの速い渓流の岩盤にゼラチン状の巣をつくりその中に潜む。分布：九州，四国，本州，北海道。

イシエリユスリカ *Orthocladius saxosus* (Tokunaga, 1939) (図63-E)

体長3.5〜4.0 mm。ほぼ全体黒色。触角比は約1.30。中刺毛を欠く。雄生殖器はカニエリユスリカによく似るが，底節突起背面部が短く，腹面部が長軸方向に長く伸びることで識別可能である。幼虫はカニエリユスリカと同様の環境下に生息し，営巣形態も同じである。分布：本州，北海道；全北区。

ニセナガレツヤユスリカ属 *Paracricotopus* Thienemann et Harnisch, 1932

触角鞭節は13分環節よりなり，最終分環節は端刺毛を持たず，ロゼット状の感覚毛を有する。触角比は1.0以下。複眼は毛を密生し，背面伸長部を持たない。中刺毛は短く，楯板の前縁より始まる。翅面は大毛を持たず，滑らかである。臀片は突出することなく，丸みを帯びる。前縁脈Cは径脈R_{4+5}末端を

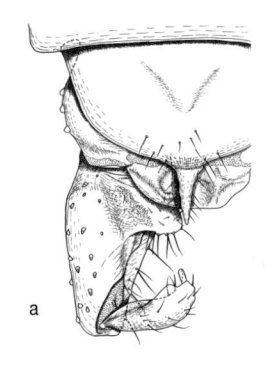

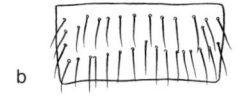

図64 ニセナガレツヤユスリカ属
（ミダレニセナガレツヤユスリカ）
a: 雄交尾器, b: 5th abdominal tergum

明瞭に越える。径脈 R_{4+5} は中脈 M_{3+4} のほぼ真上の位置で終わる。第1翅基鱗片は少数の縁毛を持つ。褥盤は良く発達する。第2〜7腹部背板は明瞭な横2列の刺毛列を有する。尾針は短く，端部は尖り，背面に微毛を有し，両側縁には少数の刺毛を持つ。底節突起は底節からほぼ直角に突出し，側縁は丸みを帯びる。把握器は背面稜縁を持つ。内陰茎刺を欠く。幼虫は小河川のコケや藻の中に潜む。日本から4種が報告されているが，*P. oyabeangulatus* (Sasa, Kawai et Ueno, 1988) については *P. tamabrevis* (Sasa, 1983) の新参シノニムの可能性があり，今後の検討が必要である。

種への検索表

1. 体は全体黒色である。触角比は0.24〜0.38。 ……………………………………… **2**
- 前前胸背板は淡黄色，楯板の地色は淡色となる。触角比は0.71
 ………… クロアシニセナガレツヤユスリカ *togakuroasi* (Sasa et Okazawa, 1992)
2. 腹部第1〜8背板は2列の明瞭は刺毛列をもつ。尾針は比較的短い
 …………………………………… ヒメニセナガレツヤユスリカ *tamabrevis* (Sasa, 1983)
- 腹部第1〜7背板は2列の明瞭な刺毛列を持つが，第8背板は不規則に散らばる刺毛を持つ。尾針は長い …… ミダレニセナガレツヤユスリカ *irregularis* Niitsuma, 1990

ミダレニセナガレツヤユスリカ（新称）
Paracricotopus irregularis Niitsuma, 1990（図64）

　体長2mm前後。全体ほぼ一様に黒色であるが胸部は腹部よりやや濃くなる。触角比は小さく0.30前後。腹部第2〜7背板は2列の刺毛列をもち，第8腹背板の刺毛は不規則に散布される。底節突起はほぼ三角形で，後縁はほぼ真っ直ぐとなる。把握器は比較的短く丸みを帯びた三角形の背面

稜縁を持つ。Niitsuma (1990) によると，幼虫は林道や小河川脇の露出した岩盤から水のしみ出すような所に生息する。筆者は東京都の下水処理水を流している浅い都市河川で得ている。分布：本州。

ヒメニセナガレツヤユスリカ（新称）
Paracricotopus tamabrevis (Sasa, 1983)

体長1.5mm前後で，前種よりやや小型である。色彩は前種にほぼ同じで，触角比もほとんど差がない。*P. irregularis* とは次の点で異なる。腹部第1〜8背板は2列の刺毛列を持つ。尾針は前種に比べてやや短い。底節突起は全体に丸みを帯びる。幼虫はあまり汚染されていない河川や小川に堆積した植物の葉の上や苔の中に見いだせる (Niitsuma, 1990)。分布：九州（対馬，五島列島），本州。

ケボシエリユスリカ属 *Parakiefferiella* Thienemann, 1936

触角鞭節は12〜13分環節よりなり，最終分環節末端は比較的多数の感覚毛を持つ。複眼は背面伸長部を持たない。中刺毛は欠如する。楯板中央部に微毛の束を持つ。翅面は無毛で滑らかである。前縁脈Cは径脈R_{4+5}末端を明瞭に越えて伸長する。径脈R_{4+5}は中脈M_{3+4}末端のほぼ真上の位置か，基方で終わる。第1肘脈Cu_1は強く湾曲する。尾針は透明で，三角形状を呈する。底節突起は良く発達し，その先端は微毛を装わない小突起を持つ。把握器は明瞭に湾曲する。弱い背面稜縁を持つか，あるいはこれを欠く。良く発達した長い内陰茎刺を持つ。幼虫は止水，流水のどちらにも生息する。日本から10種が知られるが，再検討が必要である。

ケボシエリユスリカ *Parakiefferiella bathophila* (Kieffer, 1912) （図65）

体長2mm前後。触角は13分環節よりなる。非常に特徴的な色彩パターンを示す。胸部は褐色で，黒色の條紋を持つ。腹部は褐色の生殖器を除いて黄色である。平均棍は黄褐色である。脚は褐色がかった黄色である。触角比は0.71〜0.85。尾針は透明で，三角形を呈し，先端1/3から端部付近にまで微毛を持つ。底節突起はほぼ方形状に突出し，端部に無毛の指状の小突起を持つ。内陰茎刺は明瞭で10本前後の刺より構成される。把握器は細長く，強く内方に湾曲する。本種はこの属の中で最も普通の種であり，特徴的な色彩により同定は容易である。また，雌は全体黄色である。分布：九州，本州；全北区。

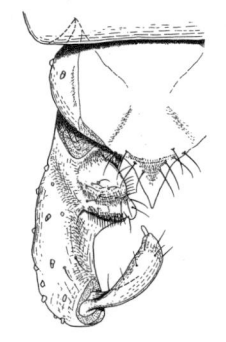

図 65　ケボシエリユスリカ属
（ケボシエリユスリカ）
雄交尾器

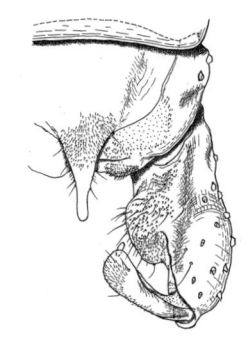

図 66　ニセケバネエリユスリカ属
（キイロケバネエリユスリカ）
雄交尾器

ニセケバネエリユスリカ属 *Parametriocnemus* Goetghebuer, 1932

　触角鞭節は 13 分環節よりなり，最終分環節の末端に刺毛を持たない。複眼は無毛で，背面伸長部は良く発達し，その両側はほぼ平行となる。中刺毛は明瞭で長く，楯板前縁部より始まる。翅面は全面あるいは端半に大毛を装う。前縁脈 C は径脈 R_{4+5} 末端を明瞭に越える。径脈 R_{4+5} は中脈 M_{3+4} 末端のほぼ真上の位置か，あるいはそれをやや越えて終わる。第 1 肘脈 Cu_1 は明瞭に湾曲する。第 1 翅基鱗片は縁毛を持つ。尾針は通常良く発達するが，時に欠くこともある。底節突起は変化に富む。内陰茎刺を持つことも欠くこともある。幼虫は流水環境下に生息し，山地細流で得られることが多い。日本から 14 種が報告されているが，未記録，未記載の種もあり，またシノニム等も含めて再検討が必要なグループである。

キイロケバネエリユスリカ
Parametriocnemus stylatus (Kieffer, 1924)（図 66）

　体長 2.5 mm 前後。楯板の地色は黄色，楯板條紋は黒褐色，小楯板は黄色，後背板は暗褐色，平均棍は黄色，脚は褐色，腹部は一様に褐色である。触角比は 0.75 〜 1.11。翅面は端半部および後半部に大毛を持つ。尾針は比較的長く，太く，端半部はほぼ平行となり，端部は丸みを帯びる。底節突起は底節よりほぼ直角に張り出し，強く丸みを帯びる。本邦で最も普通の種で，山間の小河川付近で灯火採集をすれば多数の個体が集まってくる。分布：九州（奄美大島を含む），四国，本州，北海道；ヨーロッパ，レバノン，マデイラ。

ケナガケバネエリユスリカ属 *Paraphaenocladius* Thienemann, 1924

　ニセケバネエリユスリカ属にきわめて類似するが,以下の形質で識別される。複眼の背面伸長部は良く発達し,長い楔状となる。径脈 R_{4+5} は中脈 M_{3+4} 末端よりも明らかに基部寄りで終わる。しかし,翅脈の特徴がどちらとも明瞭に判定できない場合も,比較的多く見られる。このことから, *Parametriocnemus* と *Paraphaenocladius* をそれぞれ独立の属と見なすかについては未だに論議がある。ここでは独立の属として扱う。日本から11種が報告されているが,未記録種,未記載種もいくつか確認しており,またシノニム等を含めた再検討が必要である。幼虫は陸生,半水生,水生と,多様である。

ケナガケバネエリユスリカ
Paraphaenocladius impensus (Walker, 1856) (図67)

　　体長2.5 mm前後。中胸背板の地色は黄色。楯板條紋,後背板は暗褐色。小楯板は黄色。腹部は褐色を帯びた黄色である。触角比約 0.73～0.84。翅は全面に大毛を装う。径脈 R_{4+5} は中脈 M_{3+4} の末端よりもずっと基部側で終わる。尾針は基部で広く,端部1/3付近で強くくびれ,両側はほぼ平行となり先端はやや丸みを帯びる。基部2/3まで背面は微毛で被われ,その両側には数対の刺毛を持つ。底節突起はやや角ばって突出し,その内縁は丸みを帯びる。把握器は細長く,端部に明瞭な背面稜縁を持つ。本属中,最も普通に見られる種である。分布：南西諸島,九州,四国,本州；全北区,北アフリカ。

クロツヤエリユスリカ属 *Paratrichocladius* Santos-Abreu, 1918

　触角鞭節は13分環節よりなり,最終分環節末端部に刺毛はない。複眼は毛を装い,短い背面伸長部を持つ。楯板は明瞭な肩孔を持つ。中刺毛は短いが,明瞭で,楯板前縁部より始まる。前縁脈Cの末端は径脈 R_{4+5} 末端部をわずかに越える程度。径脈 R_{4+5} は中脈 M_{3+4} の端部のほぼ真上の位置で終わる。肘脈はほぼ真っ直ぐである。小さな褥盤を持つか,あるいはこれを欠く。第9背板後縁部中央は強く前方へ湾曲する。尾針を欠く。底節突起は強く三角形状に突出し,その先端部は後方に曲がる。内陰茎刺は小さな刺から構成されるが,ときにこれを欠く。把握器は大きく明瞭な背面稜縁を持つ。幼虫は流水,止水を問わず種々な水域に生息する。日本から5種が報告されているが,これらのうちクロツヤエリユスリカが最も普通に見られる。

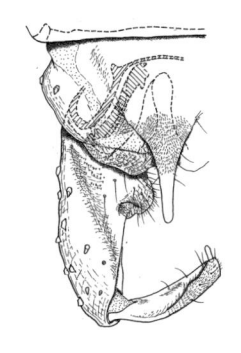

図67 ケナガケバネエリユスリカ属
（ケナガケバネエリユスリカ）
雄交尾器

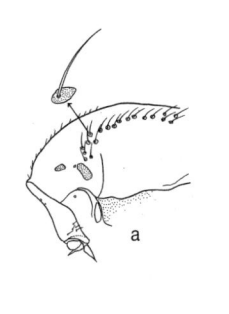

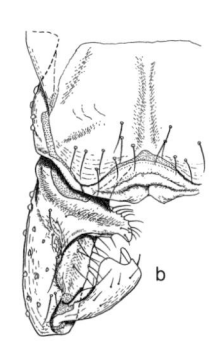

図68 クロツヤエリユスリカ属（クロツヤエリユスリカ）
a: 胸部側面, b: 雄交尾器背面

クロツヤエリユスリカ *Paratrichocladius rufiventris* (Meigen, 1830) （図68）
　　体長約 2.5 〜 4.0 mm。体色は漆黒色で楯板は光沢を持つ。平均棍の基部は褐色であるが，端部は黄色となる。脚は黄色。触角比はほぼ 1.35 〜 1.63。背中刺毛の基部は膜質となり，楯板の漆黒色と明瞭な対比をなす。楯板の肩部には明瞭な 2 〜 3 の膜質の肩孔があり，これは同定のための重要な特徴の 1 つとなっている（雌も全く同様の特徴を持ち，雌雄の結びつけも容易である）。また，属の解説に示したように，雄生殖器の特徴は顕著で，種の同定を容易にしている。幼虫は流水環境を好み，人家周辺の流れのある浅い人工の水路などでもよく見られる。分布：九州，四国，本州，北海道；ヨーロッパ。

アカムシユスリカ属 *Propsilocerus* Kieffer, 1923
　　触角鞭節は 12 〜 13 分環節よりなり，最終分環節は端刺を持たない。前前胸背板は非常に良く発達し，背面中央部は大きく V 字状に切れ込む，また基部に多数の刺毛を持つ。前上側板に刺毛を持つ種もある。前縁脈 C の伸長部は明瞭である。径脈 R_{4+5} は中脈 M_{3+4} の末端のほぼ真上の位置あるいはそれを大きく越えて終わる。第 1 翅基鱗片は縁毛を持つ。後脚脛節は櫛状刺毛列を持たない。通常後脚第 1 〜 2 跗節あるいは 1 〜 3 跗節は偽刺を持つが，時に全く欠如する。縟盤は小さい。短い尾針を持つか，あるいはこれを欠く。長く，後方に伸びた底節突起を持つ。把握器は強く硬化し，叉分しかつ背面稜縁

2. 主要種への検索表

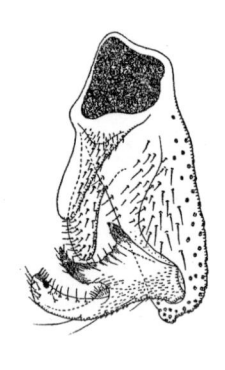

図69 アカムシユスリカ属
(アカムシユスリカ)
雄交尾器 (第9背板を除いたもの,
Tokunaga, 1938 より引用)

を持ち，1〜数本の巨刺を持つ。日本からは，アカムシユスリカ1種が知られる。

アカムシユスリカ *Propsilocerus akamusi* (Tokunaga, 1938) (図69)

　　本邦ではオオユスリカに次ぐ大型の種である。体長8〜9.5 mm。触角鞭節は13分環節よりなる。体色は一様に黒色である。楯板は粉状粉によって灰褐色を帯びる。脚は黒褐色である。翅面は灰色味を帯びる。尾針を欠く。2本の後方に伸びた長い底節突起を持つ。把握器は明瞭に叉分し，基部の葉片は幅広く，中央部が強く凹み，その端縁は強く硬化する。端葉片は端部近くに巨刺を持つ。幼虫は止水性で，富栄養化の進んだ湖沼，ため池等に生息する。成虫は年1化で10月下旬から12月初旬頃に発生し，時に大発生し不快害虫となることがある。エリユスリカ亜科では珍しく，幼虫は赤色である。また，本種の幼虫は釣り餌のアカムシとして広く知られている。分布：九州，四国，本州；韓国，中国。

ヒメエリユスリカ属 *Psectrocladius* Kieffer, 1906

　触角鞭節は13分環節よりなるが，時に減数し10分環節のことがある。複眼背面部は弱い楔状となる。前前胸背板は良く発達し，左右の葉片は広く離れ，背面中央部でV字状に強く切れ込む。中刺毛は長く，楯板の前縁部から始まるか，あるいは全く欠く。前縁脈Cの伸長部は短い。径脈 R_{4+5} は中脈 M_{3+4} の末端部の真上の位置か，あるいはそれを大きく越えて終わる。中，後脚の第1〜2跗節は常に，前脚第1〜2跗節は時に偽刺を持つ。褥盤は大きく顕著であり，この属の重要な識別形質の1つとなっている。尾針の長さは変化に富み，また時に欠如する。底節は方形，あるいは丸みを帯びた良く発達する底節突起

2-3. 属・主要種への検索

を持つ．内陰茎刺は通常欠如するが，時にキチン化の弱い板状の構造物として存在する．把握器の背面稜縁の発達状態は変化に富み，ほとんど発達しないこともある．日本から4亜属14種が報告されている．

亜属の検索（Sæther et al., 2000 より）

1. 明瞭な中刺毛を持つ．尾針は短いか，ほとんど退化する．第5跗節は背腹面方向に圧せられる ·· **2**
 - 中刺毛を欠く．尾針は長いか，あるいは完全に失う．第5跗節は側面方向に圧せられる ··· **3**
2. 中脚の短い方の脛節端刺は長い方の約2/3の長さであるか，あるいはこれを欠く．尾針は短いものからやや長いものまで ····················· ***Allopsectrocladius* Wülker, 1956**
 P. (A.) shofukunonus Sasa, 1997 および *shofukuoctavus* Sasa, 1997 の2種が報告されている．
 shofukunonus：体長約5 mm．体色は一様に暗褐色．触角比は2.15．中脚脛節の脛節端刺は2本；中脚第1～3跗節には偽刺を持つ（後脚も同様）．尾針は細長く，先端に向かって細くなり，端部はやや丸みを帯びる．内陰茎刺は約8本の小さな刺で構成される．底節突起は良く発達し，強く角ばる．把握器は太く，先端部付近で最も幅広くなり，背面稜縁を持たない．分布：本州（富山県，黒部）．
 shofukuoctavus：体長約3 mm．楯板の地色および小楯板は黄色，楯板條紋および後背板は暗褐色．脚および腹部は褐色である．触角比は1.50．中脚脛節の脛節端刺は1本；中脚第1～2跗節は偽刺を持つ（後脚も同様）．尾針は非常に短く，強く丸みを帯びる．底節突起は良く発達し，後方に伸びる．内陰茎刺を持たない．把握器は丸みを帯びた長い背面稜縁を持つ．分布：本州（富山県，黒部）．
 - 中脚の短い方の脛節端刺は長い方の約1/3の長さである．尾針は短いか退行的であるが丈夫である ·· ***Mesopsectrocladius* Laille, 1971**
 P. (Me.) seiryuheius Sasa, Suzuki et Sakai, 1998 が報告されている（本種は原記載によると完全に尾針を欠いている．他の特徴からこの亜属に該当するが，模式標本に基づく再検討が必要である）．
3. 底節の内縁は基部と中央部の2カ所で窪む（対をなす反対側の底節との間に西洋梨型の空間を生じる）．中脚脛節は2本の脛節端刺を持つ．尾針は長い
 ··· ***Monopsectrocladius* Wülker, 1956**
 P. (Mo.) yukawana (Tokunaga, 1936) 1種が知られている．特異な種で，触角の鞭節は10分環節よりなり，羽状毛を持たない．触角比は0.38～0.39と小さい．脚は太い．良く発達した尾針を持つ．底節は底節突起を欠く．把握器は先端部に向かって細くなっている．これらの形質は Tokunaga (1936) が観察したように，海岸の砂利の上を走り回るのに適応したものであろう．筆者はまだ，この種を観察した経験がない．和歌山県湯川の海岸で得られている．
 - 底節は上述の様に2か所で窪みを持つことはない．中脚脛節は通常1本の脛節端刺を持

つが，時に2本持つことがある。尾針は通常長いが，時に欠如する
....ヒメエリユスリカ亜属 *Psectrocladius* Kieffer, 1906

10種が報告されているが，模式標本の検討し整理することが必要である。ここでは2種について紹介する。

ウスグロヒメエリユスリカ *Psectrocladius* (*Psectrocladius*) *aquatronus* Sasa, 1979 （図70-A）

体長3.6～5.0mm。触角鞭節は13分環節よりなる。触角比は1.70～2.08。中胸背板の地色は黄色である。楯板條紋，前前側板の腹部約2/3は褐色，後背板は暗褐色。脚は黄色ないしは黄褐色。腹部は一様に暗褐色。翅の臀片は良く発達し，臀片はやや強く突出する。尾針は細く，端部は丸くなり，基部を除いて微毛を持たない。底節突起は強く突出し，ほぼ方形を呈する。把握器は端部に向かってやや広がる。本種はヨーロッパの *P.* (*P.*) *barbimanus* (Edwards, 1929) に雄生殖器の形状で類似するが，前脚跗節に長い髭毛を持たないことで異なる。また，*P.* (*P.*) *limbatellus* (Holmgren, 1869) にも類似するが，径脈 R_{2+3} がより基部側で終わることで異なる。幼虫は止水性である。分布：本州。

ユノコヒメエリユスリカ *Psectrocladius* (*Psectrocladius*) *yunoquartus* Sasa, 1984 （図70-B）

体長4.2～5.0mm。触角鞭節は13分環節よりなり，触角比は1.78～2.04。中胸背板の地色は褐色。楯板後縁は淡色，楯板條紋，小楯板，後楯板は黒色。腹部は暗灰色。第2～6腹板はそれぞれの後縁に沿って明瞭な黒色の帯を持つ。脚は一様に褐色で，髭毛は短い。翅の臀片は良く発達し，やや突出する。尾針は細長く，両側はほぼ平行となり，端部は丸くなる。底節突起は良く発達し方形である。幼虫は貧栄養の湖沼に生息する。分布：九州，本州，北海道。

ニセエリユスリカ属 *Pseudorthocladius* Goetghebuer, 1932

触角鞭節は13分環節よりなり，最終分環節は端刺を持つ。複眼背面伸長部は弱く，楔形を呈する。楯板は中刺毛列を有する。通常翅面は無毛であるが，全面に大毛を有する種が知られている。前縁脈Cは径脈 R_{4+5} 末端を明瞭に越える。径脈 R_{4+5} 末端部は中脈 M_{3+4} の末端部のほぼ真上の位置で終わるか，あるいは

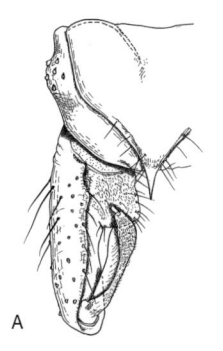

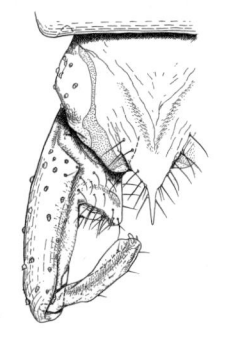

図70 ヒメエリユスリカ属
雄交尾器（A: ウスグロヒメエリユスリカ, B: ユノコヒメエリユスリカ）

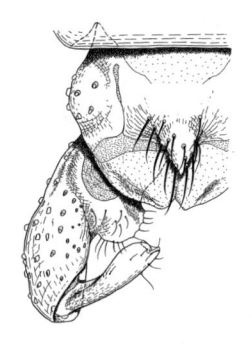

図71 ニセエリユスリカ属
雄交尾器（ケバネニセエリユスリカ）

大きく越えて終わる。胸脚跗節は偽刺を持たない。褥盤は小さいが明瞭で，櫛歯状となる。尾針は第9腹節背板後縁中央部より三角形状に張り出し，長く強い刺毛を持つ。内陰茎刺の発達状態はさまざまであり，時に欠如することがある。底節は発達の程度は異なるが，明瞭な底節突起を持つ。把握器の形状は変化に富む。*Doithrix*, *Georthocladius*, *Parachaetocladius* は形態的に本属とよく似ている。*Doithrix* は葉片状の幅広い刺毛がある顕著に細長い尾針を持つことで，*Georthocladius* は跗節に偽刺を持つことで，*Parachaetocladius* は中刺毛と跗節に偽刺を持たないことで，*Pseudorthocladius* から識別される。日本から24種が報告されている。未記載種も多く，既知種についても再検討の必要なグループである。

ケバネニセエリユスリカ

***Pseudorthocladius pilosipennis* Brundin, 1956**（図71）

体長3mm前後。全体黒褐色。触角比 1.20〜1.40。翅面は大毛を装う。内陰茎刺を欠く。底節突起は丸く内方に強く張り出す。体色と翅面に大毛を持つことで，この属の他の種からは容易に識別される。この属で翅面に大毛を持つ未記載種があるが，体色が黄褐色であることで識別は容易である。中部地方内陸部の山地渓流で見られ，山地帯から1400mを超す標高でも見られる。分布：本州。

ニセビロウドエリユスリカ属 *Pseudosmittia* Edwards, 1932

　触角は13分環節よりなる。触角比の変異は大きく0.15〜2.0にまでおよぶ。複眼は背面伸長部を持たない。前前胸背板は背方に向かって非常に狭くなり，左右の葉片は中央部にまで達せず，完全に分離する（時に，狭くならない前前胸背板を持つ種もある）。楯板は中央部に楕円形の硬化の弱くなった小さな盛り上がりを持ち，そこに短いが明瞭な鉤状の2本（時に，4〜11本の中刺毛を楯板中央部に持つ，この場合楯板中央部は盛り上がりを持たない）の中刺毛を持つ。前縁脈Cは径脈R_{4+5}の末端をほとんど越えないか，あるいはわずかに越える。径脈R_{4+5}は中脈M_{3+4}末端部の真上の位置より基部側で終わる。全脚の跗節第1〜4節は偽刺をもつ。第9背板は尾針を持つか，あるいはこれを欠く。尾針を持つ場合，尾針は背板中央部から生じ，その長さには変異が見られ，第9背板の後縁を越えることもある。また，尾針は刺毛を持たず，微毛で被われることが多い。常に底節突起を持ち，その形態は変化に富む。通常内陰茎刺を持つ。日本から13種の分布が確認されているが，未記録種や未記載種もまだいくつか残されている。

フタマタニセビロウドエリユスリカ
Pseudosmittia forcipata (Goetghebuer, 1921) （図72-A）

　体長2mm前後。体は全体黒色。触角比は0.74〜1.48。中刺毛は楯板の中央部に位置する膜質部分に2本存在する。尾針は第9背板中央部から生じ，細く，基部に微毛を持つ。底節突起は3つの突起からなる。把握器は細く短い。雄生殖器の形態は特異で，この属の他の種から容易に識別できる。分布：南西諸島，九州，四国，本州；中国，モンゴル，ヨーロッパ，カナダ，USA，コロンビア，ブラジル，タイ。

ミナミニセビロウドエリユスリカ *Pseudosmittia nishiharaensis*
Sasa et Hasegawa, 1988 （図72-B）

　体長2mm内外。楯板の地色は黄褐色。楯板條紋，小楯板，後背板は暗褐色。腹部は一様に暗褐色。触角比は0.8〜1.4中刺毛は楯板中央部に2本。尾針は短く，わずかに後方に突出する程度，しかし第9背板中央部に背面から観察すると尾針に続いている大きな三角形のリッジ状構造物があるようにみえる。底節突起は細長い三角形状に後方に伸びる。把握器は端部に向かって細くなり，かつ強く湾曲する。*P. yakymenea* Sasa et Suzuki, 1989, *P. yakyneoa* Sasa et Suzuki, 2000は本種の新参シノニムである。

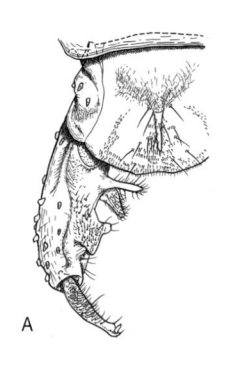

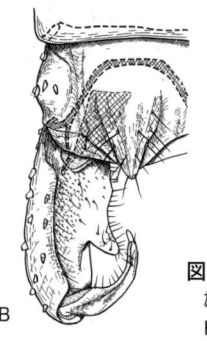

図72 ニセビロウドエリユスリカ属
雄交尾器（A: フタマタニセビロウドエリユスリカ，
B: ミナミニセビロウドエリユスリカ）

分布：南西諸島，四国；イタリア，トルコ，中国，タイ。

ナガレツヤユスリカ属 *Rheocricotopus* Thienemann et Harnisch, 1932

　触角鞭節は13分環節よりなる。複眼は毛を密生し，背面伸長部を持たない。前前胸背板は良く発達し，左右の葉片は楯板先端部の突出部で互いが接する。楯板の肩孔はしばしば非常に大きく明瞭となるが，時として小さい種もある。明瞭な肩孔は，この属を他の属から識別する時の重要な特徴の1つである。中刺毛は通常小さく，楯板の全縁部より生じるが，時に中央部に位置する場合もある。前縁脈Cは径脈 R_{4+5} の末端をわずかに越える。R_{4+5} 末端は中脈 M_{3+4} 末端の真上の位置を明瞭に越えて終わる。中，後脚の跗節は偽刺を持たない。褥盤は良く発達する。尾針は後方に向かって細くなり，端部で尖り，側縁には後側方に向かう刺毛を持ち，少なくとも端部1/2は表面に微毛を持たない。底節突起は良く発達し，底節内側方に明瞭に突出し，先端部はやや細くなり後方を向く。内陰茎刺を欠く。幼虫は流水性であるが，湖沼の沿岸部，あるいは止水であっても非常に浅い砂泥底質の水域に見られる。日本から19種が報告されているが，未記載種もあり，全面的な再検討が必要である。ここでは，平地に普通に見られる2種と山地性の1種について解説する。

カタジロナガレツヤユスリカ
Rheocricotopus chalybeatus (Edwards, 1929) （図73-A）

　体長2.4mm前後。触角比は約1.3。ほぼ一様に黒色である。楯板は青色味を帯びた金属光沢を持つ。楯板の肩孔は非常に大きく明瞭である。雄生殖器の構造は属の解説に準ずるが，把握器は端部で細く，強く内方に湾

2. 主要種への検索表

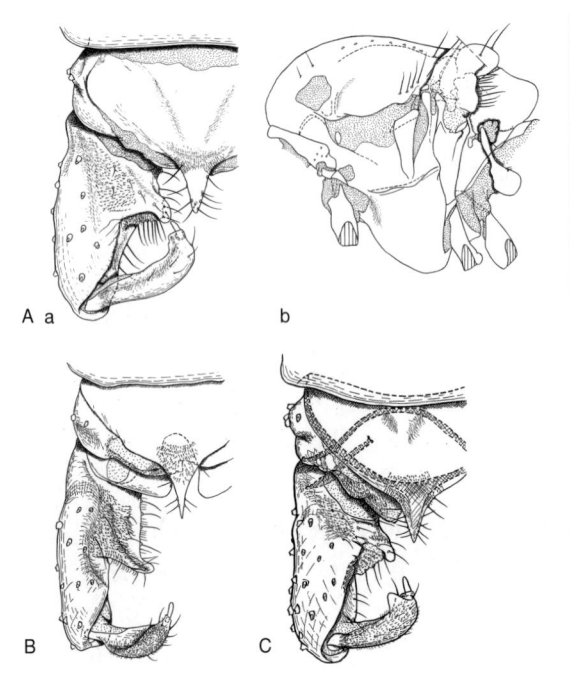

図 73 ナガレツヤユスリカ属
A: カタジロナガレツヤユスリカ（a: 雄交尾器, b: 胸部), B: ミヤマナガレツヤユスリカ, C:, ミナミカタジロナガレツヤユスリカ

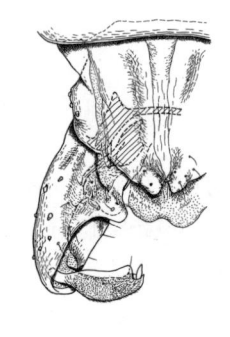

図 74 シリキレエリユスリカ属
（シリキレエリユスリカ）
雄交尾器

曲する。分布：九州，四国，本州，北海道（Sasa & Hasegawa, 1988 および Sasa & Suzuki, 1993 によって，沖縄本島および奄美大島から報告されているが，これはミナミカタジロナガレツヤユスリカの誤同定である）。
分布：ヨーロッパ，レバノン，アルジェリア。

ミヤマナガレツヤユスリカ（新称）

Rheocricotopus kamimonji Sasa et Hirabayashi, 1993 （図 73-B）
体長約 3.2 mm。全体黒褐色で，カタジロナガレツヤユスリカやミナミカタジロナガレツヤユスリカのように青色の金属光沢を持つことはない。楯板の肩孔は非常に小さい。触角比は 1.0 前後。底節は基部に明瞭な硬化葉片を持つ。底節突起は幅広く，長く，端部は細く，内方に突出する。把握器は背面稜縁を持たない。山地に分布する。分布：本州。

ミナミカタジロナガレツヤユスリカ（新称）
Rheocricotopus okifoveatus Sasa, 1990（図73-C）

　体長 2.5 〜 3.3 mm。触角比 1.12 〜 1.36。色彩，胸部構造および雄生殖器において，カタジロナガレツヤユスリカに酷似する。しかし，雄生殖器の把握器の端部に三角形状に突出した明瞭な背面稜縁を持つことで，識別は容易である。筆者は西表島の水田脇の流れの緩やかな水路で，成虫を多数採集している。また，与那国島では流水河川の土手をスウィープすることでも得ている。分布：南西諸島（奄美大島，沖縄島，八重山諸島）。

シリキレエリユスリカ属 *Semiocladius* Sublette et Wirth, 1980

　触角鞭節は 9 〜 12 分環節よりなり，末端分環節は端刺を持つ。複眼は微毛を密生し，腎臓形を呈する。前前胸背板は良く発達し，幅広く，中央部に弱い切れ込みを持つ。中刺毛は短く鉤状で，楯板前縁部から距離を置いて生じる。通常，前縁脈 C は径脈 R_{4+5} の末端をほとんど越えないかわずかに越える程度であるが，時に非常に明瞭に越える（*S. endocladiae*）。径脈 R_{4+5} は肘脈 M_{3+4} の真上の位置か，それよりわずか基方で終わる（*S. endocladiae*）。第1肘脈 Cu_1 は中央部付近で急に斜め下方に曲がる。脛節端刺は不規則に配列された刺より構成される。前脚の第 1 〜 4 跗節には偽刺がある。小さな褥盤を持つ。第9腹節背板は中央部を前後に走る溝により分割されることがあり，尾針を欠く。把握器は内縁に沿って長い背面稜縁を持つ。幼虫は海生で，潮間帯上部に生息する。日本から1種が知られる。

シリキレエリユスリカ *Semiocladius endocladiae* (Tokunaga, 1936)（図74）

　　体長は季節によって大きく異なる。早春期の個体では約 1.8 mm，夏期はのものでは約 1.2 mm ほどである。全体にすすけた黒色である。触角鞭節は 10 〜 12 分環節よりなり，触角比は 0.2 〜 0.3。底節突起は比較的小さく，三角形状に突出する。幼虫は潮間帯上部に群生するハナフノリ（*Gloiopeltis comlanata*: *Endocladia* 属から変更，種名はこの属の名にちなんで命名された），カモガシラノリ（*Nemalion pulvinatum*）の間に見出せる。分布：本州（各地の沿岸地帯），小笠原（母島）。

ビロウドエリユスリカ属 *Smittia* Holmgren, 1869

　触角鞭節は 13 分環節よりなり，最終分環節は丈夫な端刺毛を持つ。複眼は

2. 主要種への検索表

毛を密生し，背面伸長部の発達は弱く，丸みを帯びるか楔状となる．前前胸背板は発達し，中央部で狭い切れ込みによって，左右分離する．中刺毛を持つかあるいは欠く．前縁脈 C は径脈 R_{4+5} の末端を大きく越えて伸長する．径脈 R_{4+5} は中脈 M_{3+4} の末端のほぼ真上で終わるか，それを越えて終わる．第 1 肘脈は強く湾曲する．第 1 翅基鱗片は縁毛を持たない．尾針は明瞭で，その発達程度には適度の変異が見られる．底節突起は明瞭である．内陰茎刺はパッチ状に配列した刺，少数の刺から構成されるか，時に欠如する．把握器は通常明瞭な背面稜縁を持つ．幼虫はほとんどが陸生である．単為生殖を行う種も知られている．日本から 25 種が報告されているが，未記録種，未記載種を含めて全面的な再検討が必要な属である．ここでは，比較的普通に見られる 6 種について検索表を挙げて解説する．Sasa (1989) は，岡山県児島湾沿岸よりオカヤマユスリカ *Okayamayusurika kojimaspinosa* という種を発表している．本種は，さまざまな特徴から，将来的には *Smittia* 属に移されるべきだと考える．近年，本種の幼虫がホウレンソウを食害することがわかってきた．

種への検索表

1. 尾針基部の微毛は前方に向かって反る ……………………………………………… 2
- 尾針基部の微毛は微細で，前方に向かって反ることはない ………………………… 3
2. 把握器は背面稜縁を持たない …フトオビロウドエリユスリカ *insignis* Brundin, 1947
- 把握器は丸く大きく膨らんだ背面稜縁を持つ
   ……………………………………ニセフトオビロウドエリユスリカ *kojimagrandis* Sasa, 1989
3. 把握器末端は強く硬化した突起を持つ
   ……………………………………トガリビロウドエリユスリカ *sainokoensis* Sasa, 1984
- 把握器末端は突起を持たない ………………………………………………………… 4
4. 尾針は弱く，第 9 腹節背板を越えないか，わずかに越える程度
   ……………………………………… ビロウドエリユスリカ *aterrima* (Meigen, 1818)
   S. akanduodecima Sasa et Kamimura, 1987 は雄生殖器においてビロウドエリユスリカに酷似するが，翅の臀片がほとんど発達しないことで識別される．分布：北海道．
- 尾針は丈夫で，第 9 腹節背板を大きく越えて後方に伸長する ……………………… 5
5. 尾針は太く，長く，端部は丸くなる．底節突起は良く発達し，その端部は無毛で後方に伸びる ……………………… ヒメクロユスリカ *pratorum* (Goetghebuer, 1926)
- 尾針は細く，端部は尖る．底節突起は発達が弱く，後方に強く張り出すことはない
   ………………………………… コビロウドエリユスリカ *nudipennis* (Goetghebuer, 1913)

ビロウドエリユスリカ *Smittia aterrima* (Meigen, 1818) (図 75-A)

体長 2 mm 前後．体は全体ビロウド状の黒色である．触角比は 1.6 ～

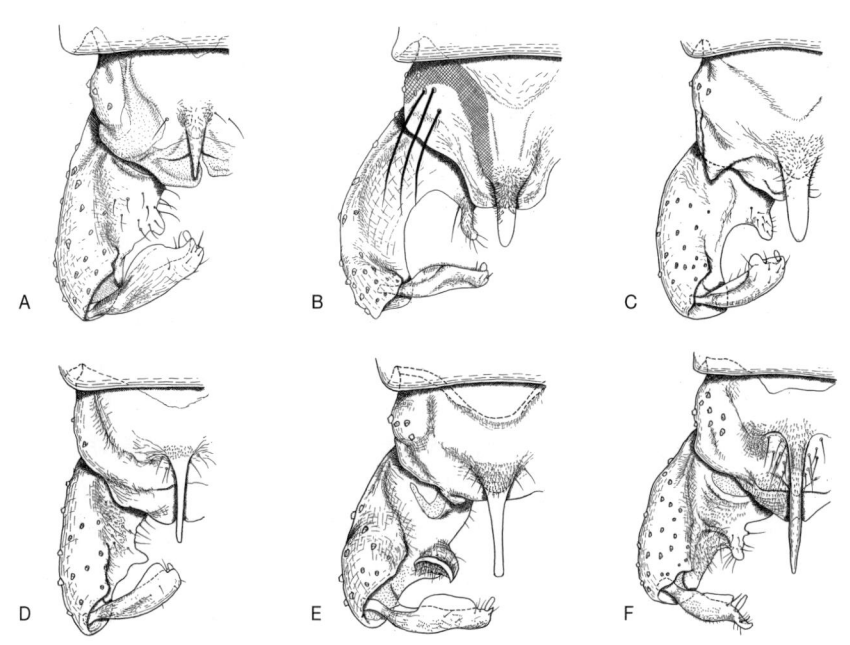

図75 ビロウドエリユスリカ属
雄交尾器（A: ビロウドエリユスリカ，B: フトオビロウドエリユスリカ，C: ニセフトオビロウドエリユスリカ，D: コビロウドエリユスリカ，E: ヒメクロユスリカ，F: トガリビロウドエリユスリカ）

2.0。尾針は比較的短く，先端部に向かって細くなり，鈍く尖る。底節突起は小さく，丸みを帯びる。把握器は内縁中央部で大きく膨らむ。幼虫は陸生で，畔，河川敷で草刈り後に積み上げられた藁や雑草の下の地面と接する湿度の高くなった場所に生息する。冬期に出現のピークがあり，無風の日の夕方あちこちで群飛しているのをよく観察することができる。冬期以外にも出現するが，その個体数は多くない。この属の中では最も普通に見られる種である。分布：沖縄，九州，四国，本州，北海道；ヨーロッパ。

フトオビロウドエリユスリカ（新称）*Smittia insignis* Brundin, 1947（図75-B）

体長2.5〜3.0 mm。全体漆黒色。脚は褐色。触角比は1.92〜2.12。雄生殖器は非常に特徴的で，他の種からの識別は容易である。尾針は太く丈夫でかつ長い，尾針は基部1/2付近にまで微毛で被われ，この微毛は強く前方に向かってカーブする。底節は外方に向かって強く張り出し，底節突起は細長く，後方に向かってほぼ真っ直ぐに伸長する。把握器の両側

縁はほぼ平行で，背面稜縁を持たない。幼虫はおそらく陸生であろう。分布：九州，本州；スウェーデン。

ニセフトオビロウドエリユスリカ（新称）
Smittia kojimagrandis Sasa, 1989 (図 75-C)

体長約 2.4 mm。全体黒色。触角比は 2.11. 雄生殖器は前種フトオビロウドエリユスリカに酷似するが，把握器が丸く突出した背面稜縁を持つことで異なる。分布：本州（岡山県，三重県）。

コビロウドエリユスリカ *Smittia nudipennis* (Goetghebuer, 1913) (図 75-D)

体長 1.6 〜 2.2 mm。全体にすすけた黒色である。触角比は 1.0 〜 1.3。ビロウドエリユスリカに似るも，以下の特徴により識別される。尾針は比較的長く，腹部第 9 背板の後縁部を大きく越え，基半部に微毛を持つ。底節突起はビロウドエリユスリカ同様に比較的小さいが，端部はやや後方に伸びる。分布：九州（屋久島を含む），本州，北海道（四国にも分布すると思われるが，記録はない）；ヨーロッパ。

ヒメクロユスリカ *Smittia pratorum* (Goetghebuer, 1926) (図 75-E)

体長約 2.4 mm。全体ややすすけた黒色である。触角比は 1.5 前後。尾針は非常に長く，丈夫で，先端部は強く丸みを帯びる。底節突起は良く発達し，内方に強く突出し，端部は無毛で後方に伸長する。把握器の背面稜縁は大きく，強く丸みを帯びる。尾針の発達状態および良く発達する底節突起はこの種の重要な識別形質である。幼虫は陸生で雑草類の髭根付近に生息する。近年，ホウレンソウの根を食害すること等が分かり，農業害虫としても知られるようになった。分布：南西諸島，九州，四国，本州；全北区，レバノン。

トガリビロウドエリユスリカ（新称）
Smittia sainokoensis Sasa, 1984 (図 75-F)

体長 1.8 〜 2.6 mm。胸部は黒色，脚は褐色，腹部は黒褐色である。触角比は 1.89 〜 2.38。短いが楯板の前縁部から始まる明瞭な中刺毛を持つ。背中刺毛は 2 列，前翅背毛は部分的に 2 列となる。尾針は第 9 腹背板の中央部付近から生じ，非常に丈夫でかつ長く，端部は丸くなる。また，尾針基部 1/3 まで微毛を装う。底節突起は比較的小さく，三角形状に突出し，数本の刺毛を持つ。把握器は特徴的で，端部は強く突出し，背面稜縁は良く発達する。2 本の細長い硬化片からなる内陰茎刺を持つ。幼虫はおそら

く陸生であろう。分布：本州（中国地方から長野県までの山地に分布することが現時点で分かっている）。

コケエリユスリカ属 *Stilocladius* Rossaro, 1979

触角鞭節は 10 〜 13 分環節よりなる。複眼は毛を装い，腎臓形を呈する。前前胸背板は良く発達し，楯板突起の前方部で左右の葉片は分離し，縫合線を介して接続する。少数の微少な中刺毛が楯板中央部に位置する。前縁脈 C は径脈 R_{4+5} 末端を大きく越えて伸長する。径脈 R_{4+5} は肘脈 M_{3+4} 末端の真上の位置よりもかなり基方で終わる。第一肘脈 Cu_1 は強く湾曲する。後脚の脛節櫛の刺は斜めに配列する。尾針は細長く，その両側は平行である。底節突起は底節内縁に沿って伸長する。把握器は中央部で湾曲し，先端 1/2 付近から幅広くなる。内陰茎刺を持つ。日本から 1 種が知られる。

ヤマコケエリユスリカ（新称）
Stilocladius kurobekeyakius (Sasa et Okazawa, 1992)（図 76）

体長 1.4 mm。触角鞭節は 10 分環節よりなり，黄白色で，触角比は 0.67 〜 0.81。胸部は明るい茶色，脚および腹部は茶色，平均棍は黄白色。中刺毛は 2 〜 4 本で，非常に短く，鉤状を呈する。雄生殖器の特徴は属の解説に準ずる。幼虫は山間部の貧栄養の細流下に生息し，成虫はその近辺で早春期に日当たりの良い午後に群飛しているのを観察することができる。分布：九州（屋久島，対馬を含む），本州。

ムナクボエリユスリカ属 *Synorthocladius* Thienemann, 1935

触角鞭節は 13 分環節よりなる。前前胸背板は良く発達し，中央部に小さな

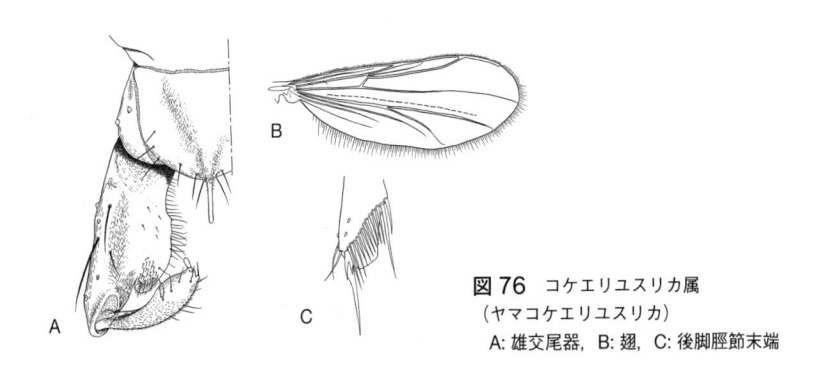

図 76　コケエリユスリカ属
（ヤマコケエリユスリカ）
A: 雄交尾器，B: 翅，C: 後脚脛節末端

切れ込みを持ち，左右の葉片は縫合線を介して融合する。楯板の中央部付近に小数の非常に小さな鉤状の中刺毛を持つ。前縁脈Cは径脈 R_{4+5} 末端を明瞭に越えて伸長する。径脈 R_{4+5} は中脈 M_{3+4} の末端のほぼ真上の位置か，やや基方で終わる。尾針は短く，三角形状で，端部は尖る。底節突起は二重構造を呈し，背面部分は後方に伸長する。把握器は弱い背面稜縁を持つ。内陰茎刺を欠く。日本から4種が報告されているが，種の決定においてはすべて模式標本による再検討が必要である。この属の模式種である S. semivirens が本邦に分布することを確認している。S. tamaparvulus Sasa, 1981 はおそらくこの種の新参シノニムであろう。

ムナクボエリユスリカ *Synorthocladius semivirens* (Kieffer, 1909) （図77）

体長2mm前後。胸部は暗褐色で，黒褐色の條紋を持つ。脚および腹部は褐色。触角比は約0.8。中刺毛は2本。他の形質は属の解説で示した特徴に準ずる。分布：九州？，本州；全北区。

ヌカユスリカ属 *Thienemanniella* Kieffer, 1911

触角鞭節は10～13分環節よりなる。複眼は小さく，腎臓型を呈し，個眼間に微毛を密生する。楯板は中刺毛を欠く。前縁脈Cは末端で径脈Rと融合し，翅の基部1/3～1/2付近で厚い棍棒状部を形成する。第1肘脈は緩やかにカーブする。生殖器底節の底節突起（下底節突起）は明瞭で多くは平板状の形状を呈する。把握器は細い。内陰茎刺を欠く。本属は外見的に，コナユスリカ属に酷似するが，複眼に微毛を密生すること，後脚脛節末端が膨潤しないことで識別は容易である。日本から19種が報告されているが，形態的に微妙なものもあり，またプレパラートの状態によっては本来の形態が正確に観察されないこともある。模式標本に基づく全面的な再検討が必要なグループの1つである。

セスジヌカユスリカ *Thienemanniella lutea* (Edwards, 1924) （図78-A）

体長約1.3mm。前前胸背板は褐色。楯板は褐色ないし黄褐色で3つの條紋は黒色。小楯板および後背板は黒色，平均棍は白色。脚は淡褐色。腹部背板基部3節は黄色，他の節は暗褐色であるが第6および第7背板の基部は黄色味を帯びる。腹部腹板は黄色ないし淡褐色。触角鞭節は13分環節よりなり，触角比は0.64～0.67。底節突起は平板状で10本ほどの刺毛を持ち，突出状態はほぼ均一である。把握器は比較的大きく，ほぼ真っ直ぐである。分布：九州（トカラを含む），本州；ヨーロッパ。

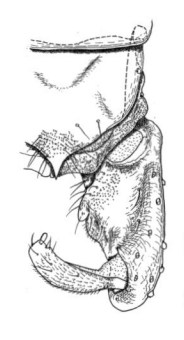

図77 ムナクボエリユスリカ属
（ムナクボエリユスリカ）
雄交尾器

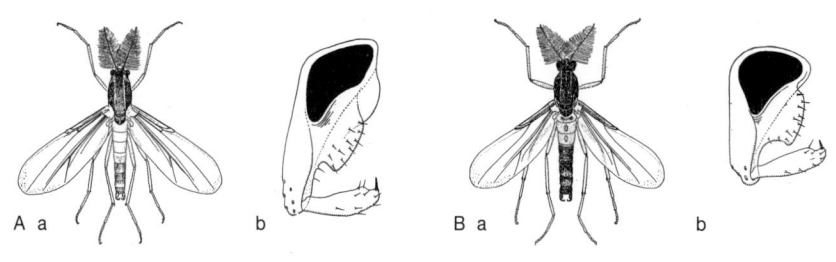

図78 ヌカユスリカ属
A: セスジヌカユスリカ（a: 全形　b: 雄交尾器（Tokunaga, 1936, 1937 より引用）），
B: ヒゲナガヌカユスリカ（a: 全形　b: 雄交尾器（Tokunga, 1936, 1937 より引用））

　ここでは Tokunaga（1936）に従って *T. lutea* とした。しかし Pinder（1978）の記述によると *T. lutea* は底節突起上に刺毛を持たず微毛のみを有するとある。また，底節突起の張り出しも Pinder によって図示されたものに比べて弱くセスジヌカユスリカ *T. vittata*（Edwards, 1924）に類似する。このことから，色彩の相違はあるものの，本邦の研究者（筆者自身も含めて）が *lutea* と考えている種は *vittata* である可能性が高い。

ヒゲナガヌカユスリカ

Thienemanniella majuscula (Edwards, 1924)　（図78-B）

　体長約 1.7 mm。体色はセスジヌカユスリカにほぼ同じ。触角鞭節は 13 分環節よりなり，触角比は約 0.85。底節突起は後方部での突出が強い点で，前種から識別される。分布：本州（九州，四国にも分布すると思われるが，現時点での報告はない）；ヨーロッパ，カナダ。

トクナガエリユスリカ属 *Tokunagaia* Sæther, 1973

触角鞭節は13分環節よりなり，鞭節末端は端刺毛を持たない。複眼はほとんど無毛であるが，周辺部の少数の個眼間に微毛を持ち，背面の伸長部は楔形となる。前前胸背板は良く発達し，中央部でやや狭くなり，左右の葉片は明瞭なV字状の切れ込みによって分断される。中刺毛を構成する刺毛はその強さにおいて変異に富み，楯板の前縁部から生じる。前縁脈Cは，弱いが明瞭な伸長部を有する。径脈R_{4+5}は中脈M_{3+4}の真上の位置か，それをやや越えて終わる。中脚第1～2あるいは第2跗節，時に後脚第2跗節は偽刺を持つ。褥盤は小さいか，欠如する。尾針は欠如するか，存在する場合は無毛でかつ短い。底節突起は大きく，方形である。内陰茎刺を持つ。把握器は背面稜縁を持つ。幼虫は流水環境下に生息し，山地の渓流で発見される。日本から，これまで34種が報告されているが，いくつかの種を除いて，模式標本に基づく全面的な再検討が必要な属である。

キブネエリユスリカ *Tokunagaia kibunensis* (Tokunaga, 1939) (図79)

体長約3.7mm。体色は一様に濃紫黒色。触角比は1.12。すべての脛節は1本の端刺のみを持つ。第9腹背板は尾針を欠き，後縁部は中央部で前方に向かって窪む。把握器は背面稜縁を持つ。成虫は冬期に出現のピークがある。幼虫，蛹は渓流水際の岩盤上にゼラチン質の巣をつくりそこに潜む。分布：本州。

ヤマケブカエリユスリカ属 *Tokyobrillia* Kobayashi et Sasa

触角は13分環節よりなる。複眼の背面伸長部は長く，その両縁は平行となる。前前胸背板は背刺毛を有する。翅面は大毛を密生する。前縁脈Cは径脈R_{4+5}末端を大きく越えて伸長する。径脈R_{4+5}は中脈M_{3+4}末端の真上の位置を明瞭に越えて終わる。径中横脈RMは顕著に長い。第9腹節背板は小さく，尾針を欠く。生殖器底節は非常に長く，内縁背面および腹面に丈夫な刺毛を持つ。上底節突起（他の属の上底節突起との間に相同性があるのか，現時点では不明）は良く発達する。下底節突起（この突起も相同性が明瞭ではない）は明瞭かつ指状で十数本の丈夫な刺毛を持つ。把握器は背側縁に3～4本の強い刺毛を列生する。巨刺は顕著に長く，把握器の半分ほどの長さを持つ。後脚脛節末端には数本の刺が不規則に配列する（エリユスリカ亜科一般に見られる櫛状刺毛列とはならない）。

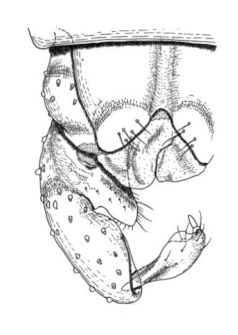

図79 トクナガエリユスリカ属
（キブネエリユスリカ）
雄交尾器

図80 ヤマケブカエリユスリカ属
（ヤマケブカエリユスリカ）
雄交尾器

ヤマケブカエリユスリカ
Tokyobrillia tamamegaseta Kobayashi et Sasa, 1991（図80）
体長3mm前後。体色は全体淡黄色である。体の特徴は属の解説に示す通りである。分布：本州。

トゲビロウドエリユスリカ属 *Trichosmittia* Yamamoto, 1999

雄触角鞭節は13分環節よりなり，雌は4分環節からなる。雌雄とも触角最終分環節に刺状の感覚毛を多数持ち，端刺は雄で2本，雌で1本。前前胸背板は中央部で非常に狭くなり，左右の葉片は広く分離する。背中刺毛は明瞭に立ち上がり，1列。中刺毛は楯板の先端部から始まる。翅面は無毛で，明瞭な微毛を持つ。前縁脈Cの伸長は弱い。径脈R_{4+5}は中脈M_{3+4}のほぼ真上の位置で終わる。中脈はごくわずかにカーブする程度である。脚は太く丈夫である。前脛節および後脛節は1本の端刺を持ち，中脚はこれを欠く。後脚脛節櫛は良く発達する。跗節は偽刺を持たない。第4跗節は第5跗節よりわずかに短くなる。褥盤を欠く。第9腹節背板は尾針を欠き，背板上には多数の強い剛毛が生える。底節突起は強く三角形状に突出し，端部に1本刺毛を持つ。底節内縁基部に10本程の丈夫な刺毛を持つ。内陰茎刺は長い4，5本の刺より構成される。把握器は中央部で強く内側に湾曲し，ブーメランのような形状を呈する。日本から2種が記録されているが，筆者は第3番目の種が分布することを確認している。幼生期は不明であるが，おそらく陸生であろう。

トゲビロウドエリユスリカ（新称）
Trichosmittia hikosana Yamamoto, 1999 （図81）

　体長 0.9 〜 1.2 mm。体色は暗褐色。触角および脚は褐色を帯びた黄色である。触角比は 0.85 〜 0.98。他の形質は属の解説に準ずる。分布：九州，本州，北海道。

ニセテンマクエリユスリカ属 *Tvetenia* Kieffer, 1922

　触角鞭節は 10 〜 13 分環節よりなり，最終分環節末端は端刺を持たない。複眼は通常無毛であるが，しばしば部分的に個眼間に微毛を持ち，背面伸長部は発達しない。通常中刺毛を欠く。前縁脈 C の伸長部は弱いが，時に比較的顕著となる。径脈 R_{4+5} は中脈 M_{3+4} の真上の位置か，少し基方かあるいは越えて終わる。中脚第 1 跗節，後脚第 1 〜 2 跗節は偽刺を持つ場合も，欠如する場合もあり，一定していない。褥盤は小さいか，退化する。第 9 腹節背板は比較的長い三角形の端部がやや尖る尾針を持ち，尾針の基部 1/3 付近には刺毛を持つ。内陰茎刺を持つ。底節突起は良く発達し，三角形状あるいは方形となる。把握器は明瞭な背面稜縁を持つ場合も，これを欠く場合もある。幼虫は流水性である。日本から 13 種が報告されているが，模式標本に基づく再検討が必要である。

タマニセテンマクエリユスリカ *Tvetenia tamaflava* (Sasa, 1981)

　体長 1.7 〜 2.2 mm。触角鞭節は 13 分環節よりなり，触角比は 0.36 〜 0.39。中胸背板の地色は黄色である。楯板條紋および後背板は褐色。平均棍は黄色。脚は褐色を帯びた黄色。腹部は褐色ないし黄褐色。尾針はほぼ三角形で，基部 1/2 は微毛で被われ，基部 1/3 付近側方に 1 対の刺毛を持つ。底節突起は方形で，良く発達する。把握器は細く，長い。分布：九州，四国，本州。

　触角比や蛹にやや違いが見られるものの，これらは個体変異の可能性も考えられることから，本種はヨーロッパに分布する *T. calvescens* (Edwards, 1929)（ハダカニセテンマクエリユスリカ，図82）の新参シノニムである可能性もある。今後，詳細な検討が必要である。

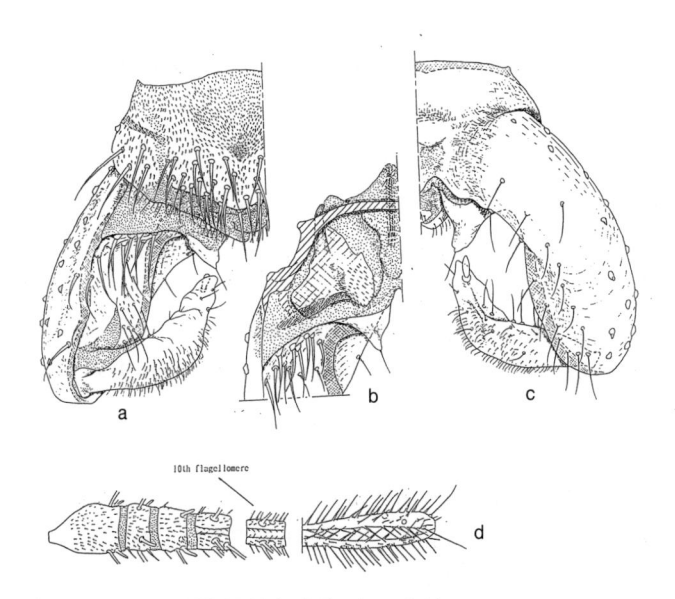

図81　トゲビロウドエリユスリカ即（トゲビロウドエリユスリカ）
　a: 雄交尾器, 背面, b: 雄交尾器, 底節基部（第9背板を除いたもの）, c: 雄交尾器, 腹面, d: 雄触角

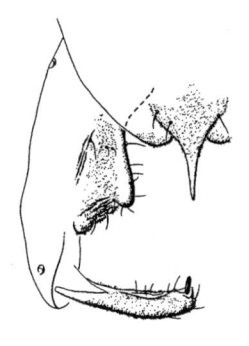

図82　ニセテンマクエリユスリカ属
　（ハダカニセテンマクエリユスリカ）
　雄交尾器（Langton & Pinder, 2007 より引用）

2. 主要種への検索表

エリユスリカ亜科 Orthocladiinae の幼虫

ケブカエリユスリカ属 *Brillia* (J01)
　成熟幼虫の体長は 10 mm 前後。下唇板は 1 対の大きな歯と中央部の小さな歯から成る中央歯と 5 対の側歯から成る。腹下唇板の発達は弱い。

マドオエリユスリカ属 *Bryophaenocladius* (J02)
　成熟幼虫の体長は 3〜6 mm。下唇板は 1 対の幅広い中央歯と 4 対の側歯より成る。腹下唇板は良く発達する。

ハダカユスリカ属 *Cardiocladius* (J03)
　成熟幼虫は 10 mm 前後。前大あごは丈夫で端歯は 1 本。下唇板は幅広い 1 本の中央歯と 5 対の側歯より成る。

トゲアシエリユスリカ属 *Chaetocladius* (J04)
　成熟幼虫は 10 mm 前後。下唇板は 1〜2 本の中央歯と 5〜6 本の側歯より成る。腹下唇板は大きく良く発達する

コナユスリカ属 *Corynoneura* (J05)
　成熟幼虫は大きくて 3 mm 前後。触角は 4 環節より成り，非常に長く頭蓋の長さを大きく超える。下唇板は 2〜3 本の中央歯と 5 本の側歯より成る。腹下唇板の発達は弱い。

ツヤユスリカ属 *Cricotopus* (J06)
　成熟幼虫は 7〜8 mm。腹環節は通常 1 対の毛束を持つ。上唇刺毛 SI は叉分する。下唇板は 1 本の中央歯と 5〜7 本の側歯より成る。

＊：口絵 *xxxiv*〜*xxxix* も参照。

2-3. 属・主要種への検索

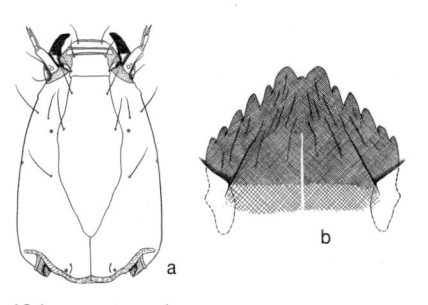

J01 ニッポンケブカエリユスリカ
a: 頭部背面, b: 下唇板

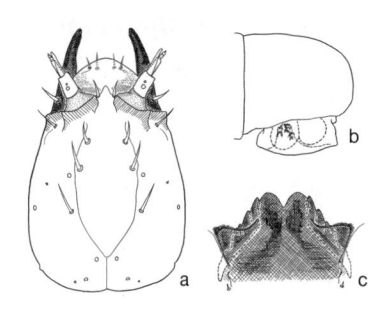

J02 a: 頭部背面, b: 下唇板, c: 腹部末端

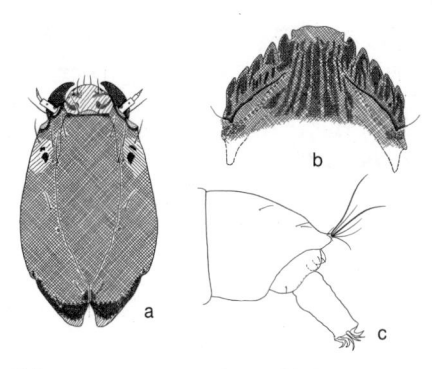

J03 a: 頭部背面, b: 下唇板, c: 腹部末端

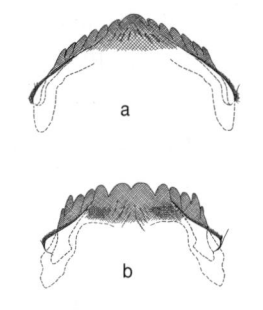

J04 下唇板および腹下唇板

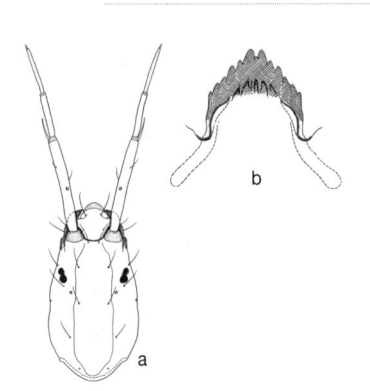

J05 a: 頭部背面, b: 下唇板および腹下唇板

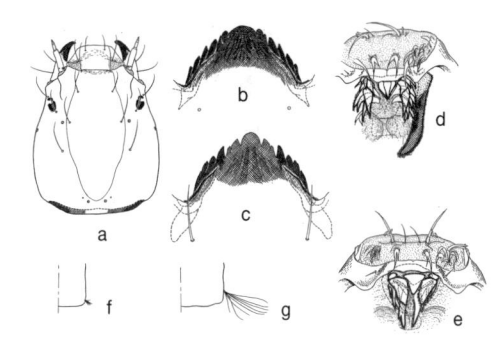

J06 a, b, d, f: フタスジツヤユスリカ, c, e, g: ミツオビツヤユスリカ（a: 頭部背面, b, c: 下唇板, d, e: 上唇下面および上咽頭, f, g: 腹部第6節後角部）

2. 主要種への検索表

フタエユスリカ属 *Diplocladius* (J07)
　成熟幼虫は8mm前後。下唇板は2本の中央歯と6本の側歯より構成される。腹下唇板は長く，腹下唇板毛は良く発達する。尾剛毛台は明瞭な骨片を持つ。

テンマクエリユスリカ属 *Eukiefferiella* (J08)
　成熟幼虫は数mm程度。暗褐色から淡緑黄色まで体色は変化に富む。上唇刺毛は単純である。下唇板は1ないしは2本の中央歯と通常5本の側歯より成る。

トビケラヤドリユスリカ属 *Eurycnemus* (J09)
　成熟幼虫は10mm前後。下唇板はほぼ同大の3本の中央歯（欧州産の種では3本の中央歯の内中央の歯は顕著に小型となる）と5本の側歯より成る。

ヒロトゲケブカエリユスリカ属 *Euryhapsis* (J10)
　成熟幼虫は10mm前後。下唇板は小さな中央歯と6対の側歯から成り，第一側歯は大きく前方に強く突出する。

シッチエリユスリカ属 *Georthocladius* (J11)
　成熟幼虫は数mm程度。下唇板は幅広い1本あるいは2本の端歯と4～5対の側歯から成る。

ケナガエリユスリカ属 *Gymnometriocnemus* (J12)
　成熟幼虫は数mm程度。マドオエリユスリカ属（*Bryophaenocladius*）に酷似するが1本の明瞭な尾毛を持つ。下唇板は大きな2つの中央歯と4対の側歯から成る。

2-3. 属・主要種への検索

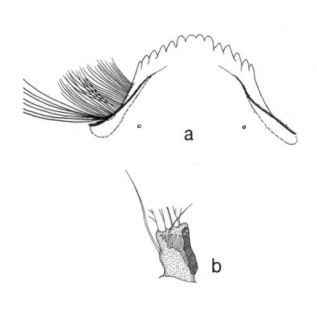

J07 フタエユスリカ
a: 下唇板および腹下唇板, b: 腹部末端, 尾毛台

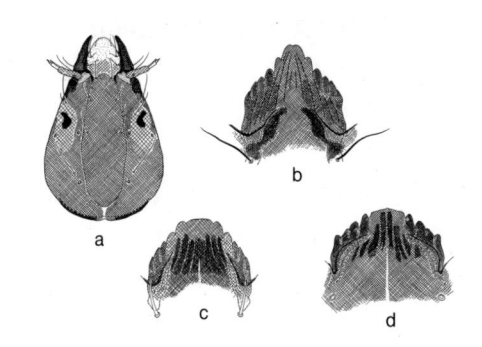

J08 a: 頭部背面, b, c, d: 下唇板および腹下唇板

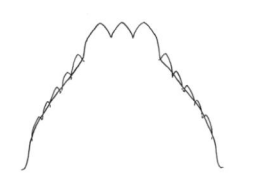

J09 ノザキトビケラヤドリユスリカ（下唇板）

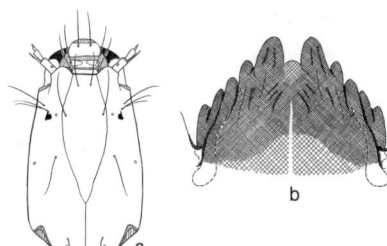

J10 ヒロトゲケブカエリユスリカ
a: 頭部背面, b: 下唇板および腹下唇板

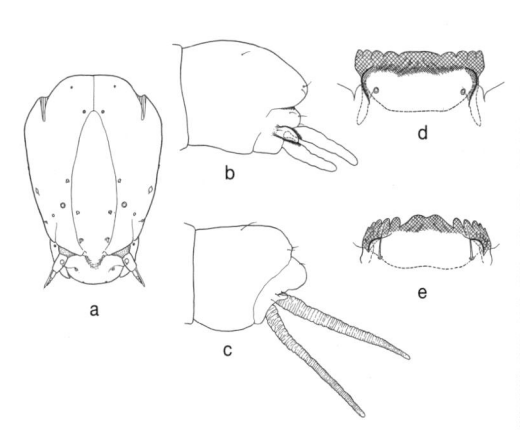

J11 a: 頭部背面, b, c: 腹部末端（肛門鰓）, d, e: 下唇板および腹下唇板

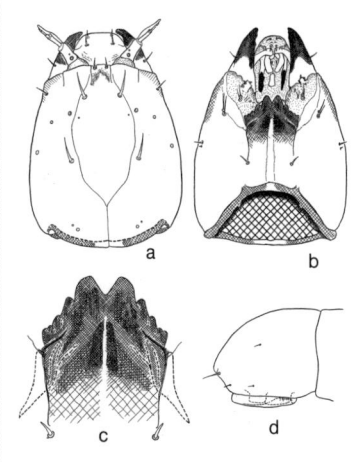

J12 a: 頭部背面, b: 頭部腹面, c: 下唇板および腹下唇板, d: 腹部末端

149

ウンモンエリユスリカ属 *Heleniella* (J13)

成熟幼虫は4～5mm。触角第2環節は基部で分割される。下唇板は2本の中央歯と5対の側歯から成る。

キリカキケバネエリユスリカ属 *Heterotrissocladius* (J14)

成熟幼虫は9mm前後。触角は7環節より成り，第7環節は細く糸状である。下唇板は2本の中央歯と5対の側歯より成り，腹下唇板は良く発達する。

フユユスリカ属 *Hydrobaenus* (J15)

成熟幼虫は7～9mm程度。尾剛毛台は明瞭な硬化片を持つ。下唇板は4つの中央歯（コキソガワフユユスリカでは中央歯の分割が不鮮明であるため，1つの幅広い中央歯に見える）と5対の側歯から成り，腹下唇板は良く発達する。

シミズビロウドエリユスリカ属 *Krenosmittia* (J16)

成熟幼虫は4mm前後。下唇板は幅広い中央部が尖った中央歯と6対の尖った側歯を持つ。腹下唇板の発達は弱い。

ムナトゲユスリカ属 *Limnophyes* (J17)

成熟幼虫は4mm程度。前大あごは2～4端歯を持つ。下唇板は2本の中央歯と5対の側歯より成る。

ケバネエリユスリカ属 *Metriocnemus* (J18)

成熟幼虫は7～9mm程度。下唇板は2～4本の中央歯と5対の側歯より成り，第1側歯は中央歯より明らかに長い。

2-3. 属・主要種への検索

J13 下唇板
(Cranston *et al.*, 1983 より引用)

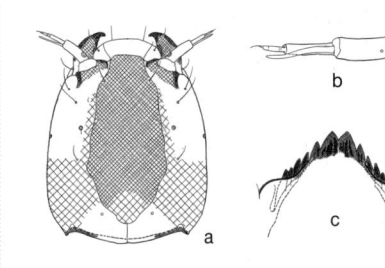

J14 キリカキケバネエリユスリカ (a: 頭部背面, b: 触角, c: 下唇板および腹下唇板)

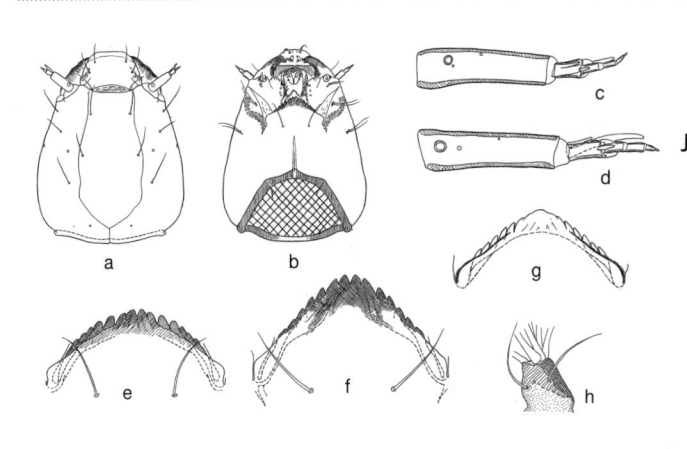

J15 a, b, c, e: キソガワフユユスリカ, d, f, h: ビワフユユスリカ, g: コキソガワフユユスリカ (a: 頭部背面, b: 頭部腹面, c, d: 触角, e, f, g: 下唇板および腹下唇板, h: 尾剛毛台)

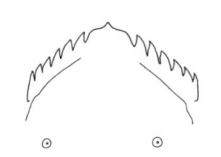

J16 下唇板 (Canston *et al.*, 1983 より引用)

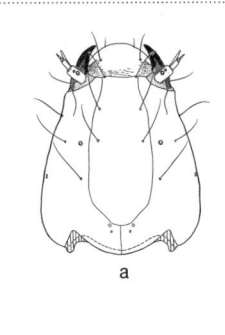

J17 a: 頭部背面, b: 下唇板および腹下唇板, c: 腹部末端

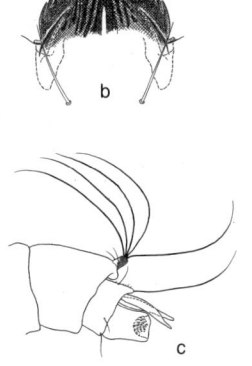

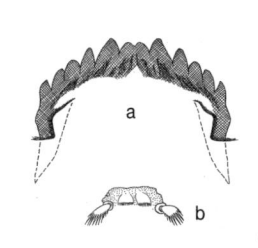

J18 a: 下唇板および腹下唇板, b: 上唇下面 SI 刺毛および上唇薄片

151

2. 主要種への検索表

コガタエリユスリカ属 *Nanocladius* (J19)

　成熟幼虫は4〜5mm程度。上唇刺毛はいずれも糸状である。下唇板は端部に切れ込みを持つ幅広い中央歯と5対の側歯より構成される。腹下唇板は良く発達し，非常に長い。

ホソケブカエリユスリカ属 *Neobrillia* (J20)

　成熟幼虫は7〜9mm程度。頭部は黒褐色，体環節は乳白色という明瞭なコントラストを示す。下唇板は強く前方に突出した1対の中央歯と5対の側歯より成る。

エリユスリカ属 *Orthocladius* (J21)

　成熟幼虫は6〜8mm程度。上唇刺毛SIは叉分する。下唇板は1つの中央歯と6〜9対の側歯より構成される。

ニセナガレツヤユスリカ属 *Paracricotopus* (J22)

　成熟幼虫は4mm前後。流水性。上唇刺毛は叉分する。下唇板は1本の中央歯と5対の側歯より成る。

ケボシエリユスリカ属 *Parakiefferiella* (J23)

　成熟幼虫は4mm前後。触角は6環節より成り，第6環節は毛状となる。

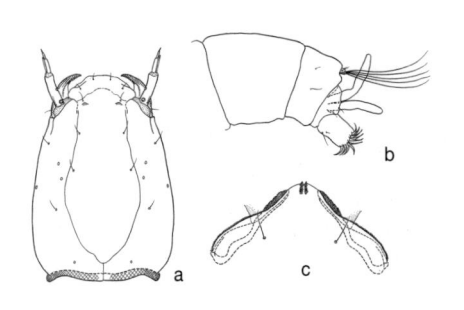

J19 a: 頭部背面, b: 下唇板および腹下唇板, c: 腹部末端

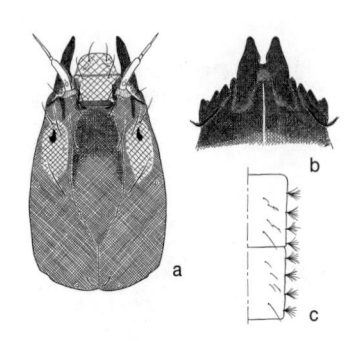

J20 ニイツマホソケブカエリユスリカ (a: 頭部背面, b: 下唇板および腹下唇板, c: 腹部第6, 7節)

2-3. 属・主要種への検索

上唇刺毛 SI は数本から 10 本前後に分岐する．下唇板は幅広い 1 本あるいは側方に切れ込みを持った中央歯と 5 対の側歯より成り，腹下唇板は顕著に発達する．

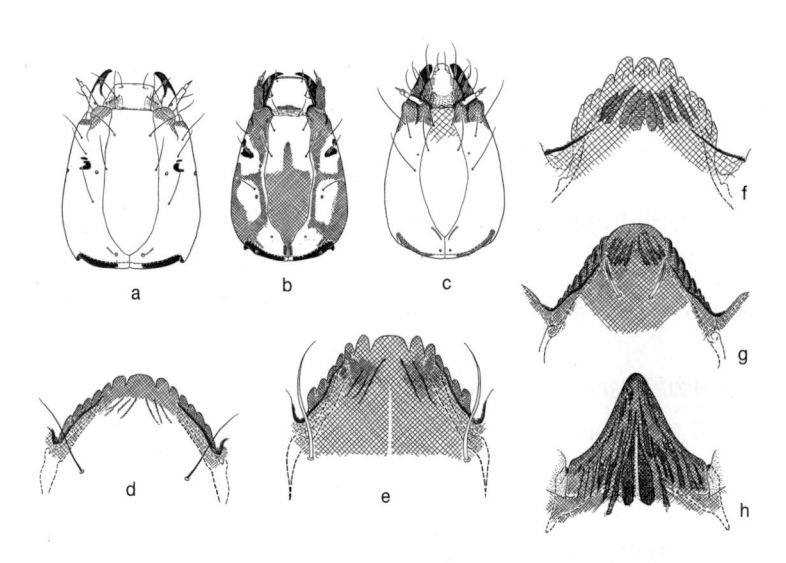

J21　a, d: ニセヒロバネエリユスリカ，b, f: イシエリユスリカ，c, h: キモグリエリユスリカ，e: カニエリユスリカ，g: ブランコエリユスリカ（a, b, c: 頭部背面，d, e, f, g, h: 下唇板および腹下唇板）

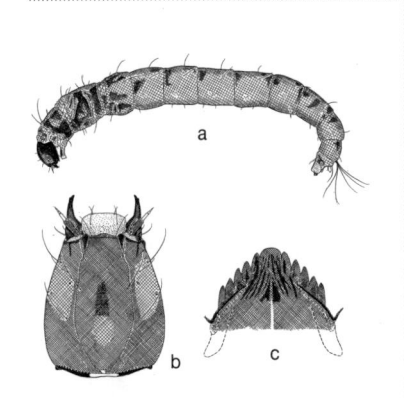

J22　ミダレニセナガレユスリカ（a: 全形図側面，b: 頭部背面，c: 下唇板および腹下唇板）

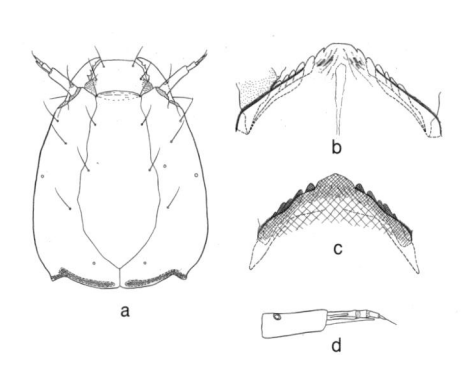

J23　a: 頭部背面，b: 触角，c, d: 下唇板および腹下唇板

2. 主要種への検索表

ニセケバネエリユスリカ属 *Parametriocnemus* (J24)
　成熟幼虫は7～9 mm。下唇板は2本の中央歯と5対の側歯より成る。腹下唇板は中央部で括れる。

クロツヤエリユスリカ属 *Paratrichocladius* (J25)
　成熟幼虫は6～9 mm。上唇刺毛 SI は叉分する。大顎の歯下剛毛の基部に明瞭な微小歯列を持つ。下唇板は1本の中央歯と6対の側歯より成る。

アカムシユスリカ属 *Propsilocerus* (J26)
　成熟幼虫は数 mm から17 mm。下唇板は不規則に刻まれた中央歯と6～10対の側歯から成る。下唇側板は非常に顕著で大きい。

ヒメエリユスリカ属 *Psectrocladius* (J27)
　成熟幼虫は7～10 mm。下唇板は1～2本の中央歯と5本の側歯より成る。腹下唇板は顕著に発達し，明瞭な腹下唇板毛を持つ。

ニセエリユスリカ属 *Pseudorthocladius* (J28)
　成熟幼虫は6～10 mm。後方に真っ直ぐ伸びた1本の非常に長い尾毛を持つ。下唇板は中央部で浅く窪んだ対をなす中央歯と5対の側歯より成る。

ニセビロウドエリユスリカ属 *Pseudosmittia* (J29)
　成熟幼虫は4 mm 前後。触角は4環節より成り，非常に短い。尾剛毛台を欠く。下唇板は幅広い1本の中央歯と4～5対の側歯から成る。

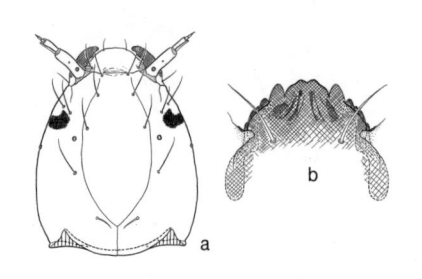

J24　a: 頭部背面, b: 下唇板および腹下唇板

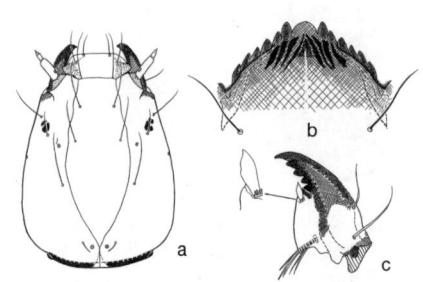

J25　クロツヤエリユスリカ (a: 頭部背面, b: 大顎, c: 下唇板および腹下唇板)

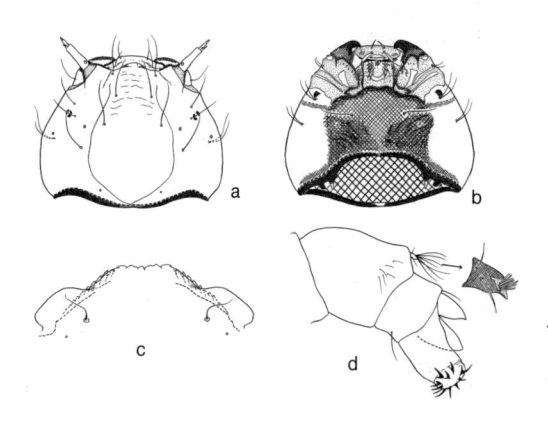

2-3. 属・主要種への検索

J26 アカムシユスリカ（a: 頭部背面, b: 頭部腹面, c: 下唇板および腹下唇板, d: 腹部末端および尾剛毛台）

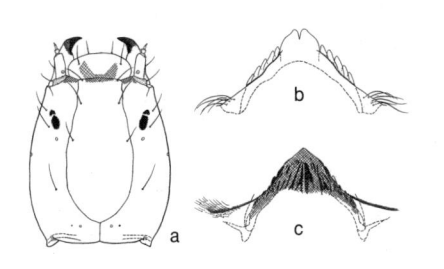

J27 a: 頭部背面, b, c: 下唇板および腹下唇板

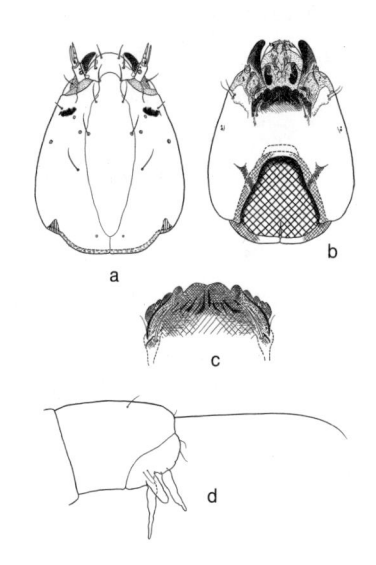

J28 a: 頭部背面, b: 頭部腹面, c: 下唇板および腹下唇板, d: 腹部末端

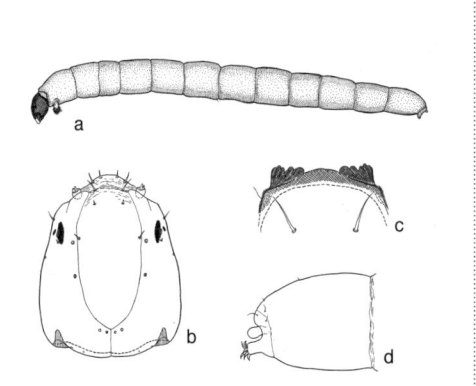

J29 a: 全形図, b: 頭部背面, c: 下唇板および腹下唇板, d: 腹部末端

2. 主要種への検索表

ナガレツヤユスリカ属 *Rheocricotopus*（J30）
　成熟幼虫は6 mm前後。上唇刺毛SIは叉分する。下唇板は1対の中央歯と5対の側歯から成る。腹下唇板は良く発達し、腹下唇板毛は顕著である。

ビロウドエリユスリカ属 *Smittia*（J31）
　成熟幼虫は4～5 mm。下唇板は中央部に突起を持った1本の中央歯と5対の側歯より成る。

ムナクボエリユスリカ属 *Synorthocladius*（J32）
　成熟幼虫は4 mm程度。長い肛門鰓を持つ。下唇板は2本の中央歯と4～5対の側歯から成る。腹下唇板は後方に伸張する。腹下唇板毛は非常に長く良く発達する。この属に酷似したヒゲエリユスリカ属 *Parorthocladius* は中央歯が3本であることで識別が可能である。

ヌカユスリカ属 *Thienemanniella*（J33）
　成熟幼虫は3 mm前後。下唇板は2～3本の中央歯と5対の側歯より成る。種々の特徴でコナユスリカ属の幼虫に類似するが、触角が5環節で、かつ頭蓋の長さを超えないこと等から識別される。

ニセテンマクエリユスリカ属 *Tvetenia*（J34）
　成熟幼虫は5～7 mm。それぞれの体環節は顕著に長い刺毛を持つ。下唇板は1～2本の中央歯と5対の側歯から成る。

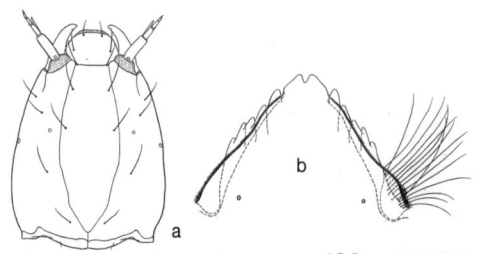

J30　a: 頭部背面，b: 下唇板および腹下唇板

2-3. 属・主要種への検索

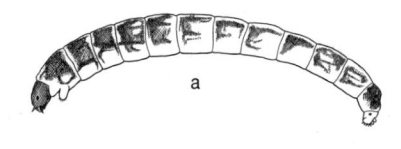

J31 ヒメクロユスリカ（a: 全形図, b: 頭部背面, c: 下唇板および腹下唇板, d: 腹部末端（後擬脚））

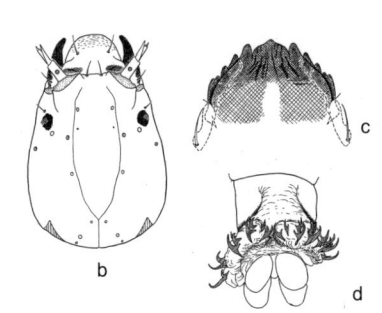

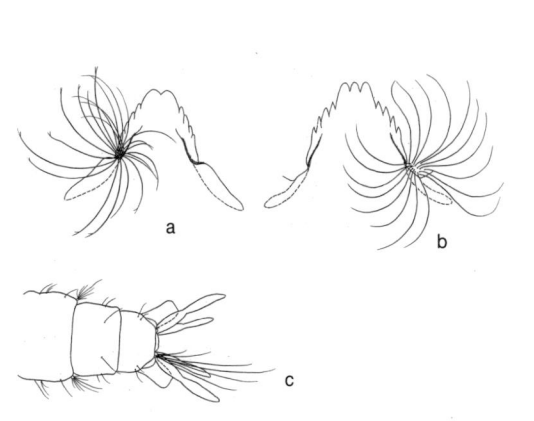

J32 a, c: ムナクボエリユスリカ属, b: ヒゲエリユスリカ属（a, b: 下唇板および腹下唇板, c: 腹部末端）

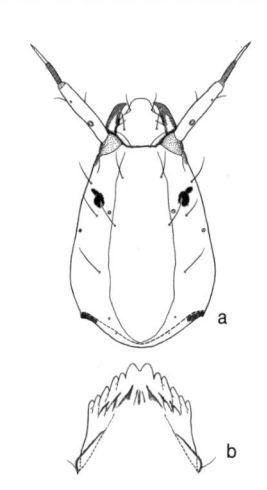

J33 a: 頭部背面, b: 下唇板および腹下唇板

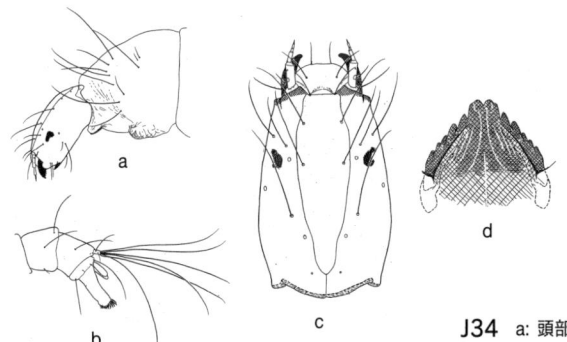

J34 a: 頭部および腹部第一節, b: 腹部末端, c: 頭部背面, d: 下唇板および腹下唇板

157

VII. ユスリカ亜科 Chironominae

マルオユスリカ属 *Carteronica* Strand, 1928

　主要形態はユスリカ属に準ずる。前前胸背板は背方に向かって狭くなる。楯板は中央突起を持つ。雄生殖器は非常に特徴的で，他の属から容易に識別される。第9背板は逆三角形で後方に強く細まる。尾針は太く，短く，その両側はほぼ平行となる。把握器は短く，強く丸みを帯びる。上部附属器は角状であるが，太い。下部附属器は非常に長く，把握器の先端にまで達する。エビイケユスリカ *Carteronica longilobus* (Kieffer, 1916) 1種が知られるのみ。

　Cranston et al. (1990) は本属をヒカゲユスリカ属 *Kiefferulus* のシノニムと報告している。しかし，本属の幼虫の口器を含めた頭部の形態が *Kiefferulus* と異なるため，筆者は独立の属として扱うのが良いとの見解を持っている。

エビイケユスリカ *Carteronica longilobus* (Kieffer, 1916) （図83）

　　　体長は数ミリ。楯板は緑黄色で赤褐色の條紋を持つ。小楯板は黄色，後背板は暗褐色。平均棍は黄色である。腹部第1～4背板は黄色，第5～8腹板は褐色，生殖器は黒褐色である。触角比は1.90～2.10。幼虫は汽水域あるいは塩分の混じる止水域に生息する。分布：沖縄本島以南；東南アジア，ミクロネシア。

ヤチユスリカ属 *Chaetolabis* Townes, 1945

　形態的特徴はユスリカ属とほぼ同じであるが，以下の形質によって識別される。前前胸背板は背面中央部に弱いが明瞭な縫合線を持つ。上底節突起は幅広く，短く，その両側はほぼ平行で，端部は尖り，腹面に多数の刺毛を有する。ヤチユスリカ *Chaetolabis macani* Freeman 1種が分布する。大多数の研究者は *Chaetolabis* をユスリカ属の1亜属として扱っている。また，幼虫は第10体節に側鰓を持たず，11体節に2対の血鰓を持つ，*thummi*-type の特徴を示す。また蛹の3～4，4～5の間の節間膜に1対の刺毛を持つ。これらはいずれもユスリカ属の特徴を示す。特に，上述の蛹に見られる特徴はユスリカ属の固有新形質とされている（Cranston 私信）。しかし，前前胸背板中央部に1本の縫合線を持つという形質はユスリカ属には見られず，ユスリカ属以外のユスリカ亜科に見られる特徴である。筆者は前前胸背板の縫合線の消失がユス

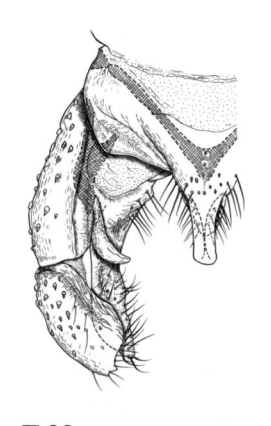

図83 マルオユスリカ属
（エビイケユスリカ）
雄交尾器背面

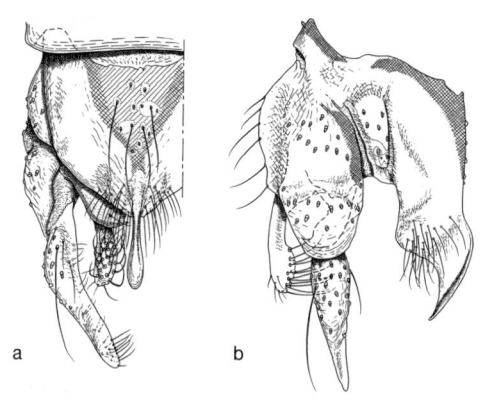

図84 ヤチユスリカ属（ヤチユスリカ）
a: 雄交尾器背面　b: 同側面

リカ属の固有新形質と考えており，これに基づいてヤチユスリカをユスリカ属から独立した属と考えた。上述した蛹の特徴は *Chironomus*，*Chaetolabis*，*Einfeldia ocellata* を含めたグループの固有新形質と判断している。

ヤチユスリカ *Chaetolabis macani* (Freeman, 1948) （図84）
体長 7〜8.5 mm。中胸背板の地色は黄緑色で，弱い光沢を持つ。楯板の條紋は黒褐色で明瞭である。中央條紋は左右に明瞭に分離される。後背板はほとんど黒褐色であるが，前角は橙色を呈する。腹部第1節は暗緑色で中央部が褐色を帯びる。第2節以降は暗褐色である。大規模な湿地帯に生息する。分布：本州（尾瀬ヶ原），北海道（釧路湿原）；ヨーロッパ。

ユスリカ属 *Chironomus* Meigen, 1803

体長は数 mm から 1.5 cm。触角鞭節は 11 環節よりなる。額突起は大小の差はあるものの明瞭である。前前胸背板は良く発達し，中央部でやや狭くなるものの完全に融合し浅い V 字上の切れ込みを持つ。楯板突起は明瞭である。脚の脛節櫛は2つに分割され，それぞれに明瞭な刺を持つ。雄交尾器の尾針は良く発達する。底節の上，下底節突起はいずれも明瞭である。日本から 20 以上の種が報告されているが，ここではシノニムや疑問種を除いた 4 亜属 18 種を扱う。検索表では，体色については基本型を示した。すべての種に見られるわけではないが，本属の多くの種は季節により色彩（および斑紋の形状や大き

2. 主要種への検索表

さ）にかなりの変異が見られる．主要な種について，体の斑紋パターンを示しておく（図 85）．

種への検索表

1. 第9背板の後縁は緩やかに丸くなる．把握器は先端近くで細くなり，数本の短い刺毛を持つ．下部附属器は先端部は丸く膨らみ，そこに多数の前方に向かう長い刺毛を持つ … **2**
 - 第9背板の後縁の両側は強く後方に突出するか，あるいは丸くならず平坦となる．把握器は逆三角形状となり，内縁全体にわたって多数の短い刺毛を持つ．下部附属器は長く，先端が膨らむことなく，徐々に細くなり，ほぼ全体にわたって長い刺毛を有する
 ………………………………………… キミドリユスリカ亜属 *Camptochironomus*,
 キミドリユスリカ *Chiromomus (Camptochironomus) biwaprimus* Sasa et Kawai, 1987;
 イケマユスリカ *Chiromomus (Chironomus) crassiforceps* (Kieffer, 1916)　**5**
2. 上部附属器は単純で基部に葉片を持たない …………………………………………… **3**
 - 上部附属器は基部に大きく膨らんだ葉片を持つ
 ………… ***Lobochironomus*** 亜属ハラグロセスジユスリカ *longipes* Staeger, 1839
 上部附属器の特徴はクロユスリカ属（*Einfeldia*）に類似する．しかし，前前胸背板の中央部には縫合線を持たず，また幼虫は2対の腹鰓を持つことで *Chironomus* 属の特徴を顕著に示す．冬季に出現するセスジユスリカに色彩は類似するが，腹部は一様に暗色となる．分布：九州，本州，北海道（四国は調査不足で不明）；ヨーロッパ，北米．
3. 前脚第4跗節は第3跗節より長いかあるいは同じ．生殖器基節は側方部で第9腹板と融合する ……………………………………………………………………………………… **4**
 - 前脚第4跗節は第3跗節よりも明らかに短い．生殖器基節は第9腹板と融合することはない ………………………………………………………… *Chironomus* 亜属　**6**
4. 腹部は緑色で斑紋を持たない ……………… ジャワユスリカ *javanus* (Kieffer, 1924)
 - 腹部は淡黄褐色で，第2〜第7背板に菱形の黒紋を持つ
 ……………… オキナワユスリカ *okinawanus* Sasa & Hasegawa, 1987（図86-A）
 体長 4.0〜5.5 mm．触角比は 3.14〜3.23．尾針は細長く，その両側縁はほぼ平行となる．分布：南西諸島，九州，本州（広島県で確認されている）．
5. 体は大きく体長 7〜8 mm．上部附属器は短く指状で，第9背板に隠れる
 ……………… キミドリユスリカ *Chiromomus (Camptochironomus) biwaprimus*
 - 体長約 4 mm．上部附属器は長く角状で第9背板下に隠れることはない
 ………………………………… イケマユスリカ *crassiforceps* (Kieffer, 1916)
 雄生殖器は非常に特徴的であるため（図86-B），識別は容易である．本邦では南西諸島より知られる．幼虫は汽水性．
6. 翅は斑紋を持たない ………………………………………………………………… **6**
 - 翅は数個の雲状紋を持つ ……………… ウスイロユスリカ *kiiensis* Tokunaga, 1936
7. 尾針は細長く，基部でくびれ先端部で広がる …………………………………… **8**
 - 尾針は非常に太く，先端部に向かって細くなる

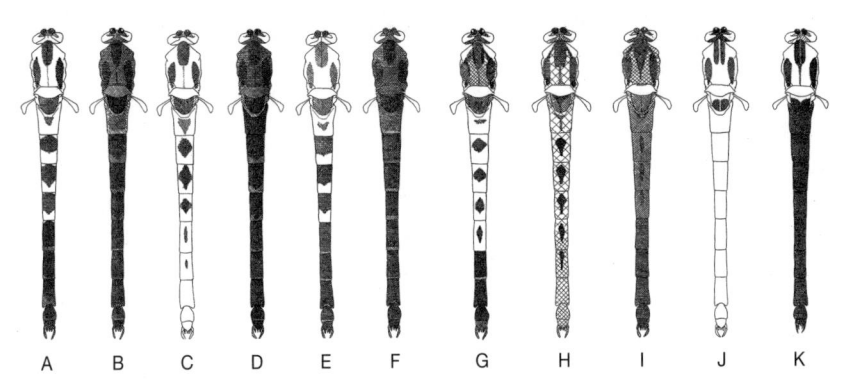

2-3. 属・主要種への検索

図85 A, B: ホンセスジユスリカ，C, D: オオユスリカ，E, F: ヤマトユスリカ，G: フチグロユスリカ，H, オキナワユスリカ，I: ウスイロユスリカ，J: ジャワユスリカ，K: キミドリユスリカおよびハラグロセスジユスリカ

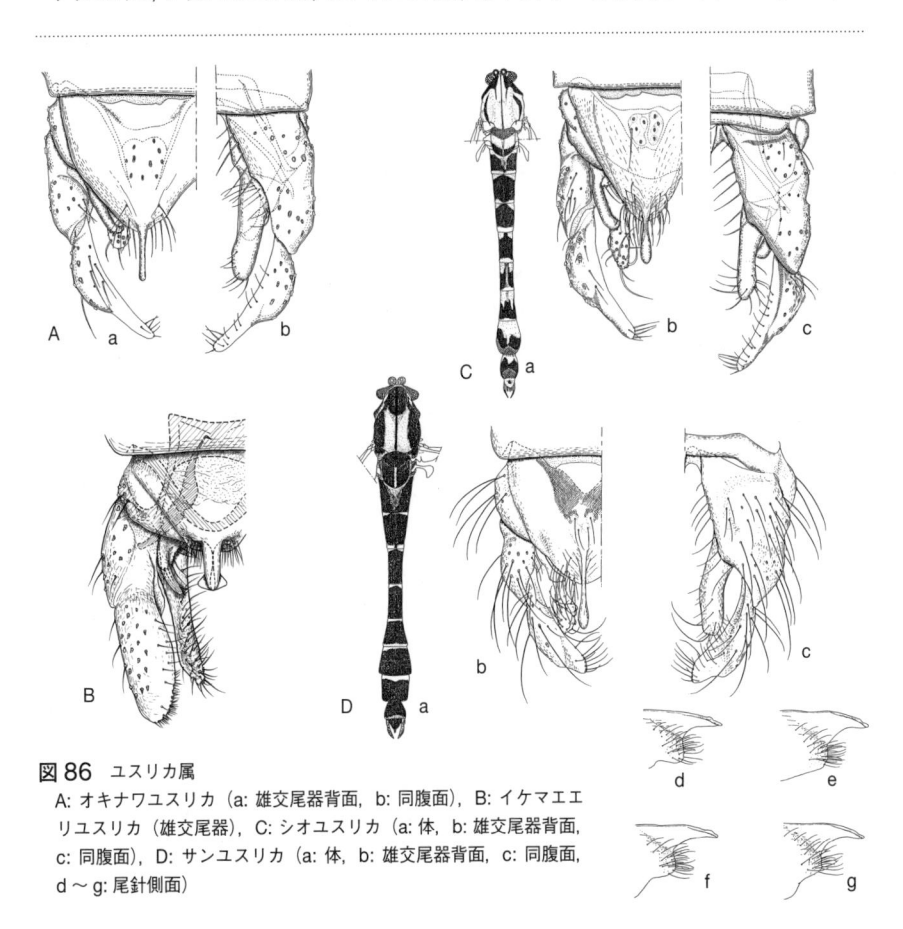

図86 ユスリカ属
A: オキナワユスリカ（a: 雄交尾器背面，b: 同腹面），B: イケマエエリユスリカ（雄交尾器），C: シオユスリカ（a: 体，b: 雄交尾器背面，c: 同腹面），D: サンユスリカ（a: 体，b: 雄交尾器背面，c: 同腹面，d〜g: 尾針側面）

161

2. 主要種への検索表

  ………………………………… ヤマトユスリカ *nipponensis* Tokunaga, 1940
8. 上部附属器は細長く緩やかに曲がり，角あるいは象牙状になる ……………………… **9**
− 上部附属器は比較的短く，先端部が靴のように広がるかほぼ同じ太さとなっている
  …………………………………………………………………………………………… **11**
9. 胸部の条紋は単一色である ……………………………………………… **10**
− 胸部の条紋の側縁は黒色となる ……… フチグロユスリカ *circumdatus* Kieffer, 1916
10. 触角比は 3.13〜4.08 …………… シオユスリカ *salinarius* Kieffer, 1915（図 86-C）
体色は黒褐色〜黒色で，体表に灰色の粉を装うことが多く，腹部は斑紋を持たず単一色である。汽水性のユスリカで塩田跡などで良く発生する。分布：九州，本州（四国，北海道は調査不足）
− 触角比は 4.63〜5.57 ………………… オオユスリカ　*plumosus* (Linnaeus, 1758)；
  スワオオユスリカ *suwai* Golygina et al., 2002
11. 腹部は一様に暗褐色から黒色。把握器は先端 1/3 で強くくびれる ……………… **12**
− 腹部は背板上に暗色の帯ないしはスポットを持つ。把握器は先端 1/3 付近で強くくびれることはない …………………………………………………………………………… **14**
12. 上部附属器は太く，足状となる。脚比は 1.40〜1.52 ……………………………… **13**
− 上部附属器はやや細く，鎌状となる。脚比は 1.15〜1.24
  ……………………………… サンユスリカ *acerbiphilus* Tokunaga, 1939（図 86-D）
サンユスリカ，ズグロユスリカ，フトゲユスリカはいずれも温泉地帯で確認されており，強酸性の湖沼，河川に幼虫が生息する。サンユスリカは宮城県潟沼，ズグロユスリカは雲仙，フトゲユスリカは熊本県栗野岳温泉で採集された。類似のものは屋久島から北海道までの温泉地帯で確認される。酸性の水域に生息する種はこの 3 種の他に複数種いる可能性が高く，DNA による解析が有効であろう。
13. 尾針は側方から観察した時細長く，腹縁は背方に向かって緩やかに湾曲する
  ……………………………………… ズグロユスリカ *fusciceps* Yamamoto, 1990
− 尾針は側方から観察した時，短く幅広く，復縁はほぼ真っ直ぐである
  ……………………………………… フトゲユスリカ *surfurosus* Yamamoto, 1990
14. 上部附属器は先端部で足のように膨らむ ……………………………………… **15**
− 上部附属器は全体にわたってほぼ同じ幅となる
  ……………………………………… ホンセスジユスリカ *nippodorsalis* Sasa, 1979
15. 体色は緑色から暗緑色で，2〜5 腹背板は中央部にそれぞれ円形ないしは楕円形の紋を有する。前前胸背板は腹側に刺毛を持たない ……………………………………… **16**
− 体色は黄褐色から褐色で，2〜4 腹背板はそれぞれの節の前方に幅の広い暗色の帯を有する。前前胸背板は腹側に数本の短い刺毛を持つ ……………………………… **17**
16. 上部附属器は先端に向かって徐々に広がり，外側縁は背方から見た時緩やかに弧を描く。尾針は側方から観察した時，細く，腹縁は背方に向かって弧を描く
  …………………………… セスジユスリカ *yoshimatsui* Martin et Sublette, 1972
− 上部附属器は先端部で強く広がり，外側縁は背方から見た時，強く張り出す。尾針は側方から観察した時，幅広く，その腹縁はほぼ真っ直ぐである

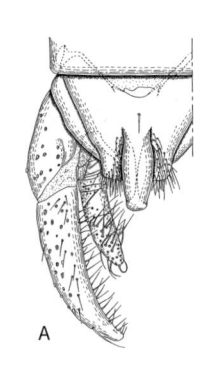

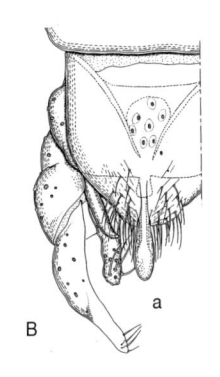

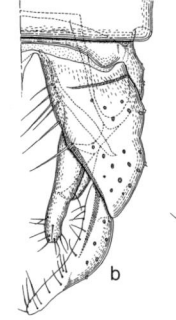

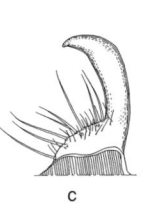

図 87 ユスリカ属
A: キミドリユスリカ（雄交尾器），B: フチグロユスリカ（a: 雄交尾器背面，b: 同腹面，c: 上底節突起側面）

.... **ヒシモンユスリカ *flaviplumus* Tokunaga, 1940**
本種によく似た種（？）が小笠原，奄美以南の南西諸島に分布する。小笠原の個体群はミナミヒシモンユスリカ（*C. samoensis* Edwards）と同定される（ホロタイプ確認）。南西諸島の個体群については形態，DNAを含めた検討が必要である。

17. 上部附属器の先端部は丸くなる … **マルオセスジユスリカ *solicitus* Hirvenoja, 1962**
北海道のみから知られている。

－ 上部附属器の先端部は尖る .... **ドブユスリカ *riparius* (Meigen, 1804)**
本州では中部山岳地帯の高層湿原および青森県淋代の海岸湿地より得られている。山地のものは体は暗色である（Tokunaga (1939) により *C. trinigrivittatus* として記載された）が青森県のものは淡黄褐色地に各腹節に幅広い黒色斑紋を持つ。北海道産の個体は青森産と同様の色彩を示す。

キミドリユスリカ *Chironomus (Camptochironomus) biwaprimus* Sasa et Kawai, 1987（図87-A）

体長4.0〜8.0 mm。中胸背板の地色は淡黄褐色〜黄緑色。楯板條紋および後背板の後部1/2はオレンジ色〜黒色。側板は黄緑色。前前側板は全体オレンジ色〜その基部1/2が褐色ないし黒色となるまでの変異がある。脚の地色は黄緑色で，跗節は暗色となる。全脚の第1〜3跗節の先端部および第4，5跗節は暗褐色〜黒色となる。暗化した個体では，腿節末端部，脛節およびすべての跗節は暗褐色から黒色となる。腹部は交尾器を含めて褐色から暗褐色となり，淡色の個体では基部2ないし3節は緑色または黄色を帯びる。触角比は2.80〜3.50。第9腹部背板は逆台形状を呈し，後縁部はほぼ直線上に真っ直ぐとなる。尾針は太く，中央部で最

も幅広くなり，端部は緩やかな弧を描く，また，側面より観察した時，尾針は背板より強く背方に突出する。上底節突起は基部に大きく，良く発達した微毛を密生する葉片を持ち，硬化した角状突起はほぼ真っ直ぐで細長く，第9背板に隠れ，背面からの観察は困難である。下底節突起は非常に細長く，その両側縁はほぼ平行で，先端部は幅がやや狭くなる。把握器は長三角形状を呈し，先端部に向かって細くなる。雄生殖器は非常に特徴的で，この属に含まれる日本産すべての種から容易に識別できる。この種と同じ亜属に含まれる種として，ヨーロッパ，北米に産する *C. tentans* Fabricius と *C. pallidivittatus* (Malloch) がよく知られている。この2種はともにキミドリユスリカに比べて尾針が細く，第9腹節背板の後縁が強くえぐれることで，形態的に顕著に異なっている。琵琶湖では5月初旬から中旬にかけて多数の個体を見ることができる。比較的安定した大きな湖沼で見られることが多い。幼虫は砂泥底質を好むようである。分布：九州，本州，北海道（四国は調査不足で不明）。

フチグロユスリカ

Chironomus (Chironomus) circumdatus Kieffer, 1916 （図87-B）

体長3〜5mm。基本体色は緑色であるが，時に褐色を帯びる。胸部の條紋は明黄褐色で，條紋の周囲が黒褐色となる。翅はガラス様に透明である。腹部2〜5背板は淡緑色で中央部に明瞭な黒褐色の楕円形の斑紋を有する。第6背板以降は褐色となる。夏季，水田や一時的な水溜まりなどで発生する。現在まで冬季に幼虫が確認されておらず，東南アジアや琉球列島から飛来している可能性もある。分布：南西諸島，九州，四国，本州：東南アジア。

ジャワユスリカ *Chironomus javanus* (Kieffer, 1924) （図88-A）

体長3.0〜4.5mm。体色はほぼ一様に淡緑色である。楯板條紋，後背板および側板はオレンジ色。第1〜5腹部背板の後縁部は淡色となる。平均棍は緑色を帯びた白色。全脚の基節と転節は薄いオレンジ色。全脚の腿節と跗節は緑色を帯びた白色。前脚の跗節は白色，中・後脚の跗節は黄白色。全脚の第1および第2跗節の末端部，第3跗節の基端と末端部，第4および第5跗節は褐色である。跗節の上述の色彩のコントラストは明瞭で，近縁種のオキナワユスリカにも当てはまる特徴である。翅はガラス様に透明で，r-m横脈上の黒斑は明瞭で，これもオキナワユスリカも同様

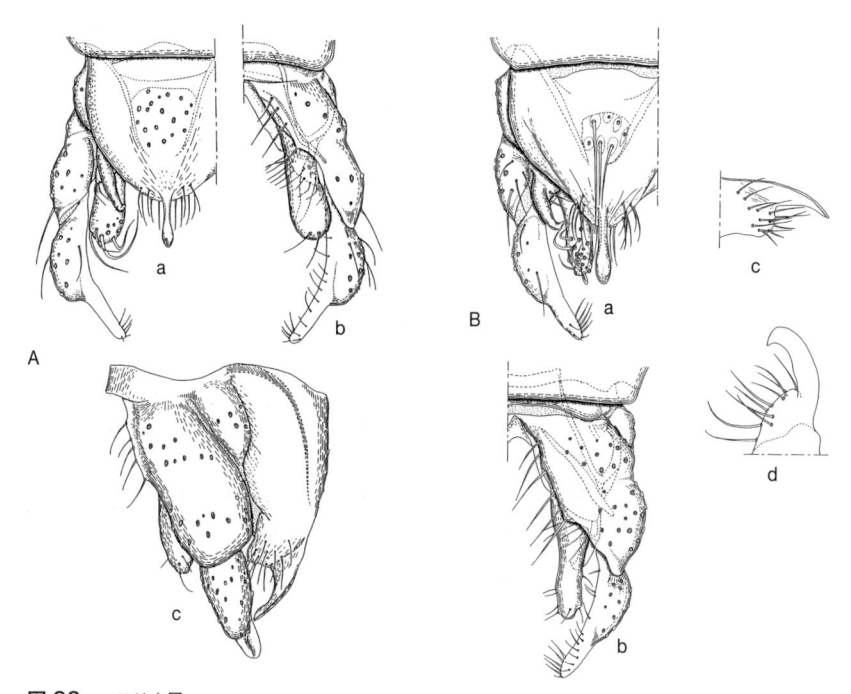

図 88 ユスリカ属
A: ジャワユスリカ（a: 雄交尾器背面, b: 同腹面, c: 同側面), B: ウスイロユスリカ（a: 雄交尾器背面, b: 同腹面, c: 尾針側面, d: 上底節突起側面)

である。尾針は細く，中央部でくびれ，端部は丸みを帯びる。底節は基部側方で第9節腹板と融合する。これはこの2種で見られる重要な固有新形質であると考えている。上底節突起は細長く，端部は鉤状となる。下底節突起は比較的短く，幅広く，その両側縁はほぼ平行となる。把握器は端部1/3付近で顕著に細くなる。成虫は夏季から晩秋にかけて見られる。水田や防火用水などの一時的な水溜まりなどで発生することが多い。日本本土域にはおそらく土着していないと思われる。東シナ海上の定点観測船でも得られてるし，夏季福岡県筑前沖の島で海に向けて灯火採集を行った際，海上から多数の飛来を認めた。飛来個体はすべて雌であった。本土域には海を渡って飛来して来たものが，夏季一時的に発生を繰り返していると考えられる。南西諸島，奄美大島以南では確実に土着している。分布：九州，四国，本州（関東まで確認している）；東南アジア，ミクロネシア，オーストラリア。

2. 主要種への検索表

　ジャワユスリカ，オキナワユスリカは検索表やジャワユスリカの解説で指摘した他にも（幼虫においても）まだいくつかの特徴的な形質（固有新形質）が見られることから，新たな新亜属を設定すべき一群である（国際会議での口頭発表は行われているが，正式に論文としては提出されていない）。

ウスイロユスリカ
Chironomus (*Chironomus*) *kiiensis* Tokunaga, 1936 （図89-B）

　体長3～5mm。体色は全体淡黄褐色で，腹部はやや濃くなる。胸部の条紋は褐色で明瞭である。時に各条紋の周辺部が特に濃くなり，フチグロユスリカに類似してくることがある。腹部2～4節は中部部に細い縦長の暗色の斑紋が生じる。翅に雲条紋を持つ。これは日本産のこの属では本種だけに見られる特徴で，重要な識別形質となる。夏季，水田で大量に発生する。本土域での土着を確認しているが，東シナ海上の定点観測船でも得られており，海を渡って日本列島に飛来して来ている個体がいる可能性がある。分布：南西諸島，九州，四国，本州：東南アジア。

ホンセスジユスリカ
Chironomus (*Chironomus*) *nippodorsalis* Sasa, 1978 （図89-A）

　体長4～5mm。胸部は濃い緑色で黒褐色の条紋を持ち，灰色の微小粉で覆われる。腹部2～4節の前半部は幅広い黒色斑紋を持ち，以降の節は黒褐色となる。前脚は腿節末端部から先が黒色となる。これはこの種の重要な識別形質となっている。西日本では5月中旬から6月中旬にかけて出現個体数が多い。以降出現数は減じる。里山的環境下で良く見られる。幼虫は日当たりの良い一時的な水溜まりなどで生育する。分布：九州，四国，本州，北海道。

ヤマトユスリカ *Chironomus* (*Chironomus*)
nipponensis Tokunaga, 1940 （図89-B）

　体長5.5～8mm。季節による色彩変異は顕著である。冬季から早春に出現する個体は全体が黒化する。初夏から晩秋に出現する個体は淡色となり，腹部の斑紋が明瞭となる。前脚腿節先端部と脛節の基部が暗色となる。雄生殖器の尾針は非常に太く，この種の重要な形質となっている。この種はTokunaga (1940) によって樺太から記載されたものである。Tokunaga (1940) の原記載および九州大学に保残されている同定ラベル付きの標本

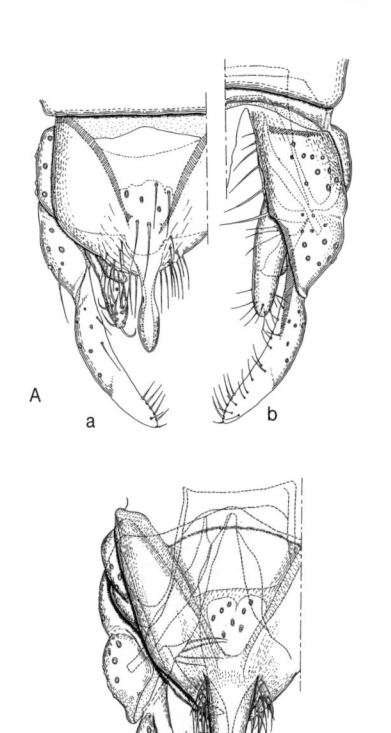

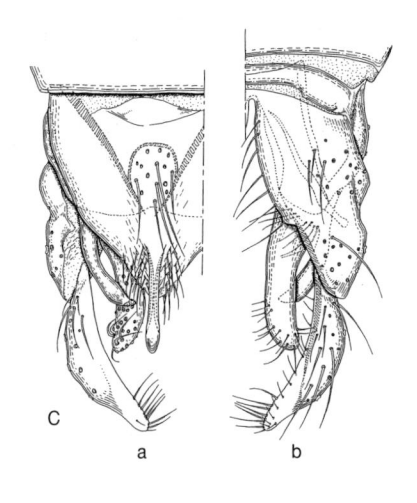

2-3. 属・主要種への検索

図89 ユスリカ属
A: ホンセスジユスリカ (a: 雄交尾器背面, b: 同腹面), B: ヤマトユスリカ (雄交尾器背面), C: オオユスリカ (a: 雄交尾器背面, b: 同腹面)

(徳永によって同定された標本) はオオユスリカとよく似た上部附属器を持ち, ヨーロッパに分布する *C. anthracinus* に酷似する。また, 平地のため池等で発生する個体は角状に端部に向かって徐々に細くなる上部附属器を持ち, ヨーロッパ産の *C. cingulatus* に酷似する。現時点ではこれら両者を一括してヤマトユスリカとしているが, 別種の可能性もあり, 温度条件を変えての幼虫飼育, DNA での比較も今後必要となろう。分布: 北海道, 本州, 四国, 九州, 樺太。

オオユスリカ *Chironomus (Chironomus) plumosus* (Linnaeus, 1758) (図89-C)

体長 6.0 〜 11.5 mm。ユスリカ科の最大種である。ヤマトユスリカと同様に季節による色彩変異が顕著である。冬季, 早春期に出現する個体は全

2. 主要種への検索表

身が黒色となる。初夏から秋に出現する個体は明横褐色となり，腹部 2 〜 5 節に明瞭な菱形の黒紋を持つ。雄生殖器の尾針は細長く，上部附属器も細く長い。比較的大きな湖沼，ため池などで発生する。時に大発生し，琵琶湖，諏訪湖，霞ヶ浦などでは不快昆虫として知られる。分布：九州，四国，本州，北海道。

諏訪湖の個体群に基づいた幼虫の唾液染色体の研究からこれまで *Chironomus plumosus* L. と同定されていたものに 2002 年新たに種小名 *suwai* が与えられ新種として記載された。しかし，日本各地に分布する *plumosus* とされるものと形態的にに全く区別ができず，また，*C. plumosus* には多数の同胞種が含まれることから，日本に分布するものがすべて *suwai* であると断言できないことから，諏訪湖周辺の個体群以外は従来の学名である *Chironomus plumosus* を採用した（このことは *C. suwai* の共著者の 1 人であるオーストラリアの研究者 Jon Martin 博士とも見解の一致をみた）。なお，*C. suwai* については便宜的にスワオオユスリカの和名を与えておく。

セスジユスリカ *Chironomus (Chironomus) yoshimatsui* **(Martin et Sublette, 1976)** （図 91-A）

体長：4 〜 6 mm。基本体色は緑色である。胸部の楯板條紋はオレンジ色〜褐色で明瞭。腹部 2 〜 6 節には中央部に黒褐色の横紋を持つ。雄生殖器の上部附属器の後縁は角張らず丸くなる。日本で最も普通に見られる種で，人家周辺に多く年 7，8 回発生を繰り返す。本種に非常によく似た

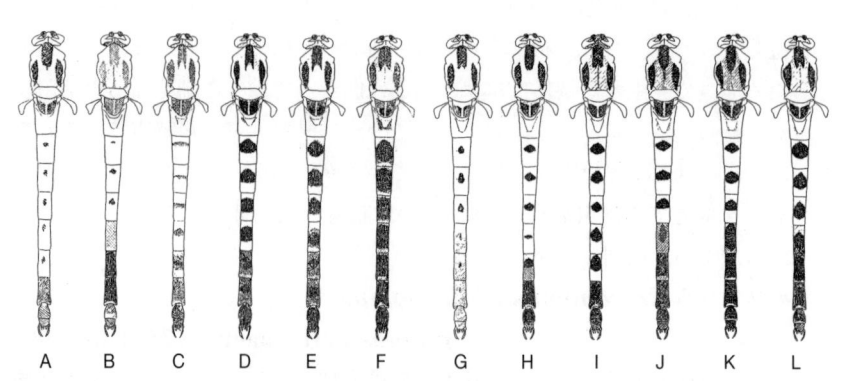

図 90 セスジユスリカとヒシモンユスリカの体の斑紋パターン
A 〜 F: セスジユスリカ，G 〜 L: ヒシモンユスリカ

2-3. 属・主要種への検索

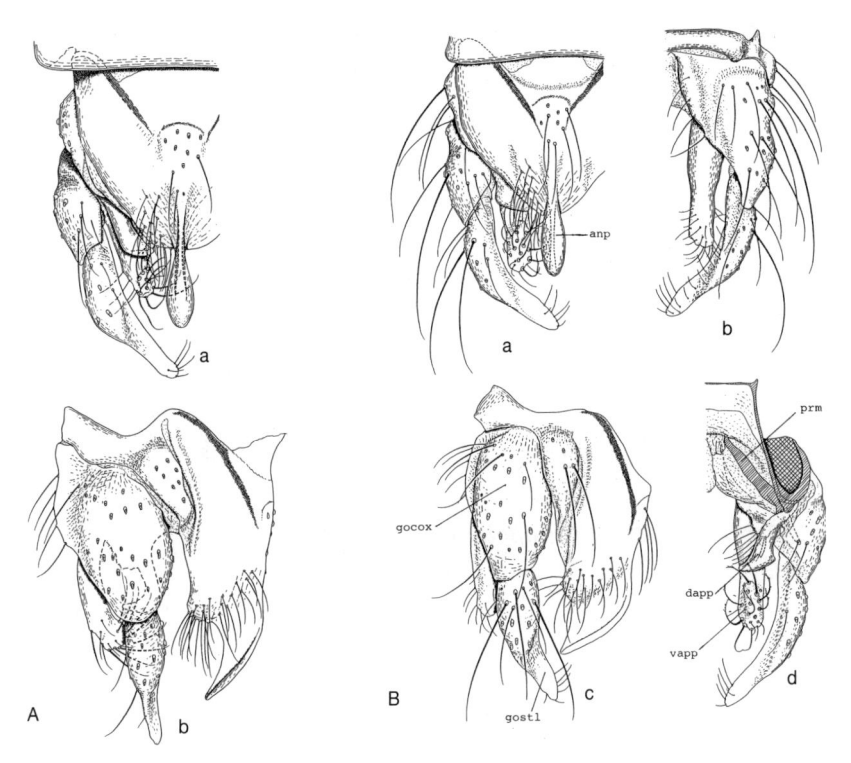

図91 ユスリカ属
A: セスジユスリカ (a: 雄交尾器背面, b: 同側面), B: ヒシモンユスリカ (a: 雄交尾器背面, b: 同腹面, c: 同側面, d: 雄交尾器背面, 第9背板を除く)

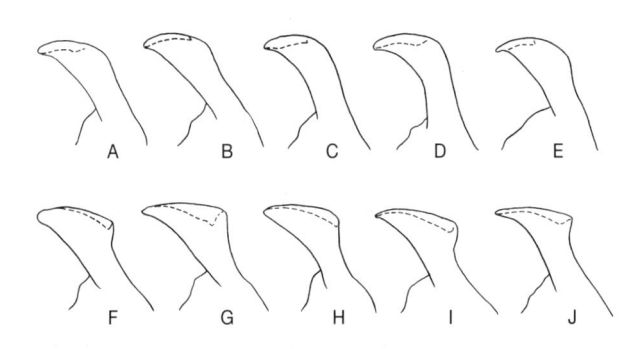

図92 ユスリカ属
セスジユスリカとヒシモンユスリカの上底節突起の相違 (A～E: セスジユスリカ, F～J: ヒシモンユスリカ)

普通種にヒシモンユスリカ *Chironomus flaviplumus* Tokunaga（図91-B）がいる。両者は色彩，腹部の斑紋も酷似している（図90-A～L）。雄生殖器の上部附属器の後縁が明瞭に角張ること（図92-F～J），尾針が横から観察した時幅広いこと，翅の透明度が高いことから識別できる。この種の幼虫の生息環境はセスジユスリカと明瞭に異なる。セスジユスリカが流水を好むのに対し，ヒシモンユスリカは止水域に生息する。里山環境下にある水田地帯などでは，この両種は混生することが多い。この場合，水田内にはヒシモンユスリカが，水田周辺の水路ではセスジユスリカが生息し，棲み分けが見られる。また，ヒシモンユスリカは平地から山地まで広範囲で見られることが多く，一方セスジユスリカは山地では少なく，平地に限られることが多い。分布：九州，四国，本州，北海道。

ナガコブナシユスリカ属 *Cladopelma* Kieffer, 1921

雄触角の鞭節は11環節よりなる。額突起は明瞭である。前前胸背板は中央部に弱い切れ込みを持つ。楯板は中央に楯板突起を持つことも欠くこともある。前脚脛節末端は突起を持たず，丸くなる。中，後脚の脛節櫛は基部でつながり，それぞれに1本の刺を持つ。尾針の基部前方の第9背板上には平行に並んだ刺毛列を持つ。尾針の形状には変化が見られる。上底節突起は非常に短く，全体を微毛が覆い，少数の刺毛を持つ。下底節突起は欠如する。把握器は非常に長く，湾曲し，基部1/2付近で細くなることがある。また把握器は基部で底節と融合する。我が国から *C. viridulum* (Linnaeus, 1767), *edwardsi* (Kruzeman, 1933), *onogawaprima* Sasa, 1993, *hibaraprima* Sasa, 1993 の4種が報告されている。最近，Wang et al. (2008) によって *onogawaprima* は *hibaraprima* の新参シノニムとされた。

種への検索表

1. 尾針は太く，丈夫である。第9背板は側方に10本前後からなる強く，長い刺毛を持つ
 ·· イシガキユスリカ *edwardsi* **(Kruzeman, 1933)**
- 尾針は細く，基部で強くくびれる。第9背板側方に刺毛はない
 ························· コミドリナガコブナシユスリカ *viridulum* **(Linnaeus, 1767)**

イシガキユスリカ *Cladopelma edwardsi* **(Kruzeman, 1933)** （図93-B）

体長2 mm前後。体は緑色で，楯板には比較的明瞭な條紋を持つ。前脚

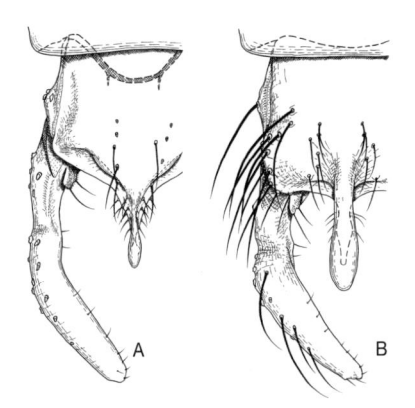

図93 ナガコブナシユスリカ属
雄交尾器（A: コミドリナガコブナシユスリカ，B: イシガキユスリカ）

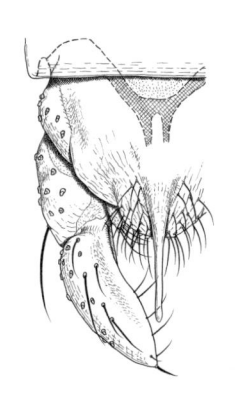

図94 カマガタユスリカ属
（シロスジカマガタユスリカ）
雄交尾器

の第1跗節以降は褐色となる。分布：南西諸島，九州，四国，本州；東南アジア。

コミドリナガコブナシユスリカ
Cladopelma viridulum (Linnaeus, 1767) （図93-A）

体長，色彩はイシガキユスリカとほぼ同じである。雄生殖器の形態的相違から識別は容易である。分布：本州，北海道；全北区。

カマガタユスリカ属 *Cryptochironomus* Kieffer, 1918

触角鞭節は11環節よりなる。額前突起は通常良く発達する。前前胸背板は良く発達し，中央部は1本の縫合線で区分される。楯板突起を持つ。尾針は通常細長く，先端に向かって徐々に細くなる。上底節突起は小さく座布団状で，全体が微毛に覆われ，数本の刺毛を持つ。下底節突起は小さく，上底節突起の下に隠れ，少数の刺毛を持つ。把握器は幅広く短く，基部は底節と融合する。6種が報告されているが，形態差の微妙なものもあり，今後の再検討が必要な属である。

シロスジカマガタユスリカ
Cryptochironomus albofasciatus (Staeger, 1921) （図94）

体長4〜5mm。額前突起は良く発達する。楯板は淡黄緑色，楯板條紋は黄褐色，腹部は淡緑色。前脚脛節，跗節は黒褐色。前脚跗節は長い髭毛

を持つ。第9背板の尾背板バンドは左右離れる。尾針は明瞭で長く細い。この属の最普通種である。幼虫は止水性で，各地の湖沼，ため池で見られる。分布：九州，四国，本州，北海道；全北区。沖縄には尾針の太い別種，*C. javae* Kieffer, 1924 が分布している。

スジカマガタユスリカ属 *Demicryptochironomus* Lenz, 1941

触角鞭節は11環節よりなる。額前突起を持つ。前前胸背板は中央部に向かって次第に狭くなり，弱い切れ込みを持つ。弱い楯板瘤を持つ。前脚端部，中，後脚の脛節櫛はユスリカ属とほぼ同じ形態を示す。尾針は細長く，その両側はほぼ平行となる。上底節突起は短く，指状で，少数の刺毛を持つ。下底節突起を欠く。把握器は細長く，三日月状で，基部から先端に向かって明瞭な隆起縁が走る。底節は端部で把握器と融合する。日本から5種が報告され，これらについては Yan *et al.* (2008) は全て独立の種として認めているが，再度詳細な形態比較が必要である。

スジカマガタユスリカ
Demicryptochironomus vulneratus (Zetterstedt, 1838) (図95)

体長4mm前後。淡緑色。上底節突起は端部が叉分し，上部に2本，下部に1本の刺毛を持つ。幼虫は止水性で，湖沼，ため池周辺で採集される。分布：九州，本州；全北区。

ホソミユスリカ属 *Dicrotendipes* Kieffer, 1913

基本形態はユスリカ属に準ずるが以下の特徴で異なる。前前胸背板は中央部で狭くなり縫合線あるいは明瞭な切れ込みで左右に分断される。楯板突起を持つ。翅は通常透明であるが，数個の暗色斑紋を持つことがある（フタマタユスリカ）。雄生殖器の上部附属器は比較的長く，先端部が膜状になることや完全に硬化するなど，種によってその形態は変化に富む。下底節突起は非常に細長く，その中央部は腹方に強く湾曲し，先端部は明瞭に叉分するか弱くくびれ心臓形を呈する。下底節突起の形態的特徴はこの属の重要な識別形質である。現在まで本邦から9種が報告されているが，まだ若干の未記載種や未記録種が残されている。幼虫はほとんどが淡水性であるが，汽水域，岩礁地帯の潮だまりなどに生息する種もいる。

ユミナリホソミユスリカは以前，ヨーロッパに分布する *D. nervosus*

図 95 スジカマガタユスリカ属
（スジカマガタユスリカ）
雄交尾器

(Staeger, 1839) と同定されていたが，Niitsuma (1995) により，全ステージに基づく再検討によって新種 *nigrocephalicus* Niitsma として報告された。また，Sasa (1985) が報告した *D. flexus* は本種のシノニムとしている。また新種 *D. nipporivus* Niitsuma, 1995 を記載し，さらに Sasa (1993) が記載した *D. okiyonaensis* が *D. tamaviridis* Sasa, 1981 のシノニムであると報告している。ここでは *D. nigrocephalicus* については Niitsuma (1995) の解釈を採用した。他にも *D. yaeyamanus* Hasegawa et Sasa, 1987 が報告されている。しかし，これらは識別が難しく，詳細な検討を行っていないので，従来の筆者自身の考えに基づいて検索表を作成した。この属については，イボホソミユスリカ（*D. lobiger* (Kieffer, 1921)）のようにその所属についても再検討しなくてはならない種が含まれていることから，今後の詳細な研究が必要である。

種への検索表

1. 翅は斑紋を持たない；下底節突起は単純であるか，先端部が不完全に叉分される …… **2**
 - 翅は数個の暗色の斑紋を持つ；下底節突起は先端付近で明瞭に分岐する
  ……………………………… フタマタユスリカ *septemmaculatus* **Becker, 1908**
2. 前前胸背板中央部は切れ込みを持たず，弱い縫合線で分割される。雄生殖器の尾針は暗化する ……………………………… イボホソミユスリカ *lobiger* **(Kieffer, 1921)**
 - 前前胸背板は明瞭な切れ込みによって分割される ……………………………… **3**
3. 胸部は褐色ないし光沢のある黒色；腹部は褐色あるいは2色をそなえる ……………… **4**
 - 胸部は黄白色，黄褐色あるいは黄緑色；腹部は緑色である ……………………… **5**
4. 胸部は黒色で強い光沢を持つ ………… メスグロユスリカ *pelochloris* **(Kieffer, 1912)**
 - 胸部，腹部は一様に褐色であるシオダマリユスリカ *enteromorphae* **(Tokunaga,1936)**
5. 胸部は緑色ないしは黄白色で，條紋は明瞭である …………………………………… **6**

── 胸部は黄褐色で，條紋と基調色との境界は不明瞭である
................................ユミナリホソミユスリカ *nigrocephalicus* Niitsuma, 1995
6. 尾針は側方から観察した時，細く，その先端部は鋭く尖り，背縁は緩やかに盛り上がる；
上底節突起は幅広く，先端部は強く膜状となる
................................イノウエユスリカ *inouei* Hashimoto, 1984 (図96-A)
成虫は河口付近の汽水域で採集される。分布：本州 (他の地域は調査不足)。
── 尾針は側方から観察した時，幅広く，先端2/3の位置で強く下方に湾曲する
................................エゾヤマホソミユスリカ *modestus* (Say, 1823)
ユミナリホソミユスリカに似るが，触角比が2.71～2.75，脚比が1.48とやや小さい。雄生殖器の尾針は，側面から見た時幅広く，基部1/2付近から強く腹方に曲がる。また，上底節突起の先端部は強く丸みを帯びるか，大きく広がる。分布：北海道（沼の平；1400 m）。

シオダマリユスリカ
Dicrotendipes enteromorphae (Tokunaga, 1936) (図96-B)

体長約6 mm。黄褐色ないしは淡褐色で，胸部の條紋は暗褐色。腹部は一様に黄褐色から褐色。額突起は小さい。触角比は1.0～1.1。脚比は1.5～1.6。雄の第9背板中央部に数本の長い刺毛を持つ。把握器は細長い。上底節突起は比較的短く，やや太く，基節の先端を越えることはなく，ほぼ全体にわたって微毛でおおわれ，先端部は硬化し鉤状に曲がる。幼虫は海岸の潮溜まりに生息する。分布：本州沿岸域。

イボホソミユスリカ *Dicrotendipes lobiger* (Kieffer, 1921) (図96-C)

体長4.0～5.5 mm。楯板は黄白色でオレンジ色の條紋を持つ。後背板は薄いオレンジ色。腹部は緑色で第9背板は淡褐色で尾針は暗化する。脚は黄白色を基調とするが，跗節は暗化する。前脚腿節末端，脛節，跗節は暗褐色。触角比は2.40～2.82。前脚の脚比は1.46～1.63。尾針は暗色で長く，基部1/2付近で強く広がる。上底節突起は比較的太く，その両側はほぼ平行となる。下底節突起は側方から観察した時，緩やかに曲がり，背方から見た時，先端部は比較的強く広がる。幼虫の頭部形態はこの属の他の種とは大きく異なり，本種をホソミユスリカ属に含めることに疑問を抱かせる。分布：本州（著者は本州中部の1400 mを越える山地の湿地で採集しているが，Sasa (1984) は広島城のお濠から得ている）；樺太，全北区。

ユミナリホソミユスリカ
Dicrotendipes nigrocephalicus Niitsuma, 1995 (図96-D)

体長2.0～3.0 mm。楯板は黄緑色で條紋は明黄褐色である。腹部は緑

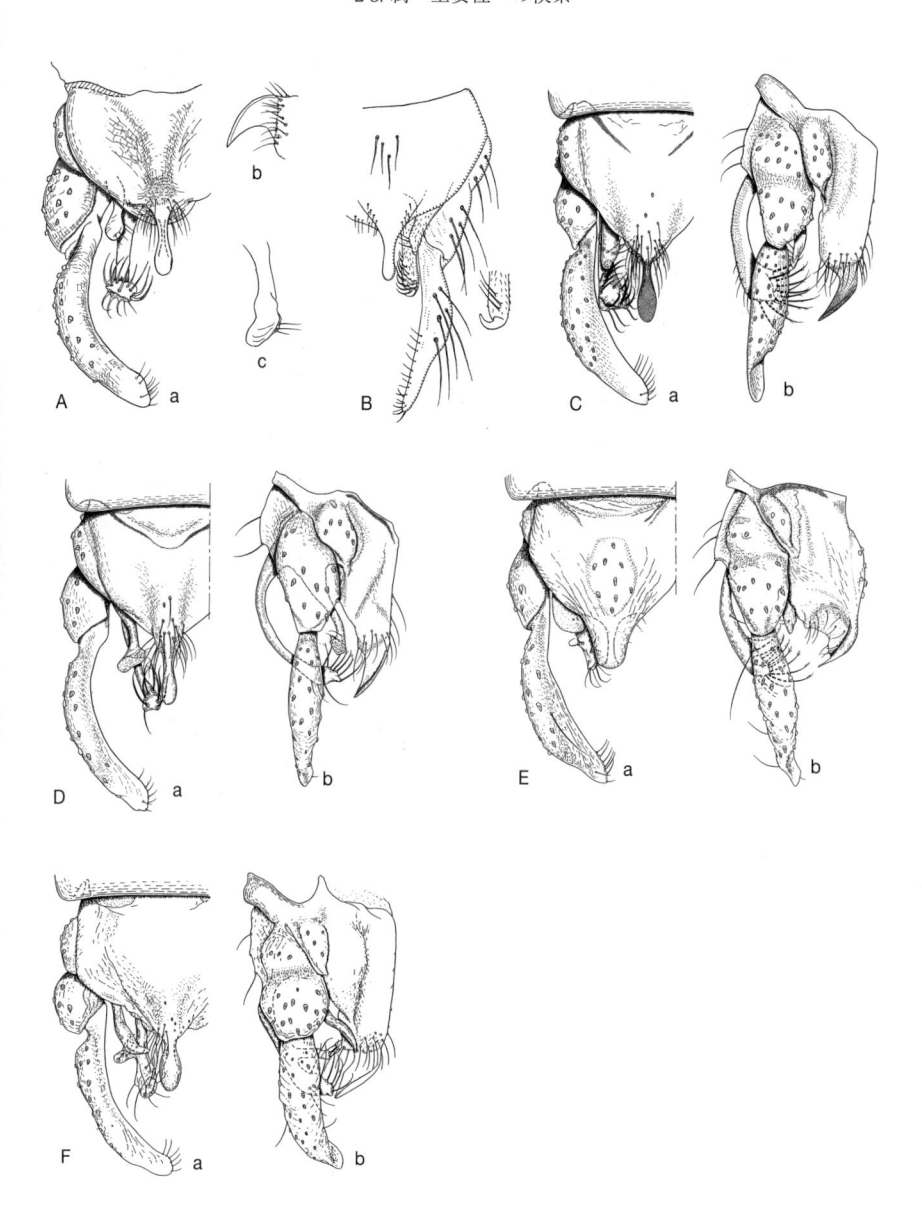

図96 ホソミユスリカ属
A: イノウエユスリカ（a: 雄交尾器背面，b: 尾針，c: 上底節突起），B: シオダマリユスリカ（雄交尾器背面（Tokunga, 1938 より引用）），C: イボホソミユスリカ（a: 雄交尾器背面，b: 同側面），D: ユミナリホソミユスリカ（a: 雄交尾器背面，b: 同側面），E: メスグロユスリカ（a: 雄交尾器背面，b: 同側面），F: フタマタユスリカ（a: 雄交尾器背面，b: 同側面）

色で，第8節および生殖器は褐色を帯びる。前脚脛節および跗節は一様に淡褐色である。額突起は小さい。触角比は1.94〜2.46. 前脚比は1.69〜1.81. 雄生殖器の上，下底節突起は大変細長い。上底節突起の先端は強く膨らみ，膜状となり，腹面に2〜4本の短い刺毛を持つ。下底節突起の先端は把握器の中央部にまで達し，側方から観察した時，強く湾曲する。我が国で最も普通に生息する種で，幼虫はやや富栄養化したため池，湖沼，河川緩流域に生息する。本種によく似たオマガリホソミユスリカ *D. nipporivus* Niitsumaは流水性で，清流域に生息すると言う。分布：九州，四国，本州，北海道。

メスグロユスリカ *Dicrotendipes pelochloris* (Kieffer, 1912) (図96-E)

体長2.5〜4.0 mm。色彩に特徴のあるユスリカである。楯板は光沢のある黒褐色で，腹部基部3節はオリーブグリーン，他の節は暗褐色。脚は暗褐色が基調であるが，前第1跗節の基部1/2および中，後脚の第1跗節は黄白色である。雌は，体全体が黒褐色となる。雄生殖器は特徴的で，他の種からの識別は容易である。尾針は太く，短く，第9背板との境界は不明瞭であり，その先端部は腹方に強く曲がる。上底節突起は長く，太く，硬化は弱い。幼虫は止水性で，富栄養化した湖沼，ため池で発生する。分布：南西諸島（八重山諸島与那国島，西表島に生息する個体群では雄の腹部は雌同様完全に黒褐色となっている。一方，石垣島の個体群は本土域の個体群と同様の色彩を呈する）．九州，四国，本州，北海道；東洋区。

フタマタユスリカ *Dicrotendipes septemmaculatus* (Becker, 1908) (図96-F)

体長4.0〜4.5 mm。楯板は黄白色で，オレンジ色の條紋を持つ。腹部は黄褐色である。翅には6個の明瞭な暗褐色の斑紋を持つことで，他の種から容易に識別される。雄生殖器の尾針は基部で強くくびれる。上底節突起は細長く，強く硬化し，先端部は鋭く尖る。下底節突起は先端1/3のところで明瞭に叉分する。上底節突起と下底節突起の特徴は他の種には見られないこの種固有の特徴である。初夏から秋にかけて水田周辺で採集されることが多い。決して珍しい種ではないが，九州南部以外の地では土着しているのか不明である。分布：南西諸島，九州，四国，本州；東洋区。

クロユスリカ属 *Einfeldia* Kieffer, 1918

体長数ミリ。基本形態はユスリカ属に準ずるが以下の特徴で識別される。前

2-3. 属・主要種への検索

前胸背板は背方でやや狭くなり，かつ中央部に縫合線を有する．楯板は中央部に楯板突起を持つ．雄生殖器の上底節突起は強く硬化し角状となるが基部に大きく膨らんだ葉片を持つ．上底節突起に見られるこの特徴はユスリカ属のハラグロセスジユスリカに類似するが，前前胸背板は中央部の縫合線の有無で異なる．本邦には6種が分布するが，この属は側系統群と考えられ，今後再検討が必要である．

クロユスリカ属（雄）の検索

1. 胸部は黄白色から淡褐色 ……………………………………………………… 2
- 胸部は黒褐色から黒色 ……………………………………………………… 4
2. 腹部は淡緑色である ………………………………………………… 3
- 腹部は褐色である … オキナワクロユスリカ *kanazawai* Yamamoto, 1996（図97-A）
 太い尾針を持つ．上底節突起の角状部は短く，基部の葉片は外方に強く三角形状に張り出す．体長約5mm．分布：西表島
3. 尾針は基部で強くくびれる ……… オオミドリクロユスリカ *chelonia* (Townes, 1945)
 体長3.0～3.5mm．楯板の地色は黄白色．楯板條紋，後背板の端部2/3，側板はオレンジ色を呈する．腹部は緑色．触角比は3.07．尾針は比較的短く，基部で強くくびれ，端部で強く膨潤する．上底節突起は細長く，内方に緩やかに曲がる．下底節突起は短く，把握器の基部1/3付近に達し，端半部は拡がる．把握器は長く，細く，その両側縁はほぼ平行で，先端1/6付近で狭くなる．分布：本州；北米
- 尾針は太く，両側はほぼ平行である
 …………………………… フトオクロユスリカ *thailandicus* (Hashimoto, 1981)
 体長2～3mm．太い尾針を持つ種は日本から *kanazawai*, *pagana* と本種の3種が知られる．種々な形態的特徴から本種は *dissidens* に最も近縁な種と考えられる．分布：与那国島；タイ
4. 尾針は細く，基部でくびれる ……………………………………………………… 5
- 尾針は太く長い．両側はほぼ並行である …サトクロユスリカ *pagana* (Meigen, 1838)
5. 体色は暗褐色で，脚はほぼすべて黄色である クロユスリカ *dissidens* (Walker, 1851)
- 体は黒色で，脚は暗褐色 …………… チトウクロユスリカ *ocellata* Hashimoto, 1985
 比較的大型の種で体長は *pagana* とほぼ同じである．中部以北の山岳地帯の標高の高い場所にある池塘で発生する．幼虫は腹部第10節に側鰓を，第11節に2対の血鰓を持ち，*Chironomus* 属からの識別は非常に困難である．他に蛹の特徴も *Chironomus* 属に一致する．しかし，成虫の前前胸背板の特徴で *Chironomus* 属から区別される（この特徴は *Chaetolabis macani* にも見られる）．*Chironomus* 属に最も近縁な別属として扱うのが良いのかも知れない．西表島から見つかっている *kanazawai* は本種に最も近縁な種であると考えられる．分布：本州

2. 主要種への検索表

クロユスリカ *Einfeldia dissidens* (Walker, 1851)（図97-B）

体長3～6mm。体は全体黒褐色，脚は黄色。額突起は良く発達し紡錘状である。触角比は2.53～2.82。脚比は1.85～2.03。本種は所属に関しては種々の意見がある。ヨーロッパには *Chironomus*(*Lobochironomus*)に含まれるとする研究者もいる。筆者は *Chironomus* でも *Einfeldia* でもないと考えている。しかし，未だ明確な所属決定は行われておらず，ここでは従来通り *Einfeldia* を採用しておく。また，本邦産の個体群はヨーロッパのものとは異なる可能性があり（幼虫などの特徴でやや異なる），詳細な形態比較とDNAに基づく研究が現在進行中である。また,南西諸島，台湾，東南アジア，中国南部に分布する本種と同定される個体群は別種である可能性が出てきている。分布：九州，四国，本州，北海道。

サトクロユスリカ（新称）*Einfeldia pagana* (Meigen, 1838)（図97-C）

体長5.5～6.0mm。この属では最も大型の種である。体色は脚を含めほぼ一様に褐色を帯びた黒色である。胸部は灰色の粉を薄く装う。平均棍は黄白色である。ヨーロッパ，北米から報告されている本種の体色はSasa (1993)の報告と同様に緑色である。これは季節変異であろう。額前突起は小さく，端部に1本の刺毛が生えるが，きわめて脱落しやすい。触角比は3.00～3.71。尾針はきわめて大きくかつ長く，その両側縁はほぼ平行となる。上底節突起基部の葉片は外方に向かって張り出し，角状突起は比較的太く，第9背板の後縁に沿って後方に伸長する。下底節突起はラケット状となる。把握器は長く，半月状を呈する。幼虫は，里山に点在する，周囲を森林に囲まれたため池の浅い砂泥底に潜む。成虫出現の最盛期は早春である。筆者は現在まで，早春期以外の季節の本種と遭遇した経験はない。最も近縁な種は *E. chelonia* であることはほぼ間違いない。将来的にはこの2種が真の意味での *Einfeldia* 属として取り扱われることになろう。分布：本州（山口，愛知，福島）。

ミズクサユスリカ属 *Endochironomus* Kieffer, 1918

触角鞭節は13環節よりなる。額前突起を欠く。前前胸背板は良く発達し，端部で前方にやや突出し，それぞれの葉片は中央で互いに分離する。楯板瘤を持たない。中，後脚は比較的大きな近接した脛節櫛があり，それぞれは1本の刺を持つ。褥盤は大きく明瞭である。尾針は細く長い。上底節突起は強く硬

2-3. 属・主要種への検索

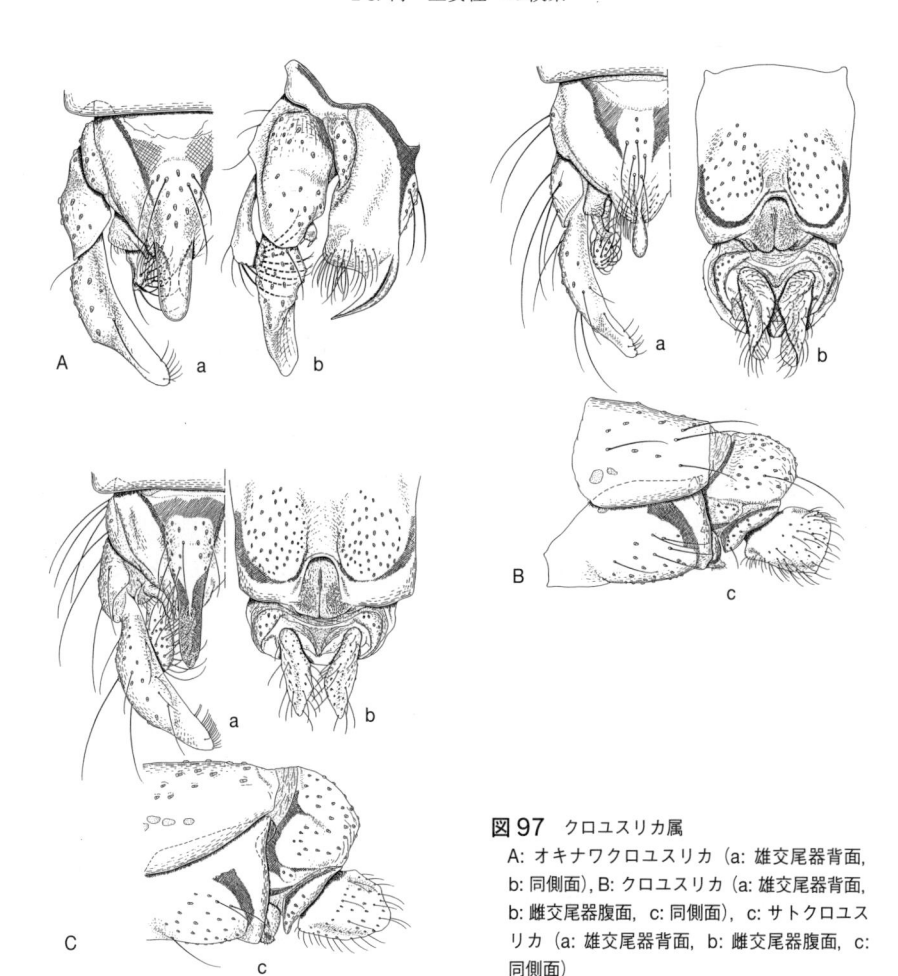

図97 クロユスリカ属
A: オキナワクロユスリカ（a: 雄交尾器背面, b: 同側面）, B: クロユスリカ（a: 雄交尾器背面, b: 雌交尾器腹面, c: 同側面）, c: サトクロユスリカ（a: 雄交尾器背面, b: 雌交尾器腹面, c: 同側面）

化し，細長く，先端部は鉤状に曲がる。下底節突起は非常に細長く，両側はほぼ平行となり，先端に1～2本の後方に伸びる長い刺毛を持つ。把握器は幅広く，半月形を呈する。現在まで報告されているのは3種であるが，筆者は6種を確認している。本属に酷似したSynendotendipes Grodhaus は脛節櫛に刺を持たないか，あるいは後脚の脛節櫛の一方に1本の刺が認められる。この属は日本から S. lepidus (Meigen) と impar (Walker) の2種が知られる。

2. 主要種への検索表

種への検索表

1. 腹部は全体緑色であるか,一部暗色の斑紋を持つ ……………………………………… 2
- 腹部は黄褐色で,第2～7背板中央部に縦長の暗色紋がある
　……………………………… タテジマミズクサユスリカ *pekanus* (Kieffer, 1916)
2. 腹部は一様に緑色あるいは黄緑色である
　……………………………… ミズクサユスリカ *tendens* (Fabricius, 1775)
- 腹部第5～7節の後半部に側縁に沿って対をなす暗色の條線がある
　………………………………………………………*uresipallidulus* Sasa, 1989

タテジマミズクサユスリカ
Endochironomus pekanus (Kieffer, 1916) (図98-A)

体長7mm前後。体色は検索表に示すように非常に特徴的で,同定は容易である。幼虫は止水性で,やや富栄養化した湖沼,ため池で発生する。個体数はミズクサユスリカほど多くはなく,大量に発生している状況を観察したことはない。分布:九州,本州;東洋区。

ミズクサユスリカ *Endochironomus tendens* (Fabricius, 1775) (図98-B)

全体緑色の比較的大型のユスリカで,体長6～7mm。他の特徴は,属の解説に示す通りである。幼虫は止水性で,やや富栄養化した湖沼,ため池に生息し,場所により大量に発生することがある。分布:本州,北海道;ヨーロッパ。

セボリユスリカ属 *Glyptotendipes* Kieffer, 1913

基本形態はユスリカ属に準ずる。額前突起を持つ。前前胸背板は側方から観察した時楯板の先端部にまで達することはない。背方から見た時,明瞭な広い切れ込みで左右に分断される。楯板突起を欠く。腹部第2節から6節に手のひら状の刻印を有するか,あるいはこれを欠く。雄生殖器の上底節突起は長く角状で,硬化する。下底節突起は匙状にふくれる。

亜属,種への検索表表

1. 腹背板2～6節は手のひら状の刻印を持つ　Subgenus *Phytotendipes* Goetghebuer・2
- 腹背板には上述のような構造物はない ……… Subgenus *Glyptotendipes* Kieffer・3
2. 前脚跗節は短い刺毛だけで髭毛を持たない　ハイイロユスリカ *tokunagai* Sasa, 1979
- 前脚跗節は長い髭毛を持つ …………… ヒメハイイロユスリカ *pallens* (Meigen, 1818)

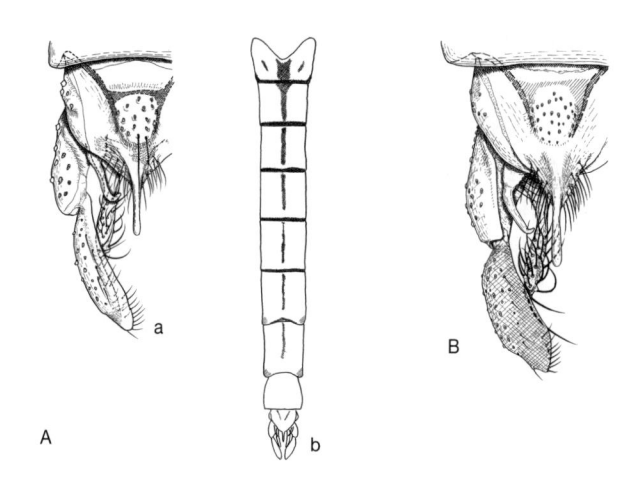

図98 ミズクサユスリカ属
A: タテジマミズクサユスリカ（a: 雄交尾器，b: 腹部斑紋），B: ミズクサユスリカ（雄交尾器）

3. 腹部は緑色 ·· **4**
- 腹部は褐色である ···························· **ヤチホソオユスリカ *nishidai* Yamamoto, 1995**
   体長6.5 mm。体色が暗色となることで他の *Glyptotendipes* 亜属の種からの識別は容易である。触角比は3.59。前脚の脚比は1.31〜1.34。雄生殖器の形態は *biwasecundus* に類似するが，尾針の膨らみが弱いこと，把握器がより幅広く半月形を呈することで異なる。分布：北海道（釧路湿原）。
4. 前脚跗節は長い髭毛を持つ ··· **5**
- 前脚跗節は短い刺毛を持つだけである
   ···················· **ニセミズクサミドリユスリカ *biwasecundus* Sasa et Kawai, 1987**
5. 尾針は短く，両側縁はほぼ平行である **ミズクサミドリユスリカ *viridis* (Macquart, 1834)**
- 尾針は細く，基部でくびれる **フジミズクサミドリユスリカ *fujisecundus* Sasa, 1985**

ニセミズクサミドリユスリカ（新称）

***Glyptotendipes biwasecundus* Sasa et Kawai, 1987** （図98-A）
　体長3.0〜4.5 mm。胸部は薄いオレンジ色，腹部は淡緑色で，基部3ないし4節はやや暗色となる。触角比は2.57〜3.08。前脚脚比は1.41〜1.59。尾針は比較的短く，基部で強く括れ，端部2/3は強く膨らむ。側方から観察した時，尾針の下縁は明瞭に湾曲する。上底節突起は長く，先端に向かって徐々に細くなり，内方に湾曲する。下底節突起は短く，幅広く，その先端は把握器の基部1/3に達し，尾針の先端を超える。幼虫

181

は止水性で，やや富栄養化した湖沼，ため池で見られる。秋季，琵琶湖では特に多い種の1つである。分布：九州，本州，北海道　(四国は情報不足)。

ヒメハイイロユスリカ　(新称)
Glyptotendipes pallens (Meigen, 1818)　(図99-B)

体長4〜6mm。体色は灰黒褐色。脚は黄褐色。翅は透明であるが，やや灰色を帯びる。前脚跗節には長い髭毛を持つ。把握器は比較的幅広く，半月状を呈し，亜先端のくびれは弱い。尾針は細長く，基部1/2は両側はほぼ平行となる，それより先端部で幅広くなる。上底節突起は細長く，強く硬化し，先端部で強く内下方に曲がる。下底節突起は長く，匙状である。幼虫は止水性で，富栄養化した湖沼で見られる。養鰻池などで見られることが多い。分布：本州，北海道；ヨーロッパ。

ハイイロユスリカ *Glyptotendipes tokunagai* Sasa, 1979　(図99-C)

体長4〜7mmでヒメハイイロユスリカよりやや大きくなる。体色および基本形態はヒメハイイロユスリカとほとんど変わらないが，以下の特徴によって識別される。前脚脛節は長い髭毛を持たない。雄生殖器の尾針はやや太く，基部で強くくびれる。幼虫止水性で，富栄養化した湖沼，ため池に生息し，時に水草などの組織内に潜行することがある。最も普通に見られる種である。分布：南西諸島，九州，四国，本州，北海道。

ミズクサミドリユスリカ *Glyptotendipes viridis* (Macquart, 1834)　(図99-D)

体長4.0mm。色彩は *biwasecundus* とほぼ同じである。触角比は3.07.前脚の脚比は1.28.尾針は短く，その両側はほぼ平行となる。側方から観察した時，幅は狭く，下縁はほぼ真っ直ぐである。上底節突起は長く，かつ太く，中央部で最も幅広くなり，体軸中央に向かって強く湾曲する。下底節突起は小さく，幅広く，その先端部は把握器の基部に達する程度。幼虫は止水性であろう。分布：本州，北海道。

コブナシユスリカ属 *Harnischia* Kieffer, 1921

触角鞭節は11環節よりなる。額前突起は非常に小さい。前前胸背板は中央部で狭くなり，弱い切れ込みを持つ。不明瞭な小さな楯板突起を持つ。中，後脚の脛節櫛は基部でつながり，それぞれに刺を持つ。底節の上底節突起，下底節突起はともに認めがたく，下底節突起の位置する部分がやや張り出す程度である。把握器は両側がほぼ平行である。我が国から，*H. japonica, ohmuraensis,*

2-3. 属・主要種への検索

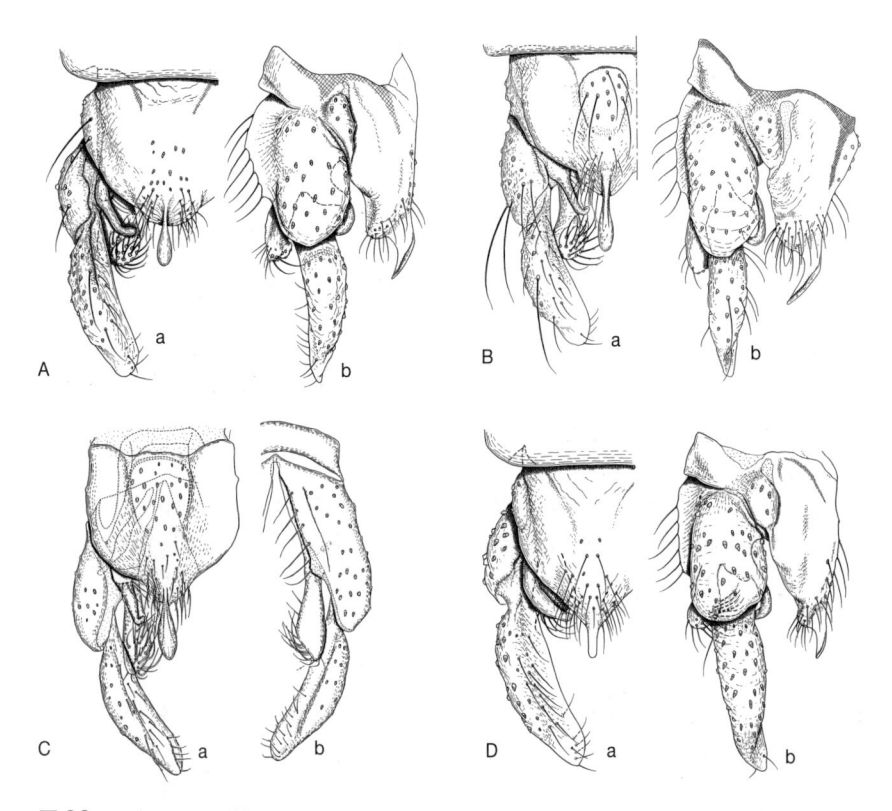

図 99 セボリユスリカ属
A: ニセミズクサミドリユスリカ (a: 雄交尾器背面, b: 同側面), B: ヒメハイイロユスリカ (a: 雄交尾器背面, b: 同側面), C: ハイイロユスリカ (a: 雄交尾器背面, b: 同側面), D: ミズクサミドリユスリカ (a: 雄交尾器背面, b: 同側面)

cultilamellata, *okilurida* の4種が知られるが, 後2者は同種である可能性が高い. ここでは2種への検索表を示し, 併せて解説を行った.

また, セダカコブナシユスリカ *Harnischia ohmuraensis* Kobayashi et Suzuki, 1999 (図 100-C) については検索表に加えなかった. この種は以下の形態的特徴により, 他の種からの識別は容易である. 9背板は隆起し, 中央部から尾針基部に生える長い刺毛のうち後方の半分は前方に向かう. 尾針は太く, 基部でくびれることなく, 強く下方に伸びる. 把握器は細く, 底節よりも遙かに長くなる. 下底節突起は原記載で記述されているよりも明瞭で, *Parachironomus* や *Robackia* と同様の発達状態を示しており *Harnischia* の特徴とは基本的に異

なっている。また中脚脛節櫛は一方にのみ刺を持つ。このような特徴から本種は新たにその所属を考えなければならない。分布：南西諸島（与那国島），九州（鹿児島，長崎）。

種への検索表

1. 底節と把握器は外方に強く弧を描く；底節の内縁は強く張り出す；把握器は端部で幅広くなる …………………………… ヤマトコブナシユスリカ *japonica* Hashimoto, 1984
- 底節と把握器は上述のように弧を描くことはない；底節の内縁の張り出しは比較的弱い；把握器の両側はほぼ平行となる
 …………………………… マルミコブナシユスリカ *cultilamellata* (Malloch, 1915)

マルミコブナシユスリカ
Harnischia cultilamellata (Malloch, 1915)（図100-A）

体長4mm前後。楯板は淡黄緑色で，赤褐色の條紋を持つ。楯板突起はほとんど認められない。腹部は一様に淡緑色である。幼虫は止水性，水田等で発生することが多い。分布：南西諸島，九州，四国，本州；全北区。

ヤマトコブナシユスリカ
Harnischia japonica Hashimoto, 1984（図100-B）

体長3mm前後。楯板は淡緑色で，淡黄褐色の條紋を持つ。楯板突起はほとんど認められない。腹部第1～5節は緑色，以降の節は褐色である。底節＋把握器が外方に強く弧を描くこと，把握器の端部が広がり，末端部が裁断状となることで，この属の他の種からの識別は容易である。成虫は湖沼，貯水池周辺で得られる。分布：九州，本州，北海道（四国は情報不足）。

ヒカゲユスリカ属 *Kiefferulus* Goetghebuer, 1922

基本形態はユスリカ属に準ずる。小さな額前突起を有する。前前胸背板は中央部に向かって一様に狭くなり，端部が前方に突出することはなく，中央部は小さな切れ込みを持ち，左右の葉片は弱い縫合線で分割される。楯板は明瞭な中央突起を有する。雄生殖器の尾針は細長く，中央部でくびれる。把握器は比較的幅広く，先端1/3付近で弱くくびれるかあるいは半月状を呈し，先端1/2から1/3の間に10本前後かそれ以上の刺毛を持つ。上底節突起は長く，角状を呈し，強く硬化する。下底節突起は顕著に大きく，卵形で幅広くかつ扁平である（この形質はこの属の最も重要な識別形質である）。本属はマルオユスリ

2-3. 属・主要種への検索

図100 コブナシユスリカ属
A: マルミコブナシユスリカ（a: 雄交尾器背面, b: 同側面）, B: ヤマトコブナシユスリカ（雄交尾器背面）, C: セダカコブナシユスリカ（a: 雄交尾器背面, b: 同腹面, c: 同側面）

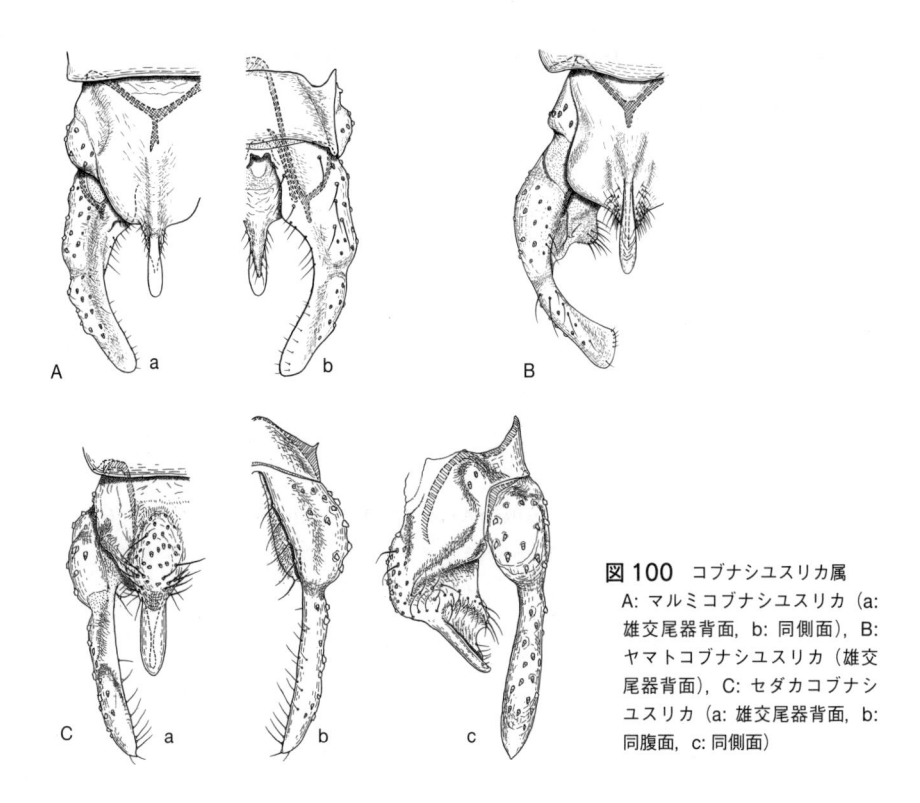

カ属*Carteronica*およびミナミユスリカ属*Nilodorum*と類縁的に非常に近い。Cranston *et al.* (1990) は上述の2属を*Kiefferulus*属に含めた。また，これらの属が系統的に近縁であることは最近Martin *et al.* (2007) によってDNAの解析からも示されている。彼らの見解には大筋で同意するものの，幼虫形質には相違も見られることから，同属とすることには現段階で賛同できないため，ここではそれぞれ別属として扱った。

種への検索表

1. 楯板は緑色で，明瞭なオレンジ色の條紋を持つ。中央條紋は中央部に細い暗褐色の縦紋あるいはスポットを持つ；腹部は緑色で斑紋を持たない
 ··· ヒカゲユスリカ *umbraticola* **(Yamamoto, 1979)**
- 楯板は黄白色で，明瞭な薄いオレンジ色の條紋を持つ。中央條紋は暗色の斑紋を持たない；腹部はすすけた緑色で，1－5背板中央部にそれぞれ薄い卵形の斑紋を持つ
 ··· オオツルユスリカ *glauciventris* **(Kieffer, 1912)**

オオツルユスリカ *Kiefferulus glauciventris* (Kieffer, 1912) (図 101-A)

体長 4.5 mm。色彩は検索表参照。前脚脛節以降の色彩はヒカゲユスリカと同じ。触角比は 3.46。脚比は 1.40。雄生殖器の尾針はヒカゲユスリカよりもやや細長く，尾針を側方から観察した時，先端部は強く下方に曲がり，下縁はヒカゲユスリカが強く湾曲するのに対し，本種はほぼ真っ直ぐとなる。把握器は細長く，その両側縁はほぼ平行となり，先端 1/2 は多数の刺毛を有する。上底節突起は細長く，強く体軸中央方向に伸び，基部は大きく膨らむ。下底節突起はヒカゲユスリカよりもさらに長く，把握器の先端 1/3 付近にまで達する。幼虫は止水性で，水田，日当たりの良い一時的な水溜まりに生息している。分布：沖縄本島以南；東洋区，ミクロネシア。

ヒカゲユスリカ *Kiefferulus umbraticola* (Yamamoto, 1979) (図 101-B)

体長 5.0〜6.0 mm。色彩は検索表参照。前脚脛節以降は黒褐色となる。触角比は 2.82〜3.13。脚比は 1.56〜1.71。尾針は細く，長い。上底節突起は長く角状で，基部 2/3 付近まで細毛および十数本の長い刺毛を持つ。把握器は比較的幅広く，ほぼ半月状で，先端 1/3 付近で弱くくびれ，端部に 10 本前後の刺毛を持つ。下底節突起は非常に大きく，ラケット状を呈し，把握器の基部 1/2 にまで達する。楯板の中央條紋は雌では全体黒色となる。幼虫は止水性で低山地（里山）の樹林に囲まれた湖沼，ため池に生息する。分布：九州，四国，本州，北海道。

八重山諸島（与那国島，西表島，石垣島）に本種に非常に類似した新種が生息する。この種はサガリバナの群生する湿地に見られ，中央條紋が雄でも完全に黒くなることでヒカゲユスリカから識別される。

オオミドリユスリカ属 *Lipiniella* Shilova, 1961

基本形態はユスリカ属に準ずるが以下の形質において異なる。額突起は良く発達し円錐状となる。前前胸背板は中央部に向かって幾分狭くなり，中央部で V 字状の大きな切れ込みによって分断され，切れ込みの両側は明瞭に突出する。楯板は緩やかな曲線を描き，中央に楯板突起を持たない。尾針は長く，基部でくびれ，先端半分は広がる。上底節突起は細長く，角状で強く硬化し，基部 1/2 付近にまで刺毛を持つ。下底節突起は比較的大きく，ややラケット状となる。オオミドリユスリカ *Lipiniella moderata* Kalugina, 1970 1 種のみが分

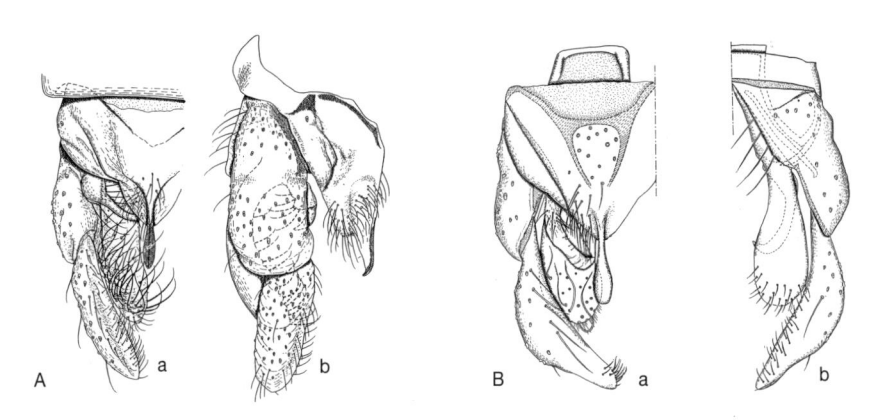

図 101 ヒカゲユスリカ属
A: オオツルユスリカ（a: 雄交尾器背面, b: 同側面）, B: ヒカゲユスリカ（a: 雄交尾器背面, b: 同腹面）

図 102 オオミドリユスリカ属
（オオミドリユスリカ）
雄交尾器

布する。

オオミドリユスリカ *Lipiniella moderata* Kalugina, 1970（図 102）

体長 7 mm 前後。胸部は黄白色で, 中央條紋はオレンジ色。脚は淡緑色で, 跗節は褐色となる。翅はやや灰色を帯びる。腹部は一様に緑色を呈するが雄生殖器はやや暗色となる。幼虫は止水性で砂泥底質を好み, やや富栄養化した湖沼沿岸帯, 比較的大きな河川に生息する。分布：九州, 四国, 本州；韓国, ヨーロッパ（ロシア）。

コガタユスリカ属 *Microchironomus* Kieffer, 1918

触角鞭節は 11 環節よりなる。額前突起は小さいか, 欠如する。楯板瘤は顕

著である。尾針は細長い（*M. tabarui* Sasa, 1987 は短い尾針を持つ）。第9背板後縁，尾針の基部には数本の刺毛をそなえた1対の隆起がある（第10節の尾葉の痕跡？）。上底節突起は細長く指状で，端部に3～数本の刺毛を持つ。下底節突起を欠く。把握器は強く湾曲し，内縁基部は強く膨らみ，先端部には1本の歯状構造物を持つ。底節と把握器は融合する。日本には4種が分布する。

種への検索表

1. 尾針は短く，把握器基部の膨潤域に達する程度。先端域で拡がり，基部2/3の両側に数本づつ刺毛を列生する ……………………………………… *deribae* (Freeman, 1957)
   体長4mm前後。胸部は淡緑色，條紋は淡黄緑色。腹部は一様に緑色か5節以降暗色を帯びる。脚の色彩は特徴的，前脚脛節，第1跗節末端部以降は褐色，中，後脚の跗節は褐色となる。尾針は他の本邦産の種の中で，最も短い。Sasa (1987) は *M. tabarui* と言う種を記載報告している。Wang (2006) は *M. deribae* と *tabarui* をともに中国から報告している。しかし，これらの形態的差はプレパラート作成の際にも影響を受けそうなほど微妙であるため，*M. tabarui* は本種のシノニムの可能性がある。成虫は富栄養化の比較的進んだ湖沼，ため池，埋め立て地跡にできた一時的な水域付近で採集されることが多い。分布：九州，本州；モンゴル，中国，アフリカ。
— 尾針は長く，把握器の中央部に達するか，越え，その両側はほぼ平行となるか，先端部付近でわずかに膨らむ ………………………………………………………………… 2
2. 翅は薄く褐色味あるいは灰色を帯びる。尾針の先端は丸くなるか裁断状となる ……… 3
— 翅はガラス様に透き通る。尾針の先端はまるい
   ……………………………………… ヒメコガタユスリカ *tener* (Kieffer, 1918)
3. 腹部2-5節中央部に明瞭な楕円形の褐色斑紋を持つ。翅は薄く褐色を帯びる。尾針の先端は丸い ……………………………… オナガコガタユスリカ *ishii* Sasa, 1987
— 腹部は一様に緑色である。翅は灰色を帯びる。尾針の先端は裁断状
   ……………………………………… テルヤコガタユスリカ *teruyai* Sasa, 1990

ヒメコガタユスリカ *Microchironomus tener* (Kieffer, 1918) (図103-A)

体長3mm前後。胸部の地色は淡黄緑色，條紋および側板は黄褐色。腹部は一様に緑色。脚は淡黄緑色で跗節は暗色となる。翅は透明度が高くガラス様となり，重要な識別形質となる。*M. ishii* は本種に雄生殖器の形状で非常に類似するが，検索表に示したように，翅が褐色味を帯びること，腹部に明瞭な斑紋を持つこと，体長が4mm前後であることで識別可能である。幼虫は止水性で，湖沼，ため池の沿岸部に生息する。分布：九州，四国，本州；ヨーロッパ，北アフリカ，オーストラリア，東洋区。

テルヤコガタユスリカ *Microchironomus teruyai* Sasa, 1990 (図103-B)

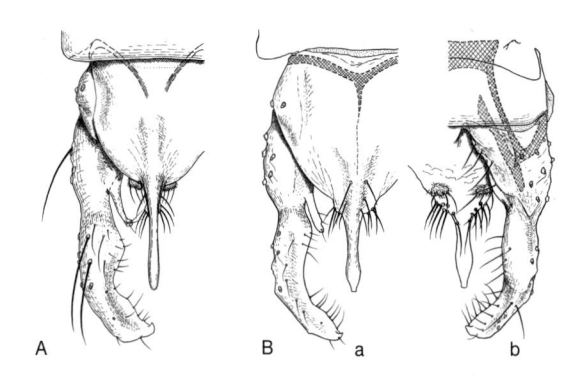

図 103　コガタユスリカ属
A: ヒメコガタユスリカ（雄交尾器背面），
B: テルヤコガタユスリカ（a: 雄交尾器背面，b: 同腹面）

　体長 3 mm 前後。胸部の地色は淡黄緑色，條紋は淡黄褐色。腹部は一様に緑色。脚の基調色は淡緑色，前脚脛節，跗節は第 1 節の基部を除いて褐色となる。中，後脚の末端跗節は褐色。翅は比較的透明度が高いが，やや灰色味を帯びる。尾針はヒメコガタユスリカに比べて太くなり，オナガコガタユスリカに類似する。尾針の末端は裁断状となり，他の種から識別できる。幼虫は止水性で，水田等に生息する。2 月，与那国島の水田周囲で多数の個体を得ている。分布：宮古島，与那国島。

ツヤムネユスリカ属 *Microtendipes* Kieffer, 1915

　触角鞭節は 13 環節よりなる。体長は 3 〜 7 mm。胸部は強い光沢を持つ。前前胸背板は背方で非常に狭くなる。楯板は強く前方に張り出し，前前胸背板を完全に覆う。楯板突起を持たない。中刺毛はほとんどの場合，欠如する。前脚腿節は中央部に 2 列の基部方向に向かう長い刺毛列を持つ。前脚脛節末端は裁断状となり刺を持たない。中，後脚の 2 つの脛節櫛は狭く分断され，一方に明瞭な刺を持つ。褥盤は小さいが明瞭である。雄生殖器の上底節突起は鎌状で太く，基部に 1 本の刺毛を持ち，背面中央部には 2 〜 10 本前後の刺毛を持つ。中底節突起は少数の刺毛を持つイボ状の突起となっている。幼虫は大きな河川，湖沼の沿岸帯の底質下に見られることが多い。時に流水下で見られる。日本から 11 種が報告されている。これらの種のいくつかについてはヨーロッパの種との比較検討が必要である。

2. 主要種への検索表

ムナグロツヤムネユスリカ（新称）

Microtendipes britteni **(Edwards, 1929)**（図104-A）

体長3.8〜4.9mm。楯板は光沢のある黒褐色で，條紋は認められない。腹部第1〜5節は緑黄色，第6節以降，交尾器を含めて暗褐色となる。脚の地色は黄色で，前脚の腿節の端部および脛節は暗褐色である。中，後脚の膝部分は暗褐色となる。触角比は約2.00。脚比は1.27〜1.35。尾針は細くかつ短く，長三角形状を呈し端部は強く尖る。分布：九州，本州；ヨーロッパ，北アフリカ。

ウスオビツヤムネユスリカ（新称）

Microtendipes tamagouti **Sasa, 1983**（図104-B）

体長5mm前後。楯板の地色は黄色。條紋は黒褐色で明瞭で，中央條紋は中央部が淡黄褐色である。胸部側板および後背板は褐色である。腹部は褐色の生殖器を除いて黄色である。脚の地色は黄色。前脚腿節の末端部，脛節の両端部，第1跗節の基部2/3および各跗節の端部は褐色となる。中，後脚は全体黄色である。翅はr-m, fCuの周辺部が淡い褐色に着色される。尾針は細く，先端部に向かって徐々に細くなる。分布：九州，本州。

ウスイロツヤムネユスリカ（新称）

Microtendipes truncatus **Kawai et Sasa, 1985**（図104-C）

体長2.9〜3.6mm。体色は脚を含めてほぼ一様に淡黄色である。楯板條紋は非常に不明瞭。腹部の後方部が僅かに暗色を帯びる。前脚脛節，腿節の基半部および跗節，中・後脚の脛節の基半部は黄色みを帯びた淡褐色である。脚比は1.26〜1.45。尾針は細く，その両側縁はほぼ平行である。上底節突起は比較的大きく，幅広く，背面部に数本の短い刺毛を持ち，基部には小さな隆起を持ち，数本の長い刺毛を有する。分布：本州。

ミナミユスリカ属 *Nilodorum* Kieffer, 1921

主要形態はユスリカ属に準ずる。額前突起は小さい。前前胸背板は背方に向かって徐々に狭くなり，中央部で狭い切れ込みで完全に分断される。楯板は緩やかにカーブを描き，楯板突起はほとんど確認できない。尾針は太く，基部で強くくびれる。上底節突起は長く，強く硬化する。下底節突起は非常に長くかつ大きい。本邦からはミナミユスリカ1種が知られている。

ミナミユスリカ *Nilodorum barbatitarsis* **(Kieffer, 1911)**（図105）

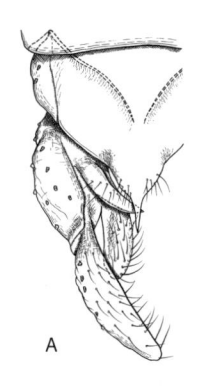

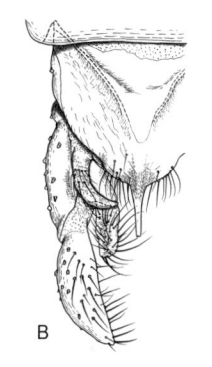

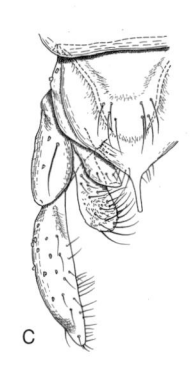

図104　ツヤムネユスリカ属
雄交尾器背面（A: ムナグロツヤムネユスリカ, B: ウスオビツヤムネユスリカ, C: ウスイロツヤムネユスリカ）

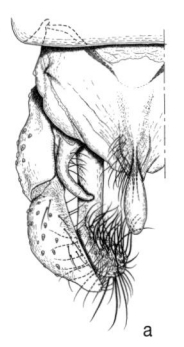

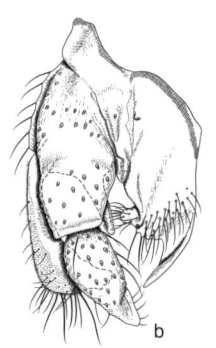

図105　ミナミユスリカ属（ミナミユスリカ）
a: 雄交尾器背面, b: 同側面

　体長3.5〜5.0 mm。胸部はすすけた黄色で，強く灰色味を帯び，刺毛は弱い。腹部は一様に黄褐色である。翅はやや灰色を帯び，膜面には4つの薄い紫がかった雲状紋を持つ。脚はすすけた黄色で，跗節は暗色となる。触角比は3.58〜4.27。脚比は1.19〜1.26。第9背板は中央部に刺毛群を持たない。尾針は長くかつ太く，基部は強くくびれる。上底節突起は長く，角状で，体軸方向に強く湾曲する。下底節突起は比較的幅広くかつ非常に長く，把握器の先端部にまで達する。把握器は短く，幅広く，半月状を呈する。幼虫は止水性で，富栄養化した比較的小規模なため池などで見られる。これまで N. tainanus とされていた種である。本種は土着

が疑われていたが，筆者は近畿地方で2月に多数の幼虫の生息を確認し，本種の本土域での土着を確認した。分布：南西諸島，九州，本州；東洋区，オーストラリア，ミクロネシア。

アヤユスリカ属 *Nilothauma* Kieffer, 1921

体長3～4mm前後。触角鞭節は13環節よりなる。触角比は小さく，0.5以下である。翅は透明か，あるいは暗色の斑紋を持つ。第1翅基鱗片は縁毛を欠く。前脚脛節末端は細く円錐状に突出した長い刺を持つ。中，後脚の脛節櫛は分離し，中脚で一方に，後脚ではそれぞれに1本の刺を持つ。褥盤を欠く。第9背板は中央部に1ないし2つの顕著な葉片を持つ。尾針は変化に富む。上底節突起の形状は変化に富み，全体に微毛を持つことも欠くこともあり，端部に2～10前後の刺毛を持つ。下底節突起は細長く，中央部で湾曲する。中底節突起は非常に短いものから顕著なものまで見られ，微毛で覆われかつ刺毛を持つ。把握器は細長い。雄生殖器は非常に特徴的であることから，属の識別は容易である。成虫は湖沼，ため池，林内湿地近辺で採集される。日本から5種が知られるが，他に2種未記載種を確認している。

種への検索表

1. 翅は透明で暗色の斑紋を持たない ……………………………………………………… 2
- 翅は暗色の斑紋を持つ ………………………………………………………………… 4
2. 第9背板は中央部より下方，尾針のすぐ前方に小さな1背突起を持つ。尾針は細く，短い
   ……………………………………… ヒメアヤユスリカ *japonicum* Niitsuma, 1985
- 第9背板はそれぞれ形の異なる顕著な2つの背突起を持ち，前方の突起上には先端部ブラシ状に分岐した刺毛がある ……………………………………………………… 3
3. 第9背板上の前方の突起は完全に分割される
   ……………………………………… フタコブアヤユスリカ *hibaratertium* Sasa, 1993
- 第9背板上の前方の突起はせいぜい端部が分割されるのみ
   ……………………………………… カザリアヤユスリカ *sasai* Adam et Sæther, 1999
4. 第9背板の後方の突起は微毛で被われる。上底節突起は端部前縁が伸張する。中底節突起を欠く ……………………… オナシアヤユスリカ *hibaraquartum* Sasa, 1993
- 第9背板の後方の突起は微毛で被われることはない。上底節突起には端部の伸張部がない。中底節突起を持つ …………………………………… *nojirimaculatum* Sasa, 1991

カザリアヤユスリカ（新称）

Nilothauma sasai Adam et Sæther, 1999（図106）

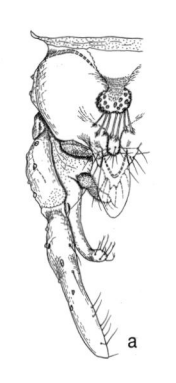

図 106 アヤユスリカ属（カザリアヤユスリカ）
a: 雄交尾器背面, b: 同腹面

　体長3.5 mm前後。体は脚を含めてほぼ一様に黄色である。楯板條紋，後背板は黄褐色。前脚腿節基半部および亜端部，脛節末端，第1跗節先端1/5，第2～5跗節は褐色。後脚亜端部に褐色のリングを持つ。中・後脚の跗節は褐色味を帯びる。平均棍は黄白色。触角比は約0.3。第9腹節背板には明瞭な2つの背突起を持つ。1つは基部に位置し，尾背板バンドから続く大きな葉片状の膨らみとなり，端部がブラシ状となる長い刺毛を多数持つ。もう1つは尾針基部に位置するやや幅広い突起物で，端部に数本の単純な刺毛を持つ。尾針は非常に幅広く，中央部よりやや後方で最も幅広くなり，端部は丸くなる。第9腹節腹板は非常に幅広い。上底節突起はパッド状で，表面を微毛で被われ，下縁部に数本の刺毛を持つ。下底節突起は細長く，端部近くで内方に曲がり，先端部に8本程の刺毛を持つ。把握器は細長く，底節より長くなり，その両側縁はほぼ平行である。幼虫は湖沼の沿岸域に生息する。分布：九州，本州。

ニセコブナシユスリカ属 *Parachironomus* Lenz, 1921

　体長3～4mm。触角は11環節よりなる。通常，額前突起を欠く。前前胸背板は背方でやや狭くなる。楯板突起は通常欠如するが，あっても非常に弱い。中，後脚脛節末端の脛節櫛はお互いわずかに離れ，それぞれに1本の刺を持つ。尾針は細く，長い。上底節突起は指状で通常長く，端部に少数の刺毛を持つ。下底節突起は底節の内側に沿って弱く突出し，微毛で覆われる。把握器は非常に長く，基部で底節と融合する。本邦には，現時点で7種が分布するが，いくつかの種についてはその所属を含めて再検討する必要がある。

2. 主要種への検索表

種への検索表

1. 第9背板の後縁に大きく突出した刺毛の生えた葉片を持つ
   ·· フタコブユスリカ *kisobilobalis* Sasa et Kondo, 1994
   この種の下底節突起は丸く半月状となり微少な毛を密生する。この特徴と検索表に示した特徴はこの種が *Gillotia* Kieffer である可能性を示している。なお，*Gillotia* は北米およびアフリカから知られ，旧北区からは蛹，幼虫の記録はあるものの，成虫についての情報は現時点でない。分布：本州
   - 第9背板の後縁には上述のような葉片はない ·· **2**
2. 把握器の内縁は先端1/4付近で大きく張り出す
   ···························· スエヒロニセコブナシユスリカ *kuramaexpandus* Sasa, 1989
   体長約2.7 mm。体は，褐色を帯びた黄色の楯板條紋，後背板，腿節および脛節の除いて，ほぼ一様に淡黄色である。触角比は1.29。尾針は細長く，その両側縁はほぼ平行である。上底節突起は細長く，端部は明瞭に広がり，内縁に2本の短い刺毛を持つ。把握器は特徴的で，先端1/4付近で明瞭に内方に張り出し，三角形状を呈する。分布：本州（京都鞍馬）
   - 把握器の内縁は先端1/4付近で大きく張り出すことはない ······························· **3**
3. 把握器の内縁は基部で大きく張り出す　シュリユスリカ *acutus* (Goetghebuer, 1936)
   体長3.5～4.2 mmの中型のユスリカである。本種も前述の *P. kuramaexpandus* と同様，非常に特徴的な種である。上底節突起は短く，瘤状を呈しカマガタユスリカ属 *Cryptochironomus* を思わせる。また，把握器は基部は非常に幅広く，端部に向かって急激に細くなり，長三角形状を呈する。この種の所属については，未だ問題があり，今後検討が必要である。分布：沖縄島
   - 把握器の内縁は強い張り出しを持たず，緩やかに外方に湾曲する ···················· **4**
4. 尾針は短く，中央部でくびれる。上底節突起は長く，尾針の先端を越える
   ······························ フタセスジコブナシユスリカ *tamanipparai* (Sasa, 1983)
   体長約3.8 mm。体の地色は黄緑色：楯板條紋は赤褐色，小楯板および平均棍は黄色，後背板および交尾器は褐色。脚の地色は褐色を帯びた黄色；腿節は黄色，前脚脛節は褐色である。小さな額前突起を持つ。触角比は1.67。尾針は比較的短く，端部は膨潤する。上底節突起は長く，指状で，亜端部に円錐状の突起を持ち，端部には1本の刺毛がある。下底節突起は後縁部で顕著に内方に拡がる。尾背板バンドはY字状を呈する。本種を *Parachironomus* 属に含めるべきか否かは未だ疑問が残る。額前突起を持つこと，下底節突起の発達状態，および尾背板バンドの形状は，この種が *Saetheria* Jackson である可能性を抱かせる。分布：本州（多摩川，東京）
   - 尾針は細長く，その両側はほぼ平行となる。上底節突起は尾針の先端を越えることはない
   ·· **5**
5. 上底節突起は比較的短く，第9背板の後縁からわずかに伸びる，尾針の基部に達する程度
   ···················· ユミガタニセコブナシユスリカ *arcuatus* (Goetghebuer, 1936)
   - 上底節突起は長く，尾針の基部をはるかに越えて伸びる ································· **6**

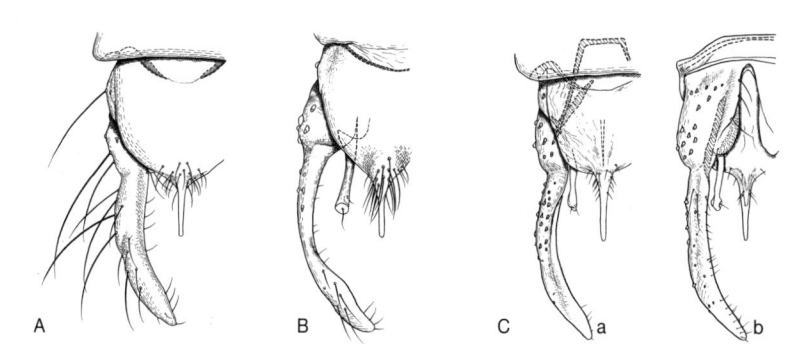

図107 ニセコブナシユスリカ属
A: ユミガタニセコブナシユスリカ（雄交尾器背面），B: ヒメニセコブナシユスリカ（雄交尾器背面），C: ツマグロニセコブナシユスリカ（a: 雄交尾器背面，b: 同腹面）

6. 把握器の内縁は先端部手前でやや膨れる
  .... ヒメニセコブナシユスリカ *monochromus* (van der Wulp)
 − 把握器の両側はほぼ平行
  .... ツマグロニセコブナシユスリカ *swammerdami* Kruseman, 1933

ユミガタニセコブナシユスリカ

Parachironomus arcuatus (Goetghebuer, 1936) （図107-A）

　体長 4.3 〜 4.8 mm。体色は通常ほぼ一様に黄緑色である。季節変異が見られ，暗化個体は楯板條紋，後背板，前前側板および腹部が褐色となる。触角比は 2.49 〜 3.00。第9背板後縁部は丸みが強く，尾背板バンドの発達は弱く，基部に認められるだけである。尾針は細長く，その両側縁はほぼ平行となり，端部は丸くなる。上底節突起は細く，短く，後縁に2本の刺毛を持つ。把握器は細長く，底節の長さを越え，中央部でくびれる。幼虫は止水性。分布：九州，四国，本州；ヨーロッパ，モンゴル。

ヒメニセコブナシユスリカ

Parachironomus monochromus (van der Wulp, 1874) （図107-B）

　体長 4 mm 内外。体の地色は脚も含め淡黄緑色である。楯板條紋は淡褐色。全脚の脛節および第1跗節の端部，中・後脚の第2〜5跗節は暗色となる。平均棍は黄白色。触角比は 1.89 〜 2.44。第9背板の後縁部は細まり，丸みを強く帯びることはなく，尾背バンドは発達が弱く，基部に認められるのみである。尾針は細長く，その両側縁はほぼ平行となり，端部は丸くなる。上底節突起は非常に細長く，把握器の基部 1/3 を越え，端

部と亜端部にそれぞれ1本ずつ短い刺毛を持つ。把握器は非常に細長く，底節の長さを大きく越え，先端1/2付近から膨潤する。分布：本州；全北区。

ツマグロニセコブナシユスリカ（新称）
Parachironomus swammerdami (Kruseman, 1933)（図107-C）

体長約4mm。体色はほぼ一様に黄緑色。楯板條紋は非常に不明瞭，平均棍は淡黄緑色，腹部第7腹背板の後角は褐色である。脚の地色は淡黄色。前脚脛節の端部1/3，第1跗節の端部，第3〜5跗節，第2跗節の両端は暗褐色。中・後脚の第5跗節は暗褐色である。触角比は2.2。脚比は1.55でヨーロッパの個体群の約2に比べて小さい。尾針は細長く，端部に向かって徐々に細くなる。上底節突起は細長く，端部で側方に張り出し，端部と亜先端内方に大きな窪みを持ち，そこからそれぞれ1本の細い刺毛が生じている。把握器は非常に長く，基部1/2の外側縁はやや幅広くなり，端部1/2は細くなり，その外側縁はほぼ平行となる。幼虫は止水性で，里山のため池等に生息する。本邦初記録種。分布：本州；ヨーロッパ。

ケバコブユスリカ属 *Paracladopelma* Harnisch, 1923

体長3mm前後。触角鞭節は11環節よりなる。小さな額前突起を持つ。前前胸背板は背方に向かって狭くなる。弱い楯板瘤を持つか，あるいは欠如する。中，後脚の脛節櫛は基部で融合し，それぞれに1本の刺を持つ。第9背板の尾背板バンドは左右完全に融合し，浅いY字形かT字形を示す。尾針は細く，先端部は弱く膨れるかあるいはほぼ平行となる。上底節突起は短く後方に向かって拡がり，微毛に覆われ，先端部に数本の刺毛を持つ。下底節突起は短く丸い葉片状で，微毛に覆われる。把握器は細長く，両側がほぼ平行になるか，先端1/2付近でやや膨潤する。底節と把握器は融合する。6種が報告されている。ケバコブユスリカ *P. camptolabis* (Kieffer, 1913) が最も普通に分布する。未記載種もいくつか分布しており，また南西諸島から報告されている種を含めて今後詳細な比較検討が必要な属である。

ケバコブユスリカ *Paracladopelma camptolabis* (Kieffer, 1913)（図108）

体長4.5mm前後。小さな額前突起を持つ。胸部の地色は黄緑色で，赤褐色の條紋を持つ。後楯板の後半部は褐色，腹部は暗緑色か，褐色。尾針は細長い。上底節突起は端部で大きく広がり，数本の刺毛を持つ。下部底

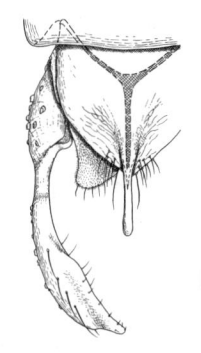

図 108 ケバコブナシユスリカ属
（ケバコブナシユスリカ）
雄交尾器背面

節突起は底節内縁に沿って形成され端部で丸く広がる。大きな湖沼，河川流域で採集される。分布：本州，北海道；ヨーロッパ，レバノン。

カワリユスリカ属 *Paratendipes* Kieffer, 1911

体長 3 〜 4 mm。触角鞭節は 13 環節よりなる。前前胸背板は背方に向かって狭くなり，中央部で左右に分離する。楯板突起を欠く。第 1 翅基鱗片は縁毛を持つかあるいは無毛である。前脛節末端はほぼ平坦となり，1 本の刺を持つ。尾針は細い。上底節突起は徳利状で，端部は細く強く腹方に曲がる。下底節突起は短く，底節の末端部を大きく越えることはない。ブラシ状の中底節突起を持つ。幼虫は砂泥底質の河川，湖沼，ため池等で見られる。日本から現在までに 4 種が知られるが，南西諸島より新種と思われる 1 種を確認している。

種への検索表

1. 翅は透明で，斑紋を持たない ･･･ **2**
 - 翅は暗色の斑紋を持つ ･･･ **3**
2. 翅基第 1 鱗片は縁毛を持つ ･･････････････ シロアシユスリカ ***albimanus*** **(Meigen, 1818)**
 - 翅基第 1 鱗片は縁毛を持たない
   ･･････････････････ ヒゲナシカワリユスリカ ***nudisquama*** **Edwards, 1929** （図 109-A）
3. 翅の斑紋は黒褐色で明瞭で，翅室 an はほぼ全体斑紋で覆われる。小型で，体長はせいぜい 3 mm ･････････････････ ヒメクロカワリユスリカ ***nigrofasciatus*** **Kieffer, 1916**
 八重山諸島（石垣島，西表島）に産する。山中の林道脇の土手からしみ出た湧水が流れ出す様な場所でよく見られる。しかし，石垣島，西表島のマングローブ林内でも得られており，生息し得る環境はかなり広いのかも知れない。Tokunaga (1940) が台湾から記載報告した *Chironomus* (*Prochironomus*) *bifascipennis* および八重山諸島より Sasa & Suzuki (2000) によって記載された *Prochironomus irioheius* は本種の新参シノニムで

ある。また，筆者は本種と思われる個体を本州より得ているが，これについては今後詳細な検討が必要であろう
- 翅の斑紋は褐色で，翅室 an の臀脈周囲にある。中型で，体長は3mmを超える
  ·················· ウスモンカワリユスリカ（新称）*nubilus* (Meigen, 1830)（図109-B）

シロアシユスリカ *Paratendipes albimanus* (Meigen, 1818)（図109-C）

体長3〜4mm。体は黒褐色，胸部は光沢を持つ。前脚第1跗節は白色となる。ヒゲナシカワリユスリカ *P. nudisquama* は色彩はシロアシユスリカに類似するが，前脚の第1跗節が白くならないこと，検索表に示した特徴で識別される。また，ウスモンカワリユスリカは翅に斑紋を持つことで識別は容易である。分布：九州，本州，四国，北海道；ヨーロッパ，北米。

ハケユスリカ属 *Phaenopsectra* Kieffer, 1921

体長3〜5mm。触角鞭節は13環節よりなる。額前突起を欠く。楯板瘤を持たない。翅面は大毛を装う。ユスリカ族（Chironomini）の中で翅に大毛を持つ属は他に，ハモンユスリカ属の *Pentapedilum* 亜属，キザキユスリカ属が知られる（ヒカゲユスリカ属の模式種である *Kiefferulus tendipediformis* は翅の先端付近に大毛を有する。この種はヨーロッパに分布し日本からは知られない。）。第1翅基鱗片は縁毛を持つ。前脚脛節末端は円錐状に突出し，その先端部は短い刺状突起を持つ。中，後脚の脛節櫛は基部で融合し，一方に1本の刺を持つ。尾針は細長い。上底節突起は細長く角状で，外側中央付近に1本の長い刺毛を持つ。下底節突起は非常に細長く，端部の1〜2本の刺毛は特に長く，後方に伸張する。日本から3種が報告されているが，*P. tamahamurai* (Sasa, 1983) は *P. flavipes* (Meigen, 1818) のシノニムの可能性が高い。今後の確認が必要である。

種への検索表

1. 腹部は暗褐色から黒色 ·················· ハケユスリカ *flavipes* (Meigen, 1818)
- 腹部は緑色 ·················· コガタハケユスリカ *punctipes* (Wiedemann, 1817)

ハケユスリカ *Phaenopsectra flavipes* (Meigen, 1818)（図110）

ハケユスリカ属の模式種である。体長約5mm。体色は胸部，腹部ともに黒褐色で，雄生殖器の把握器は黄色となる。翅面全体に大毛を持つ。小さな褥盤を持つ。把握器は白色を呈し，底節の長さを大きく超え，端部に

2-3. 属・主要種への検索

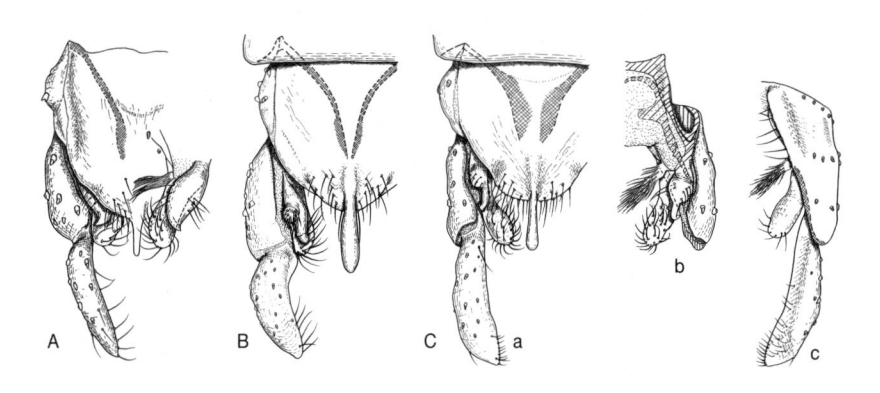

図109 カワリユスリカ属
A: ヒゲナシカワリユスリカ（雄交尾器背面），B: ウスモンカワリユスリカ（雄交尾器背面），C: シロアシユスリカ（a: 雄交尾器背面，b: 同基節背面，c: 同腹面）

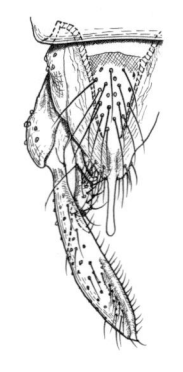

図110 ハケユスリカ属（ハケユスリカ）雄交尾器背面

向かって幅広くなる。幼虫はさまざまな水域で見られる。成虫は春から秋にかけて比較的よく見られる。分布：九州，四国，本州；ヨーロッパ。

コガタハケユスリカ（新称） *Phaenopsectra punctipes* **(Wiedemann, 1817)**

体長約 3 mm。楯板，後背板は黒色，小楯板は淡黄色。腹部は緑色。脚はすべて黄白色である。翅面はまばらに大毛を装う。把握器は白色で，中央部付近で幅広くなる。分布：本州；ヨーロッパ，北米。

ハモンユスリカ属 *Polypedilum* Kieffer, 1912

体長 2～6 mm。複眼背方伸長部は頭頂方向に強く伸長する。通常額前突起を持たない。前前胸背板は背方に向かって狭くなり，背面中央部で狭く分離す

る。楯板は前方に比較的強く伸び，前前胸背板に覆い被さるため，前前胸背板は背面から見ることはできない。多数の背中刺毛および中刺毛を持つ。翅面は無毛であるか，さまざまな程度に大毛を有する。また，特異な斑紋を有することもある。前脚脛節は先端に三角形鱗片を持ち，その端部には通常小さな刺を有する。中・後脚脛節先端に1対の脛節櫛を持ち，片方に刺を有する。褥盤は良く発達し，かつ叉分する。第8腹板は基部に向かって強くくびれ，この属を特徴付ける重要な形質となっている。第9背板の尾背板バンドの発達の程度はさまざまである。尾針の形状は変化に富み，尾針基部両側に突起を持つものがある。底節はほぼ平行で，長い。上底節突起の形状は変化に富む；角状に硬化したもの，外側に強く張り出した葉片を持つもの，硬化した角状片を持たず板状の葉片となったものまでさまざまである。下底節突起は良く発達し，かつ長く，通常端部に後方に伸びる長い刺毛を持つ。把握器は良く発達し，底節に比べて形，長さにおいて変化に富み，内側にほぼ等間隔で配列する長毛を持つ。幼虫には流水性・止水性のものがあり，河川源流から汽水域となる河口部，大小湖沼など，ほとんどあらゆる環境下に多くの種が生息する。

　翅の大毛の有無，尾針両側にある突起，把握器・上底節突起の形状等によりケバネユスリカ亜属 *Pentapedilum* Kieffer, 1913，ミツオハモンユスリカ亜属 *Tripodura* Townes, 1945，ヤドリハモンユスリカ亜属 *Cerobregma* Sæther et Sundal, 1999，ウスイロハモンユスリカ亜属（新称）*Uresipedilum* Oyewo et Sæther, 1998，ハモンユスリカ亜属 *Polypedilum* Kieffer, 1913の5亜属に分けられている。日本から110種が報告されている。シノニム等を含めて再検討が必要なグループであるが，まだ多数の未記録種，未記載種が残っている。

　Asheum Sublette & Sublette, 1983，*Collartomyia* Goetghebuer, 1948（現時点でアフリカから2種が報告されている。なお，第3番目の種が西表島に産することを確認している），*Pagastiella* Brundin, 1949（オナガユスリカ属），*Phaenopsectra* Kieffer, 1921（ハケユスリカ属）および *Sergentia* Kieffer, 1922（キザキユスリカ属）は本属に近縁な属である。

亜属への検索

1. 翅には少なくとも先端に大毛を持つ
　　………………………………………… ケバネユスリカ亜属 ***Pentapedilum*** **Kieffer, 1913**

2-3. 属・主要種への検索

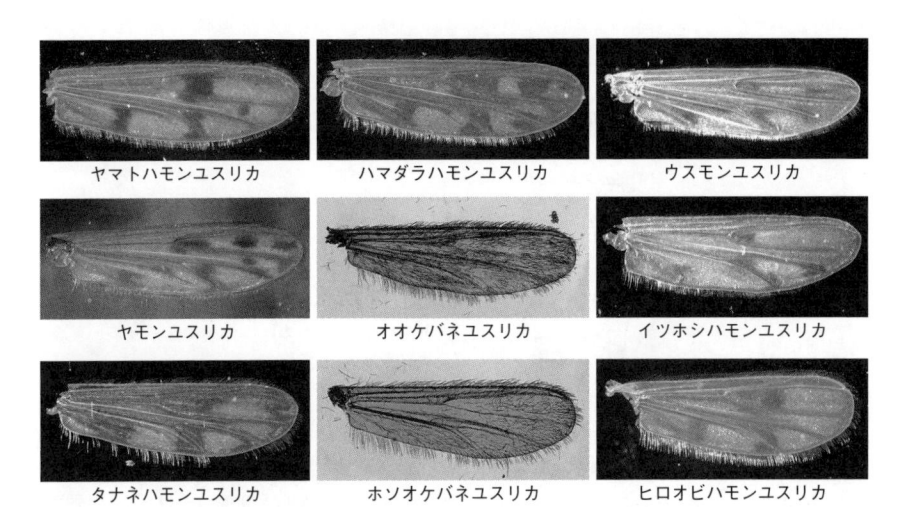

写真9 ヤマトハモンユスリカ／ハマダラハモンユスリカ／ウスモンユスリカ／ヤモンユスリカ／オオケバネユスリカ／イツホシハモンユスリカ／タナネハモンユスリカ／ホソオケバネユスリカ／ヒロオビハモンユスリカ

写真9 ハモンユスリカ属の翅面

- 翅は大毛を欠く ·· **2**
2. 底節突起は幅広く，板状で微毛で覆われ角状突起を持つことはない
   ······················· ミツオハモンユスリカ亜属（新称）*Tripodura* Townes, 1945
- 上底節突起は角状突起を持つ ·· **3**
3. 上底節突起は長毛を有する外側方突起を持つ
   ················· ウスイロハモンユスリカ亜属 *Uresipedilum* Oyewo et Sæther, 1998
- 上底節突起は外側方突起を持たない ·· **4**
4. 第9背板の尾背板バンドは強く発達し，基部で明瞭に融合し，背板中央部の剛毛領域を完全に取り囲む。把握器は先端部で狭窄する*
   ····························· ヤドリハモンユスリカ亜属 *Cerobregma* Sæther et Sundal, 1999
- 第9背板の尾背板バンドは上述ほど強く発達することはないか，あるいは欠如し，基部で融合することはない。把握器は先端部で狭窄しない
   ·· ハモンユスリカ亜属 *Polypedilum* Kieffer, 1913

ヤドリハモンユスリカ亜属 *Cerobregma* Sæther et Sundal, 1999

体長2～6mm。翅面は大毛を持たず，日本産の種に関しては斑紋を欠く。第9背板の尾背板バンドは強く発達し，基部で融合し，中央部の刺毛群の周

---

*日本産の種については，この形質は非常に明瞭である。しかし，世界から十数種が知られるこの亜属のすべてが必ずしもこのような特徴を示すものではなく，日本産の種がむしろ例外的である。把握器にある長い剛毛は基部の膨潤部に限定されて生じている，とするのがより正確であろう。属は異なるが，ユスリカ属に見られるような把握器の特徴を示すと考えるのが分かりやすいかも知れない。一方ハモンユスリカ亜属では把握器上の剛毛は先端部近くまで見られ，基部側方部に限定されることはほとんどない。

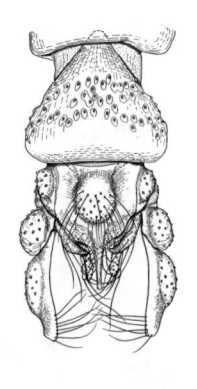

図111　ヤドリハモンユスリカ亜属
（ヤドリハモンユスリカ）
雄交尾器背面

囲を取り囲む。底節の端部側縁は強く膨らみ，把握器との境界は明瞭に画される。把握器の基部の有剛毛領域は端半部の無剛毛領域から明瞭に画され，端部内縁の長刺毛は側枝を持つ。上底節突起は角状で長く，側縁に長い刺毛を持つ場合も，これを欠く場合もある。日本から2種が報告されている。

ヤドリハモンユスリカ
***Polypedilum (Cerobregma) kamotertium* (Sasa, 1989)**　（図111）

体長5 mm前後。体の地色は黄褐色。楯板の中央および中條紋は前縁部がやや暗色となるのみで不明瞭であるが，中刺毛に沿って暗褐色の條線が走る。後背板は基半部が暗褐色となる。中・後胸側板および前前側板は暗褐色。腹部第1背板は基半部が暗褐色，第2～7背板は中央部に逆三角形の暗褐色の斑紋を持ち，各背板の側縁は暗褐色となる。第8腹背板および交尾器は暗褐色。平均棍は黄白色である。脚の地色は黄褐色。基節は暗褐色，転節は褐色味を帯びる。前脚腿節の中央部と端部，中・後脚腿節の基半部と端部，中・後脚第1～3跗節の端半部および全脚の第4～5跗節は暗褐色となる。前脚跗節は顕著な髭毛を持つ。触角比は1.25。第9背板の尾背板バンドは良く発達し，中央部の剛毛領域を明瞭に取り囲む。尾針は細長く，その両側縁はほぼ平行である。上底節突起は細長く，角状で，中央部背面および側縁にかけて1～4本の長い刺毛を持つ。把握器の基部3/4は強く膨潤し，端部内縁に沿って生える刺毛は非常に長い。河川中流域の瀬に生息し，シマトビケラ類の蛹に寄生する。沖縄島から知られる *P. (Cerobregma) okigrandis* (Sasa, 1993) は本種の新参シノニムの可能性が高い。分布：南西諸島（石垣島），九州，本州，北海道。

ケバネユスリカ亜属 *Pentapedilum* Kieffer, 1913

　体長 2 〜 4 mm。翅の大毛は，全体に密生するものから，先端部のみに限定されるものまでさまざまである。雄生殖器第 9 背板の尾針は細く両側平行のもの，基部でくびれて先端が肥大するものと幅広いものがある。流水性・止水性のものがあり，河川上流から下流，湖沼で見られる。日本から 24 種が報告されているが，一部については模式標本による再検討が必要である。ここでは比較的普通に見られる 5 種について検索と解説を試みる。

種への検索表

1. 尾針は細長く，両側平行か基部で狭窄する ……………………………………… 2
- 尾針は幅広く，先端は丸い …… フトオケバネユスリカ *convexum* Johannsen, 1932
2. 翅は先端部にのみ大毛を持つ …………… トラフユスリカ *tigrinum* Hashimoto, 1983
- 翅はほぼ全面に大毛を持つ ………………………………………………………… 3
3. 把握器は幅広く半月状を呈し，先端付近で強くくびれる
　　………………………………… オオケバネユスリカ *sordens* (van der Wulp, 1874)
- 把握器は細長く，ほぼ三日月型 …………………………………………………… 4
4. 触角比は 1.0 以下 ………………… サキシマユスリカ *nodosum* Johannsen, 1932
- 触角比は 1.3 以上 ………………… ホソオケバネユスリカ *tritum* (Walker, 1856)

フトオケバネユスリカ *Polypedilum* (*Pentapedilum*)
convexum Johannsen, 1932 （図 112-A）

　体長 2 〜 3 mm。体の地色は黄褐色。楯板条紋は赤褐色。脚は褐色。腹部は黄褐色。大毛は翅全体に密生する。触角比は 1.3 〜 1.8。尾針は非常に幅広く，先端は丸い。上底節突起基部は明瞭な葉片を持ち，硬化部は比較的短く，端部は鋭く尖る。下底節突起は細長く，把握器の中央部付近にまで達する。把握器は細く，短く，底節のほぼ 2/3 の長さである。非常に太い尾針を持つ種は他にいないので，同定は容易である。幼虫は止水性で富栄養の湖沼の岸寄りの水生植物帯内，山地林内の泥底質のため池，一時的な水溜まり等に生息する。*Pentapedilum kasumiense* Sasa, 1979 は本種の新参シノニムである。分布：南西諸島，九州，本州；インドネシア，ミクロネシア。

サキシマユスリカ *Polypedilum* (*Pentapedilum*)
nodosum Johannsen, 1932 （図 112-B）

　体長 2 〜 3 mm。体は脚も含めてほぼ全体褐色。楯板條紋，後背板およ

び交尾器は暗褐色。翅は全面に大毛を密生する。触角比は0.92。尾針は細く，両側は平行である。上底節突起はよく発達し，鎌状で中央部に1本の長い刺毛を持つ。下底節突起は細長く，端部は尾針の先端部を越える。幼虫は止水性である。分布：南西諸島（宮古島，石垣島，西表島）；スマトラ。

オオケバネユスリカ *Polypedilum (Pentapedilum) sordens* (van der Wulp, 1874) （図 112-C）

体長3〜4mm。体色は褐色〜暗褐色。楯板條紋および後背板は黒褐色〜黒色，小楯板は黄褐色。脚は暗褐色。腹部は褐色〜暗褐色で，各節の端縁部は淡色となる。翅は全面に大毛を密生する。額前突起を持たない。触角比は約1.9。尾針は細長く丈夫で，両側はほぼ平行で，先端は丸くなる。上底節突起はやや太く，角状で，中央部に長い1本の刺毛を持ち，基部の葉片部は明瞭で数本の刺毛を持つ。下底節突起は細長い。把握器は半月状で，太く，中央部分で最も幅広くなる。幼虫は止水性で，湖沼の岸寄りの植生内に高い密度で生息する。分布：九州，四国，本州，北海道；ヨーロッパ，USA。

トラフユスリカ *Polypedilum (Pentapedilum) tigrinum* (Hashimoto, 1983) （図 112-D）

体長3〜4mm。胸部の地色は緑色，中央条紋の中心部は黒褐色，側条紋の内側後半に楕円形の黒褐色斑紋，先端近く外側に黒褐色斑点がある。脚は一様に黄色。腹部の地色は緑色で，Ⅱ，Ⅳ，Ⅵ及びⅦ節背板の後半は黒褐色，Ⅲ及びⅤ節には両側に楕円形の黒褐色斑紋，中央に円形斑紋がある。翅は先端部にのみ大毛を持つ。触角比は約1.4。尾針は細長く，両側は平行となる。上底節突起は細く，鎌状で基部付近に1本の長い刺毛を持つ。幼虫は止水域，特に富栄養化のあまり進行していない湖沼の岸近くの砂泥底に棲む（植生内に高い密度で生息する）。分布：本州，北海道。

ホソオケバネユスリカ *Polypedilum(Pentapedilum) tritum* (Walker, 1856) （図 112-E）

体長2.5〜3.0mm。中胸背板の地色は褐色。楯板条紋は不明瞭，小楯板は淡黄色。脚は黄白色。腹部は黄褐色。触角比は1.5〜1.8。翅は全面に大毛を密生する。尾針は細長く，両側縁はほぼ平行となる。上底節突起

図112 ケバネユスリカ亜属
雄交尾器背面（A: フトオケバネユスリカ，B: サキシマユスリカ，C: オオケバネユスイカ，D: トラフユスリカ，E: ホソオケバネユスリカ）

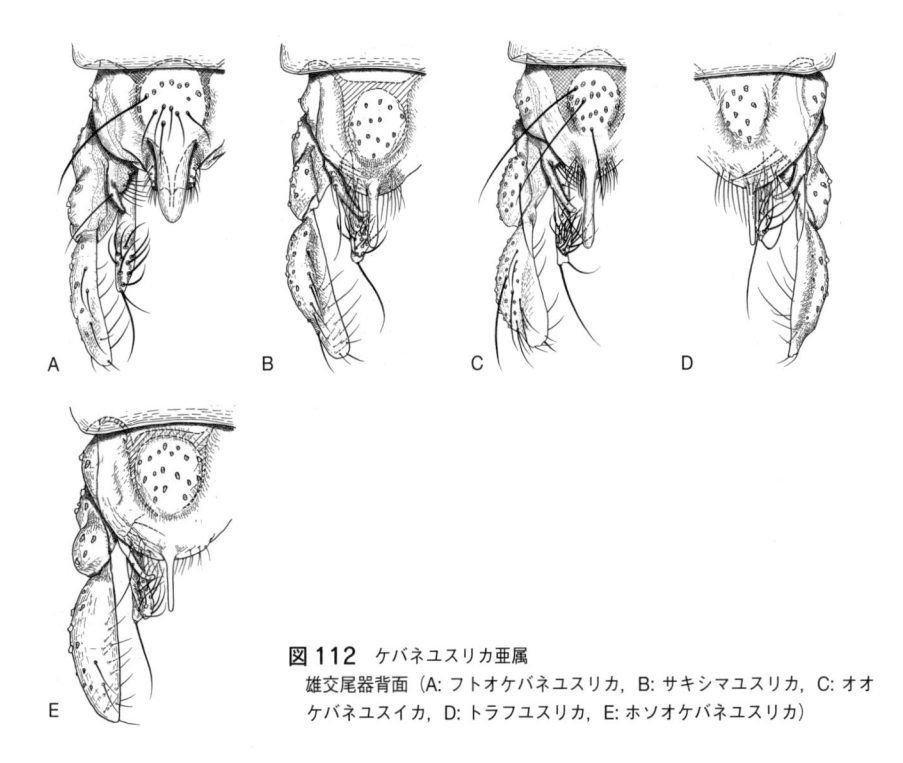

は細長く，角状で基部1/3付近に長刺毛を持つ．下底節突起は細長く，尾針の先端を大きく越えて後方に伸びる．把握器は細長い．あまり富栄養化の進行していない流水域の緩流部分の砂泥底に生息する．分布：九州，本州；ヨーロッパ，USA．

ハモンユスリカ亜属 *Polypedilum* Kieffer, 1913

体長3～5mm．翅は通常透明であるが，時に乳白色の種もあり，特徴的な斑紋を有する種もある．上底節突起は角状あるいは鎌状で，直線的なものからC字型に湾曲するものまでさまざまで，基部の発達状態も変異に富む．流水性・止水性のものもあり，河川源流部の貧栄養，冷水域から河口部の富栄養，暖水域に至るまで幅広く分布する．日本から56種が報告されているが，一部に混乱が見られる．模式標本の確認により再検討することが望まれる．ここでは比較的普通に見られる16種についての検索表を示した．この検索表に当てはま

2. 主要種への検索表

らない種も多数いるので参考として使用してほしい。

種への検索表

1. 上底節突起の角状突起は側刺毛を持たない ················· ***nubifer*** group・2
－ 上底節突起の角状突起は側刺毛を持つ ················· ***nubeculosum*** group・4
2. 翅面には雲状斑を有する ···················· ヤモンユスリカ ***nubifer*** (Skuse, 1889)
－ 翅面は雲状斑紋を持たない ··· 3
3. 上底節突起は緩やかに内方に弧を描き，基部内側に長刺毛を有する
　　　　　　　　　　　　　············ シマジリユスリカ ***medivittatum*** Tokunaga, 1964
－ 上底節突起は強く内方に湾曲し，基部内側には長刺毛が無い
　　　　　　　　　　　　　············ アサカワハモンユスリカ ***asakawaense*** Sasa 1980
4. 翅面に5つの暗色斑を持つ ······ イツホシハモンユスリカ ***tamagohanum*** Sasa, 1983
－ 翅は明瞭な暗色斑を持たない ··· 5
5. 体はほぼ全体淡黄色 ··· 6
－ 体全体が淡黄色になることはない ··· 7
6. 上底節突起は内側のほぼ中央に2～3本の長い剛毛を持つ
　　　　　　　　　　　　　············ ツクバハモンユスリカ ***tsukubaense*** (Sasa, 1979)
－ 上底節突起は内側の中央には剛毛を持たない
　　　　　　　　　　　　　············ タカオハモンユスリカ ***takaoense*** Sasa, 1980
7. 尾針は非常に短く，細い
　　　　　　　　　　······ ホソハリハモンユスリカ ***parviacumen*** Kawai et Sasa, 1985
－ 尾針はよく発達する ··· 8
8. 前前胸背板は側毛を有する ············ ウスモンユスリカ ***nubeculosum*** (Meigen, 1818)
－ 前前胸背板は側毛を持たない ··· 9
9. 腹部は大部分あるいは交尾器を除いて淡黄色か緑色 ····························· 10
－ 腹部は褐色 ·· 12
10. 楯板は光沢のある黒褐色ないしは黒色 ··· 11
－ 楯板は黄褐色で，中央線と側條紋の周囲は暗色となり，楯板中央部に両側條紋を結ぶ細い暗色の帯を持つ
　　　　············ セスジハモンユスリカ ***fuscovittatum*** Kawai, Inoue et Imabayashi, 1998
11. 腹部のⅠ～Ⅷ節は黄色ないしは緑色で交尾器は暗色となる。脚の全腿節および全脛節は黒褐色 ················· ニセソメワケユスリカ ***tamaharaki*** Sasa, 1983
－ 腹部のⅠ～ⅤあるいはⅥ節は黄色ないしは緑色で，ⅥあるいはⅦ以降交尾器を含めて暗色となる。脚は黒褐色の前脚腿節の先端3/4を除いて黄色となる
　　　　　　　　　　　　　············ ソメワケハモンユスリカ ***pedestre*** (Meigen, 1860)
12. 胸部中央及び側条紋は黄色 ······ ミヤコムモンユスリカ ***kyotoense*** (Tokunaga, 1938)
－ 胸部は大部分黒褐色あるいは黒色 ·· 12
13. 触覚比は1.4より大きい ··· キオビハモンユスリカ ***arundinetum*** Goetghebuer, 1921

- 触覚比は 0.9 より小さい ……………………………………………… **13**
14. 触角比 0.40 ～ 0.47 …………… ホソヒゲハモンユスリカ *tamahosohige* Sasa, 1983
- 触角比 0.65 ～ 0.80 ……………………………………………………… **14**
15. 上底節突起はなめらかに内側に湾曲する
……………………………… ベノキユスリカ *benokiense* Sasa et Hasegawa, 1988
- 上底節突起はわずかに湾曲する ……… クロハモンユスリカ *tamanigrum* Sasa, 1983
この検索表で Sasa & Kikuchi (1995) による *nubifer*-group という言葉を使用したが，これはあくまで便宜的な使用である。*Polypedilum nubifer*（ヤモンユスリカ）は他のこの亜属の種とは種々な形態から，かなり異質なものと考えられ，系統的にはこの亜属の他の種とはかなり離れたものであろう。

キオビハモンユスリカ *Polypedilum (Polypedilum)* *arundinetum* Goetghebuer, 1921 （図 113-A）

体長 4 mm 前後。楯板の地色は赤みがかった黄色。楯板条紋および後背板は暗褐色，小楯板は褐色，平均棍は黄色。脚は褐色。前脚第 3 ～ 5 跗節，中・後脚第 4, 5 跗節は暗褐色。腹部は褐色で第 1 ～ 6 背板の基縁部と後縁部にはそれぞれ狭い黄色帯を持つ。翅は斑紋を持たない。触角比は 1.55。両側はほぼ平行で，端部は丸くなる。上底節突起は基半部に側刺毛を持ち，細く，緩やかに湾曲する。把握器は比較的幅広く，ほぼ半月形を呈し，内縁部の端約 3/4 に 1 列に並んだ長い刺毛を持つ。上底節突起の形状，把握器の形状およびその内縁の刺毛の配列状態がヨーロッパのオリジナルなものとはやや異なる。このことから Sasa（1985）がコメントしているように，日本産のものは本種とは別種である可能性もある。幼虫は止水性である。分布：本州，北海道；ヨーロッパ。

アサカワハモンユスリカ *Polypedilum (Polypedilum)* *asakawaense* Sasa 1980 （図 113-B）

体長 3 ～ 4 mm。体色は非常に特徴的である。触角は暗褐色。中胸背板の地色は淡黄褐色である。肩部は白色，楯板の中央條紋は非常に不明瞭で側條紋はわずかに暗色を呈する程度である，翅背瘤（supraalar calus）および後背板は暗褐色，中胸側板，後胸側板および前前胸背板基部 1/2 は暗褐色，前前側板は淡黄褐色，平均棍は淡褐色である。このような色彩のため，側方から胸部を観察した時，中央部に黒状が走っているように見える。翅は斑紋を持たない。肢の地色は淡黄色，前脚基節は褐色，転節および腿節の基半部は褐色を帯びる，中・後脚は基節，転節を含めて一様に淡

黄色である。腹部は一様に褐色である。触角比は 1.80 〜 1.92。尾針は細長く，端部に向かって細くなる。上底節突起は細長く，中央部で内方に強く湾曲し，側刺毛を持たない。把握器はやや幅広い。幼虫は富栄養化の進んだ河川の淵や湖沼の砂泥底に棲む。中・下流域でしばしば大量発生がみられる。分布：九州，四国，本州，北海道。

ベノキハモンユスリカ（改称）*Polypedilum (Polypedilum) benokiense* Sasa et Hasegawa, 1988（図 113-C）

体長 3 mm。体はほぼ一様に暗褐色，楯板の側條紋は黒褐色，中央條紋はほとんど認められない。腹部は暗褐色，把握器は淡褐色となる。平均棍は黄白色。脚はほぼ一様に黄色。前脚基節および転節は褐色を帯びる，腿節は弱く褐色味を帯びる。中・後脚の基節は暗褐色，転節はやや褐色を帯びる。触角比は 0.75 〜 0.90。尾針は細長く，両側はほぼ平行で端部は丸くなる。上底節突起は細長く，鎌状に緩やかに内方に湾曲し，基部 1/3 側方に長い刺毛を持つ。下底節突起は細長く，両側はほぼ平行で，尾針の先端部にわずかに達しない。把握器外側縁は緩やかに弧を描き，やや半月状となり，底節の長さよりも短い。幼虫はほとんど汚染されていない山地小河川に生息する。分布：奄美大島，沖縄島，本州＊。

セスジハモンユスリカ（新称）*Polypedilum (Polypedilum) fusucovittatum* Kawai, Inoue et Imabayashi, 1998（図 113-D）

体長 4.1 〜 4.2 mm。楯板の地色は黄褐色で，中央線と側條紋の周囲は暗色となる。また，楯板中央部に両側條紋を結ぶ暗色の帯がある。腹部は褐色の交尾器を除いて淡緑色である。前脚の腿節および脛節は褐色，中脚の腿節および脛節基半部は褐色，後脚の腿節先端部および脛節の基部は褐色となり，他は黄色となる。尾針は細長く，その両側はほぼ平行となる。上底節突起は基部付近に 1 本の刺毛を持ち，鎌状で内方に緩やかに湾曲し，端部に向かって細くなり，先端で鉤状に曲がる。上底節突起の基部は非常に幅広い。特異な色彩から同定は容易である。分布：本州。

ミヤコムモンユスリカ *Polypedilum (Polypedilum) kyotoense* (Tokunaga, 1938)（図 113-E）

体長 3 mm 強。中胸背板の地色は暗褐色。楯板條紋および後背板は黒色，

＊：京都，富山，長野，青森の各県から記録されているが，これらについては確認が必要である。

図113 ハモンユスリカ亜属
雄交尾器背面（A: キオビハモンユスリカ（Langton & Pinder 2007, より引用）, B: アサカワハモンユスリカ, C: ベノキハモンユスリカ, D: セスジハモンユスリカ, E: ミヤコムモンユスリカ, F: シマジリユスリカ（Tokunaga, 1964 より引用)

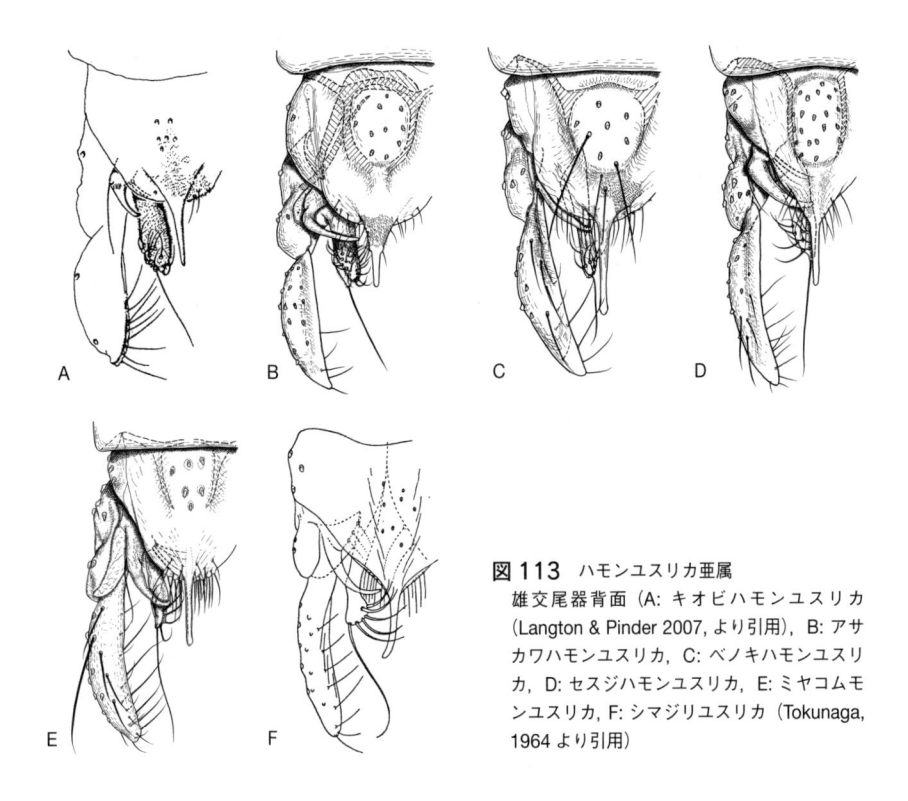

小楯板は褐色。脚はほぼ一様に淡褐色である。腹部は暗褐色で，各背板の両後角に窓が開いたように黄色部があり，同定の目安として有用な特徴となっている。触角比は約1.9。尾針は細長く，両側はほぼ平行で，端部は丸くなる。上底節突起は細長く，内方に緩やかに曲がり，基部外側縁に一本の長い刺毛を持ち，基部は明瞭で微毛を密生し，4～5本の長い刺毛を持つ。下底節突起は細長く，その両側縁はほぼ平行で，端部にある刺毛の一本は非常に長い。把握器はバナナ状を呈し，端部内縁1/2に一列に配列した数本の長い刺毛を持つ。幼虫は止水域，特に水田の泥底に高密度で生息し，6～7月に大量発生する。本種の北陸地方での大発生が，我が国においてユスリカ喘息の存在が認識されるきっかけとなった。分布：九州，四国，本州。

シマジリユスリカ *Polypedilum (Polypedilum) medivittatum* Tokunaga, 1964 （図113-F）

体長2〜3mm。体色は後述するベノキハモンユスリカに準ずるが，やや淡色となる。触角比は1.81〜2.07。雄生殖器の形態もベノキハモンユスリカに類似するが，以下の点で異なる。上底節突起はより細く側刺毛を持たない。把握器の内縁刺毛は基部1/4から先端部にまで分布する。分布：沖縄島；ミクロネシア。

ウスモンユスリカ *Polypedilum (Polypedilum)* *nubeculosum* (Meigen, 1818) （図114-A）

体長5〜6mm。体はほぼ一様に明濃黒褐色。楯板條紋の境界および小楯板は褐色，後背板は黒色。脚の地色は黄色。基節および第5跗節は黒褐色，転節および腿節は褐色味を帯びる。翅にはかすかな雲状斑紋を持つ。翅室 r_{4+5} は基部，および基部1/2から翅端にかけて細長い雲状斑紋を，m_{3+4} は基部に，an は中央部にそれぞれ1つの雲状紋を持つ。前前胸背板葉に側刺毛を持ち，これは本種の重要な特徴の1つとなっている。触角比は1.80〜2.16。尾針は細長く，両側縁はほぼ平行で，端部はやや尖る。上底節突起は細長く，ほぼ直線状で，先端で弱く鉤状となり，外側縁のほぼ中央部に1本の長い刺毛を持つ。下底節突起は非常に細長く，その両側縁はほぼ平行である。把握器は丸みが強く，長楕円形を呈し，内縁端部3/4に1列に並んだ数本の長い刺毛を持つ。富栄養化の進んだ水域の深部および沿岸部の砂泥内に生息し，ヤモンユスリカよりも中栄養域寄りでやや標高の高い湖沼に多い傾向が見られる。分布：九州，四国，本州，北海道；北アフリカ，全北区。

ヤモンユスリカ *Polypedilum (Polypedilum)* *nubifer* (Skuse, 1889) （図114-B）

体長5〜6mm。体色はほぼ一様に暗褐色，胸部は黄灰色粉をまとう。楯板條紋は不明瞭で，側條紋の周囲が暗色となる。小楯板は褐色。平均棍は灰白色。脚の地色は黄白色。基節は黒褐色，転節および腿節は褐色味を帯びる，第2跗節はやや褐色を帯びる，第3〜5跗節は褐色である。第2〜4跗節は長い髭毛を持つ。翅には9つの雲條紋を持つ。翅室 r_{4+5} に3つ，翅室 m_{1+2} に3つ，翅室 m_{3+4} の基部近くに1つ，翅室 Cu および an にそれぞれ1つの雲状紋がある。尾針は細く，その両側はほぼ平行となる。上底節突起は側毛を欠き，ほぼ直線状で内側に向かい，先端で鉤状となる。把握器は幅広く，短い。体色，翅の斑紋パターン，把握器の形状はこの種

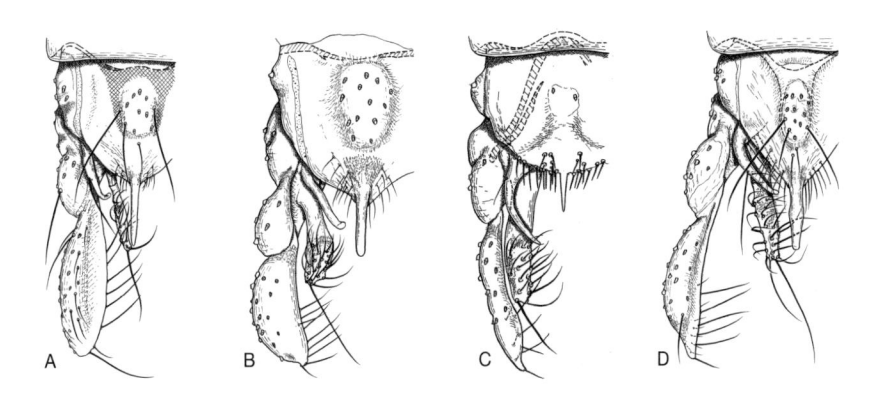

図 114 ハモンユスリカ亜属
雄交尾器背面（A: ウスモンユスリカ, B: ヤモンユスリカ, C: ホソハリハモンユスリカ, D: ソメワケハモンユスリカ）

を識別するための重要な特徴である。広域分布種である。幼虫は富栄養化の進んだ湖沼，河川の淀み，汽水域の砂泥内に棲む。しばしば公園内の堀や魚類養殖池などから大発生する。近年，世界的にも不快害虫として問題となってきている。分布：南西諸島，九州，四国，本州；ヨーロッパ，イラク，朝鮮半島，北アフリカ，東南アジア，インド，パキスタン，スリランカ，ミクロネシア，オーストラリア（タスマニアを含む）。

ホソハリハモンユスリカ（新称）*Polypedilum (Polypedilum) parviacumen* Kawai et Sasa, 1985（図 114-C）

体長 2～3mm。中胸背板の地色は黄褐色。楯板の中央条紋は不明瞭，側条紋および後背板は暗褐色である。平均棍は白色。脚は褐色の基節を除いて黄色である。腹部は黄褐色で，第 1～7 節背板後縁部は褐色となる。尾針は細く，針状で短く，第 9 背板後縁には尾針の 2/3 程の長さの刺毛が列生する。上底節突起は細く鎌状で，外側縁の基部 1/3 に側刺毛を持つ。下底節突起は細長く，把握器の半ば付近にまで達する。把握器は細長く三日月状で，底節とほぼ等長で，中央部が最も幅広くなる。雄生殖器は非常に特異な形態を示すため，同定は容易である。幼虫は富栄養化が進行していない河川の中下流域の淵の砂泥底に生息する。分布：本州。

ソメワケハモンユスリカ

Polypedilum (Polypedilum) pedestre (Meigen, 1860)（図 114-D）

体長 5 ～ 6 mm。胸部は光沢のある黒色。腹部第 1 ～ 5 背板は黄色（生時は基本的に緑色），交尾器を含む第 6 背板以降は黒褐色である。脚の地色は黄色。前脚腿節の先端 3/4 および脛節の先端部は黒褐色である。触角比は 0.86 ～ 0.96。尾針は細長く，その両側縁はほぼ平行で，端部は丸くなる。上底節突起は細長く，緩やかに内方に曲がり，外側縁中央部に 1 本の刺毛を有する。下底節突起は細長く，先端に向かって細くなり，尾針の先端部を越える。把握器は細長く，中央部が最も幅広く，内縁はほぼ直線状となり，先端 1/2 に 10 本程の長い刺毛が 1 列に並ぶ。幼虫はきわめて清澄で水温の低い河川源流・上流域の早瀬の石礫上に棲む。分布：九州，四国，本州；全北区。

タカオハモンユスリカ（新称）
Polypedilum (Polypedilum) takaoense Sasa, 1980

体長 3 mm 前後。体色はほぼ一様に黄色。楯板條紋は黄褐色，触角および小顎髭は褐色で，体色とのコントラストが顕著である。触角比は 1.20。尾針は細長く，両側縁はほぼ平行で，先端部は丸くなる。上底節突起は細長く，先端 1/3 付近で強く内方に曲がり，屈曲点外縁に 1 本の長い刺毛を持つ。下底節突起は尾針先端部とほぼ同じ位置に達し，先端 1/2 付近からやや膨潤する。把握器は細長く，中央部で最も幅広く，底節とほぼ同じ長さである。幼虫は富栄養化が進行していない河川の上流域の石礫底に生息する。分布：本州。

イツホシハモンユスリカ（改称） *Polypedilum (Polypedilum)*
tamagohanum Sasa, 1983 （図 115-A）

体長 4 ～ 5 mm。体はほぼ全面暗褐色である。前脚の腿節は暗褐色，脛節および跗節は黄色。中・後脚の腿節は暗褐色，脛節は褐色，跗節は黄色である。平均棍は褐色。翅面は乳白色を呈し，5 つの暗色斑を持つ。翅室 m_{4+5} の基部に 1 つ，翅室 m_{3+4} の基部および端部に 1 つずつ，cu_1 の末端部に 1 つ，翅室 an の中央部に 1 つの斑紋を持つ。前脛節末端の鱗片には，端部の尖った明瞭な刺を持つ。前脚跗節は明瞭な髭毛を備える。触角比は 1.27 ～ 1.33。尾針は細長く，その両側縁はほぼ平行で，端部は丸みを帯びる。上底節突起の微毛をそなえる基部は大きく明瞭で，2 ～ 3 本の長い内刺毛を持つ。角状の突起部分は内方に強く湾曲し，基部近くの外側縁に長い 1 本の刺毛を持つ。下底節突起は細長く，端部付近でやや膨らみ，尾

針の先端部を少し越えて後方に伸びる。成虫は本州の山地帯で採集される。幼虫は富栄養化の進行していない河川の上中流域に生息する。トホシハモンユスリカの和名が付けられていたが，翅の実際の斑紋数は5個であることから，イツホシハモンユスリカと改称した。本種はヨーロッパ，北米大陸に分布する P. (P.) *laetum* (Meigen, 1818) の新参シノニムであることはほぼ確実であるが，後々混乱を来す恐れがあるため，ここでの変更は避け，別の機会に譲りたい。分布：本州，北海道。

ニセソメワケハモンユスリカ（新称）*Polypedilum (Polypedilum) tamaharaki* Sasa, 1983 （図115-B）

体長5〜6 mm。色彩はソメワケユスリカに酷似するが，以下の特徴で異なる。腹部第1〜6背板は黄色（生時は基本的に緑色）で，第7背板以降は黒褐色となる。全脚の腿節および脛節は黒褐色か黒色である。触角比は 0.78〜0.89。生殖器の形態はソメワケハモンユスリカに準ずる。幼虫は清澄な河川の上中流域の早瀬の石礫上に棲む。ソメワケハモンユスリカと混生する。分布：九州，本州。

南西諸島（沖縄島，石垣島，西表島，与那国島）に本種と色彩の類似したミナミソメワケハモンユスリカ P. (P.) *okiharaki* Sasa, 1990 が分布する（図115-C）。体長は 3.5 mm 前後で，ソメワケハモンユスリカおよびニセソメワケハモンユスリカよりもかなり小型である。触角比は 1.40〜1.53 と高い値を示す。また雄生殖器の把握器が端部に向かって幅広くなるという特徴から識別は容易である。幼虫の生息環境も前2種とは大きく異なり，林内の湿地あるいはそこから流出する小河川の緩流部に生息する。

ホソヒゲハモンユスリカ（新称）*Polypedilum (Polypedilum) tamahosohige* Sasa, 1983 （図115-D）

体長3 mm 内外。体は一様に暗褐色。楯板は白粉を装い，楯板條紋は黒褐色，小楯板は褐色。平均棍は淡黄褐色。脚の地色は黄色。全脚の基節は暗褐色，転節および腿節は褐色味を帯びる。触角比は小さく，0.40〜0.47。尾針は細長く，先端に向かってやや細くなり，端部は丸みを帯びる。上底節突起の基部は比較的幅広く，端部に向かって強く細まり，内方に曲がり，角状突起の基部側縁に1本の刺毛を持つ。幼虫は清澄な河川の上中流の渓流型水域の淵に堆積した落葉中やその下の砂泥中に生息する。分布：九州，本州。

クロハモンユスリカ *Polypedilum* (*Polypedilum*) *tamanigrum* Sasa, 1983 （図 115-E）

体長2～3mm。外見からは前種ホソヒゲハモンユスリカとほとんど区別がつかない。同定には触角比や雄生殖器の形態を観察する必要がある。以下の特徴により識別される。触角比は0.65～0.79で本種の方がやや大きくなる，脚比は1.79～1.96（ホソヒゲハモンユスリカでは1.68～1.73）。雄生殖器の上底節突起は細長く，非常に緩やかに曲がり，角状突起の外縁中央部に刺毛を持つ。ここで触角比，脚比の相違を示したが，この両形質には個体変異のばらつきが頻繁に見られることから，1つの目安としては利用できるが，最終的には雄生殖器の形態が重要となる。清澄な河川の上中流の渓流型水域の淵に堆積した落葉中やその下の砂泥中に生息する。分布：九州，本州。

ツクバハモンユスリカ *Polypedilum* (*Polypedilum*) *tsukubaense* (Sasa, 1979) （図 115-F）

体長3～4mm。体は脚を含めてほぼ一様に黄色であるが，腹部はやや淡色となる。触角は褐色となり，体色とのコントラストが顕著である。触角比は1.66～1.84。前脚脛節末端部の鱗片は刺を持たない。尾針は細長く，その両側縁はほぼ平行である。上底節突起は細長く，内方に緩やかに曲がり，先端部は鉤状となり，外側縁中央部に1本の長い刺毛と内側縁中央部に2～3本の刺毛を持つ。上底節突起の内側縁に刺毛を持つ種は本種のみの特徴で，日本産の他の種からは知られていない。下底節突起は非常に細長く，端部に向かって細くなり，尾針の先端部を大きく越えて後方に伸長する。把握器は細長い。幼虫は富栄養化の進行していない河川の上中流の渓流型水域に生息する。分布：九州，本州。

ミツオハモンユスリカ亜属（新称）*Tripodura* Townes, 1945

体長2～4mm。翅は大毛を持たない。翅面は無紋かあるいは淡色ないしは暗色斑を持つ。多くの種は尾針の両側に突起を持つ。上底節突起は板状で微毛を密生する。流水・止水ともに生息し，清澄域から有機汚濁の進行した水域まで分布する。よく似た斑紋を持つ種も複数あり，同定には雄生殖器の形態を観察することが必要である。日本から17種が報告されているが，南西諸島にはまだ多数の未記載種が残されている。ここでは普通に見られる6種について，

2-3. 属・主要種への検索

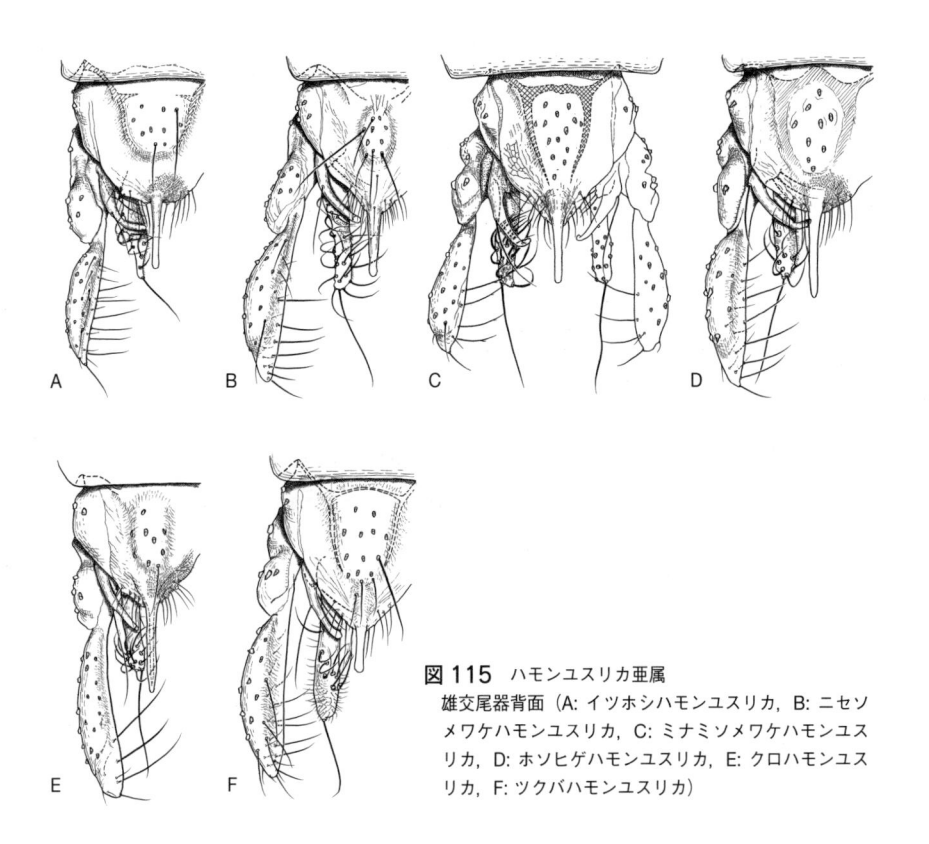

図115 ハモンユスリカ亜属
雄交尾器背面 (A: イツホシハモンユスリカ, B: ニセソメワケハモンユスリカ, C: ミナミソメワケハモンユスリカ, D: ホソヒゲハモンユスリカ, E: クロハモンユスリカ, F: ツクバハモンユスリカ)

検索表を与え，解説を試みる．なお，検索表に示された翅の斑紋はあくまで目安であり，これに該当する種は他にもある．雄生殖器の形状もあわせて同定していただきたい．

種への検索表

1. 尾針基部に1対の突起がある ··· **2**
- 尾針基部に突起はない ··· **4**
2. 尾針は太く，基部で顕著にくびれる ·· **3**
- 尾針は細長い ················ ヒロオビハモンユスリカ *unifascium* (Tokunaga, 1938)

2. 主要種への検索表

3. 尾針基部の突起は明瞭である
   ・・・・・・・・・・・・・・・・・・・・・・・・・・・ ニセヒロオビハモンユスリカ *tamahinoense* Sasa, 1983
－ 尾針の突起は弱く，わずかに突出する程度
   ・・・・・・・・・・・・・・・・・・・・・・・ フタオビハモンユスリカ *asoprimum* Sasa et Suzuki, 1991
4. 尾針は細長く，翅室 r_{4+5} は3つの暗色斑紋を持つ
   ・・・・・・・・・・・・・・・・・・・・・・・・・・・・・・・ ハマダラハモンユスリカ *masudai* (Tokunaga, 1938)
－ 尾針は太く，翅室 r_{4+5} は1つないし2つの暗色斑紋を持つ・・・・・・・・・・・・・・・・・・・・・・ 5
5. 尾針は基部で顕著にくびれる。翅室 r_{4+5} の暗色紋は1つ
   ・・・・・・・・・・・・・・・・・・・・・・・・ ヤマトハモンユスリカ *japonicum* (Tokunaga, 1938)
－ 尾針は非常に幅広く，その両側はほぼ並行で，くびれることはない
   ・・・・・・・・・・・・・・・・・・・・・・・・ タナネハモンユスリカ *tananense* Sasa et Hasegawa, 1988

フタオビハモンユスリカ（新称） *Polypedilum (Tripodura) asoprimum* Sasa et Suzuki, 1991 （図116-A）

　体長3mm。体はほぼ褐色。楯板條紋は暗褐色，小楯板および平均棍は黄色，脚は淡褐色。翅は2つの黒色帯状紋を持つ。1つは臀室中央部に位置する。もう1つは翅中央部に有り翅を横切る，翅室 r_{4+5} は1つの斑紋を持ち，翅室の基部近くから生じる，翅室 m_{1+2} の斑紋は翅端に向かって細長く伸び，基部は翅室 r_{4+5} の斑紋とほぼ同じ位置から始まり斑紋のずれはほとんどない，翅室 m_{3+4} の斑紋は翅室の基部に位置する，翅底部の斑紋は Cu_1 の端部に位置する。触角比は $0.81 \sim 1.08$。尾針は比較的太く，基部付近でくびれ先端に向かって強く拡がる。尾針両側の突起は低く，幅広い。上底節突起は幅広く，2本の長い端刺毛と，内縁から後縁にかけて数本の短刺毛を持つ。把握器は細長く，底節の長さよりもやや長くなる。
分布：九州，本州。

ヤマトハモンユスリカ *Polypedilum (Tripodura) japonicum* (Tokunaga, 1938) （図116-B）

　体長 $2 \sim 3$ mm。胸部の地色は暗褐色である。楯板條紋は黒色で明瞭である，小楯板は褐色，後背板は黒色，側板と腹板は黒色。脚の基節と転節は黒色，腿節の基部2/3は暗褐色，端部1/3は黄色，関節部は黒色，脛節および跗節を含めて残りの部分は黄褐色となる。腹部は黄褐色で端部は暗色となる，交尾器は黒色。翅の黒色斑紋は *asoprimum* に類似しているが以下の点で異なる。翅室 r_{4+5} にある斑紋は翅室基部からやや距離を置いて生じている，翅室 m_{1+2} には翅端1/4にさらにもう1つの方形の斑

図116 ミツオハモンユスリカ亜属
A: フタオビハモンユスリカ(雄交尾器背面), B: ヤマトハモンユスリカ(a: 雄交尾器背面, b: 尾針側面), C: ハマダラハモンユスリカ (雄交尾器背面), D: ニセヒロオビハモンユスリカ (雄交尾器背面)

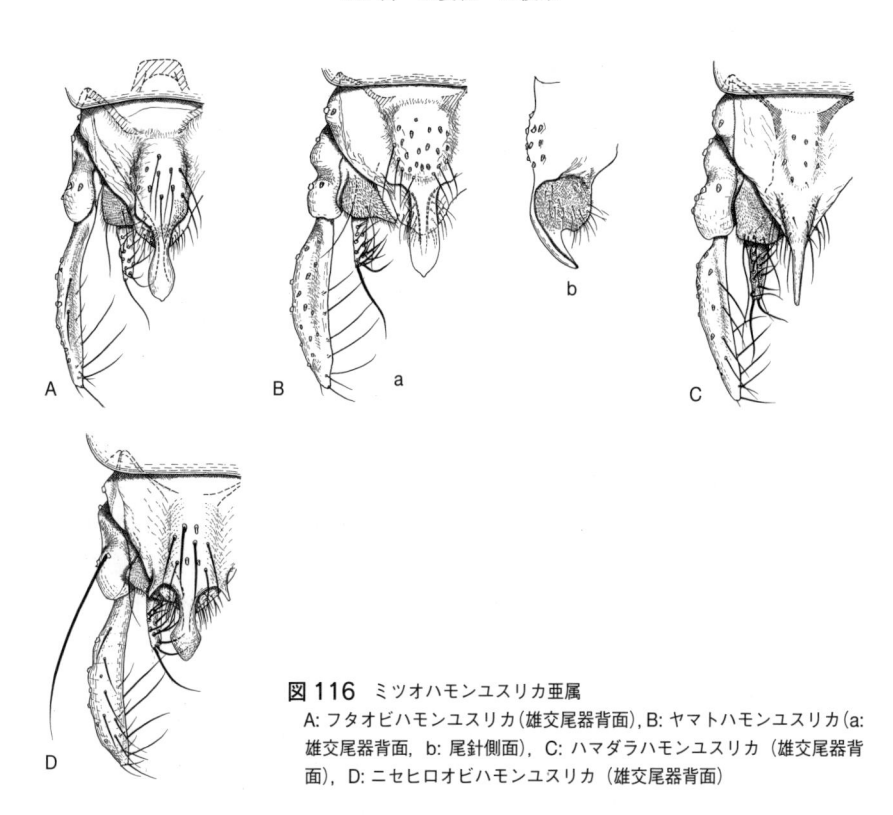

紋を持つ，臀室の斑紋はより明瞭で方形となる。この斑紋は本種の重要な識別形質となっている。尾針は幅広く，端部1/3は強くくびれ，尾針基部には突起を欠く。把握器は細長く，底節の長さを超える。幼虫は流水域，止水域にも生息するが，富栄養化の進んだ河川の淀みの砂泥内に棲むことが多い。分布：九州，四国，本州。

ハマダラハモンユスリカ *Polypedilum (Tripodura) masudai* (Tokunaga, 1938) （図116-C）

体長2〜3mm。体はほぼ全体褐色から暗褐色。中胸背板の地色は褐色。楯板条紋はそれぞれ明瞭に分離し暗褐色。小楯板は淡褐色。後背板は暗褐色。脚の色彩は特徴的である。基節および転節は暗褐色。腿節の地色は暗褐色であるが，先端1/3は淡褐色となる。脛節は完全に淡褐色である。跗節は暗褐色の末端節を除いて，ほぼ淡褐色である，第1跗節は端部近くに暗褐色環を持つ，2〜4跗節はそれぞれ中央部に暗褐色環を持つ。翅の

斑紋は P. (T.) asoprimum の斑紋をベースとして以下の斑紋が追加される。翅室 r_{4+5} の端半部にはほぼ方形をした2つの斑紋があり，この翅室には3個の斑紋が存在する。翅室 m_{1+2} の中央部の斑紋は P. (T.) asoprimum のそれより明瞭に大きくなり，さらに翅室の端部にほぼ三角形をした小さな斑紋を持つ。翅室 m_{3+4} 端部前方に三角形をした斑紋を持つ。翅室 Cu 末端付近に小斑紋を持つ。触角比は約2.5。尾針は細く単純で，尾針基部両側には突起を持たない。下底節突起の先端は尾針の先端とほぼ同じ高さに位置する。幼虫は，富栄養化のあまり進行していない，主に海水の混じり合う河川下流部の砂泥底に生息するが，内陸部の湖沼でも確認される。分布：九州，四国，本州。

ニセヒロオビハモンユスリカ（新称）
Polypedilum (Tripodura) tamahinoense Sasa, 1983（図 116-D）

体長3mm強。中胸背板の地色は褐色である。楯板條紋および後背板は暗褐色，平均棍は黄色。腹部1～5背板は緑黄色，6～交尾器は暗褐色である。脚の地色は黄色。前脚腿節の基部2/3，中，後脚腿節の基部1/2，前脚の全跗節，中・後脚の3～5跗節および全腿節の端部は褐色である。翅の斑紋はヒロオビハモンユスリカ *unifascium* に準ずる。触角比は1.14～1.38。尾針は先端1/3付近で強く膨潤し，尾針基部の突起は顕著で先端が尖る。把握器は細長く，底節の長さと同じかそれよりやや長い。幼虫は富栄養化のあまり進行していない河川の中流部の淵の砂泥底に生息する。分布：九州，本州。

タナネハモンユスリカ（改称）*Polypedilum (Tripodura)*
tananense Sasa et Hasegawa, 1988（図 117-A）

体長3～4mm。体色は黄褐色を基調とする。楯板條紋側縁部および後背板は褐色，小楯板は淡黄褐色である。脚の地色は淡黄褐色。腿節は基部1/2～2/3は褐色となり亜端部に褐色環を持つ，脛節はやや褐色味を帯びる，跗節は端部に向かって暗色となる。腹部は一様に暗褐色である。雄生殖器把握器は淡褐色となる。翅には中央部を横断する斑紋と翅端部に沿って現れる斑紋，翅室 cu, an を横断する斑紋を持つ，斑紋は反射光によって青紫色となる。翅室 r_{2+3} はほぼ全体に斑紋が拡がる，翅室 r_{4+5} の基部斑紋亜は翅室基部から生じる，翅室 m_{1+2} の斑紋は翅基部から翅脈 M, M_{1+2} に沿って翅端部にまで伸びる，翅室 cu, an を横断する斑紋は翅脈

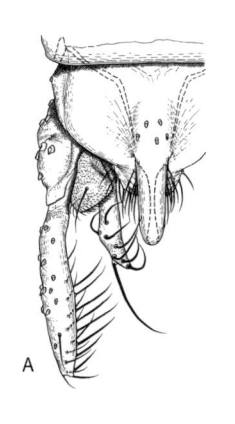

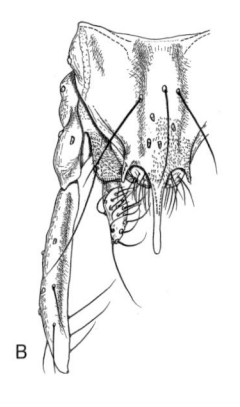

図 117 ミツオハモンユスリカ亜属
A: タナネハモンユスリカ（雄交尾器背面），
B: ヒロオビハモンユスリカ（雄交尾器背面）

An に沿って翅基部にまで伸びる。触角比は約 1.1。尾針は太く，両側縁は平行となり，端部は強く丸みを帯びる。尾針基部の第 9 背板上に突起を持たない。上底節突起は背面に 1 本の長い刺毛を持つ。下底節突起は細長く，両側縁はほぼ平行で，端部で細くなる。把握器は細長く底節とほぼ同じ長さで，その両側縁はほぼ平行で，内縁の端部 1/2 に 10 本前後の長い刺毛を列生する。原記載によると幼虫は淡水下に生息するとあるが，模式産地を調査してもそのような環境は見いだせなかった。西表島，石垣島では河口に拡がるマングローブ林の中で成虫，幼虫とも採集されている。ほぼ周年発生が認められるが，冬期に発生のピークが認められる。分布：宮古島，石垣島，西表島。

ヒロオビハモンユスリカ *Polypedilum (Tripodura) unifascium* (Tokunaga, 1938) （図 117-B）

体長 2 mm 前後。中胸背板の地色は暗褐色。中胸背板の条紋は不明瞭，小楯板は淡褐色。脚の基節は暗褐色，転節は褐色，腿節の基部半分は暗褐色で端半部は淡褐色，脛節および跗節は淡褐色。腹部は褐色。翅の斑紋はニセヒロオビハモンユスリカ *P. (T.) tamahinoense* と同様である。尾針は細長く，その両側縁はほぼ平行である。尾針基部の両側にある突起は先端は細長く，顕著である。把握器は細長く，底節とほぼ同じ長さで，その両側縁はほぼ平行となる。幼虫は富栄養化の進行した河川の中下流域の緩流部の砂泥底に生息する。沖縄島，宮古島および石垣島に生息するミヤコユスリカ *P. (T.) miyakoense* Hasegawa et Sasa, 1987 は体色，翅の斑紋等で本種にきわめて類似し，かつ同所的に生息しているので，南西諸島からの

標本を調査するにあたっては特に注意をする。雄生殖器を比較すれば識別は容易であるが，慣れれば翅室 m_{1+2} の斑紋がやや薄くかつ小さくなることで識別は可能である。分布：南西諸島，九州，四国，本州．

ウスイロハモンユスリカ亜属 *Uresipedilum* Oyewo et Sæther, 1998

体長3～5 mm。翅は大毛，斑紋を欠く。上底節突起は基部に幅広い葉片部分を持ち，徐々に端部の角状部分につながっている。*Asheum* も同様の特徴を示すが，底節が側方で強く突出し，把握器基部と明瞭な段差が生じていることで異なる。幼虫は流水性で，河川の源流域から中流域まで，また清澄な水域からかなり富栄養化の進行した水域に至る早瀬の石礫上に棲む。日本から11種が報告されている。この亜属を認めるかについては，異論を唱える研究者もいる。

種への検索表

1. 尾針は太い ··· **2**
- 尾針は細い ··· **4**
2. 上底節突起の外側方葉片の後方への突出は非常に弱く，角状突起は短い
 ························· フトオハモンユスリカ *aviceps* Townes, 1946
 体長3～4 mm。体はほぼ全体淡黄色から黄緑色で，前脚の跗節のみが淡褐色となる。翅は斑紋を持たない。触角比は1.56～1.83。尾針は幅広く，両側縁はほぼ平行で，端部は丸くなる。上底節突起は幅広く，内方角状突起は短く，後側方葉片は低く不明瞭。下底節突起は比較的短く，底節端部の位置をやや越える程度で，端部に見られる1本の長刺毛は端部1/4付近から生じる（側方から観察すれば明瞭に認められる）。幼虫は清澄な河川上・中流の早瀬の石礫上に棲む。分布：本州；USA
- 上底節突起の外側方葉片は顕著に後方に突出し，内方角状突起は長く，明瞭に認められる
 ·· **3**
3. 下底節突起を側方より観察した時，1本の長い刺毛は，ほぼ先端部から生じる
 ························· スルガハモンユスリカ *surugense* Niitswuma, 1992
- 下底節突起を側方より観察した時，先端部は顕著な三角形状を呈し，1本の長い刺毛は先端部の刺毛群から明瞭に離れた位置より生じる
 ························· カワリフトオハモンユスリカ *paraviceps* Niitsuma, 1992
4. 尾針は短く，先端部に向かって徐々に細くなり，下底節突起の先端部を越えない．上底節突起の外側方葉片は2～5本の長い刺毛を持つ
 ························· ウスイロハモンユスリカ *cultellatum* Goetghebuer, 1931
- 尾針は細く長く，その両側はほぼ平行となり，下底節突起の先端部とほぼ同じ位置にするか越える。上底節突起の外側方葉片は1本の長い刺毛を持つ ···························· **5**

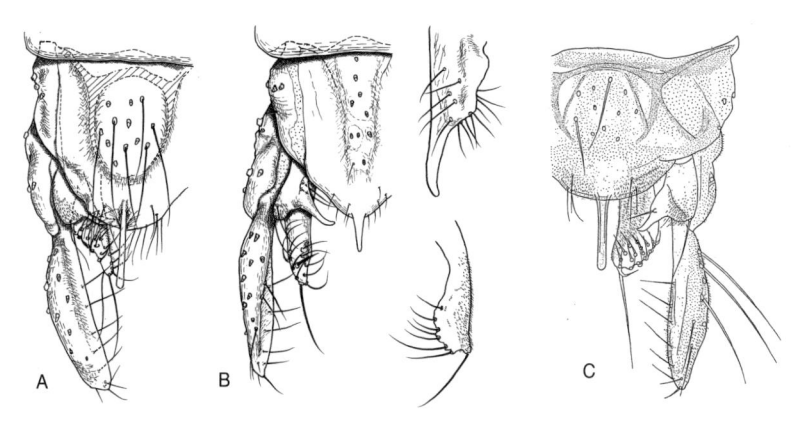

図118 ウスイロハモンユスリカ亜属
A: キミドリハモンユスリカ（雄交尾器背面），B: ウスイロハモンユスリカ（雄交尾器背面），C: ニセキミドリハモンユスリカ（雄交尾器背面（Kawai & Sasa より引用））

5. 上底節突起は内方角状突起の基部に1本の刺毛を持つ
　………………… ニセキミドリハモンユスリカ *hiroshimaense* Kawai et Sasa, 1985
－ 上底節突起の内方角状突起の基部に刺毛を持たない ……………………………… **6**
6. 体はほぼ一様に暗褐色を呈する … ウスグロハモンユスリカ *pedatum* Townes, 1945
－ 体はほぼ一様に淡黄緑色を呈する
　………………………………… キミドリハモンユスリカ *convictum* (Walker, 1856)

キミドリハモンユスリカ *Polypedilum* (*Uresipedilum*) *convictum* (Walker, 1856) （図118-A）

　体長3～4mm。体は淡褐色となる前脚跗節を除いてほぼ一様に淡黄色から淡黄緑色である。羽は斑紋を持たない。尾針は細長く，その両側はほぼ平行である。上底節突起の角状部分はやや太く，外方基部の葉片部分は比較的強く突出する。下底節突起の端部1/3で幅広くなり，背面から観察した時，先端部が斜めに裁断されているように見える。幼虫は清澄な河川上流域の早瀬の石礫上に棲む。分布：九州，本州；北アフリカ，全北区。

ウスイロハモンユスリカ *Polypedilum* (*Uresipedilum*) *cultellatum* Goetghebuer, 1931 （図118-B）

　体長3～4mm。体の地色は黄色ないしは黄緑色である。典型的なものでは楯板は褐色味を帯び，楯板條紋および後背板は赤褐色から暗褐色であるが，全体黄色となる個体も多く，*pedatum* を除いた他のこの亜属の他

の種からの外観で識別はきわめて困難である。翅は斑紋を持たない。前脚脛節末端は三角形状に突出し，端部は尖る。触角比は1.2～1.9。尾針は細くかつ比較的短い。上底節突起の内方角状突起は比較的長く，外側方葉片の形状は変化に富むが顕著で2～5本の長側毛を持つ。幼虫はやや富栄養化した河川の石礫上や湖沼の水生植物表面に高密度で棲む。分布：南西諸島，九州，四国，本州，北海道；ヨーロッパ，北アフリカ。

ニセキミドリハモンユスリカ *Polypedilum (Ureshipedilum) hiroshimaense* Kawai et Sasa, 1985 （図118-C）

体長3～4mm。色彩および尾針の形状はキミドリハモンユスリカとほぼ同様である。翅は斑紋を持たない。上底節突起はキミドリハモンユスリカにほぼ同じであるが，内方角状突起基部に1本の刺毛を持つ。下底節突起は，背面から観察した時，亜端部でやや外方に拡がり，端部の長刺毛はやや基部より腹面より生じている（キミドリハモンユスリカは端部より生じる）。幼虫は清澄な河川上流域の早瀬の石礫上に棲む。分布：本州。

カワリフトオハモンユスリカ *Polypedilum (Ureshipedilum) paraviceps* Niitsuma, 1992 （図119-A）

体長2.7～3.5mm。色彩および尾針の形状は$aviceps$とほぼ同様である。上底節突起の外側方葉片は強く突出し，内方角状突起は細長く明瞭である。下底節突起を側方より観察した時，明瞭な三角形状を呈し，端部に顕著な瘤を持ち，その瘤より1本の長い刺毛が生じている。幼虫は富栄養化の進んだ河川上中流域の早瀬の石礫上に棲む。分布：本州。

ウスグロハモンユスリカ（新称）*Polypedilum (Ureshipedilum) pedatum* Townes, 1945 （図119-B）

体長2～4mm。体はほぼ全体暗褐色。肢は暗褐色の基節を除いて黄色から黄褐色である。翅は斑紋を持たない。尾針は細長く，端部に向かって徐々に細くなる。上底節突起の内方角状突起は細く伸びるものからやや太く短くなるものまで変異に富む，外側方葉片は低く不明瞭なものから比較的明瞭に突出するものまで見られる。幼虫は清澄な河川上流域の早瀬の石礫上に棲む。分布：本州；USA。

スルガハモンユスリカ *Polypedilum (Ureshipedilum) surgense* Niitsuma, 1992 （図119-C）

体長3～5mm。色彩および尾針の形状は$aviceps$, $paraviceps$とほ

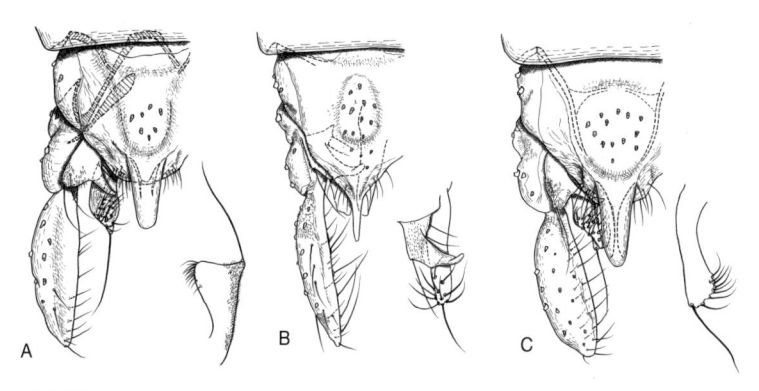

図119 ウスイロハモンユスリカ亜属
A: カワリフトオハモンユスリカ，B: ウスグロハモンユスリカ（雄交尾器背面），C: スルガハモンユスリカ（雄交尾器背面）

ぼ同様である。尾針は幅広く，上底節突起の形状は *paraviceps* に類似するが，内方角状突起はより細くなる。下底節突起を側方より観察した時，端部は三角形状に拡がることはなく，1本の長刺毛は先端部より生じている。幼虫は富栄養化の進んだ河川中下流域の早瀬の石礫上に棲む。分布：四国，本州。

ヒメケバコブユスリカ属 *Saetheria* Jackson, 1977

体長2〜3mmの小型のユスリカ。小さな額前突起を持つかあるいは欠く。楯板瘤を持たない。幼虫の触角の節数の相違によってケバコブユスリカ属から分離された属で，成虫形態は後者に準ずるが，以下の特徴で異なる。第9背板の尾背バンドは部分的に融合しY字型となる。日本からヒメケバコブユスリカ *S. tylus* Townes, 1945 1種が知られる。

ヒメケバコブユスリカ（新称）*Saetheria tylus* Townes, 1945（図120）

体長3mm前後。額前突起を欠く。楯板は淡緑色，條紋は赤褐色。腹部は緑色。第9背板の尾背バンドは深く切れ込み，端部で融合し，明瞭なY字型を示す。尾針は短く，比較的太く，基部で明瞭にくびれる。上底節突起は二段の葉片からなり，端部の葉片は指状となり，比較的強い亜端刺を持つ。分布：九州，本州；全北区。

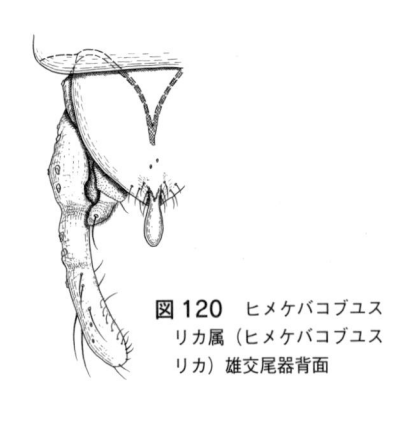

図120 ヒメケバコブユスリカ属（ヒメケバコブユスリカ）雄交尾器背面

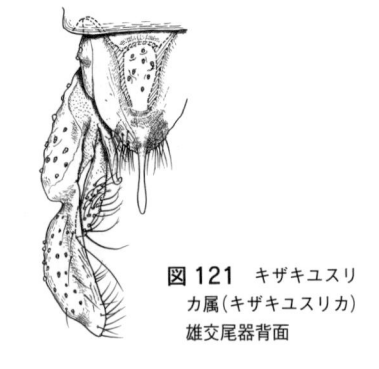

図121 キザキユスリカ属（キザキユスリカ）雄交尾器背面

キザキユスリカ属 *Sergentia* Kieffer, 1922

　体長7～10 mm。体色は全体黒褐色。翅面は全面，あるいは端部付近に大毛を持つ。楯板瘤を欠く。前脚脛節末端は刺を持たない。前脚跗節は密生した長い髭毛を持つ。尾針は細長く，先端1/3付近で弱く拡がり，端部は丸くなる。上底節突起は角状で硬化し，端部は鉤状となり，外側に刺毛を持たない。下底節突起は細長く，その両側はほぼ平行となる。本属に形態的に酷似するハケユスリカ属 *Phaenopsectra* とは前脚跗節の髭毛の有無および上底節突起外側の刺毛の有無で識別できる。現時点で1種が報告されている。

キザキユスリカ *Sergentia kizakiensis* (Tokunaga, 1940) （図121）

　　翅面は通常全面に大毛を持つが，前端部付近に大毛が限定されている個体群があり，これをキザキユスリカと別種とするかについては現在保留中である。この特徴以外に明瞭に識別はできない。幼虫は止水性あるいは河川の緩流部に生息している。成虫は平地では林に囲まれた小規模なため池，湖沼で見られることが多く，年一化で早春に発生し，場所によっては水域全体を覆うほどの群飛を見ることができる。山地の水温の低い場所では周年見ることができる。長野県木崎湖が模式産地である。分布：九州，本州，北海道（四国は調査不足）。

ハムグリユスリカ属 *Stenochironomus* Kieffer, 1919

　体長4～6 mm。体は大変特徴的な色彩を持つものが多い。翅は透明または淡褐色～褐色の帯状の斑紋を持つ。前前胸背板は背方で非常に狭くなる。楯板は強く前方に突出し，前前胸背板を完全に被う。そのため前前胸背板を背面か

ら見ることはできない。中，後脚脛節櫛は融合し，2本の刺を持つ。腹部はほとんどの種が淡黄色〜緑色で，一部に暗色・不定形の紋を持つことが多い。第9背板は縦長である。尾針は細長く，その両側はほぼ平行となる。上底節突起は短く，幅広い葉片状で，内縁に刺毛が列生する。下底節突起は非常に細長く，側方向に圧搾され，先端部に3〜10本の刺毛を列生する。最先端部の刺毛は太く短い嘴状から顕著に長い刺毛まで変化に富む。幼虫はその扁平な体型から，各種植物の葉などに潜り，葉肉を摂食していると判断される。ハスムグリユスリカ（*S. nelumbus* Tokunaga et Kuroda, 1936）の幼虫はハスの葉に潜り，食害することが知られている。八重山諸島（西表島，石垣島）では湿地に生えるサガリバナの水中に没した葉に潜り，これを摂食している種が生息しており，第一次分解者としての機能を果たし，湿地林の維持に貢献していると考えられる。日本から11種が知られるが，本属の雄生殖器はお互いに類似しており，いくつかは再検討が必要である。これ以外も，数種以上の種が分布していることを確認している。

種への検索表

1. 翅は全く斑紋を持たない ……………………………………………………………… **2**
 - 翅は非常に薄い場合もあるが，斑紋を持つ ………………………………………… **4**
2. 楯板は淡黄色で無紋である … ムモンハムグリユスリカ *irioijeus* Sasa et Suzuki, 2000
 - 楯板は黒褐色の斑紋を持つ …………………………………………………………… **3**
3. 楯板は2つの黒褐色の斑紋を持つ
　　　　　…………フタホシユスリカ sp. (*membranifer* seusu Sasa 1985, *nec* Yamamoto)
 - 楯板は光沢のある黒色紋で広く覆われる
　　　　　……………………………… ムナグロハムグリユスリカ *membranifer* Yamamoto, 1981
4. 翅の端半は暗色となる。楯板は斑紋を持たない
　　　　　……………………………… ミヤマハムグリユスリカ *nubilipennis* Yamamoto, 1981
 - 翅は中央部と翅端部に斑紋を持つ …………………………………………………… **5**
5. 楯板，小楯板および後背板は一様に黄白色で無紋である
　　　　　……………………………… セジロハムグリユスリカ *okialbus* Sasa, 1990
 - 楯板および後背板は暗色の斑紋を持つ ……………………………………………… **6**
6. 翅は中央部と翅端部に非常に薄い斑紋を持つ
　　　　　……………………………… ウスオビハムグリユスリカ *panus* Borkent, 1984
　　S. ikiabeus Sasa et Suzuki, 1999 はおそらく本種の新参シノニムであろう
 - 翅中央部と翅端部の斑紋は明瞭である ……………………………………………… **7**
7. 下底節突起端部の刺毛は非常に長い

…… フタオビユスリカ *Stenochironomus satouri* (Tokunaga et Kuroda, 1936)
体長4mm前後。胸部，腹部は淡緑色。楯板中央に1対の黒褐色小斑点および基部に1対の黒褐色條紋を持つ。後背板は前方中央部を除いて黒褐色。全脚の腿節，脛節はほとんど一様に黒褐色。後脚腿節の先端4/5付近がやや淡色となる。跗節はすべて黄白色。翅中央部に前縁から後縁に達する幅広い淡褐色の斑紋があり，翅後縁部は臀室の基部1/2付近まで伸びている。翅端部にM_{1+2}をまたいだ三角形様の淡褐色紋がある。尾針は端部に向かって徐々に細くなり，先端部は丸みを帯びる。把握器は長い三日月状。下底節突起端部の刺毛は長い。成虫は里山的環境下のため池や放棄水田脇で得られている。*S. inalameus* Sasa, Kitami et Suzuki, 2001 については本種との関係を検討する必要がある。分布：九州，本州
－ 下底節突起端部の刺毛は短く嘴状 ……………………………………………………… **8**
8. 翅端の斑紋はM_{1+2}脈の先端1/3付近にまで広がり，斑紋は明瞭である。前脚脛節および後脚脛節基1/2は黒褐色である
………………………… ハスムグリユスリカ *nelumbus* (Tokunaga et Kuroda, 1936)
S. oyabearcuatus Sasa, Kawai et Ueno, 1988 は本種の新参シノニムの可能性が高い。この種の原記載に示された図に見られるような下底節突起は，プレパラート作成の際に横向きとなったもので，ハスムグリユスリカも側方から観察した時このように幅広くなっている
－ 翅端部の斑紋は端部に限定され，色彩も淡い。前脚脛節基半および後脚脛節は一様に褐色
………………………………… ツマモンハムグリユスリカ *balteatus* Borkent, 1984
S. shoubimaculatus Sasa, 1989 はおそらく本種の新参シノニムと思われる。模式標本による確認が必要である。

ムナグロハムグリユスリカ（改称）

Stenochironomus membranifer Yamamoto, 1981 （図122-A）

体長3～4mm。特徴的な色彩を持った種で，この属の他の種からの識別は容易である。楯板は光沢のある大きな黒色の斑紋を持つ。小楯板および小楯板前方の楯板基部は黄白色である。後楯板は黒色。腹部はオリーブ色であるが，第6腹板に不定形の黒褐色紋を持ち，生殖器はやや暗色となる。尾針はこの属ではやや太く，中央部でややくびれ，端部は顕著に丸くなる。把握器の両側はほぼ平行で，端部でやや広がる。*S. hibarasextus* Sasa, 1990 はおそらく本種の新参シノニムであろう。成虫は里山的景観を残した地域のため池等で得られることが多い。分布：九州，本州（四国からの報告はないが，おそらく生息しているだろう）。

ミヤマハムグリユスリカ（新称）

Stenochironomus nubilipennis Yamamoto, 1981 （図122-B）

体長3.0～4.5mm。胸部は淡橙黄色で，條紋は不明瞭で，側條紋がや

図122 ハムグリユスリカ属
A: ムナグロハムグリユスリカ（a: 翅，b: 雄交尾器背面，c: 同側面，d: 上底節突起），B: ミヤマハムグリユスリカ（a: 翅，b: 雄交尾器背面，c: 同背面，第9背板を除いたもの）

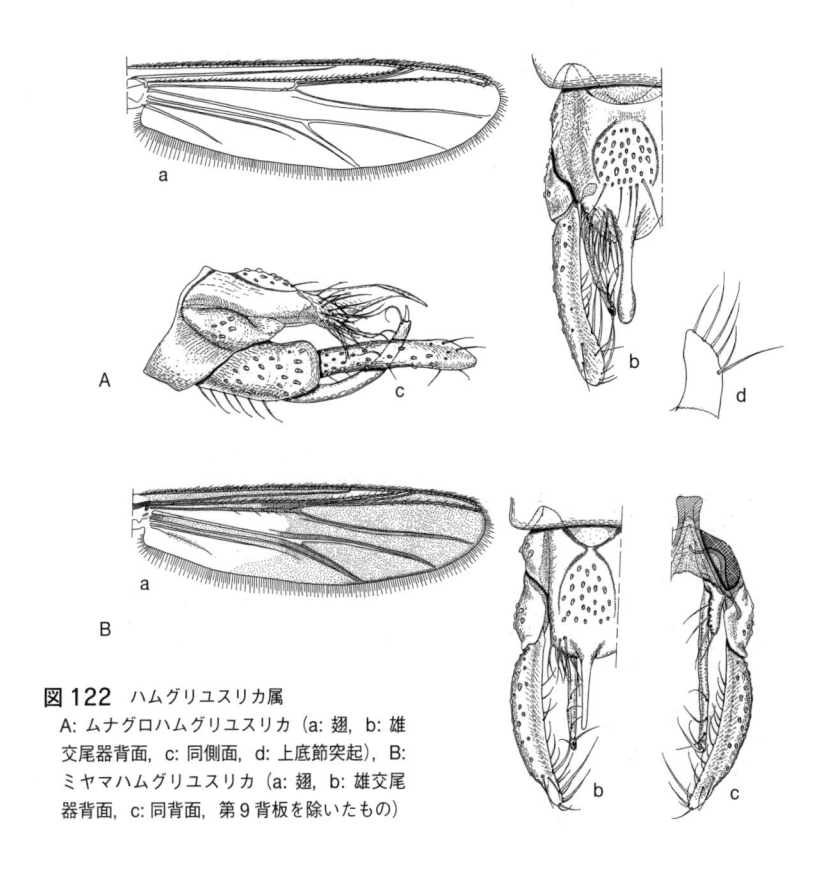

や暗色になる。腹部第1〜4節は淡黄色で，以降の節は暗褐色となる。脚の腿節および脛節は暗褐色となり（中脚脛節の端半部は黄白色），跗節は黄白色の前脚第1跗節の基部約1/2を除いて黄白色である。翅の色彩は特徴的で，端半部が薄く褐色を帯び，この種の重要な識別形質となっている。山地性のユスリカである。分布：九州，本州。

アシマダラユスリカ属 *Stictochironomus* Kieffer 1919

体長4〜8mm。体色は淡褐色から黒色。脚に特徴的な白色のリングを持つことが多い。翅は透明であるが，r-m横脈上は黒く着色されることもある。また，翅面に黒褐色の斑紋あるいは斑点を持つ種もいる。楯板瘤は顕著である。前脚脛節末端は円錐状に突出する。中，後脚の脛節櫛は完全に融合し，通常1本

の刺を持つ。細い単純な褥盤を持つ。尾針は細長い。上底節突起は細長く，角状で，先端背面付近に1本の長い刺毛を持つ。把握器は比較的幅広く，端部で扁平となり，可動でやや内方に折れ曲がる。幼虫は止水域，緩流域，貧栄養の水域から富栄養化した水域までさまざまな環境下で見られ，砂泥底質を好む傾向が見られる。日本から10種が報告されているが，6種を除いては再検討の必要がある。

種への検索表

1. 翅面には r-m 横脈上が暗色となる以外，斑紋を持たない ・・・・・・・・・・・・・・・・・・・・・・・・・・・ **2**
- 翅面に褐色の斑紋，斑点を持つ ・・・ **3**
2. 前脚跗節は長い髭毛を持つ　ユビグロアシマダラユスリカ *sticticus* (Fabricius, 1781)
- 前脚跗節は髭毛を持たない ・・・・・・・・・・・・・　アキヅキユスリカ *akizuki* (Tokunaga, 1940)
3. 体長5〜8mm。体色は黒褐色ないし黒色。翅面は数個の淡褐色の雲状紋を持つ
・・・アシマダラユスリカ *pictulus* (Meigen, 1830)
- 中型種で体長は4〜5mm程。体色は黄褐色。翅面は広く斑紋で覆われるか，数個の明瞭な暗褐色の斑紋を持つ ・・ **4**
4. 翅面は6個の黒褐色斑紋を持つ ・・・ **sp.**
西表島，石垣島より得られている。幼虫は砂泥低質の極めて浅く緩やかな小河川より得られている。
- 斑紋は個々に分離せず，連続し翅面を広く覆う ・・・・・・・・・・・・・・・・・・・・・・・・・・・・・・・・・・ **5**
5. 翅面の斑紋は翅端部にまで広がることはない
・・・・・・・・・・・・・・フタスジスカシモンユスリカ *pulchipennis* Kawai et Imabayashi, 2008
- 翅面の斑紋は翅端部にまで拡がる ・・ **6**
6. m_{3+4} 室基部は暗褐色である　スカシモンユスリカ *multannulatus* (Tokunaga, 1938)
- m_{3+4} 室基部は白色
・・・・・・　ヒメスカシモンユスリカ *simantomaculatus* (Sasa, Suzuki et Sakai, 1998)

アキヅキユスリカ

***Stictochironomus akizukii* (Tokunaga, 1940)** (図 123-A)

体長6〜8mm。体色は黒褐色で，胸部，腹部には銀白色の粉様の模様を持つ。脚は黒褐色で白色のリングを持つ。このリングは冬季，早春期に出現する個体では不明瞭となる。幼虫は緩流域，止水域にも生息し，貧栄養の水域や富栄養の水域下でも見られ，砂泥底質を好む傾向がある。ユビグロアシマダラユスリカに類似する。特に寒い時期に出現する個体は同定に注意を要する。分布：九州，四国，本州，北海道。

スカシモンユスリカ
Stictochironomus multannulatus (Tokunaga, 1938)（図 123-B）
体長4〜5mm前後。胸部は褐色から暗褐色で灰色の粉で複雑な模様が形成される。楯板の側條紋の前方は黒褐色となる。腹部は黄褐色で（写真にあるように羽化後間もない個体では緑色を帯びる），2〜4の各節には中央部に横長の褐色紋がある。5節以降は褐色である。翅は広範囲にわたって非常に特徴的な褐色ないしは黄褐色の斑紋を有する。翅の斑紋は次種 *S. simantomaculatus* に酷似するが，本種では翅室 m_{3+4} 基部は黒褐色の斑紋で占められている。大きな湖沼周辺で得られることが多いが，時に緩やかな河川の細流部で得られることもある。*Polypedilum inawaefeum* Sasa, Kitami et Suzuki, 2000 は本種の新参シノニムである。分布：八重山（西表島，石垣島），本州，北海道。

アシマダラユスリカ（新称）
Stictochironomus pictulus (Meigen, 1830)（図 123-C）
体長6〜8mm。本属の模式種である。体色は脚の色彩を含めてユビグロアシマダラユスリカよりアキズキユスリカによく似る。翅室 r_{4+5} に2つ，翅室 m_{3+4} に1つ，臀室に2つの淡褐色の雲状の斑紋を持つ。幼虫は止水性で湖沼，ため池等で見られる。琵琶湖では湖底に生息し，メタン細菌を餌としている可能性が指摘されており，成虫は5月，特に多くの個体の発生が認められる。分布：本州（南西諸島を除く日本全土に分布すると思われる）。

フタスジスカシモンユスリカ（新称）*Stictochironomus pulchipennis* Kawai et Imabayashi, 2008（図 123-D）
体長3.9〜4.7mm。楯板の地色は黄褐色で條紋は不明瞭であるが，側條紋の内縁は暗色となる。腹部は淡黄褐色で，側方部は暗色となる。翅の斑紋は翅端部まで拡がらず，中央部に広い翅を横切る褐色の斑紋を持つ。雄生殖器はスカシモンユスリカ，ヒメスカシモンユスリカ, sp. に類似する。上底節突起は緩やかに弧を描き，基部は幅広くなり，微毛を持つ。幼生期は未知であるが，汚染の少ない河川の中，下流域より成虫が得られている。分布：本州（広島，三重）。

ヒメスカシモンユスリカ（新称）*Stictochironomus simantomaculatus* (Sasa, Suzuki et Sakai, 1998)（図 123-E）

スカシモンユスリカに酷似するが，以下の形質で識別される。胸部は灰色の粉で全面を覆われる。腹部は一様に明淡黄褐色である。翅の斑紋は m_{3+4} 室の基部に黒褐色の斑紋が見られず白色である。生息環境はスカシモンユスリカとほぼ同じである。分布を見る限り，スカシモンユスリカと本種は棲み分けているように見えるが，スカシモンユスリカが九州を飛び越えて沖縄県八重山諸島で見られることから，今後分布地域が埋められていく可能性が高い。分布域が重なった時，この両種が1つの場所に同時に分布することがあるのか興味深いところである。分布：九州，四国。

ユビグロアシマダラユスリカ
Stictochironomus sticticus (Fabricius, 1781) （図123-F）

体長，体色はアキズキユスリカと同様である。脚の淡色のリングは非常に不明瞭で判然としない。前脚跗節に長い髭毛を持つことでアキズキユスリカから識別出来る（図124）。幼虫は止水域を好むようである。分布：九州，四国，本州，北海道；ヨーロッパ。

カイメンユスリカ属 *Xenochironomus* Kieffer, 1921

触角鞭節は11環節よりなる。額前突起を欠く。前前胸背板は良く発達するも中央部で分離される。前脚端部，中・後脚の脛節櫛はユスリカ属に同じ。褥盤は良く発達する。非常に幅広い尾針を持つ。上底節突起は短く扁平な幅の広い葉片状で，全面を細毛で覆われ，後縁に数本の長い刺毛を持つ。下底節突起は比較的幅広く，両側はほぼ平行となる。把握器は細長く，端部でやや幅広くなる。日本から1種が記録されている。

カイメンユスリカ *Xenochironomus xenolabis* (Kieffer, 1919) （図125）

体長3mm程度。本種は緑色の種で，形質は属の解説に一致する。幼虫は淡水海綿の中で生活する。分布：本州，北海道。

ビワヒゲユスリカ属 *Biwatendipes* Tokunaga, 1965

体長4mm前後。触角鞭節は12分環節よりなる。弱い楯板瘤を持つ。中刺毛を欠く。全脚脛節末端は櫛状刺列を欠き，1本の単純な刺を有する。褥盤を欠く。翅面は無毛か，端部に少数の大毛を持つ。臀片は全く発達しない。尾針は短く，先端は丸くなる。上底節突起は小さな指状突起を持つ。下底節突起は比較的短く，基部で内方に強く膨らみ，先端部付近に多数の短い刺毛を持つ。

2-3. 属・主要種への検索

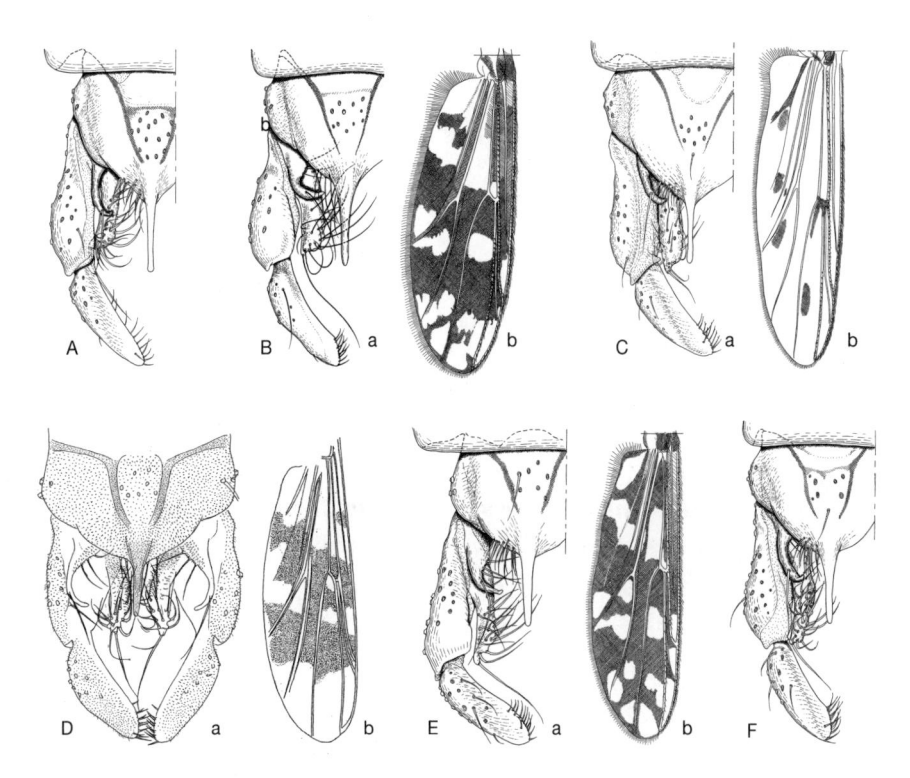

図 123 アシマダラユスリカ属
A: アキヅキユスリカ（雄交尾器背面），B: スカシモンユスリカ（a: 雄交尾器背面, b: 翅），C: アシマダラユスリカ（a: 雄交尾器背面, b: 翅），D: フタスジスカシモンユスリカ（a: 雄交尾器背面, b: 翅（Kawai et al., 2008 より引用）），E: ヒメスカシモンユスリカ（a: 雄交尾器背面, b: 翅），F: ユビグロアシマダラユスリカ（雄交尾器背面）

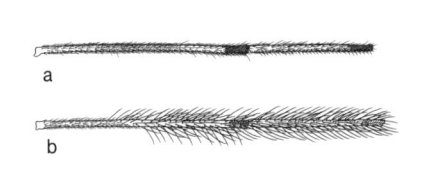

図 124 アシマダラユスリカ属
前脚ふ節第 1, 2 節の棘毛の状態（a: アキヅキユスリカ, b: ユビグロアシマダラユスリカ）

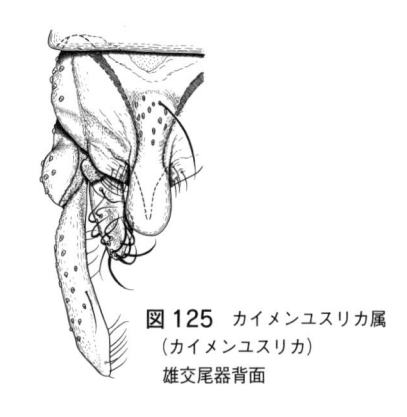

図 125 カイメンユスリカ属（カイメンユスリカ）雄交尾器背面

2. 主要種への検索表

日本から3種が報告されている。いずれも1〜3初旬の厳冬期に湖沼で発生する。B. motoharui Tokunaga 以外の種については，その取り扱いに問題があるが，ここでは3種とも検索表に載せ，疑問点についても併せて述べる。

種への検索表

1. 翅面は大毛を持たない ··· **2**
－ 翅端部に少数の大毛を持つヒガシビワヒゲユスリカ ***tsukubaensis*** Sasa et Ueno, 1993
2. 触角鞭節は6分環節よりなり，長い羽状毛を持たない
   ································ ***biwamosaicus*** Sasa et Nishino, 1996
－ 触角鞭節は12分環節よりなり，通常のユスリカの雄と同様，長い羽状毛を持つ
   ······················ ビワヒゲユスリカ ***motoharui*** Tokunaga, 1965

ビワヒゲユスリカ *Biwatendipes motoharui* Tokunaga, 1965 (図126)

体色は黒色。形態的特徴は属の項での記述にした。上述の検索表にあるように，明瞭な形質で3種に分類できる。しかし，ここに示した形質で3種を独立の種として認めるのはやや合理性を欠くように思える。ビワヒゲユスリカは現在まで琵琶湖，木曽川で知られる。一方ヒガシビワヒゲユスリカ *B. tsukubaensis* は河口湖，筑波で知られる。この両種は翅面に少数の大毛を持つか否か以外，形態的には全く区別がつかない。筆者自身はこれらは同種で，一種の遺伝型であろうと考えている。これについてはDNA解析を含めた再検討が必要であると考える。一方，*B. biwamosaicus* は色彩を含めた形態的特徴から，ビワヒゲユスリカの間性個体であると判断される。分布：本州。

エダゲヒゲユスリカ属 *Cladotanytarsus* Kieffer, 1921

体長1〜3mm程度。雄触角鞭節は通常13分環節よりなるが，まれに11分環節となる。額前突起は欠如するか，あっても微少。翅面は翅端部に大毛を有するが，まれに無毛となる。前脚脛節末端は細い刺を持つ。中，後脚の脛節櫛は狭く，脛節末端の周囲1/4を占めるにすぎず，各々に1本の刺を持つが，内方側の刺は外方のものに比べてかなり短くなっている。尾針はかなり幅広く，端部は細くくびれるか丸くなり，通常尾針稜の間に小さな刺の集合体をいくつか持つ。尾針稜は時に欠如する。上底節突起は良く発達し，後方に伸長する。硬化した指状突起は明瞭で，上底節突起の内縁を越えて伸長する。中底節突起

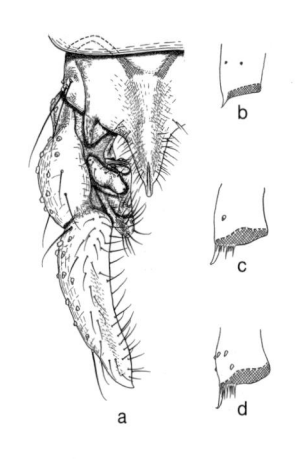

図 126　ビワヒゲユスリカ属
（ビワヒゲユスリカ）
a: 雄交尾器背面, b: 前脚脛節末端,
c: 中脚脛節末端, d: 後脚脛節末端

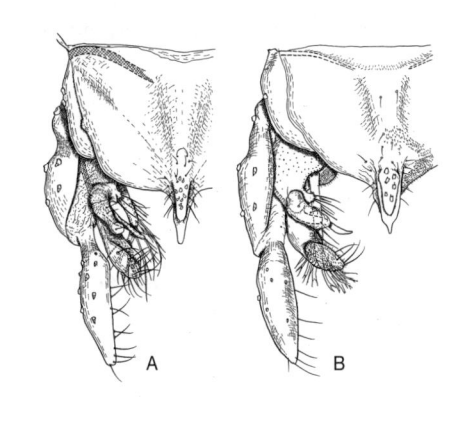

図 127　エダゲヒゲユスリカ属
雄交尾器背面（A: セグロエダゲヒゲユスリカ, B: ムナグロエダゲヒゲユスリカ）

は長く，細く，端部が多数に枝分かれした扁平な葉片を持つ．河川，湖沼，汽水，温泉などさまざまな環境下から出現してくることが知られている．日本から6種が報告されているが，ムナグロエダゲヒゲユスリカ *C. vanderwulpi*，セグロエダゲヒゲユスリカ *C. atridorsum* 以外は再検討の必要がある．

セグロエダゲヒゲユスリカ（新称）

***Cladotanytarus atridorsum* Kieffer, 1924**（図 127-A）

体長約 2.5 mm．ムナグロエダゲヒゲユスリカよりも暗色．楯板は暗褐色で，やや光沢がある．腹部は暗緑色．雄生殖器もムナグロエダゲヒゲユスリカに類似するが以下の相違が認められる．尾針は細い，上底節突起は細く，指状突起はほぼ真っ直ぐに伸びる，中底節突起は緩やかに弧を描く．
分布：本州；ヨーロッパ，レバノン，タイ．

ムナグロエダゲヒゲユスリカ

***Cladotanytarsus vanderwulpi* (Edwards, 1929)**（図 127-B）

体長約 2.5 mm．雄触角鞭節は 13 分環節よりなる．触角比は 0.7〜1.0．額前突起を欠く．中胸背板の地色は黄色である．楯板條紋は黄褐色〜黒色，小楯板は黄色，後背板は褐色から黒色，これらの色彩は冷涼な季節には暗化する．腹部は黄緑色．尾針は幅広く，ほぼ三角形状である．尾

針稜間の小刺の集合体は数個から 10 個前後。本種に類似するセグロエダゲヒゲユスリカ *C. atridorsum* は，腹部が暗褐色であること，尾針が比較的細く，両側がほぼ平行になる，中底節突起が下底節突起の先端部を越えないことなどから識別できる。分布：九州，本州；ヨーロッパ，レバノン，樺太。

ナガスネユスリカ属 *Micropsectra* Kieffer, 1909

体長 4 〜 10 mm 程度。触角鞭節は 13 分環節よりなる。小さな額前突起を持つ。前前胸背板は中央部で深く分断される。楯板は前前胸背板を越えて強く前方に伸びる。翅面は端部 2/3 あるいは全面に大毛を持つ。臀片の発達は弱い。前脚脛節末端は短い刺を持つか，あるいはこれを欠く。中，後脚の脛節櫛は融合し，脛節末端を広く取り囲み，通常は刺を持たない。褥盤は小さい。尾針は比較的長く，その形状は変化に富み，常に尾針稜を持つ。尾針稜の間には刺の集合物は見られない。上底節突起は指状突起を持つか，あるはこれを欠く。中底節突起は長さ，湾曲の程度に大きな変異が見られ，刺毛の形状も変化に富むが，通常スプーン状となっている。河川，湖沼の泥底質中に見られることが多い。日本から 30 種を越える種が報告されているが，再検討が必要である。

フタコブナガスネユスリカ（新称）
Micropsectra fossarum (Tokunaga, 1938) （図 128-A）

体長 4 mm 前後。体色はほぼ一様に暗褐色である。楯板條紋は不明瞭である。平均棍は黄白色。触角比は約 1.3。翅は全面に大毛を装う。第 9 腹背板は側縁に 2 対の突起を持ち，前方の 1 対は細長い。尾針は比較的大きく矢じり状で，基部に数本の短い刺毛を持つ。上底節突起は，比較的大きく，やや三角形状を呈し，外側縁の端部 1/2 に短い刺毛を持ち，指状突起は細長く，上底節突起の内縁部を明瞭に越えて伸長する。中底節突起は細長く，端部に多数のスプーン状の刺毛を持つ。把握器は細長い。分布：本州。

クロナガスネユスリカ（新称）
Micropsectra junci (Meigen, 1818) （図 128-B）

体長 4 mm 前後。楯板の地色は褐色である。楯板條紋，後背板は黒色，小楯板は黄色。平均棍は黄白色。腹部背板は黄色。交尾器は褐色。脚は黄色。触角比は 1.47（ヨーロッパからの記述では 1.0 〜 1.3）。第 9 腹背板側縁に

2-3. 属・主要種への検索

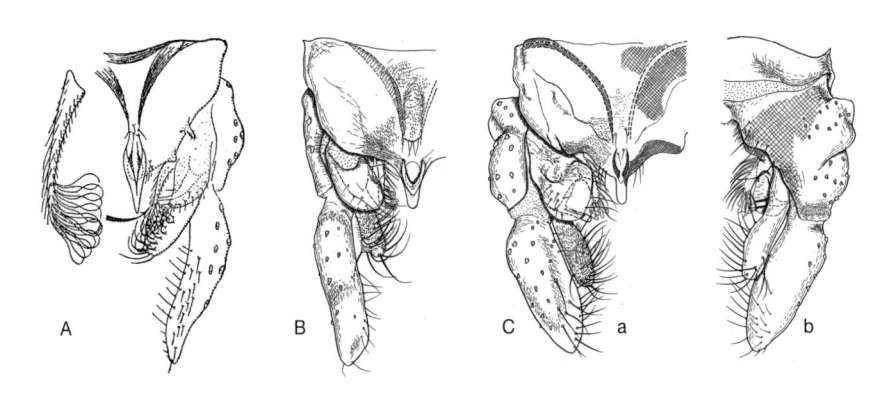

図 128 ナガスネユスリカ属
A: フタコブナガスネユスリカ（雄交尾器背面 (Tokunaga, 1938 より引用)), B: クロナガスネユスリカ（雄交尾器背面), C: オオナガスネユスリカ (a: 雄交尾器背面, b: 同腹面)

は突起はない。尾針は短く，三角形状である。上底節突起は比較的大きく，やや三角形状を呈し，外側縁部に短い数本の刺毛を持ち，指状突起は上底節突起の端部を越える。中底節突起は細長く，端部に多数のスプーン状の刺毛を持つ。把握器は細長い。分布：九州；ヨーロッパ，レバノン。

オオナガスネユスリカ
Micropsectra yunoprima Sasa, 1984 （図 128-C）

体長 5.0〜5.5 mm。体色は全体黒色で，この属の中では特徴的な色彩であるため識別は容易である。触角比は大きく，2.72〜3.15。前脚第1跗節は長い髭毛を持つ。脚比は 1.03〜1.08。尾針は短く，その両側は平行となり，端部は丸くなる。尾針稜の間に2本前後の刺毛を持つ。上底節突起は丸く，大きく，指状突起は上底節突起の端部を越える。把握器は幅広く，ほぼ半月状となる。山地性のユスリカである。分布：本州。

フトオヒゲユスリカ属 *Neozavrelia* Goetghebuer, 1941

小型のユスリカで体長2mm程度。触角鞭節は9〜10分環節よりなる。前前胸背板は中央部で広く分断される。楯板は前前胸背板を越えて伸長する。翅面は全面に大毛を装うか，翅端部に少数の大毛を持つかあるいは完全に無毛である。臀片はほとんど発達しない。前脚脛節末端は長く，細い刺を持つ。中，後脚は明瞭な脛節櫛を欠如するか，完全に分離した脛節櫛を持ち，それぞれが

一方に刺を持つ。褥盤を欠く。尾針は幅広く，先端は強く丸みを帯び，多数の小さな刺を持つ。上底節突起は良く発達し，丸みを帯び端部は強くくびれ，指状に突出する。下底節突起は強く伸長する。中底節突起は比較的短く，端部に細い葉状の刺毛を有する。4種が報告されているが，再検討を要する。また，ユアサヒゲユスリカ属 *Yuasaiella* Tokunaga, 1938（模式種は *Y. kyotoensis* Tokunaga, 1938）は雄触角鞭節が13分環節であること以外では，本属から明瞭に区別できない。本属が *Yuasaiella* の新参シノニムである可能性がある。

フトオヒゲユスリカ
Neozavrelia bicoliocula (Tokunaga, 1938) (図129)

体長1.7〜1.8mm。胸部は黄褐色。楯板條紋は赤褐色で，各條紋は明瞭に分離する。側條紋の後縁部は暗色となる。小楯板は黄色。後背板は暗褐色。脚は黄褐色。腹部は黄褐色〜黄緑色。触角比は0.6〜1.0。雄交尾器の特徴は属の解説に準ずる。分布：本州。

ニセヒゲユスリカ属 *Paratanytarsus* Thienemann et Bause, 1913

体長3mm前後。触角鞭節は13分環節よりなる。額前突起を持つ。前前胸背板は中央部で深く分断される。楯板は前前胸背板を越えて強く前方に伸びる。翅面は大毛を装い，端部1/2〜1/4で密になる。臀片の発達は弱い。前脚脛節末端は短く細い刺を持つ。中, 後脚の脛節櫛は分離し，それぞれに刺を持つ。褥盤を欠く。尾針は短く，幅広く，端部は丸くなるか，三角形を呈する。尾針稜は明瞭で強く，短く，尾針稜の間には小さな刺の集合は認められない。上底節突起は比較的大きく，丸みを帯び，指状突起は良く発達し，常に上底節突起の内縁部を越えて伸びる。下底節突起は長い。中底節突起は大きさ，形に変化に富み，端部の刺毛の形も多様で，細い葉状，スプーン状，単純な刺毛と変化に富む。幼虫は河川，湖沼，汽水中にまでおよぶ広範囲な生息域を持つ。単為生殖を行う種も知られる。日本から11種が報告されている。

チカニセヒゲユスリカ *Paratanytarsus grimmii* (Schneider, 1885)

雌。単為生殖を行う種である。体長2mm前後。体は淡緑色である。触角は暗褐色，楯板條紋は明瞭で，褐色。小楯板は黄色。後背板は褐色。平均棍は黄白色，脚は一様に淡褐色。腹部は淡緑色。触角鞭節は5分環節よりなる（55: 111: 67: 53: 1121）。翅面はほぼ全面に大毛を持つ。脚比は1.30〜1.50。雄についての記述はない。きわめてまれであるが，雄が出

図129 フトオヒゲユスリカ属
（フトオヒゲユスリカ）
A: 翅，B: 雄交尾器背面

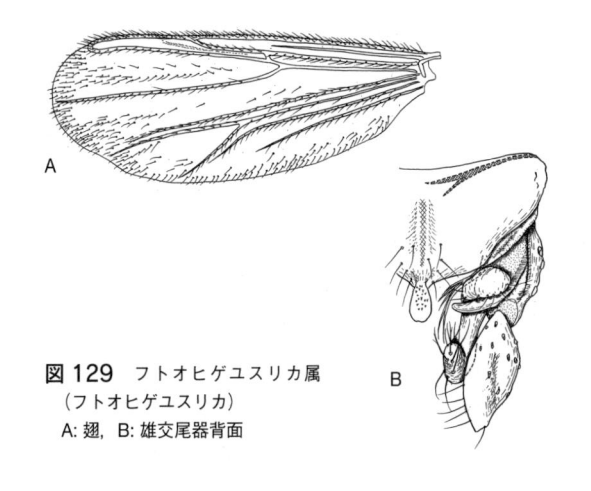

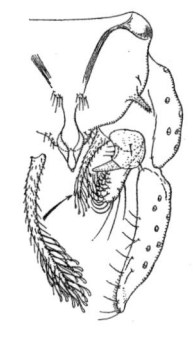

図130 ニセヒゲユスリカ属（ヌマニセヒゲユスリカ）雄交尾器背面（Tokunaga, 1938より引用）

現することがあると言う．分布：日本，オーストラリア，ニュージーランド，東南アジア．

ヌマニセヒゲユスリカ（新称）

Paratanytarsus stagnarius (Tokunaga, 1938)（図130）

体長3mm前後．地色は褐色．楯板は褐色．明瞭な楯板條紋は不明瞭．平均棍，脚，腹部は淡褐色．触角比は約1.3．最終鞭節末端に2本の刺毛を持つ．翅面はほぼ全面に大毛を持ち，中央部の刺毛は2つのグループに分かれる．第9背板は側縁中央部に明瞭な細長い突起を持つ．尾針は強く丸みを帯びる．上底節突起はほぼ方形で，後縁部は丸みを帯び，内縁は緩やかにえぐれ，背面部と内縁部に少数の刺毛を持つ．指状突起は比較的幅広い三角形状で，上底節突起後縁部を明瞭に越えて伸長する．中底節突起は細長く，端部1/2に多数のスプーン状の刺毛を持つ．幼虫は止水性で，河川のよどみなどから発生する．分布：本州．

オヨギユスリカ属 *Pontomyia* Edwards, 1926

体長1.3～2.0mmの小型のユスリカ．触角鞭節は13分環節よりなり，非常に長く，羽状毛を欠く．複眼は毛を持つ．小顎髭は2～3環節よりなる．翅は水面を滑走する櫓のように変形し，小さくなっている．前脚と後脚は非常に長く，中脚はきわめて短い．脛節は脛節櫛を欠く．第9背板は尾針を欠き，生殖器底節は把握器と完全に融合する．岩礁地帯に生息し，波打ち際の水面を

盛んに滑走する。雌は完全に翅を失い，幼虫のような外観を呈する。幼虫は岩礁地帯の潮溜まりに営巣しているのが見られる。日本から2種サモアオヨギユスリカ *P. natans* Edwards, 1926 とセトオヨギユスリカ *P. pacifica* Tokunaga, 1932（図131）が報告されている。

ナガレユスリカ属 *Rheotanytarsus* Thienemann et Bause, 1913

体長3～4mm。触角鞭節は通常13分環節，まれに12分環節よりなる。額前突起を欠く。前前胸背板は中央部で広く分離され，刺毛を欠く。翅面は大毛を装い，特に端部1/2は密となる。第1翅基鱗片は無毛である。前脚脛節末端は短く細い刺を持つ。中，後脚の脛節櫛は互いに分離し，通常それぞれに刺を持つが，時に一方または両方とも刺を欠くことがある。褥盤を欠く。尾針は細長く，尾針稜は良く発達するが，稜の間には刺群の発達は見られない。上底節突起は短い指状突起を持つ。中底節突起は葉片状の刺毛をもち，これらは部分的に融合し板状構造を呈する。把握器は端部1/3付近で急に細くなる。幼虫は流水性で，数本の腕状突起を持った巣をつくり，そこに糸を張り，それにかかった有機物を摂食する，濾過食者である。日本から14種が報告されているが，まだいくつかの種が追加されるであろう。

イリエナガレユスリカ
Rheotanytarsus aestuarius (Tokunaga, 1938) （図132-A）

体長2.5～2.8mm。胸部および脚は黄褐色。楯板の側條紋，後背板は赤褐色ないしは暗褐色。腹部は黄褐色で，第1～6節の後縁部に褐色の帯を持つ。触角比はほぼ1.0。尾針は長く，尾針稜は明瞭で，基部で強く丸みを帯びる。上底節突起は後方に伸長する。中底節突起は比較的大きく，端部には葉片状と単純な刺毛を密生する。把握器は，先端1/4付近で強くくびれる。原記載では海水の流れ込む河口部で成虫が得られるとされているが，琵琶湖のような淡水域でも得られている。また，沖縄から得られたサンプルは，ほぼ全体黄色で，胸部が濃色となる。色彩は原記載と大きく異なるが，生殖器の構造は一致する。このことは，同胞種の存在を示しているのかも知れない。分布：沖縄島，九州，本州。

キョウトナガレユスリカ
Rheotanytarsus kyotoensis (Tokunaga, 1938) （図132-B）

体長1.9～2.8mm。楯板の地色は赤褐色。楯板條紋，前前側板，後背

2-3. 属・主要種への検索

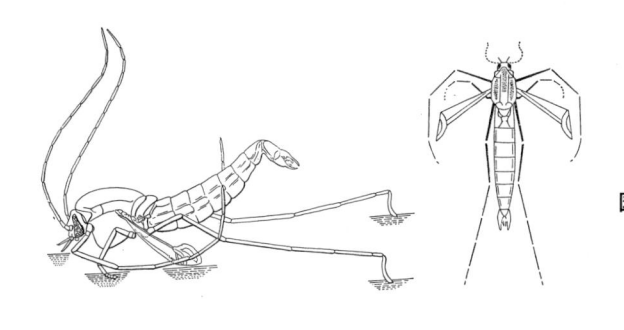

図131 オヨギユスリカ属（セトオヨギユスリカ）雄成虫全形（Tokunaga, 1932より引用）

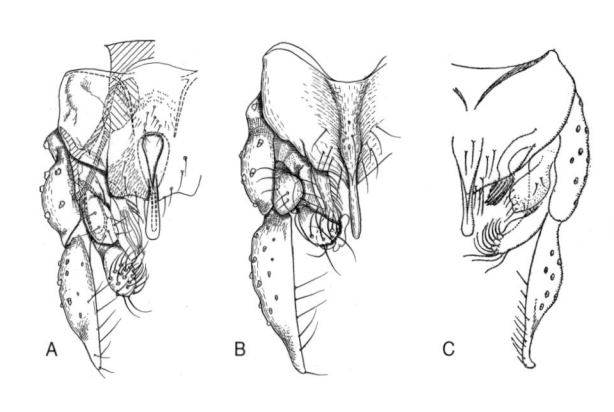

図132 ナガレユスリカ属 雄交尾器背面（A: イリエナガレユスリカ、B: キョウトナガレユスリカ、C: カクスナガレユスリカ（Tokunaga, 1938より引用））

板は暗褐色（時に淡褐色となる）。腹部は淡黄色。触角比は 0.8 〜 0.9。触角最終鞭節末端に1本の刺毛を持つ。尾針は長く，厚みがある。上底節突起は，後縁部が丸みを帯びた三角形状で，背面には短い刺毛が散布される。指状突起は小さい。下底節突起は比較的幅広く，端部近くで湾曲し，尾針をやや越える。中底節突起は大きく，端部は大きく膨らんだ2つの葉片を持つ。把握器は先端部付近で細くなる。幼虫は流水性で，やや富栄養化した河川や都市河川で見られる。分布：本州。

カクスナガレユスリカ

Rheotanytarsus pentapoda (Kieffer, 1909)（図132-C）

体長 2.0 〜 2.2 mm。体の地色は白色。楯板の中央條紋は黄白色，側條紋は黄褐色。後背板は基部に黄褐色の雲状の紋を持つ。楯板の腹面は淡褐色である。脚は黄白色。腹部は白色。触角比は約 0.7。前脚比は約 2.6。翅の第一翅基鱗片は発達しない。尾針は細長い。上底節突起は比較的大き

く，丸く膨らみ，指状突起を欠く。下底節突起は中央部で強く内方に曲がり，尾針の位置を越える。中底節突起は端部付近で，ほぼ直角に曲がり，端部には扁平な細長い，数本の葉片を持つ。幼虫は流水性で，巣は先端部に数本の腕を持つ。分布：本州。

ケミゾユスリカ属 *Stempellinella* Brundin, 1947

体長1〜2mmで，非常に小型のユスリカである。触角鞭節は10分環節より構成される。明瞭な額前突起を欠く。前前胸背板は背面中央部で広く分断される。不明瞭な楯板突起を持つ。翅面は大毛を持つが，希薄であり，端部に集中する。縁毛は非常に長い。径脈R_{4+5}は中脈M_{3+4}の真上の位置よりもやや基部よりで終わる。臀片は発達しない。第1翅基鱗片は無毛である。前脚脛節末端は短く細い端刺を持つ。中，後脚の脛節櫛は狭く，かつ互いに分離し，それぞれに端刺を持つ。腹部1〜8節は少数の，ほぼ1列に並んだ刺毛を持つ。尾針は細長く，先端部は尖り，非常に弱い尾針稜を持つ。尾針稜間には刺群が存在する。上底節突起は板状で，後方に比較的長く伸び，背面部と内縁に少数の刺毛を持つ。下底節突起は長く，端部付近でやや拡がる。中底節突起は細長く，端部に単純で，湾曲したまとまった刺毛を持つ。把握器は短く，底節のほぼ2/3の長さである。幼虫は流水性である。日本から3種，カンムリケミゾユスリカ *S. coronata*，タマケミゾユスリカ（新称）*S. tamaseptima* (Sasa, 1980)，ヒメカンムリケミゾユスリカ（新称）*S. edwardsi* Spies et Sæther, 2004が知られる。

カンムリケミゾユスリカ *Stempellinella coronata* Inoue, Kawai et Imabayashi,. 2004 （図133-A）

体長1.1〜1.3mm。前前胸背板は褐色。楯板の地色は淡黄色。楯板條紋は黄褐色。小楯板は淡褐色。後背板は褐色。脚は淡黄色で，腿節末端はやや暗色となる。腹部の地色は淡黄色。第9背板は褐色。触角比は0.48〜0.73。尾針は良く発達し，細長く，後方に向かって徐々に細くなり，端部は尖り，基部付近に非常に弱い尾針稜を持つ。尾針稜の間には多数の小さな刺群を持つ。上底節突起は比較的長く，板状となり，背面および内縁にそれぞれ少数の刺毛を持つ。下底節突起は細長く，先端1/2からはやや膨らみ，端部に数本の刺毛を持つ。中底節突起は細長く，中央部で後方に向かって強く湾曲し，端部にやや葉片状となった単純な10本前後の

2-3. 属・主要種への検索

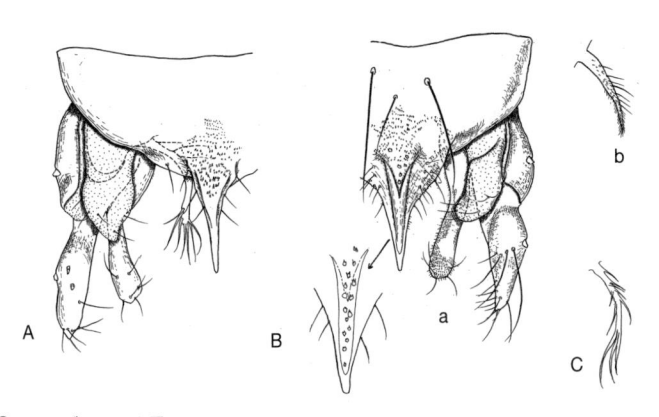

図133 ケミゾユスリカ属
A: カンムリケミゾユスリカ（雄交尾器背面），B: タマケミゾユスリカ（a: 雄交尾器背面，b: 中底節突起），
C: ヒメカンムリケミゾユスリカ（中底節突起）

刺毛を持つ。把握器は短く底節の約2/3の長さである。幼虫は貧栄養の河川中流域の細砂の底質下に生息する。分布：本州。ヒメカンムリケミゾユスリカ（新称）(*S. edwardsi*) の雄生殖器の基本形態は，殆ど同じであるが，良く発達した明瞭な額前突起を持つこと，ほぼ真っ直ぐな中底節突起を持つことで（図133-C）識別は容易である。タマケミゾユスリカ（新称）(*S. tamaseptima*) は図に示したように（図133-B），雄生殖器も大きく異なることから，本種の同定も容易である。

ヒゲユスリカ属 *Tanytarsus* van der Wulp, 1874

　体長3〜5mm程度。触角鞭節は13分環節よりなる。額前突起は欠如する場合もあるが，種々な程度に発達する。前前胸背板は背方に向かって非常に幅が狭くなり，背面中央部で左右の葉片は広く分離される。楯板は前方に伸長し，前前胸背板を覆い隠す。中刺毛を持つ。翅面は通常全面に大毛を持つが，時に翅端部に限定される。第1翅基鱗片は縁毛を欠く。前脚脛節末端は細い刺を持つ。中，後脚の脛節櫛は完全に分離し，少なくとも一方に，多くの場合両方に刺を有する。褥盤は欠如するか，良く発達する。尾針は尾針稜を持つ場合と欠く場合があり，持つ場合は尾針稜間に刺群を持つ。まれに尾針を欠如する種もいる。上底節突起の形状は多様で，通常指状突起を持つが，時にこれを欠く。中底節突起の長さ，形状は変化に富み，端部に生える刺毛の形態も多様である。

241

日本から約 100 種が報告され，Ekrem（2002）によってかなり整理されたが，新種も沢山あり，今後全面的な見直し，検討が必要な属である。

ヒロオヒゲユスリカ（新称）

Tanytarsus angulatus Kawai, 1991（図 134-A）

体長 2.7 ～ 3.6 mm。中胸背板の地色は淡黄色。楯板條紋，後背板は淡黄褐色，楯板條紋は不明瞭。平均棍は淡黄色。脚および腹部は一様に淡黄色である。額前突起は明瞭で，円錐形状を呈する。触角比は 1.10 ～ 1.36。脚比は 2.28 ～ 2.64。中，後脚の脛節櫛はそれぞれに 1 本づつの刺を持つ。翅面は端半部に大毛をやや密生する。臀片の発達はきわめて弱い。尾針は非常に特徴的で，ほぼ長方形で，端部は明瞭に裁断される。尾針稜の間に一部乱れはあるが，ほぼ 1 列に並んだ刺群を持つ。上底節突起は先端 1/2 付近より，細くくびれ，端部はやや内方に曲がる。指状突起は明瞭で，背面から認められる。中底節突起は長く，端部に生えている刺毛は下底節突起の先端部を越える。端部には多数の単純な刺毛と葉片状の刺毛を持つ。幼虫は富栄養化の進んだ河川の淀みの砂あるいは泥底質中に見られる。分布：本州；USA（Ohaio）。

ニッポンムレヒゲユスリカ（新称）

Tanytarsus bathophilus Kieffer, 1911（図 134-B）

体長 2.5 ～ 4.4 mm。体色は褐色～暗褐色。楯板の地色は黄褐色。楯板條紋は暗褐色，小楯板は黄褐色，後背板は黒色。平均棍は黄色。腹部は褐色で，各節の基部は細く淡色となる，交尾器は暗褐色。脚は褐色。触角比は 1.3 ～ 1.6。脚比は約 1.7。良く発達した褥盤を持つ。翅面は端半部にやや疎に大毛を装う。尾針はやや太く，端部は丸みを帯びる。尾針稜の間には多数の（18 ～ 30）の刺群を持つ。上底節突起はやや卵形を呈し，外側縁，背面および内側縁にそれぞれ数本の刺毛を持ち，指状突起は非常に短く，上底節突起に完全に隠れる。下底節突起は比較的短く，幅広い。中底節突起短く，多数の単純な刺毛と，数本の端部に細長い刺を有する幅広い葉片状の刺毛を持つ。把握器はほぼ半月状で，端部 1/3 付近で弱く狭窄する。*Tanytarsus gregarius* sensu Sasa（ムレヒゲユスリカ；*T. gregarius* Kieffer, 1909 ではない，誤同定），*T. nippogregarius* Sasa et Kamimura, 1987 は本種の新参シノニムである。後者に対して付けられたニッポンムレヒゲユスリカという和名をそのまま使用した。分布：四国，

図134 ヒゲユスリカ属
A: ヒロオヒゲユスリカ（雄交尾器背面（Kawai, 1991 より引用））, B: ニッポンムレヒゲユスリカ（雄交尾器背面（Reiss & Fittkau, 1971 より引用））, C: エグリヒゲユスリカ（雄交尾器背面）, D: コニシヒゲユスリカ（a: 雄交尾器背面, b: 同腹面）

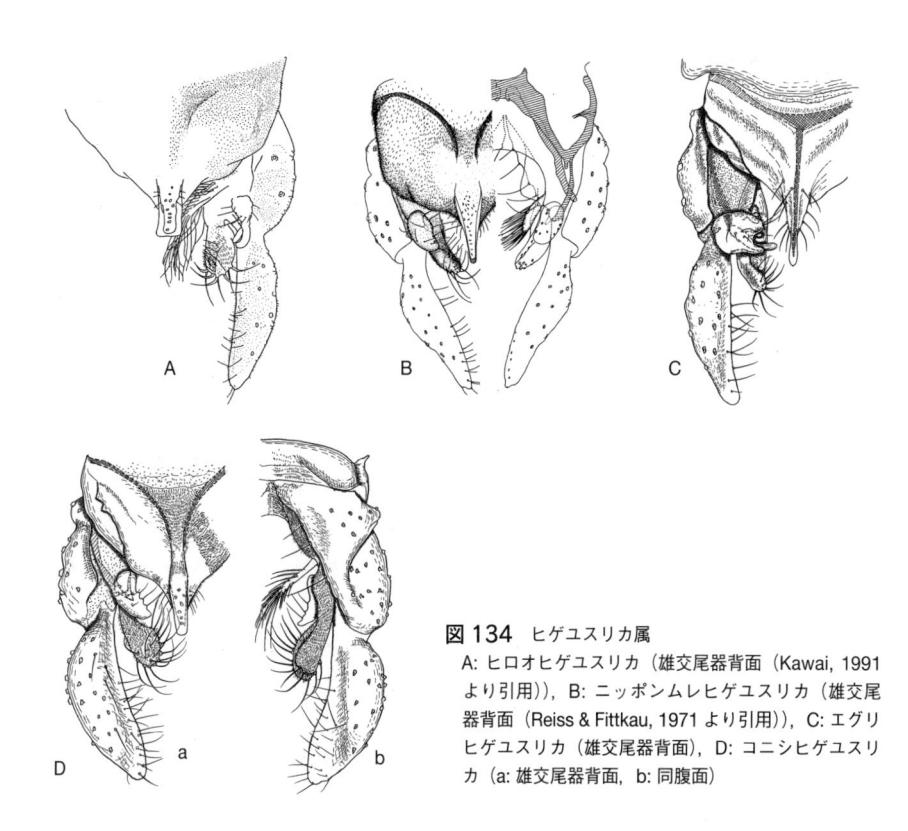

本州, 北海道；ヨーロッパ。

エグリヒゲユスリカ（新称）

***Tanytarsus excavatus* Edwards, 1929**（図134-C）

体長3mm前後。胸部は暗褐色。腹部は淡緑色。触角比は約1.3。脚比は2.2前後。第9背板の尾背板バンドは中央部で融合し, 明瞭なY字型ないしはT字型を呈する。尾針は細く, やや短めで, その両側はほぼ平行となる。尾針稜縁を持たない。上底節突起の内縁は顕著にえぐれ, 指状突起は上底節突起のない側縁を明瞭に越えて伸び, 基部に細い突起を持つ。中底節突起は短く, 端部に肉片状の突起を有する。上述した雄生殖器の特徴はこの属の他の種には見られず, 同定を容易なものとしている。分布：本州；ヨーロッパ。

コニシヒゲユスリカ（新称）
Tanytarsus konishii Sasa et Kawai, 1985 （図134-D）

　体長約4mm。この属では大型の種である。中胸背板の地色は黒褐色。楯板條紋は黒色。後背板は黒色。平均棍は白色。脚はほとんど一様に褐色であるが，腿節はやや緑色を帯びる。腹部背板は緑色を帯びた褐色，交尾器は暗褐色。額突起は良く発達し，円筒形である。触角比は1.50～1.56。翅は端半部に大毛を持つ。臀片の発達は弱い。脚比は2.0。中，後脚の脛節櫛はそれぞれに1本ずつの刺を持つ。前脚跗節は長い髭毛を持つ。褥盤は爪の1/2程度の大きさである。尾針はやや円錐形で，端部は丸くなる。尾針稜の間には数個の刺群がある。上底節突起は腎臓形を呈し，端部は強くくびれる。内縁部，背面部，外側部に3，2～3，3本の刺毛を持つ。指状突起を欠く。中底節突起は比較的長く，下底節突起の先端部に達する程度の長い単純な刺毛を持つ。*Tanytarsus ikiefeus* Sasa et Suzuki, 1999 は本種の新参シノニムである。分布：本州。

オオヤマヒゲユスリカ *Tanytarsus oyamai* Sasa, 1979 （図135-A）

　体長2.4～3.3mm。体色は暗褐色から黒色。中胸背板の地色は褐色，楯板條紋は光沢のある黒色，小楯板は褐色，後背板は黒色，平均棍は黄色。脚は一様に黒褐色から黒色。腹部は暗褐色から黒色で，各背板の後方1/3付近は暗色となる。交尾器は暗褐色ないし黒色。額前突起は明瞭で，円筒形を呈する。触角比は0.86～1.12。脚比は1.60～1.79。中，後脚の脛節櫛はそれぞれに1本ずつの刺を持つ。前脚脛節は明瞭な髭毛を持たない。尾針は比較的短く，両側縁はほぼ平行となる。尾針稜の間には微毛はなく，1列に並んだ3～5個の刺群を持つ。上底節突起は徳利状で，背面には微毛を持たない。指状突起は短く，上底節突起に完全に隠れる。中底節突起は比較的短く，端部はやや拡がり，数本の単純な刺毛と，少数の葉片状の刺毛を持つ。本邦産のヒゲユスリカ属では最も普通の種で，夏期に特に多い。幼虫は止水性で，一時的な水域，流れの淀んだ水路で発生するが，特に水田では大量に見かける。筆者は，異論もあるが，イネユスリカ（*Chironomus orizae* Matsumura, 1916）は本種の可能性が高いと考えている。分布：九州，四国，本州。

　奄美大島以南の南西諸島には本種に酷似したミナミヒゲユスリカ（新称）*Tanytarsus formosanus* Kieffer, 1912 が生息する（図135-B）。なおこの

図135 ヒゲユスリカ属
A: オオヤマヒゲユスリカ（雄交尾器背面），B: ミナミヒゲユスリカ（雄交尾器背面および尾針の変異），C: オナガヒゲユスリカ（雄交尾器背面（Kawai & Sasa, 1985 より引用）），D: ヒメナガレヒゲユスリカ（a: 雄交尾器背面，b: 上底節突起および中底節突起），E: ウナギイケヒゲユスリカ（尾針）

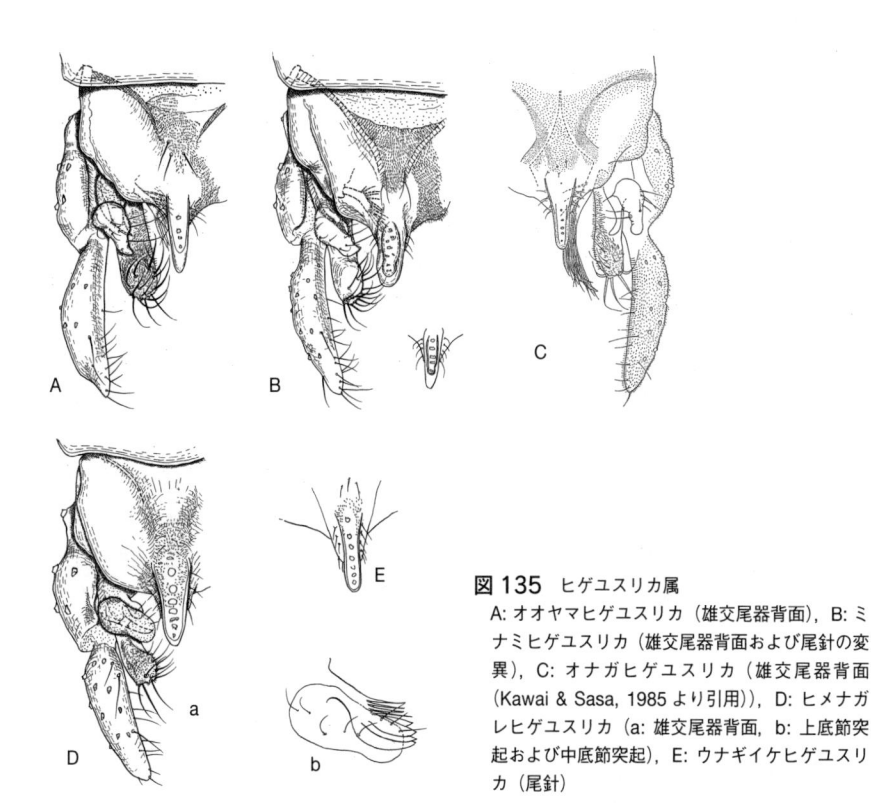

種は東南アジアにも広く分布している。西表島での観察では，オオヤマヒゲユスリカと同様の環境下で発生し，水田に特に多い。オオヤマヒゲユスリカが上底節突起背面に微毛を欠くのに対し，ミナミヒゲユスリカは外側縁に微毛を持つことで識別される。

オナガヒゲユスリカ（新称）

Tanytarsus takahasii **Kawai et Sasa, 1985**（図135-C）

体長2.7～3.3mm。体色は白色から淡黄色。中胸背板の地色は白色。楯板條紋は淡黄褐色で，不明瞭である。後背板は淡褐色。脚は淡黄褐色。額前突起は良く発達し，円錐形状を呈す。触角比は1.00～1.14。中，後脚の脛節櫛はそれぞれに1本ずつの刺を持つ。脚比の値は顕著に大きく，3.18。翅面は端半部に大毛をやや密生する。臀片の発達は弱い。尾針はやや太く，尾針稜間に一列に並んだ数個の刺群があり，背面部に微毛を持た

ない。上底節突起はほぼ腎臓形で，端半部は強くくびれ細くなる。指状突起は長く明瞭で，背面から認められる。中底節突起は非常に長く，下底節突起の先端部を大きく越える。分布：本州。

ウナギイケヒゲユスリカ

Tanytarsus unagiseptimus Sasa, 1985 （図 135-E）

体長 2.6 〜 3.0 mm。楯板の地色は黄色。楯板條紋は褐色。小楯板は褐色を帯びた黄色。後背板は暗褐色。平均棍は黄色。脚は腿節の基部 2/3 が黄色であることを除いて，褐色である。腹部は緑黄色である。額前突起は明瞭で，やや円錐形を呈する。触角比は 1.02 〜 1.22。後脚の脛節櫛はそれぞれに 1 本づつの刺を持つ。脚比は 2.44 〜 2.66。翅面は端半部に大毛をやや密生する。臀片の発達は弱い。尾針は細長く，尾針稜間には 1 列に配列した数個の刺群がある。上底節突起はほぼ卵形，指状突起は明瞭で上底節突起の後内側縁を越える。下底節突起は親指状である。中底節突起は短く，端部が拡がり内方を向き，多数の単純な刺毛と，数本の葉状の刺毛を持つ。幼虫は止水性で，やや富栄養化した湖沼に生息する。分布：九州，本州。

ヒメナガレヒゲユスリカ *Tanytarsus oscillans* Johannsenn, 1932 （図 135-D) は本種に酷似するが，以下の特徴により識別が可能である。尾針稜間には広い範囲にわたって微毛が分布する。また上底節突起の指状突起は上底節突起の内側縁を超えない。分布：本州；インド，インドネシア。

ユスリカ亜科 Chironominae の幼虫

ユスリカ属 *Chironomus* (J35, 36)

　第 10 体節後側縁に 1 対の側鰓を持つかあるいはこれを欠如する。第 11 体環節は腹面に 2 対の血鰓を持つ（シオユスリカ *C. salinarius* は例外的に全く血鰓を欠く）。頭部背面は額頭楯板（frontoclypeal apotome）をもつ。額頭楯板前縁は前方にふくらむ。副顎は通常 2 本の歯を持つが，ジャワユスリカおよびオキナワユスリカでは 7 本となっている。下唇板は 3 叉した中央歯と 6 対の側歯より構成され，第 1 側歯は中央歯より高いかあるいは同じ高さとなる。日本から 20 種以上が知られ，幼生期が判明しているのは 16 種。

　額頭楯板は生息環境，生育する季節によって暗化することがあり，色彩の沈着状況に頼りすぎると，誤同定を犯す可能性が高くなる（フチグロユスリカの額頭楯板の暗化，ヤマトユスリカとオオユスリカに見られる頭蓋下面の暗化部分の分布状況は安定している）。血鰓の長さは環境等による変化が大きく，これに頼ることも避けるべきである。しかし，肛門鰓の形状や長さも変化することはあるが血鰓に比べて安定しており，同定には有用な形質である。幼虫で種を同定するには，上述の形質を組み合わせて判断すれば，また生息環境などを考慮すればある程度は可能であるが，かなりの熟練を要する。ここでは身近に発生する 11 種について解説する。

種への検索表

1. 第 10 腹節は側鰓を持たない ……………………………………………………………… **2**
 - 第 10 腹節は側鰓を持つ …………………………………………………… **3** (J35-45a)
2. 第 11 腹体節は 2 対の血鰓を持つ ………………………… セスジユスリカ *yoshimatusi*
 - 第 11 腹体節は血鰓を持たない ………………………………… シオユスリカ *salinarius*
3. 腹大顎は 7 本の歯を持つ ………………………………………………………………… **4**
 - 腹大顎は 2 本の歯を持つ ………………………………………………………………… **5**
4. 第 10 腹節の側鰓は非常に長く，第 11 腹体節鰓の前方の対の基部をおおきく超えて後方に伸長する。頭蓋腹面は僅かに暗化が見られる ………………… ジャワユスリカ *javanus*
 - 第 10 腹節の側鰓は第 11 腹体節鰓の前方の対の基部を僅かに超える。頭蓋の腹面は暗化することはない ………………………………………… オキナワユスリカ *okinawanus*
5. 第 11 腹体節鰓の前方の対はそのままほぼ真っ直ぐに下方に伸びる
 ……………………………………………………………… ホンセスジユスリカ *nippodorsalis*

2. 主要種への検索表

- 第 11 腹体節鰓の前方の対は体軸に沿って伸び，その後下方に曲がる ············ **6**
6. 額頭楯板は多少とも暗化する ··· **7**
 - 額頭楯板は暗化することはない ··· **8**
7. 額頭楯板は淡褐色．頭蓋の腹面はほぼ均一に淡色となる
 ·· **フチグロユスリカ** *circumdatus*
- 額頭楯板は中央部は暗褐色となる．頭蓋腹面の基部 1/2 は暗褐色となる
 ·· **キミドリユスリカ** *biwaquartus*
8. 頭蓋腹面は広い範囲にわたり暗化する ··· **9**
 - 頭蓋腹面は殆どの場合一様に淡色で，暗化する場合も極僅かである
 ·· **ウスイロユスリカ** *kiiensis*
9. 頭蓋腹面の暗化の程度は弱いが，明瞭である。肛門鰓は顕著に細長く，中央部で明瞭に括れる ··· **ヒシモンユスリカ** *flaviplumus*
 - 頭蓋腹面の暗化の程度は強く顕著である。肛門は比較的短い ············· **10**
10. 頭蓋腹面の暗化部の境界は明瞭である。肛門鰓は比較的太い
 ·· **オオユスリカ** *plumosus*
 - 頭蓋腹面部の暗化部の境界は不明瞭である．肛門鰓は細い
 ·· **ヤマトユスリカ** *nipponesis*

＊：口絵 *xl* ～ *xliv* も参照。

2-3. 属・主要種への検索

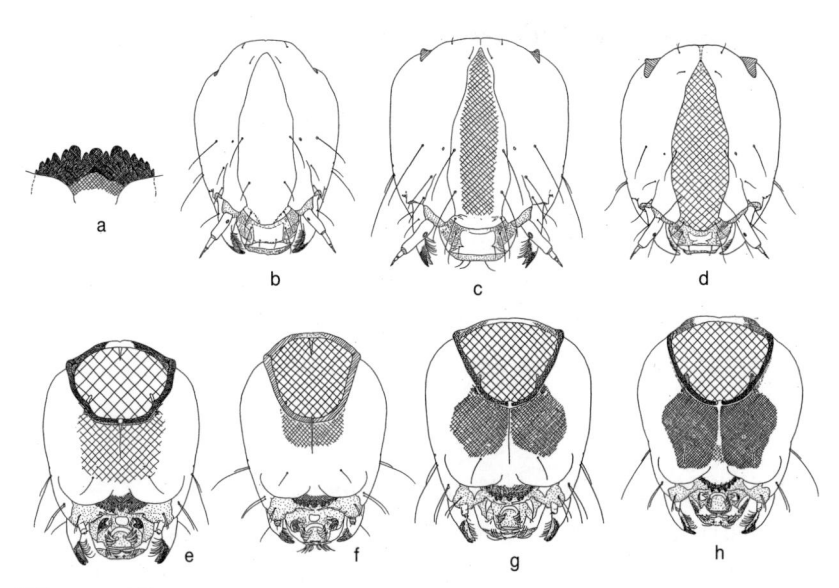

J35 ユスリカ属
a: 下唇板, b, c, d: 頭部背面, e, f, g, h: 頭部腹面 (a, e: ヒシモンユスリカ, b, f: ウスイロユスリカ, c: キミドリユスリカ, d: フチグロユスリカ, g: ヤマトユスリカ, h: オオユスリカ)

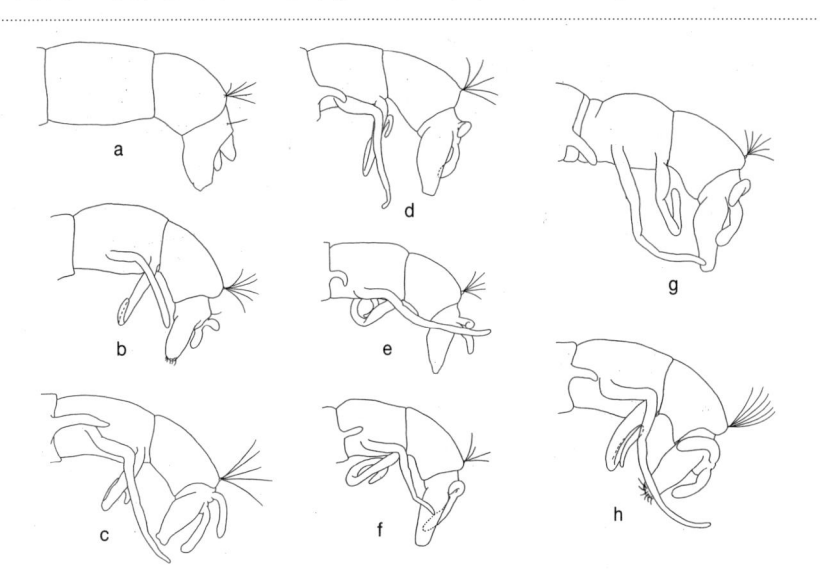

J36 ユスリカ属
腹部末端部 (a: シオユスリカ, b: セスジユスリカ, c: ジャワユスリカ, d: オキナワユスリカ, e: ウスイロユスリカ, f: フチグロユスリカ, g: ホンセスジユスリカ, h: ヒシモンユスリカ)

249

ナガコブナシユスリカ属 *Cladopelma* (J37)

　成熟幼虫は 4 mm 前後．下唇板は 2 本あるいは中央部が弱く窪んだ中央歯と 7 対ほ側歯より成り，第 5 〜 7 側歯は他の側歯から明瞭に区別され，強く前方に突出する．

カマガタユスリカ属 *Cryptochironomus* (J38)

　成熟幼虫は 10 〜 15 mm 程度。下唇板は淡色の広く円弧を描く中央領域（歯）と 6 〜 7 対の黒褐色の側歯を持つ。第 1 側歯は中央部の淡色域と融合している。側歯は中央域より高く，下唇板の歯列は凹状に配列している。小顎髭は顕著に大きい。

スジカマガタユスリカ属 *Demicryptochironomus* (J39)

　成熟幼虫は 12 mm 程度。下唇板は淡色の広く円弧を描く中央領域と 7 対の黒褐色の側歯を持つ。側歯は中央域より高く，下唇板の歯列は凹状に配列している。幼虫はカマガタユスリカ属と良く似ているが，触角が 7 環節より構成されること，大顎櫛列を持つことにより区別される。

ホソミユスリカ属 *Dicrotendipes* (J40)

　成熟幼虫は 10 mm 程度下唇板は基部に切れ込みを持つ（明瞭でない場合もある）1 本の中央歯と 5 〜 6 対の側歯から成る。副下唇板は狭い。*D. lobiger* は他のこの属の種からは大きく異なるため，同定には注意が必要である。

クロユスリカ属 *Einfeldia* (J41)

　成熟幼虫は 10 〜 13 mm 程度。下唇板は通常基部に切れ目を持つ大きな中央歯と 6 対の側歯から構成されている。

ミズクサユスリカ属 *Endochironomus* (J42)

　成熟幼虫は 10 〜 14 mm 程度。下唇板は 3 〜 4 本の中央歯と 6 対の側歯から成る。中央 1 対の歯が外側の中央歯より明らかに小さくなるものもある。また，中央歯は腹下唇板の前方の伸長部により側歯から画される。

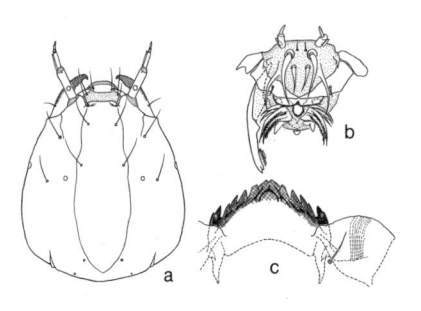

2-3. 属・主要種への検索

J37 a: 頭部背面, b: 上唇腹面および上咽頭, c: 下唇板および腹下唇板

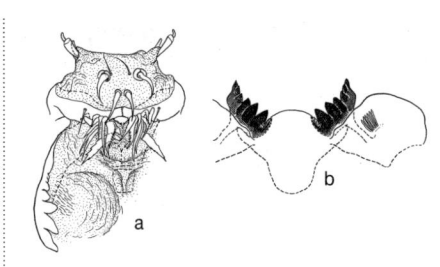

J38 a: 上唇腹面および上咽頭, b: 下唇板および腹下唇板

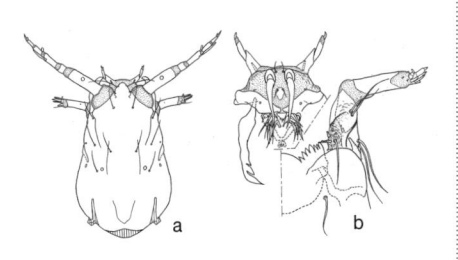

J39 a: 頭部背面, b: 上唇腹面, 上咽頭, 下唇板および腹下唇板

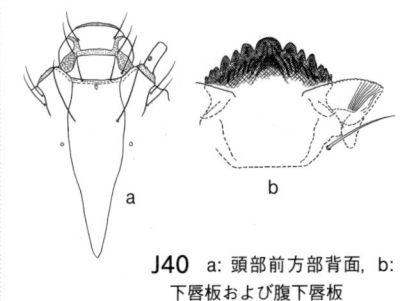

J40 a: 頭部前方部背面, b: 下唇板および腹下唇板

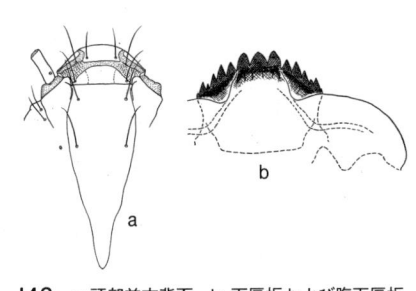

J42 a: 頭部前方背面, b: 下唇板および腹下唇板

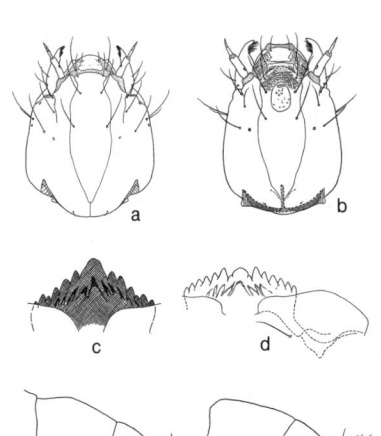

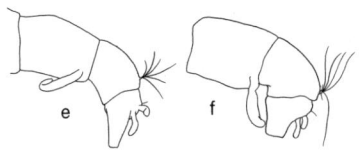

J41 a, c, e: クロユスリカ, b, d, f: サトクロユスリカ (a, b: 頭部背面, c, d: 下唇板および腹下唇板, e, f: 腹部末端)

251

2. 主要種への検索表

セボリユスリカ属 *Glyptotendipes* (J43)

　成熟幼虫は 8 〜 18 mm 程度。頭部背面は前頭片と 2 枚の頭楯板からなる頭楯域を持つ。後頭三角部は良く発達し，非常に大きい。同定に際しては，まずこの形質を確認してから下唇板を観察するのが良い。下唇板は基部に弱い切れ込みを持った（持たない）比較的大きな中央歯と 6 対の側歯より構成される。

コブナシユスリカ属 *Harnischia* (J44)

　成熟幼虫は 10 mm 前後。下唇板は中央部に切れ込みを持った淡色の平坦で幅広い中央歯と 7 対の側歯からなる。第 1 側歯は中央歯と同様に淡色であるが，残りの側歯は黒褐色となる。

オオミドリユスリカ属 *Lipiniella* (J45)

　体長 7 mm 前後。幼虫の頭部は先ぶくれの形状を呈し，他の属から明瞭に異なる。下唇板は 4 本の同大の中央歯と 6 対の側歯より成る。腹下唇板は大きく，中央部で重なる。

コガタユスリカ属 *Microchironomus* (J46)

　成熟幼虫は 8 mm 前後。下唇板は三叉する中央歯と 6 対の側歯から成る。第 4 側歯は小さく，第 5 〜 6 側歯は大きく前方に張り出す。ナガコブナシユスリカ属に酷似するが，中央歯が明瞭に三叉することで識別は可能である。

ツヤムネユスリカ属 *Microtendipes* (J47)

　成熟幼虫は 10 〜 15 mm 程度。下唇板は副下唇板前方部の伸長によって 3 つの部分に分割される。下唇板は 3 本の中央歯と 6 対の側歯から構成される。中央歯 3 本はほぼ同じ大きさとなる場合，あるいは中央の歯が痕跡的な状態で非常に小さくなる場合がある。

ミナミユスリカ属 *Nilodorum* (J48)

　成熟幼虫は 15 mm 前後。頭部の形状は セボリユスリカ属によく似る。下唇板の中央歯は両基部に切れ込みを持つ。6 対の側歯を持ち，第 1 歯は中央歯と同じ高さに位置するか，ややそれより高くなる。日本にはミナミユスリカ *N. barbatitarsis* (Kieffer, 1911) 一種が分布する。

2-3. 属・主要種への検索

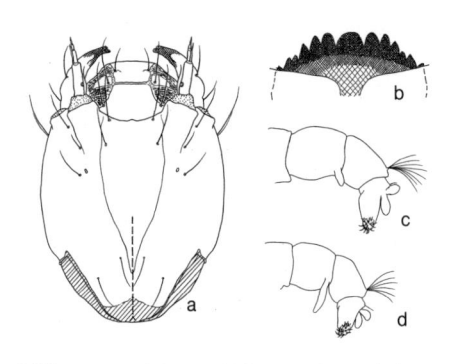

J43 a, d: ハイイロユスリカ，b, c: ヒメハイイロユスリカ（a: 頭部背面，b: 下唇板，c, d: 腹部末端）

J44 下唇板および腹下唇板（Cranston *et al.*, 1983 より引用）

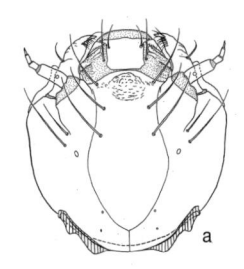

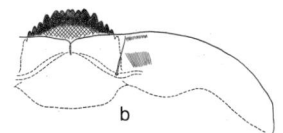

J45 オオミドリユスリカ
a: 頭部背面，b: 下唇板および腹下唇板

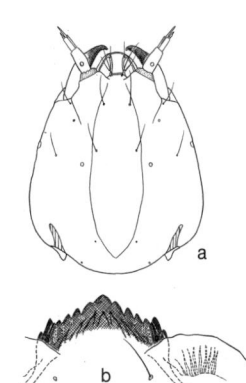

J46 a: 頭部背面，b: 下唇板および腹下唇板

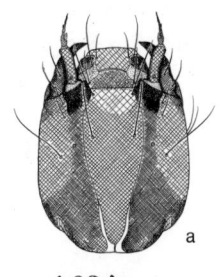

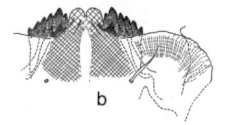

J47 a: 頭部背面，b: 下唇板および腹下唇板

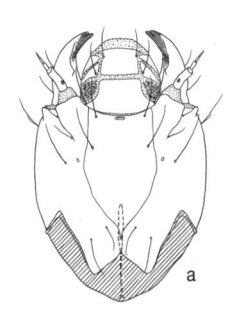

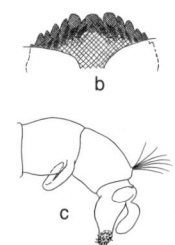

J48 ミナミユスリカ
a: 頭部背面，b: 下唇板および腹下唇板，c: 腹部末端

アヤユスリカ属 *Nilothauma* (J49)

　成熟幼虫は4～10 mm程度。下唇板は淡色で，腹下唇板の前方の伸長部によって中央歯域と側歯域の3部分に分割される。中央歯は4本の歯からなり，中央の対は外側の対よりも顕著に小さくなる。側歯は6対である。

ニセコブナシユスリカ属 *Parachironomus* (J50)

　成熟幼虫は10 mm前後。下唇板は単純で比較的大きな中央歯（時に，中央部に切れ込みを持つ）と6～7対の互いに分離した側歯を持つ。通常中央歯の位置が最も高く，全体として前方に緩やかな弧を描く。

ケバコブユスリカ属 *Paracladopelma* (J51)

　成熟幼虫は体長5 mm前後。下唇板は1または2本の幅広い中央歯と7対の側歯よりなる。腹下唇板の前縁部は鋸歯状に刻まれる。

カワリユスリカ属 *Paratendipes* (J52)

　成熟幼虫は4～8 mm程度。下唇板はほぼ同じ大きさの淡色の4つの中央歯と6対の側歯からなる。中央歯は側歯より低く，結果として中央部が窪む。

ハケユスリカ属 *Phaenopsectra* (J53)

　成熟幼虫は9 mm前後。下唇板は腹下唇板の前方部の伸長により3部分に分かれる。2対の中央歯と6対の側歯より成る。中央歯の内側の1対は外側の1対とほぼ同じ大きさであるか，明瞭に小さくなる。

ハモンユスリカ属 *Polypedilum* (J54)

　成熟幼虫は3～8 mm程度。下唇板は4つの中央歯と6対の側歯から構成される。中央歯は全て同じ大きさの歯より構成される場合，外側の1対が顕著に小さくなる場合などがある。

キザキユスリカ属 *Sergentia* (J55)

　成熟幼虫は10 mm前後。下唇板は副下唇板の前方部が中央歯の基部まで伸びることにより3部分より成る。中央歯はほぼ同じ大きさの4本の歯から成り，側歯は6対の歯より構成される。

2-3. 属・主要種への検索

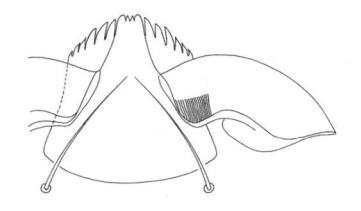

J49 下唇板および腹下唇板 (Cranston et al., 1983 より引用)

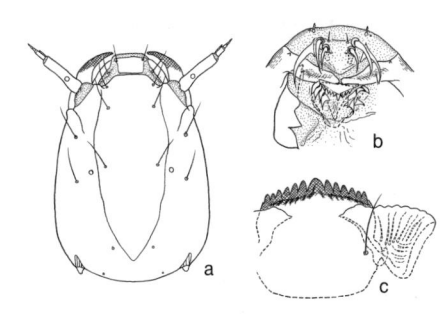

J50 ユミガタニセコブナシユスリカ (a: 頭部背面, b: 上唇腹面および上咽頭, c: 下唇板および腹下唇板)

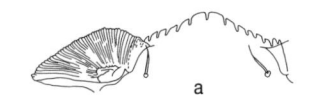

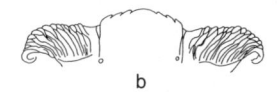

J51 下唇板および腹下唇板 (Cranston et al., 1983 より引用)

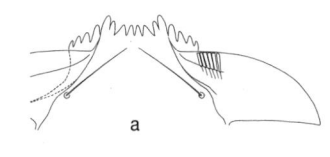

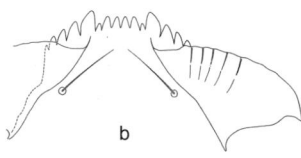

J52 下唇板および腹下唇板 (Cranston et al., 1983 より引用)

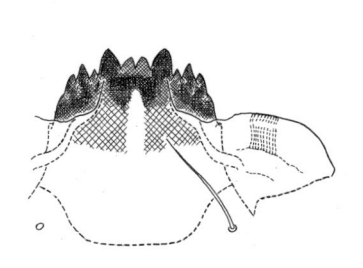

J53 下唇板および腹下唇板

J54 a: 頭部背面, b: 下唇板および腹下唇板

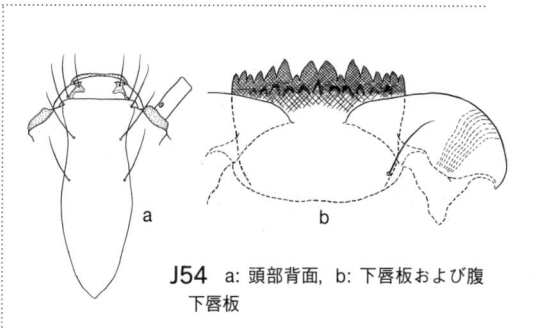

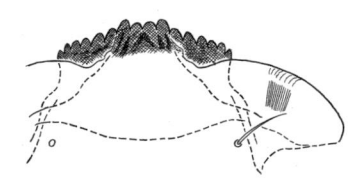

J55 キザキユスリカ (下唇板および腹下唇板)

ハムグリユスリカ属 *Stenochironomus*（J56）

　成熟幼虫は4～10 mm程度。頭部は非常に偏平で，他の潜葉性の昆虫類と良く似た体型をしている。中央部が明瞭に窪む下唇板を持つ。

アシマダラユスリカ属 *Stictochironomus*（J57）

　成熟幼虫は4～10 mm程度。下唇板は副下唇板の前方部が中央紙の基部にまで伸びるため，3部分より成る。中央歯は4本の歯で構成され，内側の対は外側の対より小さい。側歯は6対から成る。

エダゲヒゲユスリカ属 *Cladotanytarsus*（J58）

　成熟幼虫は3～4 mm程度。触角は第2環節は短く，楔形で，非常に大きな一対のローターボーン器官を持つ。下唇板は両側に小さな歯を持つ中央歯と5対の側歯より構成される。幼虫触角に見られる大きなローターボーン器官はこの属の重要な識別形質である。

ナガスネユスリカ属 *Micropsectra*（J59）

　成熟幼虫は4～10 mm程度。下唇板は側方に2～3の切れ込みを持つ中央歯と5対の側歯から構成される。ヒゲユスリカ属の幼虫に非常に類似する。副顎の歯が2本である点で，識別が可能である（ヒゲユスリカ属は3～5本の歯を持つ）。

フトオヒゲユスリカ属 *Neozavrelia*（J60）

　成熟幼虫は3 mm程度ローターボーン器官は非常に大きく，長い台座上に位置する。下唇板は単純な中央歯と4～5対の側歯より構成される。副顎が2歯であること，後偽脚の爪が単純であることより，識別が可能である。

ニセヒゲユスリカ属 *Paratanytarsus*（J61）

　成熟幼虫は4～6 mm程度。触角第2環節末端には非常に短い台座を持ったローターボーン器官がある。下唇板は単純なあるいは側方に切れ込みを持った中央歯と5対の側歯より構成される。

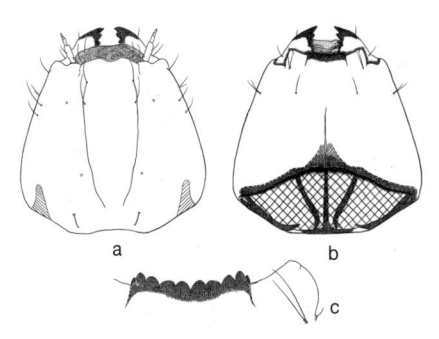

2-3. 属・主要種への検索

J56 a: 頭部背面, b: 頭部腹面, c: 下唇板および腹下唇板

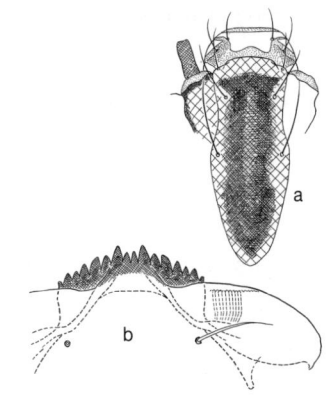

J57 アキヅキユスリカ
a: 頭部背面, b: 下唇板および腹下唇板

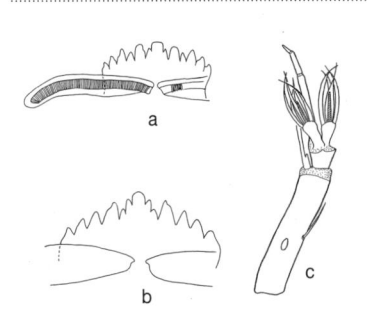

J58 a, b: 下唇板および腹下唇板 (Cranston et al., 1983 より引用), c: 触角

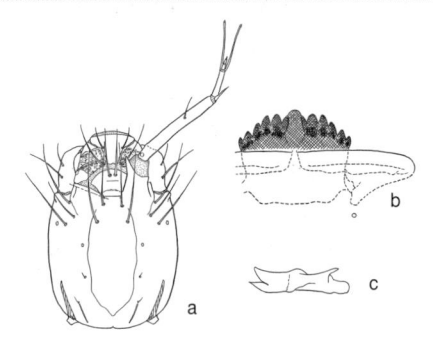

J59 a, b, c: ナガスネユスリカ属 (a: 頭部背面, b: 下唇板および腹下唇板, c: 前大顎)

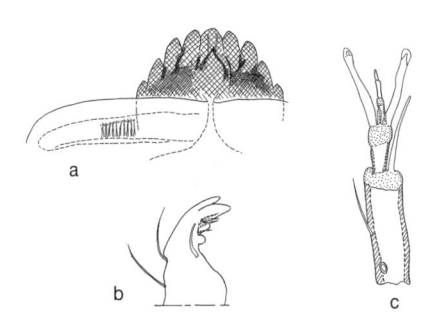

J60 a: 下唇板および副下唇板, b: 大顎, c: 触角

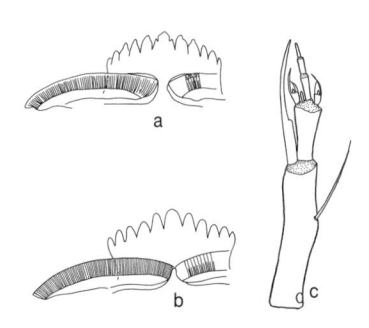

J61 a, b: 下唇板および腹下唇板 (Cranston et al., 1983 より引用), c: 触角

257

オヨギユスリカ属 *Pontomyia* (J62)

　成熟幼虫は3～4mm程度。岩礁地帯の浅い潮溜まりに生息する。触角は高い触角台上に位置する。ローターボーン器官は葉状で，触角第2環節末端に位置する。下唇板は側部に切れ込みを持つ三角形を呈する中央歯と4対の側歯より成る。

ナガレユスリカ属 *Rheotanytarsus* (J63)

　成熟幼虫は4～5mm程度。触角第2環節上のローターボーン器官は触角末端を超えない。下唇板は側方に切れ込みを持った中央歯（時に，完全に3分割される）と5対の側歯から構成される。

ケミゾユスリカ属 *Stempellinella* (J64)

　成熟幼虫は2mm前後。下唇板は単純な中央歯と6対の側歯よりなる。腹下唇板はお互いが広く離れる。

ヒゲユスリカ族 *Tanytarsus* (J65)

　成熟幼虫はせいぜい9mmまで。前大顎に3～5本の歯を持つことでナガスネユスリカ属 Micropsectra 識別が可能である。下唇板の形態はナガスネユスリカ属とほぼ同じである。

2-3. 属・主要種への検索

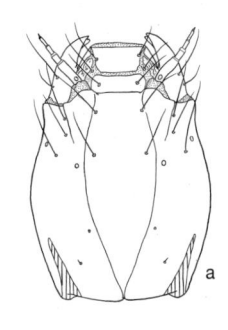

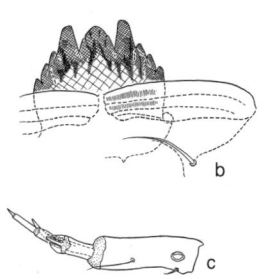

J62　a: 頭部背面, b: 下唇板およぴ腹下唇板, c: 触角

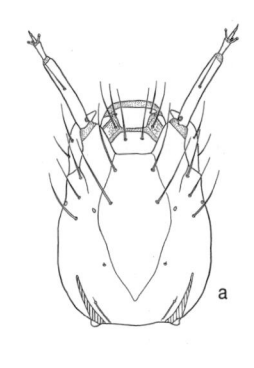

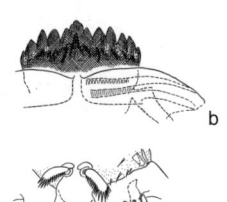

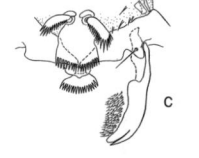

J63　a: 頭部背面, b: 下唇板およぴ腹下唇板, c: 上唇腹面

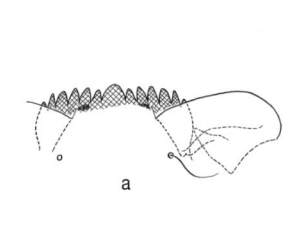

J64　a: 下唇板および腹下唇板　b: 触角

J65　ヒゲユスリカ属（前大顎）

コラム4　室内プールとユスリカ

　室内プールもユスリカ幼虫の生息場所の1つとなることがある。室内プールの水温・気温は年間を通してほぼ一定に保たれているうえ，プール内の掃除が細かなところまで行き届かなければ，場所によっては水底に豊富な餌（髪の毛や皮膚の破片などの有機物）が幼虫に提供される。したがって，ユスリカ類にとって室内プールは，大変生息しやすい環境の1つとなる（平林，2001; 矢口ほか，2003）。

　これまでに相談を受け，解決してきた数十件の事例から以下，まとめて紹介する。ユスリカ成虫の侵入経路は外からの場合が多い。また，外から侵入したものが，「そのまま室内で不快性をもたらす場合（主に成虫）」と，侵入してから「いったん室内で定着し，室内に発生源がある場合（主に幼虫）」，さらに「この両方の場合（成虫と幼虫）」がある。前者の場合は比較的対策は容易であるが，後者の場合は発生源を特定しない限り，幼虫，成虫の発生は長期にわたって続く。ユスリカ類の幼虫には，水がなくとも湿った環境（スポンジや床に生えたコケ類や藻類中）であれば，十分生息可能な種も多い。プールサイドの保湿性のあるゴム床の小さな隙間にぎっしりとユスリカ類の幼虫が生息していたケースもあった。したがって問題解決のためには，まずは発生種，発生動態をおさえること，発生源を丹念に探し出すこと，プールの運用管理を見直すことなどが大変有用である。しかし，個別のケースが多く，問題が大きくなる前に，早期に対策を立て，実行に移すことが望ましい。

参考文献

平林公男　2001　月刊水　Vol.**43**(15): 24-29.
矢口ほか　2003　生活と環境　**11**: 44-48.

（平林公男）

3. 近年におけるユスリカの分類学

3-1. 走査型電子顕微鏡を用いたユスリカの形態観察

1. はじめに

　ユスリカの形態観察における走査型電子顕微鏡（以下SEM）の有効性を，多くの電子顕微鏡写真によって詳細に示したのはSublette (1979) が最初と思われる。彼によれば，昆虫の形態観察や分類学的研究に走査型電子顕微鏡（以下SEM）が盛んに使われるようになったのは1970年以降であり，ユスリカの分類学的研究が盛んになったのが1960年代後半のSætherらの研究以降と考えられるから，ユスリカの研究の大部分はSEMが普及してから行われたことになる。実際，新種記載などユスリカの分類に関する論文の多くにSEMを用いた成果が使われるようになってきており，日本産のユスリカに関しては，セスジユスリカ *Chironomus yoshimatsui* の新種記載（Martin and Sublette, 1972），ヤモンユスリカ *Polypedilum nubifer* の再記載（Sasa and Sublette, 1980）などがある。それでも，SEMの普及を考えれば，ユスリカの形態の研究にももっと使われてもいいような気がする。ここでは，ユスリカの形態観察におけるSEM利用のメリットについていくつか述べる。ここで用いている電子顕微鏡写真は，JEOL JFD-310 t-ブチルアルコール凍結乾燥装置で乾燥し，金をスパッタコーティングした標本をJEOL JSM-5200 SEMで撮影したものである。

2. 光学顕微鏡観察の補助的利用

　まず，複雑に入り組んだ構造の観察にはSEMは有利である。例えば，幼虫の上唇（図1-a）や成虫の脚先端（図1-b）には分類学的に重要な形質が多数含まれており，これらの観察は光学顕微鏡（以下 光顕）でも十分可能であるが，どちらも細かな突起が密集した構造であるから分解能が格段に高いSEMを用いた方が細部まで観察できる。また，光顕用のプレパラート標本では封入の仕方によっては突起物の配置などが歪められてしまうが，SEM用の標本では，

3. 近年におけるユスリカの分類学

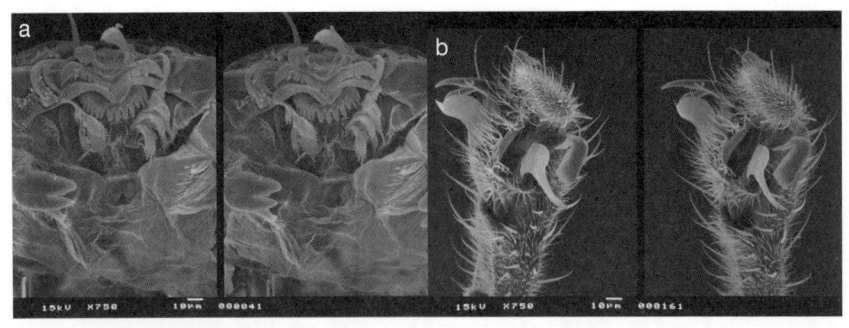

図1 立体視用のサンプル
a: セスジユスリカ *Chironomus yoshimatsui* 幼虫の上唇。b: ヤマトイソユスリカ *Telmatogeton japonicus* 雄成虫後脚末端。

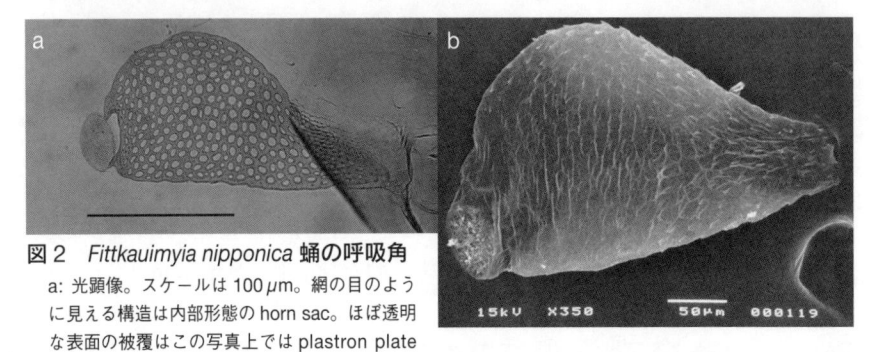

図2 *Fittkauimyia nipponica* 蛹の呼吸角
a: 光顕像。スケールは100μm。網の目のように見える構造は内部形態のhorn sac。ほぼ透明な表面の被覆はこの写真上ではplastron plate 近傍と呼吸角基部にのみ確認できる。b: SEM像。刺状突起は裏面ではさらに顕著である。

　乾燥法にさえ注意すれば突起物の配置などはきれいに保存される。ところで, SEM写真はあたかも一方向から光を当てた陰影のように見えるため, 白い部分が前面で黒い部分が奥のような印象を与えるが, これが常に深さ方向の実体を正しく反映しているとは限らないので注意が必要である。四本(1983)は, 日常光線によってものを見ている習慣に基づき直感的に凹凸の状態を判断することが時に危険であることを指摘しており, 深さ方向の実体を正しく把握するために視角度の異なる2枚の写真を用いた立体視の利用を勧めている。図1-a, bは視角度を10°変えて撮った写真である。bの方を立体視で見てみると, 黒っぽく写っている向かって右側の爪が実は最前面にあることがわかる。このような立体視用の写真もSEMでは容易に作製することができる。

　次に, 光顕が不便なのは透明な部分の表面構造を観察する時である。位相差顕微鏡や微分干渉装置で見ることもできるが, このような部分の観察にも

3-1. 走査型電子顕微鏡を用いたユスリカの形態観察

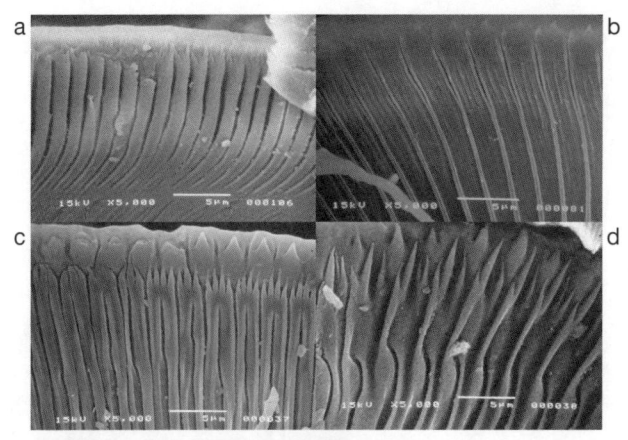

図3 ユスリカ亜科幼虫の腹下唇板内面の線条
a: ミズクサユスリカ Endochironomus tendens。激しく屈曲している部分は光顕では濃色帯に見え，途切れているように見える。b: ヤモンユスリカ Polypedilum nubifer。c: ハイイロユスリカ Glyptotendipes tokunagai。d: メスグロユスリカ Dicrotendipes pelochloris。

SEM は適している。図2は蛹の呼吸角 thoracic horn の写真である。a の光顕像ではほとんど透明な表面の刺状突起を認めるのは難しいが，b の SEM 像では刺状突起が容易に識別でき，さらにそれらが鱗片状の構造の前端部にあたることも確認できる。一方，当然のことながら horn sac のような内部構造と表面構造を同時に見ることは SEM では不可能であり，光顕によらなければならない。

3. 光顕では判別できない微細形態の観察

光顕の分解能は原理的には $0.2\,\mu m$ 程度が限界であり（永谷，1983），実際には数 μm 程度の構造でも光顕による観察では十分に判別できない場合がある。そもそも電子顕微鏡はこのような微細な構造の観察のために開発されたものであるから，SEM の本領も微細形態の観察において発揮される。以下に光顕で形態を判別するのが難しい微細形態をいくつか示す。

微細形態が最もよく研究されているのはユスリカ亜科，特にユスリカ属に近縁な属の幼虫の腹下唇板 ventromental plate である。腹下唇板内面に線条が発達するのはユスリカ亜科の幼虫に固有の特徴であり，この線条の形態に基づき，属間の類縁関係（Webb et al., 1989; Cranston et al., 1990）やユスリカ属内の種の類縁関係（Webb and Scholl, 1985; Webb et al., 1985）が議論されている。図3

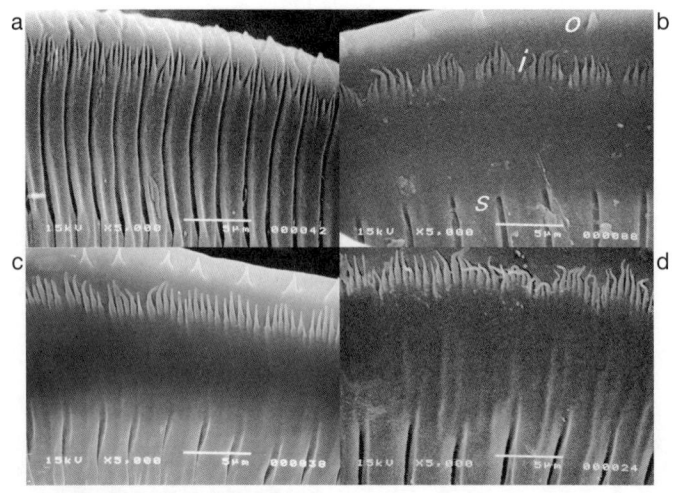

図4 ユスリカ属の腹下唇板内面の線条
　a: オオユスリカ Chironomus plumosus。b: サンユスリカ Ch. acerbiphilus。c: セスジユスリカ。d: ヒシモンユスリカ Ch. flaviplumus。o：outer hook row, i：inner hook row, s：striae。

はユスリカ亜科4属の腹下唇板内面の前端部付近のSEM像で，おのおのの線条の幅および端部の構造が異なっていることが分かる。図4はユスリカ属4種の腹下唇板のSEM像である。Webb et al. (1985) が outer hook row, innner hook row, striae（または strial ridge）と名付けた線条の基本構造はどの種にも見られるが，outer hook の数や striae 間の浅い溝の形態などに微妙な違いがある。特にこの4種の中ではオオユスリカ Chironomus plumosus の線条の形態が著しく異なっているが，Ch. muratensis や Ch. nudiventris といったオオユスリカに近縁の種ではオオユスリカと同様の線条を持っていることが知られており，線条の形態の類似は系統分類学的な類縁関係をある程度反映していると考えられている。outer hook と striae の数は分類形質としてヨーロッパ産のユスリカ属幼虫の検索表に用いられている (Webb and Scholl, 1985; Webb et al., 1985)。

　図5は図2と同じく Fittkauimyia nipponica 蛹の呼吸角先端にある plastron plate の SEM 像である。微細な突起が一定の間隔で規則正しく配列しているのが分かる。Sublette (1979) には Psectrotanypus dyari の plastron plate の SEM 像が掲載されているが，突起の形も突起の混み具合も F. nipponica のものとよく似ている。水を通さず空気を保持するための構造で

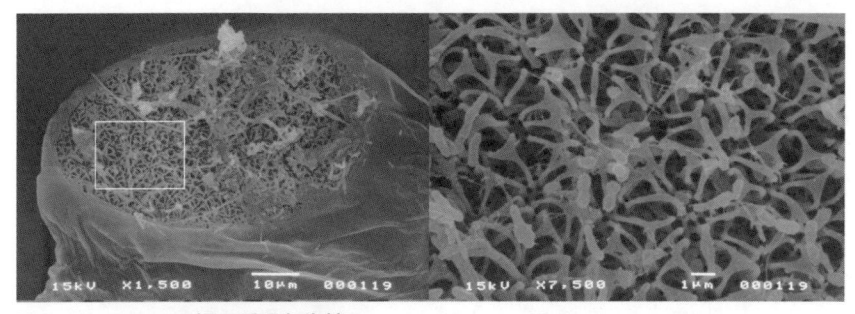

図5 *F. nipponica* 蛹の呼吸角先端

plastron plate がある。右図は左図の枠内を拡大したもの。

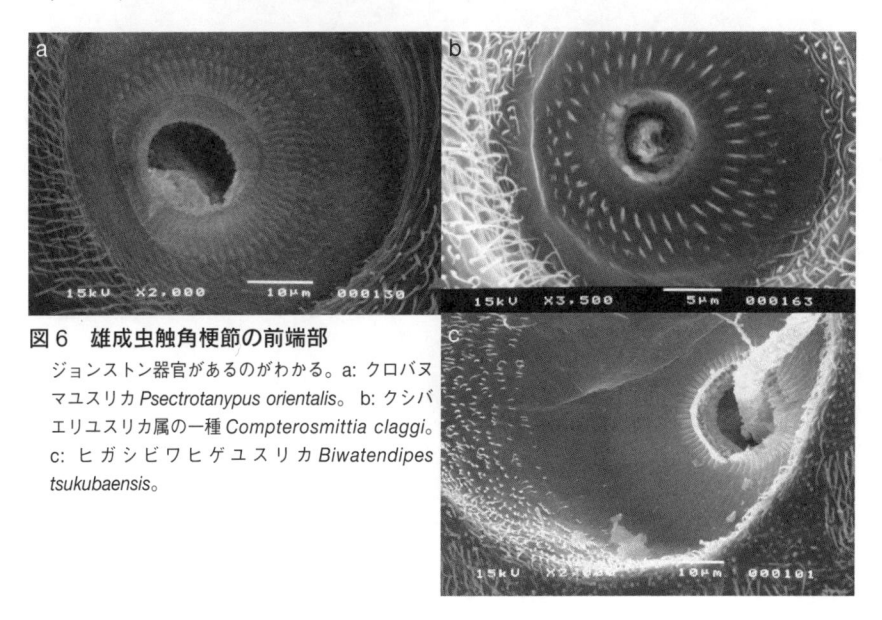

図6 雄成虫触角梗節の前端部

ジョンストン器官があるのがわかる。a: クロバヌマユスリカ *Psectrotanypus orientalis*。b: クシバエリユスリカ属の一種 *Compterosmittia claggi*。c: ヒガシビワヒゲユスリカ *Biwatendipes tsukubaensis*。

あるため，物理的な制約から plastron plate の部分については，異なる種間でも形態に大きなバリエーションはないのかもしれない。

図6は3種のユスリカの触角梗節（触角第2節）の前端部（触角第3節との接合部）のSEM像である。薄い表皮の下にあるジョンストン器官の形が見える。ジョンストン器官は聴覚器官と考えられている器官である。3種で発達の程度に違いが見られる。

図7は平均棍基部のSEM像である。規則正しく配列した鐘状感覚子群が見える。これらは飛翔を安定させるための感覚器官であるが，ヤマトイソユスリ

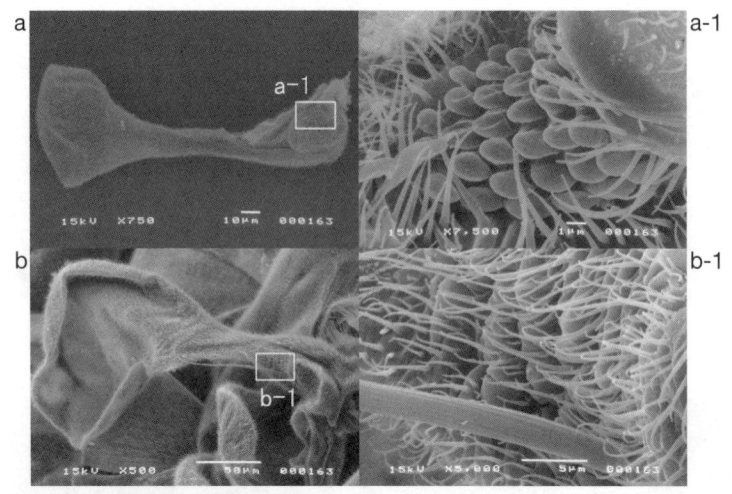

図7 雄成虫平均棍基部の鐘状感覚子群
a: クシバエリユスリカ属の一種。b: ヤマトイソユスリカ。

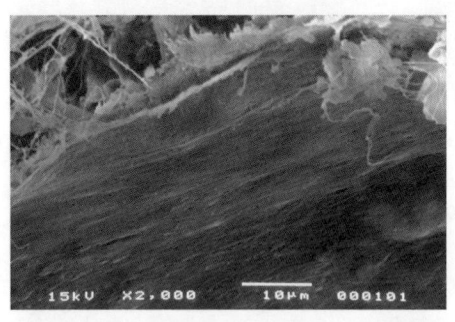

図8 ヒガシビワヒゲユスリカの筒巣の内面
水の流れのように写っているのは唾液腺分泌物の糸。

カのようにほとんど飛ばない種の平均棍基部にも見られるのはおもしろい。

4. 筒巣内面の唾液腺分泌物

図8はヒガシビワヒゲユスリカ *Biwatendipes tsukubaensis* 幼虫の筒巣の断面である。巣の内面を補強している唾液腺分泌物（いわゆる「絹糸」）のSEM像である。きわめて細い分泌物の糸が巣の長軸と平行に張られているのが見える。Kullberg（1988）はナガレユスリカ属の一種 *Rheotanytarsus muscicola* の巣の内面をSEMで観察しているが、こちらは網の目状に糸を張りめぐらしており、ヒガシビワヒゲユスリカとは様子が異なっている。ヒガシビワヒゲユスリカやナガレユスリカ属を含むユスリカ亜科は先述したとおり腹下唇板内面に

特徴的な線条を有している。Webb *et al.*（1981）は，この構造によりユスリカ亜科の幼虫は唾液腺分泌物を巧みにシート状に吐き出すことができ，発達した腹下唇板を持たないエリユスリカ亜科の幼虫に比べ，造巣能力に優れていると考えている。巣の構築に使われる糸の形状も SEM を用いれば配列の状態まで観察可能である。

コラム 5　湖底のユスリカ

　水深 200 〜 400 m もある湖底にもユスリカ幼虫は生息している。それはどのような種だろうか。

　北海道の摩周湖は，日本一の透明度を誇るといっても，光が届くのはせいぜい水深 50 m。湖底は，暗黒，水温は周年 4℃前後の世界である。

　最も深い所の記録は，筆者の調査した範囲では，田沢湖の 330 m である。そこから 1 個体のオナガヤマユスリカ属 *Protanypus* を見つけ出した。次は十和田湖の 318 m の湖底からナガスネユスリカ属 *Micropsectra*，カユスリカ属 *Procladius* を多数採取した記録がある。

（北川禮澄）

3-2. ユスリカ類の分子生物学的手法による分類

1. 原理

　DNA はほぼ正確に複製され子孫に受け継がれる。しかし，厳密には完璧な複製ではなく，1 回の DNA の複製につき 10^9 塩基あたり約 1 個の塩基が変化している。生命維持にとって重要な遺伝子に起こる突然変異は，ほとんどが有害で子孫へ伝達されない。マメ類と牛のヒストン H4 のアミノ酸配列は，2 個しか違わないほど，良く保存されている。生命現象にとってさほど重要でない遺伝子の変異は子孫へ受け継がれやすい。このように遺伝子によって変異の時間的差違が生ずる。真核生物の DNA には遺伝情報に関与しない部分がたくさんあり，この部分には，時間とともに変異する塩基配列が蓄積される。すなわち，分子時計の役割を果たす。近縁種では変異は少なく，遠ざかるほど多くなる。こうした現象を使って，種の同定や系統樹の描画を行うことができる。

　ユスリカの種分化の分析に使われる DNA 領域はミトコンドリア DNA の cytochrome oxydase I, 同 II, 16s, 核 DNA のリボゾーム ITS1, 同 2 などがある。ミトコンドリア DNA は変異が速いので，近縁種の比較に適している。遠縁になるほど変異に変異が重複して, 真の変異が隠されてしまうことになる。さらに，ミトコンドリアは母方のみの由来であり，近縁種の交雑があった場合でも，母方の情報しか残らない。このため，核 DNA による系統樹とかけ離れることもある。

　リボゾーム RNA には 5S, 18S, 5.8S, 28S, の 4 種類があり，それらが組み合わさってリボゾームが形成される。これらをコードするリボゾーム DNA (rDNA) は，5S を除き，この順序で配列している。それぞれの転写領域の間に internal transcribed spacer (ITS) と呼ばれる, 読み込まれても除去される部分があり，意味のない塩基配列となっている。18S と 5.8S の間が ITS1，5.8S と 28S の間が ITS2 であり, いずれも種の同定や系統樹に使われる。しかし，この一連の遺伝子は多重遺伝子族 multiple gene family に属し，連続的に複数が一列になって反復して配列している。従って, それぞれの ITS 部分が独自に突然変異を繰り返し，同一個体でも異なった配列となることがある。このため，部分的に塩基配列が混じり合い，確定できないことが高い確率で起こる。

2. 方法

1) プライマーの設計

上記の変異部分の塩基配列を増幅するために，前後の変異がほとんどない部分から PCR (polymerase chain reaction) のスタート，すなわち，その部分に相補的に結合する塩基配列（プライマー）を設計する。鎖長は，18～25塩基が良い。

ITS2 のプライマー設計は，以下のように進めた。GENEBANK よりオオユスリカ *Chironomus plumosus*, *C. annularius*, *C. thummi thummi* の 5.8s, 28s を入手し，調べたところ，ほぼ同一の塩基配列をもつことがわかった。次に，プライマー設計ソフト（OLIGO）を使って，5.8s 側が Upper Primer, 28s 側が Lower Primer となる塩基配列を探した。この結果も含め，利用可能なプライマーを表1に示した。

2) 標本の作製と DNA の抽出，PCR，シークエンス

i) 形態標本の保存

DNA の抽出の前に，形態による種同定のための標本を残す。標本とする部位は，成虫では雄交尾器，両翅で，型どおりの処理でプレパラートを作成する。ツヤユスリカ属 *Cricotopus* では腹部背面の模様が種同定に必要なので，模様のスケッチか写真を残す。幼虫は，頭部を切除し，型どおりの標本として残す。胴体，尾部の観察を実態顕微鏡下で行い，特徴を記載しておく。

ii) DNA の抽出からシークエンスまで

DNA の抽出には QIAamp DNA Mini Kit（Qiagen 社）などのキットを用いる。Proteinase K を含むバッファー中で，70％エタノールで消毒した眼科用ハサミでサンプルを細切し，後は添付書類に沿って進める。PCR(8サンプルあたり) 純水 (MilliQ) 43 $\mu\ell$, 10 × Ex Taq Buffer 8 $\mu\ell$, dNTP Mixture 2 $\mu\ell$, 5 μM Primer Upper, Lower 各2 $\mu\ell$, TaKaRa Ex Taq（Takara Bio INK 社）0.2 $\mu\ell$ を混合し，0.2 mℓ PCR 用チューブに7 $\mu\ell$ ずつ8本に分注，各チューブにサンプル DNA を3 $\mu\ell$ ずつ加える。なお，Taq ポリメラーゼは失活しやすいので，最後に加える。また，粘性があるため，十分ピペッティングする。サーマルサイクラーで PCR を行う。熱変性（95℃, 60秒），アニーリング（表1, 60秒），伸長（72℃, 120秒）で，30～40サイクル実施する。この反応後，PCR 産物の DNA のみを精製し，電気泳動による確認を行う。これらも，キットや成

表1　ユスリカの種同定に利用されるプライマーとアニーリング温度

1) ミトコンドリアDNA	
16S mtDNA	(Castro et al., 2002)
the upper primer （5'-CCAAAAAATTATTTTAATCCAACATCGAGG-3'）	
the lower primer （5'-CACCTGTTTATCAAAAACAT-3'）	
Cytochrome oxydase (CO) II	(Ekrem & Willassen, 2004)
the upper primer (5'-ATATGGCAGATTAGTGCA-3'）	
the lower primer (5'-GTTTAAGAGACCAGTACTTG-3'）	
…………50～52℃（初めの5～10サイクルは45～48℃）	
2) 核DNA	
ITS2	(Asari et al., 2004)
the upper primer (5'-CGATGAAGACCGCAGCAAAC-3'）	
the lower primer (5'-GTTGGTTTCTTTTCCTCCCCTAAT-3'）[1]	…………53.7℃
or　　　(5'-CCCGTTTCGTTCGCCACTAC-3'）[2]	…………53.2℃

[1] はフユユスリカ属，ツヤユスリカ属，ハモンユスリカ属など多数で使用できたが，カユスリカ属では[2]を使用した。

書（谷口，2006）がある。

　シークエンス反応には，BigDye Terminator v3.1 Cycle Sequencing Kit (Applied Biosystems 社) などを用いる。8サンプルあたり，純水 $22.8\mu\ell$，5 × Sequencing Buffer $11.2\mu\ell$，Cycle Sequencing Mix $3\mu\ell$，Primer $3\mu\ell$ を混合し，各チューブにPCR反応で得たDNAを $2\mu\ell$ ずつ加える。サーマルサイクラーでPCRを行う。熱変性（96℃）3分後に，熱変性（10秒）→アニーリング（50℃，5秒）→伸長（60℃，4分）で25サイクル行い，伸長2分を追加する。シークエンス反応産物の精製には磁気ビーズを利用した，AGENCOURT CLEANSEQ Dye-Terminator Removal（Beckman Coulter 社）などが便利である。Formamide を加え，一本鎖にし，ABI PRISM 3100（Applied Biosystems 社）などのシークエンサーに掛ける DNASIS ソフトウェアを用いて，得られたシークエンスデーターの波形を確認し，塩基配列を確定する。

3．本法で得られること

1) 種の同定

　本法で種の同定が可能かと問われれば，限定的としか答えられない。確かに，生殖的隔離が起これば，それぞれの遺伝子の変異は蓄積してゆき，ここに挙げたDNAの塩基配列の比較は，生殖的隔離の度合いを客観的に判定する優れた手法である。しかし，種の定義は多数存在し，塩基配列の比較のみで同種，異

3-2. ユスリカ類の分子生物学的手法による分類

種との判定は不可能と言える。例えば，ヒトは1種とされているが，ミトコンドリアDNAの塩基配列によって近縁関係を系統樹にすることができるほど変異が大きい。いくら生殖的隔離があったとしても，それらが同一遺伝子プールに属するとすれば，結局は種の範囲内である。従って，本法は種の同一性の判定に利用できる，という点にとどめたい。

ClustalXソフトウェアを用いて，多重アライメントを行い，塩基配列の異同を比べることができる。200～300塩基に2～3個の点突然変異（1個所のみの変異）のみなら2個体は同種と判定できる。両者の塩基配列が違いすぎれば，同種との仮説を棄却できる。例えば，Sætherら（2000）が，キソガワフユユスリカ *Hydrobaenus kondoi* とビワフユユスリカ *H. biwaquartus* を同種としたのに対し，ITS2の配列から，この説は棄却された（Asari *et al.*, 2004）。PAUPソフトウェアを用いると，近縁関係，系統樹が得られる。

2) 幼虫の種同定

幼虫も成虫も同種なら，ここで述べた塩基配列はほぼ同一となる。幼虫の形態からは種の同定までは不可能とされているので，幼虫の種同定が可能な唯一の方法と言える。ただし，手間と経費が掛かり，常に行える方法とは言いがたい。さらに，サンプル幼虫の塩基配列を決定しても，該当する種の塩基配列が報告されていなければ，報告されるまで種が確定しないことになる。長良川などから得られる雄成虫と幼虫をランダムに調べたが，同一の塩基配列を示したペアはシロアシユスリカ *Paratendipes albimanus* と *Paratendipes* sp. PD，（北川，1997）のみであった。本法によって幼虫の形態分類の確証を取ることができるため，形態分類がさらに発展する可能性が高い。しかし，現在までの光学顕微鏡観察では，例えば，キソガワフユユスリカとビワフユユスリカ，コキソガワフユユスリカ *H. kisosecundus* と *Oliveridia* sp. は鑑別できない。そこで，形態観察で2～3種までに絞り込んで，その先を本法で確定する手順が現実的である。

3) 隠蔽種の発見

生殖隔離がありながら，形態的に見分けがつかない隠蔽種というものが存在する。この場合は，本法が有力な手がかりを与えてくれる。ウスイロカユスリカ *Procladius choreus* では，ITS2の塩基配列で2群に分けることができるが，形態的には分けることができない。しかも，両群は互いに似るのではなく，むしろ，その1群はアミメカユスリカ *Procladius culciformis* と近縁であった（可

児ら，2007)。隠蔽種と確定できるかは今後の課題であるが，形態分類ではできなかったことが可能になる。その他，形態的に類似する収斂や平行進化といった現象の背景を解き明かす手段を提供できる。

コラム6　繭をつくるユスリカ

　ユスリカ幼虫は，高温や乾燥に耐えるため，繭を形成して休眠することが知られている。

　なかでも，フユユスリカ属 *Hydrobaenus* は多くの種が2齢幼虫で繭を形成することがわかっている。今までのところ国内では，キソガワフユユスリカ *H. kondoi*，コキソガワフユユスリカ *H. kisosecundus*，ビワフユユスリカ *H. biwaquartus* の3種の繭が確認されている。

　いずれの繭も長径0.5 mmほどであるが，形状は微妙に異なる。キソガワフユユスリカとビワフユユスリカは俵型，コキソガワフユユスリカは鍋蓋型であった。

（近藤繁生）

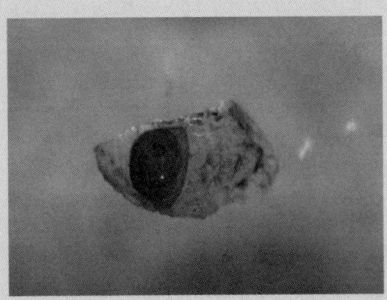

キソガワフユユスリカの繭

4. ユスリカの生息環境と指標種

はじめに

　大量発生して不快害虫と揶揄されることの多いユスリカではあるが，そうしたものは一部の種にすぎない。また，ユスリカはドブや汚水中に生活する赤い色をしたミミズのような虫（アカムシと呼ばれる）のイメージが強く，一般にあまり良いイメージを持たれていないようだ。しかし，これも不快害虫と同様一部の種で，ほとんどの種は淡水，汽水，塩水，酸性の水域，アルカリ性の水域とさまざまな環境下の水域で見ることができる。なかには，水中生活から離れてしまったものまで存在する。

　その生活様式も驚くほど多様で，デトリタス食に限定されない。捕食者，他の水生昆虫に寄生するもの，寄生者かどうかは不明であるが，ドブガイなどの軟体動物の鰓の中で生活するもの，ナマズ類の鰭で付着生活を行うもの，淡水海綿の中で生活するもの，寄生者ではないものの他の昆虫などに付着して生活するもの，等々が多数知られている。アフリカに分布するユスリカでは，きわめて乾燥に強く，カラカラに乾いた状態で十年以上も休眠状態を保つことのできる種も知られている。この章では，湖沼，大河，都市の中小河川，ため池と水田，湿地，海岸，その他の環境に生息するユスリカについて紹介する。

4-1. 湖　沼　（口絵 xlv）

生息環境としての湖沼

　湖沼におけるユスリカ類の生息環境について述べる前に，湖沼の栄養段階について簡単に説明する。湖はその栄養状態によって「貧栄養湖」，「中栄養湖」，「富栄養湖」，「過栄養湖」などに区別される。一般に，水中の窒素・リンなどの栄養塩濃度の低いものを貧栄養湖，栄養塩濃度の高いものを富栄養湖と呼んでいるが，これらの区分には，栄養塩濃度以外にも透明度やクロロフィル a 量などの平均値が用いられることもある。

4. ユスリカの生息環境

　貧栄養湖の特徴は，低い栄養塩濃度に起因する低い一次生産力が挙げられる。これにより透明度が高い一方で，植物プランクトンの現存量がきわめて小さいため，動物プランクトン，底生動物や魚などの現存量が低く抑えられる。富栄養湖の場合はこれとは逆に，大量の栄養塩供給に支えられた高い一次，二次生産力と低い透明度が特徴である。

　生物群集の生息場所という視点から湖内を区分すると（生態区分という），その水平的な生態区分は大きく「沿岸帯」と「沖帯（深底帯）」に分けられる。一般に，沿岸帯は高水位面から水生植物が分布している範囲の水域を指し，それよりも沖合の水中部分を沖帯，さらにこの沖帯の底の部分を深底帯と呼ぶ。前述のように沿岸帯と深底帯の境界区分は水生植物の有無で決まるが，これは湖底に届く光の量に左右される。したがって貧栄養湖の場合は，水深の深い場所まで光が届くため沿岸帯の水深が深くなるが，富栄養湖ではその水深が浅くなる。

　同じ深底帯を比較しても，貧栄養湖，中栄養湖および富栄養湖とではその環境が大きく異なる。貧栄養湖は水深の深い湖が多く，例えば中禅寺湖（栃木県）の最大水深と平均水深はそれぞれ163 mと95 mである。また富栄養湖は水深が浅い湖が多く，霞ヶ浦（茨城県）の最大水深と平均水深はそれぞれ7 mと4 mである。深い湖では夏期の数ヵ月に及ぶ温度成層が見られる例が多い。湖で見られる温度成層は，底泥直上の水温ならびに溶存酸素供給量と密接に関係しているため，成層の有無は湖の深底帯に生息するユスリカ幼虫の分布を決定する要因の1つとなる。貧栄養湖の場合は，西ノ湖（栃木県）などの例を除いて水深が深くても深底帯が無酸素になることはほとんどないが，中栄養湖のケースでは木崎湖（長野県）や桧原湖，小野川湖（以上福島県）のように成層期には2～3か月の長期にわたり底泥直上水が無酸素あるいはそれに近い状態になるケースが多い。また前に述べたように富栄養湖はそのほとんどが浅い湖であり，湖水が風によってたやすく攪拌されるため夏場でも成層することはほとんどなく，また成層することはあっても，底泥直上水の無酸素状態が長く続くことはほとんどない。

　水温と溶存酸素濃度以外に，餌資源の量も幼虫分布を決定する大きな要素になる。とりわけオオユスリカ *Chironomus plumosus* のような植物プランクトンを主とする新生沈殿物を食物源としているユスリカ幼虫にとっては，一次生産者である植物プランクトンの量が幼虫の種組成やその個体数密度を左右する。

　多くの湖では沿岸帯に水生植物が繁茂している。その水草帯は水生植物の分

4-1. 湖沼

布によってそれぞれの生活型から,沖に向かって抽水植物帯,浮葉植物帯,沈水植物帯の3つに区分される。沿岸帯と深底帯の境界となる光の量は相対光量のおよそ1%であり,その値となる水深は経験的に透明度の2～3倍の深さとされている。これを当てはめると富栄養湖である霞ヶ浦(茨城県)の場合は,年間の透明度の平均値が1m未満なので,水深が2～3m程度の区域が沿岸帯と深底帯との境界ということになる。もっとも現在の霞ヶ浦の沿岸帯はいわゆる「水草帯」の面積が大きく減少しており,特に沈水植物は激減し,現在ではほぼ壊滅状態にある。以上のように,沿岸帯イコール水草帯という図式は現在の日本の湖,特に富栄養化した湖では必ずしも当てはまらない。水草の茎や葉には,しばしば高密度でユスリカ幼虫が付着しているので (Beckett *et al.*, 1992),ユスリカの生息場所としての沿岸帯の役割を議論する際には,水草の有無が重要なポイントになる。また水草のない沿岸帯であってもその底質(堆積物組成)が軟泥質と砂質とでは優占するユスリカ種は異なってくる。

ユスリカ類の生息環境と指標種について考えるとき,湖沼のユスリカ幼虫の生息環境は多様であり,必然的にその多様な生息環境に適応した多様なユスリカ種が湖に生息することになる。

湖沼の環境指標生物としてのユスリカ

日本の湖沼の環境指標生物としてのユスリカ研究については,宮地伝三郎博士によるユスリカを中心とする底生動物を用いた湖沼類型化の試みがある(例えばMiyadi, 1933)。これらの研究は今から約80年前に日本各地の湖沼に生息する底生動物相に関する精力的な調査の後にまとめられたものであるが,ヤマトユスリカ *Chironomus nipponensis* をオオユスリカと混同しているケースが散見する。しかしユスリカの分類体系が未発達であった当時の状況を考えると致し方のないことであり,研究そのものの価値が否定されるものではない。これらの問題を整理して環境指標生物としてのユスリカについてまとめられたものに安野 (1987) とIwakumaら (1988) の報告がある。安野 (1987) は,貧栄養から富栄養湖までの21湖沼の調査結果から,ユスリカによる日本の湖沼の類型化を試みた。Iwakuma *et al.* (1988) は,同じく21湖沼の調査データに基づき,アカムシユスリカ *Propsilocerus akamusi*,ヤマトユスリカおよびオオユスリカをkey speciesとしてピックアップし,これら3種と湖の富栄養化との関係について論じた。

ここからは，安野（1987）と Iwakuma et al.（1988）の報告およびこれらの研究以降に行われた日本各地の湖から発生するユスリカ類の報告を基に，湖の栄養区分あるいはそれぞれの生態区分に生息している代表的なユスリカ種とその特徴について述べる。

貧栄養湖の深底帯と沿岸帯

支笏湖，洞爺湖（以上北海道），中禅寺湖，丸沼，西ノ湖（以上栃木県）および十和田湖（青森県）などの貧栄養湖では沿岸帯から深底帯にかけて詳細な幼虫調査がされている（Sugaya and Yasuno, 1988; Yasuno et al., 1984, 上野ら, 1999; 上野ら, 2001）。またこれら以外の貧栄養湖としては，池田湖（鹿児島県），パンケ湖（北海道），西湖，本栖湖（以上山梨県），青木湖（長野県）からの報告例がある。ただしこれら湖の栄養区分は報告された当時のものであり，例えば池田湖のように富栄養化が進行した結果，現在では中栄養湖に位置づけられている湖もあることに注意が必要である。

これら貧栄養湖での優占種は，例えば支笏湖の沿岸帯と深底帯では，*Procladius*（*Holotanypus*）sp., *Phaenopsectra* sp. および *Monodiamesa* sp. が，洞爺湖の沿岸帯では *Stictochironomus* sp. および *Tanytarsus* sp. が優占種であった。また，これら2湖沼の岸で採集した堆積物より，支笏湖のものからはヨドミツヤユスリカ *Cricotopus sylvestris* とウスモンユスリカ *Polypedilum nubeculosum* 成虫が，洞爺湖のものからはヒロバネエリユスリカ *Orthocladius glabripennis*，カワリユスリカ属の一種 *Paratendipes tamayubai* およびニセヒゲユスリカ属の一種 *Paratanytarsus inopertus* 成虫がそれぞれ羽化している（Sugaya and Yasuno, 1988）。

中禅寺湖の沿岸帯ではトゲヤマユスリカ属の一種 *Monodiamesa* sp., エリユスリカ属の一種 *Orthocladius chuzenseptimus*，アキヅキユスリカ *Stictochironomus akizukii*，スカシモンユスリカ *S. multannulatus* およびヒゲユスリカ属の一種 *Tanytarsus chuzesecundus* が，また当該湖沼の沿岸帯と深底帯の境界付近では，前出の *Stictochironomus* 2種とヤマトユスリカが出現している。中禅寺湖と同じく日光湖沼群の丸沼と西ノ湖の2湖沼では，沿岸帯から深底帯にかけてアキズキユスリカとヤマトユスリカが優占種であった（Yasuno et al., 1984）。

池田湖ではハモンユスリカ属 *Polypedilum*，パンケ湖ではナガコブナシユスリ

カ属 *Cladopelma*, 西湖では *Tanytarsus*, 本栖湖では *Tanytarsus* と *Polypedilum* が優占している。このように貧栄養湖の場合ではそれぞれの湖沼で違った種（属）が優占しており，特定の種によって類型化できない（安野, 1987）。またいくつかの湖のケースでは属レベル記載にとどまっている。特に *Polypedilum* と *Tanytarsus* 属は多くの種からなり，また，これらの属は，同じ属の中でも，ある種は貧栄養から，またある種は富栄養状態の環境水域から発生するというように，富栄養化の進行に伴って出現種が移り変わることが知られているので（Kawai et al., 1998），種類の多い属を環境指標生物として扱う際には注意が必要である。

貧栄養湖の場合，深底帯の水深が深い場所には貧毛類を除いて底生動物はほとんど生息しない。例外として十和田湖の深底帯 300 m 以深の水深からナガスネユスリカ属の一種 *Microspectra* sp. が高密度で採集されている（北川, 1974）。北川（1974）の調査から約 20 年後に行われた上野（1999）の調査でも，*Microspectra* sp. は沿岸帯から深底帯にかけて広範囲に出現していた。上野（1999）の調査で特徴的なのは水深 10 m の沿岸帯でヤマトユスリカが比較的高密度（最大で約 500 個体 / m^2）で採集されていることである。同様に西ノ湖の沿岸帯と深底帯の境界付近（水深 10 m）でも同種のユスリカが高密度（約 1,300 個体 / m^2）に出現している（Yasuno ら，1984）。

以上のことから，いくつかの貧栄養湖から共通して *Monodiamesa* sp. が出現している。この *Monodiamesa* 属は日本ではシブタニオオヤマユスリカ *M. bathyphila* 一種のみの報告であるため（Kobayashi and Endo in press），現段階では幼虫の形態のみでの同定が可能となる唯一の指標種である。

なお，貧栄養湖の水草帯における調査・採集記録はきわめて少ないが，上野ら（1999）は十和田湖の水草から 8 属のユスリカ幼虫を得ている。

中栄養湖の深底帯と沿岸帯

木崎湖（長野県），山中湖（山梨県），小野川湖，桧原湖（以上福島県）などの中栄養湖の深底帯ではヤマトユスリカが優占種となっている場合が多い（例えば Hirabayashi and Hayashi, 1996）。さらに山中湖では近年富栄養化が進行し，本来富栄養湖の指標種であるアカムシユスリカが増加している点は興味深い（Hirabayashi et al., 2004）。また，ウトナイ湖（北海道）は最大水深 1.5 m の浅い中栄養湖であるが，ヤマトユスリカではなく本来富栄養湖の指標種であるオオ

ユスリカが採集されている。後で述べるようにヤマトユスリカは富栄養湖でも優占種になっているケースがあるので，当該種は中栄養湖の指標種とはいえない。安野（1987）は中栄養湖の1指標種としてハケユスリカ属 *Phaenopsectra* を挙げているが，当該属の種としては木崎湖からキザキユスリカ *P. kizakiensis*（現在は，*Sergentia kizakiensis*）が採集されている。

富栄養湖，過栄養湖の深底帯と沿岸帯

富栄養湖および過栄養湖の代表的な指標種はオオユスリカとアカムシユスリカである。これまでも霞ヶ浦，諏訪湖（長野県），琵琶湖南湖（滋賀県），宍道湖（島根県）などの深底帯からこれら2種の大量発生が報告されている。一方，阿寒湖（北海道）および湯の湖（栃木県）の優占種はオオユスリカとアカムシユスリカではなくヤマトユスリカである。

また諏訪湖および霞ヶ浦（北浦）では沿岸帯での詳細な調査がされている。諏訪湖の場合，砂-シルト質の底質からはクロユスリカ *Einfeldia dissidens* が，霞ヶ浦（北浦）の砂質帯からはオオミドリユスリカ *Lipiniella moderata* が高密度に生息している（Nakazato *et al.*, 1998; 中里ら，2005; Kobayashi *et al.*, 2007）。このように同じ富栄養湖の沿岸帯でも底質の組成によって優占種が異なることは非常に興味深い。

霞ヶ浦の水草帯からは，ハイイロユスリカ *Glyptotendipes tokunagai* やヨドミツヤユスリカを優占種とする31種のユスリカが確認されている（Ueno *et al.*, 1993）。このハイイロユスリカはヨシの茎や根元の堆積物に高密度で生息することから，富栄養湖の水草帯の指標種といえるだろう。

最後に

ヤマトユスリカは貧栄養湖から富栄養湖まで広範囲に，しかもどの栄養段階でも高密度に生息している場合が多い（Iwakuma *et al.*, 1988）。このヤマトユスリカが優占する湖の環境を意味するものは何であろうか？ ヤマトユスリカが生息している湖の特徴は，過度に富栄養化しておらず，かつ夏期に成層することである。さらに，これらの湖にはオオユスリカはほとんど生息していない。仮に浅い富・過栄養湖でもオオユスリカがいなければヤマトユスリカは優占種になれるのであろうか？ このことは当該2種の種間関係を理解するうえでも非常に興味深い。

（中里亮治）

4-2. 大　河（口絵 xlv）

上流域

　河川上流域は，河川本流で多種多様なユスリカ類が生息する環境である。河川形態は Aa 〜 Aa-Bb 型で，水量は少ないが水質はたいてい良好である。栄養塩は少なく水温も低いため，一次生産速度が遅く，生物量は少ない。川床勾配が大きく，早瀬では砂泥が洗い流されて何層もの浮き石状になるため，石礫の間隙のような微生息場所を住処とする大型種が棲む。また，滝のように流れ落ちる早瀬やそのしぶきがかかる飛沫帯から，ほとんど流れのない淵や氾濫原にできた湿地など，流速・水深・底質のさまざまな条件を組み合わせた環境がモザイク状に存在する。このため，藻食者・破砕食者・デトリタス食者・肉食者のいずれも多くの種を含み，それぞれの種の生息密度は低いが多様性は高い。また，秋期に多量の落葉・落枝が直接河道内に供給されるため，これらを効率の良い分解に貢献する破砕食者の役割はきわめて重要である。瀬の石礫表面上には，ニッポンケブカエリユスリカ *Brillia japonica*，カニエリユスリカ *Orthocladius kanii*，ニセテンマクエリユスリカ属 *Tvetenia* やムナグロツヤムネユスリカ *Microtendipes britteni*，キミドリハモンユスリカ *Polypedilum convictum*，淵に堆積した落葉の中にはヒメケバコブユスリカ *Saetheria tylus* や，クロハモンユスリカ *Polypedilum tamanigrum*，アシマダラユスリカ属 *Stictochironomus* 各種が生息する。

中下流

　河川中下流域は，上流に比べると種数は減少するが，ユスリカ類が非常に高い密度で生息する環境である。河川形態は Aa-Bb 〜 Bc 型で，水量は豊富で栄養分に富み，水温も高いため，一次生産速度が高く，生物量はきわめて多い。一方，川床勾配が緩くなるため，瀬でも砂泥が溜まって沈み石状になり，藻食者・破砕食者は減少し，デトリタス食者・肉食者が多くなる傾向がある。特にデトリタス食者の特定種が優占的になってしばしば大発生し群集の多様度は低くなる。瀬の石礫表面上では，ナカオビツヤユスリカ *Cricotopus triannulatus*，カワリフトオハモンユスリカ *Polypedilum paraviceps* などが，石礫表面を裸で匍匐しなが

ら，藻類やデトリタスを食べている。淵に堆積した砂泥の中には，シロスジカマガタユスリカ *Cryptochironomus albofasciatus*，フチグロユスリカ *Chironomus circumdatus*，ハマダラハモンユスリカ *Polypedilum masudai* などが，川岸近くの砂泥底に巣室をつくり，デトリタスを食べている。　　　　　　（河合幸一郎）

コラム7　湖とユスリカ

　湖沼の類型化の1つにユスリカ幼虫を指標としたものがある。これについては80年近く前に，故宮地伝三郎博士が取り組まれている。その概要は，富栄養湖—オオユスリカ *C. plumosus*，中栄養湖—キザキユスリカ *Sergentia*，貧栄養湖—ヒゲユスリカ *Tanytarsus* をそれぞれの指標種とするもので，これをもって湖沼を分類されている。
　自然が破壊され，湖沼を取り巻く環境が大きく変わった現在，今一度検証する価値のある課題ではないだろうか。

（北川禮澄）

4-3. 都市の中小河川 (口絵 xlv)

都市中小河川のユスリカの特徴

　都市中小河川（以下都市河川）の多くは，洪水を防ぐため改修され，直線的な単純な流路形態を示す。流路途中に排水や下水処理水が流入することが多く，その河川水や底質はさまざまな化学物質を含んでいる。雨天時には流量が急増し，水質が大きく変化する。このような厳しく不安定な環境に生息するユスリカは，①1世代の期間が短く，個体群が破壊されてもすぐに膨大な個体数に達することができる，②休眠機能がみとめられず，冬でも水温が高ければ成虫が羽化する，③幼虫は酸素欠乏やアンモニアに耐性を持つものが多いなどの特徴がある。これらの特徴ゆえ，都市河川で頻繁に出現する種は比較的限られる。以下，東京の例を中心に都市河川に生息する種について述べる。

有機汚濁河川（生活排水流入河川）

　都市の汚れた中小河川ではしばしばユスリカが大発生し近隣住民に被害を及ぼしている。その代表種がセスジユスリカ *Chironomus yoshimatsui* である。この種は1970年代に神田川で大発生し（主に東京都新宿区・豊島区・文京区の流域），飲食店や印刷工場に多大な被害を及ぼした。幼虫はヘモグロビンを持つため赤色で，生活排水で汚れて（BODが$10mg/\ell$ 程度）腐泥が堆積している河川や下水溝に生息する。卵から成虫まで約1か月で東京では年間8世代を繰り返す（大野，1981）。夕方及び早朝，東京では4月上旬から11月下旬にかけて軒先や樹木枝先でオス成虫が蚊柱を立てる。成虫の活動は夏季に鈍る傾向にある。

　ウスイロユスリカ *Chironomus kiiensis* は夏季に増える傾向にあり，神田川では河川工事のため水量を減らした際，流れが緩やかになった箇所に多数みられたことがある。また，河川内の停滞部（淀み）にフチグロユスリカ *Chironomus circumdatus*，ヒシモンユスリカ *Chironomus flaviplumus* の幼虫が出現することがある。これらの幼虫は側鰓を持ち，持たないセスジユスリカと区別できる。

水質の比較的改善された都市河川

　近年，下水道の普及により生活排水の流入が減り，事業所の排水も規制され都市河川の水質の改善が進んだ（BODが5 mg/ℓ程度，アンモニア態窒素が5 mg/ℓ以下に半減）。ユスリカ相にも変化が生じ，都内では最初，水質の改善された善福寺川（杉並区）でエリユスリカ亜科フタスジツヤユスリカ *Cricotopus bicinctus* やクロツヤエリユスリカ *Paratrichocladius rufiventris* が発生した（大野，1985）。これらの幼虫はヘモグロビンを持たず，石礫や水草表面に巣を造り，前種は厳冬期を除き成虫が羽化し，後種は春季に多い傾向にある。両種は河畔近くで小規模な蚊柱を立てる。一方，セスジユスリカ幼虫は水草の繁茂で夜間に酸素欠乏しがちな水域の底泥や，浅い流れの石礫裏に巣を造ったが，次第に減り，現在，都内の都市河川ではほとんど見られず，未処理の生活排水の流れる下水溝が主な生息域となっている。水質の改善が進むと，ナカオビツヤユスリカ *Cricotopus triannulatus*，カタジロナガレツヤユスリカ *Rheocricotopus chalybeatus*，コガタエリユスリカ *Nanocladius tamabicolor*，ヒゲナガヌカユスリカ *Thienemanniella majuscula* が増え，あわせてミツオビツヤユスリカ *Cricotopus trifasciatus*，テンマクエリユスリカ *Eukiefferiella coerulescens*，ミダレニセナガレツヤユスリカ *Paracricotopus irregularis*，ドブムナトゲユスリカ *Limnophyes tamakitanaides*，ウスイロハモンユスリカ *Polypedilum cultellatum* も見られるようになる。

　現在の都市河川の多くは雨天時に合流式の下水道から多量の汚水が流入し，水質が激変する。また，空堀川（東村山市）のように平水時の流量が枯渇する河川も多い。そのため，多様な種の分布が阻害され，捕食性ユスリカも少ない。モンユスリカ亜科ではダンダラヒメユスリカ *Ablabesmyia monilis*，ヒメユスリカ属 *Conchapelopia*，ウスギヌヒメユスリカ属 *Rheopelopia* が出現するが種数・個体数が少ない。捕食性のカマガタユスリカ属 *Cryptochironomus* もわずかに採集される。

　シオユスリカ *Chironomus salinarius* 幼虫は汽水域の岸側の浅部で見られることがあり，臨海部公園で汐入の池を新しくつくった時に大量に発生した例がある。

　都市河川の河畔の土壌からビロウドエリユスリカ *Smittia aterrima*，コビロウドエリユスリカ *Smittia nudipennis* 成虫が発生する。

4-3. 都市の中小河川

下水処理水放流河川

1) 下水処理場から発生する種

近年,枯渇しがちな流量を補うため下水の高度処理水（BODが2～5mg/ℓ程度）を都市河川に導入する事業が行われ,下水処理場内のユスリカが都市河川に流入する。ハイイロユスリカ *Glyptotendipes tokunagai* 幼虫は処理場の第二沈殿地から塩素接触槽にかけて見られ,放流渠内や放流口付近に多数生息することがある（放流水の残留塩素濃度0.05～0.2mg/ℓ）。しかし,放流前にオゾンや紫外線処理を追加すると,放流渠や放流口で見られなくなる（大野ら,1993）。ウスイロユスリカも処理場や循環の悪い屋内プールで発生することがある（平林,2001；矢口ら,2003）。

2) 処理水放流河川（オゾン処理水を除く）

処理水放流河川でも優占するユスリカ種の異なることがある。都心部を流れ護岸・河床がコンクリートの目黒川は,処理水導入前,腐泥が堆積しセスジユスリカが大量発生していたが,導入後は河床に付着藻類が繁茂し,前記のフタスジツヤユスリカやクロツヤエリユスリカ幼虫が河床表面に巣をつくり多数生息した（大野,1996）。

素掘りで底質の大部分が砂泥で緩やかな流れの野火止用水・玉川上水ではキョウトナガレユスリカ *Rheotanytarsus kyotoensis* が優占している。この幼虫は砂泥の「はまり石」や水中の枯れ枝表面に泥で筒状の巣をつくり,成虫は昼間でも蚊柱を立てる。また,ニイツマホソケブカエリユスリカ *Neobrillia longistyla* 幼虫は水中の朽木に見られる。下流に行くにしたがい前記のフタオビツヤユスリカなどの水質の比較的改善された都市河川のユスリカ類が増え,砂泥底にフタエユスリカ *Diplocladius cultriger* 幼虫が多数出現する（大野ら,1991）。

3) オゾン処理水を水源する河川

オゾン処理水を源とする河川・水路では,放流口付近とそれ以降の下流部でユスリカが大きく異なる（河床形態,流速に大きな違いは見られない）。人工的河川である北沢川（世田谷区,河床は石礫）の放流口ではキョウトナガレユスリカ,ウスイロハモンユスリカ,ダンダラヒメユスリカ属の幼虫・蛹がわずかに見られるだけである（1999年調査：0～620個体/m^2）。下流部では前種を含めエリユスリカ類（フタスジツヤユスリカ,クロツヤエリユスリカ,ナカ

オビツヤユスリカ，カタジロナガレツヤユスリカなど）やフタオヒゲユスリカ属の1種 *Neozavrelia* sp. が多数見られた（同：1,300〜51,000個体/m^2）。放流口で淡水巻貝類（カワニナ・サカマキガイ・ヒメモノアラガイ）は多産し，下流部で少ない（大野ら，2001）。採集面積・地点を増やした2000年の調査（大野ら，2002）でも貝類とユスリカ幼虫・蛹は相反する分布を示した。放流口において貝類を除いた箇所を作ると，そこではキョウトナガレユスリカ幼虫個体数は増し，フタオヒゲユスリカ属の1種が出現した。放流口の貝類は付着藻類を摂食する際にユスリカの生息場所を破壊していると考えられる。水質・底質などの環境要因だけでなく，他種との関係もユスリカの分布に大きく影響することがある。

（大野正彦）

4-4. ため池と水田 （口絵 $xlvi$）

　ため池は水田の灌漑用に築造されたものであり，貯水と取水のできる人工的につくられた池である。ため池の築造は近世以降とされ西日本を中心に数多く分布する。全国に貯水量3万m³以上のため池は20万か所以上あるが，調査の対象にならない規模の小さい池を含めると非常に多くの数になると思われる。近年では，これらのため池のうち，多くが灌漑用の役割を終えて埋め立てられつつあり，また残った池も遊休池として公園化されたり，貯水池として防災に役立つなど，その機能は多様になってきている（浜島，2001）。ため池の広さは，数百平方メートルから数十万平方メートルまで大小さまざまであるが，最大水深は2～3mほどで天然湖沼ほど深くない。小規模な池が多いにもかかわらずユスリカ類の種数は豊富である。小さなため池からも，オオユスリカ *Chironomus plumosus*，アカムシユスリカ *Propsilocerus akamusi*，アキヅキユスリカ *Stictochironomus akizukii*，キザキユスリカ *Sergentia kizakiensis* など大型種の生息が確認され，名前もない池や湿地から未記録種や未記載種が発見されている（近藤，1990）。また，ため池には水生植物の豊富な池も多く，タヌキモやクロモなどの沈水植物，ガガブタ，ヒツジグサ，ヒシ，ジュンサイなどの浮葉植物，そしてヨシ，マコモなどの抽水植物がよく繁茂している。ため池には，底質の性状や水生植物の種類の違いによって多様なユスリカ種が生息している。愛知県内の過去30年の調査では，ため池からはおよそ80種が記録されている。調査したため池は，都市部のコンクリートで囲まれた池から丘陵地帯の雑木林に囲まれた池までさまざまであった。名古屋市内におけるライトトラップ調査では，都市部の池はユスリカ族が優占し，また郊外の池はヒゲユスリカ族が優占した。ユスリカ族では，都市部がウスイロユスリカ *Chironomus kiiensis*，メスグロユスリカ *Dicrotendipes pelochloris*，ミナミユスリカ *Nilodorum barbatitarsis* が，また郊外ではクロユスリカ *Einfeldia dissidens*，コミドリナガコブナシユスリカ *Cladopelma viridulum*，ヤモンユスリカ *Polypedilum nubifer*，ミヤコムモンユスリカ *Polypedilum kyotoense* などが多く採集された（Kondo, 1983）。ため池の底土は泥の場合が多いが，なかには浅い地点が砂地，深遠部が泥になった池もあり，そのような場合には底に生息する種も，砂地と泥とで生息する種が異なる。砂

4. ユスリカの生息環境

地を好む種としてはアキヅキユスリカ，泥を好む種としてはオオユスリカ，クロユスリカに顕著な傾向が見られた（近藤・橋本，1982）。また，水草を基盤とするユスリカ類は底土に生息する種群とは異なり，摂食様式によってさらに分かれる。植物体の表面で生活する藻類食者や肉食者から，植物の組織に潜入して藻類や植物組織を食べる植物食者までさまざまである。浮葉植物や沈水植物には，クロイロコナユスリカ Corynoneura cuspis, ヒメニセコブナシユスリカ Parachironomus monochromus, トラフユスリカ Polypedilum tigrinum, ウスイロハモンユスリカ Polypedilum cultellatum, ホソオケバネユスリカ Polypedilum tritum などが，また抽水植物にはミツオビツヤユスリカ Cricotopus trifasciatus, オオケバネユスリカ Polypedilum sordens, メスグロユスリカ，ハイイロユスリカ Glyptotendipes tokunagai などが優占種となっている（Kondo and Hamashima, 1985; Kondo, 1988）。トラフユスリカはガガブタ，ヒシ，ホソバミズヒキモなど浮葉植物の浮葉の海綿状組織に，ミズクサミドリユスリカやオオケバネユスリカはそれらの葉柄や茎に（Kondo and Hamashima, 1992）また，ハスムグリユスリカ Stenochinomus nelumbus はハス葉の柵状組織に（Tokunaga and Kuroda, 1935）穿孔することが報告されている。さらに，トラフユスリカの生活史はガガブタの生活環と密接にかかわっていることが報告されている（Kondo et al., 1989）。

本来，灌漑用ため池とは異なるが，休耕田を活用した養魚池や養鰻池などがある。これらの池では養魚用飼料が大量に投与されるため，水質の富栄養化が進み，ハイイロユスリカ，ヤモンユスリカやミナミユスリカなどの特定の種が生息し，時に大発生し付近の住民の苦情対象となった（井上・橋本，1978）。

水田のユスリカ類については，西日本の水田から32〜33種（Kikuchi et al., 1985; Surakarn et al., 1996）が，また東日本からは36種（田中ら，2003）が報告されている。水田のライトトラップによる調査によれば，徳島市郊外ではウスイロユスリカ，フチグロユスリカ Chironomus circumdatus, ミヤコムモンユスリカ，オオヤマヒゲユスリカ Tanytarsus oyamai, ミツオビツヤユスリカが優占種であった（Kikuchi et al., 1985）。群馬県内の水田では，ウスイロユスリカ，セスジユスリカ Chironomus yoshimatsui, オオヤマヒゲユスリカ，ナカオビツヤユスリカ Cricotopus triannulatus, ヨドミツヤユスリカ Cricotopus sylvestris が優占した（田中ら，2003）。水田は，ため池から水路を経て灌漑用の水が供給されるため，水路を含め，ため池のユスリカ相とそれ

4-4. ため池と水田

ほど大きく変わらないと思われるが，山口県内の水田地帯の羽化トラップによる調査では，優占種の構成は異なった結果が得られている。水田では，オオヤマヒゲユスリカ，ミヤコムモンユスリカ，ウスイロユスリカ，ウスイロカユスリカ *Procladius choreus* が，水路や小川ではスルガハモンユスリカ *Polypedilum surgense*，ヤマトハモンユスリカ *Polypedilum japonicum*，ウスイロハモンユスリカが，ため池ではオオケバネユスリカ，メスグロユスリカ，ユミナリホソミユスリカ *Dicrotendipes nigrocephalicus* が多く採集されている (Surakarn *et al.*, 1996)。これらの結果は，止水か流水か，あるいは水深が深いか浅いかなど，生息環境の違いが反映されていると思われる。

（近藤繁生）

4-5. 湿　地（口絵 xlvii）

　ラムサール条約での「湿地」の定義は，「内陸もしくは淡水の湿地（湿原，泥炭地，湖沼，河川など），沿岸もしくは海水・汽水湿地（干潟，浅海域，河口域，汽水湖，海草藻場，マングローブ林，珊瑚礁など），さらには人工湿地（ダム湖，ため池，遊水池，水田など）が含まれる」となっている。こうした多様な湿地環境は，従来の Waste land（不毛の地）という捉え方から，生態学的にその重要性が見直され，Wetland（湿地）として，自然界においても，人間生活の場においても，きわめて重要な意義と効果をもっていることが報告されている（Mitsch and Gosselink, 1993）。ここでは，「湿地」を狭義の意味での「湿地，湿原」として捉え，以下解説を進める。

　Rosenberg et al. (1988) や Wrubleski (1987) の報告によると，湿地・湿原におけるユスリカ類の分類や生態については，その情報が世界的にも不足している。しかし，岩熊（1995a）によると，湿地・湿原においてもユスリカ類は他の昆虫類に比べ，出現頻度が高いことが報告されており，その生産量は富栄養湖のユスリカ類のそれに匹敵する値を示している（岩熊，1995b）。このように，湿地・湿原はユスリカ類にとって，湖沼同様，生産性の高い生息場所の1つであると考えられる。

　我が国では，Kurasawa et al. (1982) が尾瀬ヶ原の池塘から8属のユスリカ幼虫を報告しているが，種レベルでのユスリカ相については不明な点が多い。種の記載が成されたものは，Hashimoto (1982) が尾瀬ヶ原で4種，上野・岩熊（1995）が宮床湿原（福島県にある 6.5 ha の湿原）で32種，平林ら（1998）が尾瀬ヶ原で73種の報告があるにすぎない。平林ら（1998）によると，3亜科39属73種のうち，17属22種は未記載種（全体の30.1％），11属13種は本邦未記録種（全体の17.8％）で，捕獲された全種の半分近くが未記載種，または本邦未記録種に該当した。このことからも，湿原・湿地のユスリカ相の特徴として，種類が少ない割に多くの未記載種・未記録種を含む特異な地域であることが示唆され（Rosenberg et al., 1988；上野・岩熊，1995），湿原・湿地のユスリカ類については，未知の領域が多いことがうかがえる。尾瀬ヶ原池塘周辺で出現頻度の高い種は，セグロエダゲヒゲユスリカ *Cladotanytarsus atridorsum*，ニセユスリカ属の一種 *Pseudochironomus prasinatus*，チト

ウクロユスリカ *Einfeldia ocellata* などであったが，地域によって分布に大きな偏りがあり，地域間での共通種はきわめて少なかった．尾瀬ヶ原のユスリカ相の特徴は，モンユスリカ亜科の占める割合が少なく（全体の5.5%），エリユスリカ亜科（57.5%）とユスリカ亜科（37.0%）の占める割合が多く，カナダで報告された fen（Wrubleski, 1987）に近い組成であることが明らかとなっている（平林ら，1998）．

現時点では，湿地・湿原環境におけるユスリカ類を一般化して論ずるだけの情報は蓄積されておらず，今後さらなる詳細な調査・研究が行われていくことを期待する．

（平林公男）

コラム8　　光に誘引されるユスリカ

多くの昆虫類は，近紫外光領域の短い波長に誘引される．ユスリカ類もその例外ではなく，350 nm 付近の光に誘引されることが知られている（Hirabayashi *et al.*, 1993a, b）．しかし，種類によっては，必ずしも350 nm 付近の波長に強く誘引されることがない場合も知られている．

ユスリカ類の走光性は，こうした光の質だけではなく，光の量にも大きく関係している．アカムシユスリカの場合，強光に有意に多くの成虫が集まることが報告されている（平林ほか，1998）．近年，発光ダイオード（LED）照明が注目されているが，ユスリカ類に関する走光性についての研究・報告はほとんどなく，今後，種ごとに詳細な研究が必要となってくると思われる．

参考文献

Hirabayashi K. *et al.* 1993a *Jpn. J. Sanit. Zool.* **44**: 33-39.
Hirabayashi K. *et al.* 1993b *Jpn. J. Sanit. Zool.* **44**: 299-306.
平林公男ほか　1998　環動昆 **9**: 8-15.

（平林公男）

4-6. 海　岸（口絵 xlvi）

　海岸は，高塩分，乾燥，高温，波浪など，過酷な環境であり，水生昆虫の生息には適さないと考えられがちであるが，意外に多くの種が生息する。岩礁海岸の潮間帯の緑藻，カキ，フジツボの間隙にはツシマウミユスリカ *Clunio tsushimensis*，ヤマトイソユスリカ *Telmatogeton japonicus*，シリキレエリユスリカ *Semiocladius endocladiae*，潮間帯の石礫上に繁茂した糸状緑色藻類のマット中にはヤマトハマベユスリカ *Thalassomya japonica*，*Thalassosmittia nemalionis*，*Tanytarsus boodleae*，*Yaetanytarsus iriomotensis*，タイドプール内の砂泥表面ではセトオヨギユスリカ *Pontomyia pacifica* が緑藻を食べ，タイドプール内の石礫・砂泥中にはシオダマリユスリカ *Dicrotendipes enteromorphae* がデトリタスを食べている。また，マングローブ内の砂泥中には *Ainuyusurika tuberculata* がデトリタスを食べている。

（河合幸一郎）

4-7. その他の環境

温泉地帯に生息するユスリカ

　温泉にすむユスリカは，世界的に見てもそれほど多くは報告されていないが，北米やスマトラからは40〜50℃という水温下に生息する種がいることが知られている。日本は世界有数の火山国で，水の豊富な国でもある。そのため，九州から北海道まで，各地にたくさんの温泉が点在し，保養地となっている所がたくさんある。宮城県鳴子温泉郷に潟沼という火口湖があり，このような火山性由来の湖は日本中いたる所で見られる。しかし，潟沼は世界的にも，陸水学やユスリカ研究者の間でも著名な場所の1つである。1930年代半ば，潟沼は世界で最も酸性の強い湖と呼ばれていた（pH 1.4, Yoshimura, 1934．現在は平均pH 2.2, Takagi *et al.*, 2005）。この湖にはユスリカ幼虫および珪藻の一種 *Pinnularia* sp.（現在は *P. braunii* と特定されている。また，緑藻の *Chlamydomonas acidiphila* が生息することもわかっている）が生息している以外，動物プランクトンもネクトンも一切いない。潟沼に生息する上述のユスリカは *Chironomus acerbiphilus* と命名され，記載報告された（Tokunaga, 1939）。強酸性水域に生息することから，サンユスリカという和名がつけられた。強酸性の水域に生息するのはこのサンユスリカだけではなく，屋久島から北海道までの温泉の至る所でユスリカの生息が確認されている。現在まで，サンユスリカを含めて温泉地帯に限って出現するユスリカとして4種が報告されている。このうち3種がユスリカ属 *Chironomus* に，1種はヒゲユスリカ属 *Tanytarsus* に含まれている。ユスリカ属に含まれる3種の成虫はいずれも黒色で，外見的にはほとんど区別がつかない。しかし，雄の生殖器の尾針と上底節突起に比較的顕著な違いが認められる。かつて潟沼から秋田県の後所掛温泉にかけて温泉に生息するユスリカを採集して回ったことがある。その後，採集した標本を調べたところ，場所によって雄生殖器の形態がサンユスリカと微妙に異なるものから，かなり大きく異なるものまで存在することを確認した。このことはいったい何を意味するのかを考え，1つの結論に到達した。サンユスリカのなかまは3種などではなく，もっと多くの種がいるのではないのか。実際，潟沼などの比較的大きな火口湖に生息する個体群は，湖自体の循環に強く

さらされている。我々が観光に訪れる温泉では潟沼のような環境とはまったく異なっている。このような状況下で，一時，サンユスリカのなかまのさらなる探索はあきらめてしまった。しかし，現在，状況は好転してきている。DNAの解析は，サンユスリカのなかまにいったいどのくらいの種がいるのかを検証するための有効な手段となりつつある。系統発生的な解析も今後の問題である。現在，十分な根拠を提示することはできないが，幼虫の生態・形態，成虫の色彩等からホンセスジユスリカ *Chironomus nippodorsalis* が近いのではないかと考えている。また，自身の経験からではあるが，他国からの報告のように40〜50℃の水温に耐性があるようには思えない。酸に対する耐性を強く発達させたグループだと思う。しかし，この耐性も，幼虫，成虫に形態的な乱れが頻繁にあらわれることから，まだ完全に近い状態にまでは獲得されていないのかも知れない。今後，この耐性に対する物質的な検証も必要であろう。

陸生のユスリカ

ユスリカは水生昆虫であるとのイメージがかなり固定されているように思われる。すべてのユスリカの幼虫がどっぷりと水に浸かって生きているわけではない。生きていくためには，もちろんある程度の湿り気は必要で，カラカラに乾燥した場所には基本的には生息できない。①完全な水中生活者から，②水がしみ出るような岩盤上で生活するもの，③河岸・湖岸・高層湿原の周辺部の湿り気の多い場所，渓流や海岸などの岩上の飛沫のかかる苔，海草中に潜むもの（半水生と呼ばれている），④水域から完全に離れてしまうものまで多様である。②と③を共有するような種も存在する。日本の海岸のほとんどの場所で見られるイソユスリカ *Telmatogeton* 等は③に該当する。ここでは④および③の一部に該当するユスリカについて紹介する。陸生のユスリカは属によって決まっていることが多いが，その属に含まれるすべての種が陸生というわけでもない。

陸生のユスリカは比較的多く，山林などの土壌生物の調査などでも頻繁に出現してくる。一般に陸生のユスリカの特徴として，幼虫は肛門鰓が短くなったりあるいは極度に退化する傾向が認められる。さらに形態の退化は成虫の触角にも見られる。行動としては，幼虫は体をくねらせジャンプをし，天敵などからの回避行動の1つであると考えられている。水生の幼虫が水中に泳ぎ出す時の動きの延長上にこの行動はあると考えられる。陸生種として知られるユスリカのほとんどがエリユスリカ亜科の属，種に限定されるようである。

4-7. その他の環境

　日本からエリユスリカ亜科は 66 属が報告されている。これらのうち *Antillocladius*, *Camptocladius*, *Bryophaenocladius*, *Chasmatonotus*, *Gymnometriocnemus*, *Limnopyes*, *Parasmittia*, *Pseudosmittia*, *Smittia* に含まれる種のほとんどが，そして，*Metriocnemus*, *Pseudorthocladius* に含まれる種の一部が，さらに，*Tavastia*, *Trichosmittia* に含まれる種が陸生であると考えられている。*Camptocladius* はセンチユスリカ属という和名が付けられているように，幼虫は牛糞中に見いだせる。*Chasmatonotus*（ミヤマユスリカ属）は高層湿原などの湿地脇の土壌中に生息する。*Limnophyes*（ムナトゲユスリカ属）は水田脇の土手や河川・湖沼の汀線上部の土壌中に生息することが多く，*Smittia*（ビロウドエリユスリカ属）のビロウドエリユスリカ *Smittia aterrima* は水田の畦や畑地に積み上げられた刈り取り後の雑草下や敷き藁の下に生息する。また近年この属の一種であるヒメクロユスリカ *Smittia pratorum* が温室栽培のホウレンソウの根を食害することなどが報告されている。

　エリユスリカ亜科に含まれる種はユスリカ亜科のものに比べてその成虫は大きく丈夫な交尾器を持っている。このためほとんどの種が，交尾は群飛中でも地上でも成立する。さらにこの状態から，群飛行動を失って，完全に地上探索型へと移行してしまったものもある。地上探索型はイソユスリカ属 *Telmatogeton* やヤマユスリカ属 *Diamesa* の一部にも見られる。また，探索型としての行動はウミユスリカ属やユスリカ亜科のオヨギユスリカ属 *Pontomyia* といった海生のユスリカにも頻繁に見られる。まだ十分に検証はできていないが，エリユスリカ亜科で地上探索型へと移行する種としては半水生，陸生のユスリカに多く見られる現象のように思える。この生殖行動の変化に伴って，形態の変化も起こっている。

（山本優）

コラム9　ユスリカの卵塊

　ユスリカの産卵行動は，空中から卵塊を落として産卵する沈降卵型，水際の器壁や水草に卵塊を粘着させる粘着卵型，また水面に浮遊させる浮遊卵型に大別される。また，卵塊の形状もいくつかのタイプに分けら，しばしばそれらの形状が分類の参考になる。ヒモ状の線状卵は，キソガワフユユスリカ（沈降卵型）(写真1)，ミツオビツヤユスリカ（浮遊卵型），ラセン状卵は，アカムシユスリカやシオユスリカ（沈降卵），ビワフユユスリカ（沈降卵）(写真2)リボン状卵は，オオケバネユスリカ（粘着卵）(写真3)，セスジユスリカ（粘着卵），球状卵は，フトオユスリカ（沈降卵型）(写真4)やヤモンユスリカ（沈降卵），袋状卵は，オオユスリカやハイイロユスリカ（沈降卵），また，中にはアキヅキユスリカのように2～3個づつバラバラに産卵（沈降卵）する種もある。　　　　　　　　　　（近藤繁生）

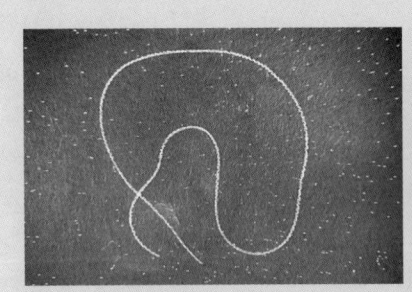

写真1　キソガワフユユスリカ

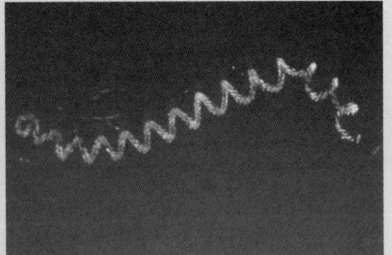

写真2　ビワフユユスリカ

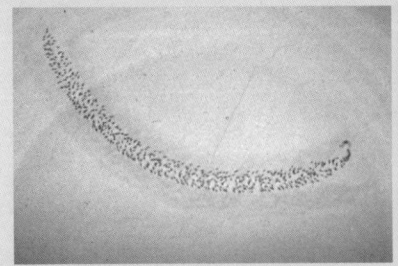

写真3　オオケバネユスリカ

写真4　フトオユスリカ

5. 採集・飼育法

5-1. 採集法

1. 成虫

1) スウィーピング

植生などに休止中の成虫を採集する方法である。径 36 〜 50 cm 程度の捕虫網を伸縮式の 1.5 m 程度のアルミ製竿に付けたものが便利である。高所で蚊柱を形成している個体を採取するには，ゼフィルス用の長い継ぎ竿が必要である。植生の先端部分を枠で叩きながら網を左右に振って移動するのが効率が良い。

2) 吸虫管採取

強風時，低温期などのユスリカの活動性の低い時や移動性の低い種を対象とした採集に有効である。強風を避けられる場所や日あたりの良好な場所（特に冬季），岩の割れ目や隙間（海岸岩礁帯）あるいは水際の建造物（特に白いパネルなど）を歩き回りながら 1 個体ずつ吸虫管（図 1）で吸って回る方法である。

3) 灯火採集

最も効率良く採集できる方法である。ただ，種によって走光性の強さや誘引される光の波長が著しく異なる可能性があること，光源周辺のさまざまな水域

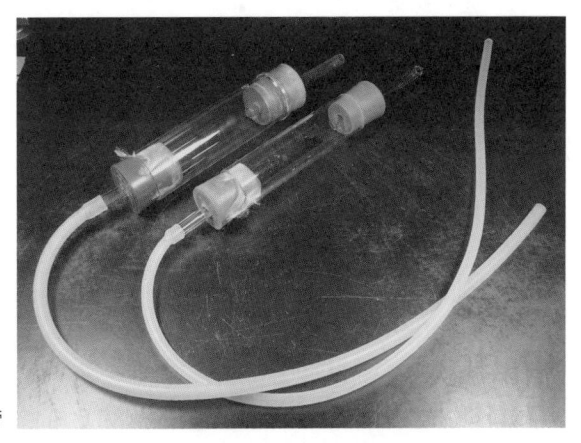

図 1　吸虫管

5. 採集・飼育法

図2　白色布に蛍光灯を当てる　　　図3　方形枠

から飛来することから，調査対象水域の群集構造の推定には不適である。白色反射板のある自動販売機などが便利であるが，近くに光源がない場合には自動車のヘッドライトや懐中電灯を白色布に当てて待つ方法も有効である（図2）。ランプの種類はいろいろあるが，紫外域にエネルギーのピークを持つケミカルランプやブラックランプは虫に対するアピールが強く，短時間で多数採集できるメリットがある一方，太陽光に近いスペクトルを持つ白色光の方が多くの種が飛来することが多い。

2. 幼虫

1) 定量採集

一辺 30 cm 程度の金属製方形枠（図3）を水底に置き，石礫底ではその中の石礫等を 5 cm 程度の深さまですべてバケツなどに取り，藻類フィルムなどの付着物をスポンジ・ブラシを使って丁寧に洗い落してサンプル瓶に入れ，砂泥底では枠内の砂泥をコンテナに入れて振とうし，浮出してきた幼虫をサンプル瓶に入れて，5～10％のアルコールあるいはホルマリンで固定するのが一般的である。飼育して成虫を得ようとする場合には，幼虫を含むサンプルを現場の水とともにビニール袋に入れ，電池式のエアーポンプでエアーレーションを行いながら運搬する。

2) 定性採集

ある水域に生息する種を最大限に把握する目的では，淵から早瀬にかけての

図4 タモ網

図5 エアーレーション

　流心部と岸付近，さらに氾濫原のたまりや細流など，流速・水深・基質の組み合わせの異なるさまざまな部分で，タモ網（図4）を用いてサンプルを採集する。

5-2. 飼育法

1. 野外材料

　幼虫を含む砂泥，礫，水生植物などの基質材料の場合，径30 cm，深さ15 cmの円形スチロール水槽が扱いやすい。水槽に材料を収容し，適当な水位まで脱塩素水を入れ，採集場所の条件に合わせてエアーレーションを調節し，上面をナイロンネットで覆い，約2か月間観察し，吸虫管で羽化成虫を回収する。河川の瀬のサンプルでは藻食性種が多いため，藻類の成長を促進する必要がある。このためには，各種液状肥料を添加し，植物育成用ライトを照射した方が良い。また，水質変化に敏感な清水性の種やもともと有機物量の多い海岸のサンプルの場合，濾過器を兼ねたエアーレーション（図5）が有効である。さらに，渓流の早瀬のサンプルでは，ヘビトンボ・大型種カワゲラ・ヤゴなど，ユスリカ捕食効率の高い肉食者は，設置の際に除去しておく必要がある。

図6 牛乳寒天

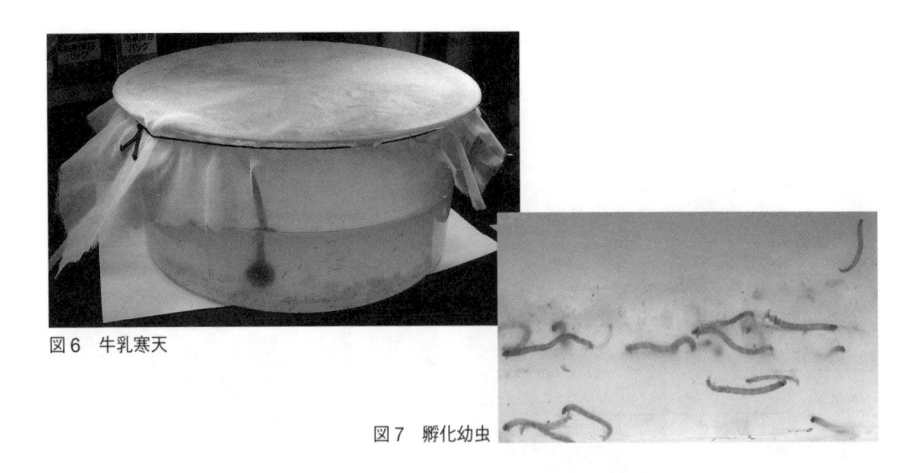

図7 孵化幼虫

2. 累代飼育

1）雌成虫の採集

人工灯火，特に自動販売機の灯りに飛来するものを吸虫管で丁寧に採取するのが最も効率が良いが，近くに見当たらない場合は，白色布（シーツなど）を用意し，これにケミカルあるいはブラックライトを当てれば短時間で集めることができる。ただし，日没後の早い時間帯に採取される雌成虫は，産卵しないか，未受精卵を産むことが多いので，注意が必要である。採集した雌成虫は，クロロホルムを浸み込ませた紙縒りを吸虫管の先端に挿入すると，2～3分で麻酔される。この間に実体顕微鏡下ですばやく分類し，種ごとにピンセットでシャーレに収容し，ほぼ覚醒したことを確認して，少量の脱塩素水を入れておくと，その中に産卵する。卵は，多くの種では塊状・紐状であるが，アシマダラユスリカ属 *Stictochironomus* では数個ずつのカプセルに分けて産卵し，オオヤマヒゲユスリカ *Tanytarsus oyamai* では粘着性の卵を個別に産み落とす。

2）幼虫の飼育

・容器

野外材料の場合と同様，ϕ 15～30 cm，高さ9～15 cm程度の円形スチロール水槽が扱い易い。

---

* 1％の寒天溶液に2％になるように牛乳を添加し，よく撹拌した後，固めたもの。寒天濃度は，砂泥にもぐり込む種では低く，砂礫表面を這い回る種では高くする。牛乳濃度も小型種や清水性種では低く，大型種や汚水性種では高くする。

5-2. 飼育法

図8 メタルハライド・ランプ

- 基質

デトリタス食,肉食性種に対しては,牛乳寒天（図6）*で充分である。深さは 1.5 cm 程度。藻食性の強い種の場合，粗い目の砂の方が生残は良い。

- エアレーション

初令幼虫の投入直後は弱く，成長に伴って強くする。特に湖沼性種では，孵化直後にさかんに遊泳する傾向があり，エアレーションが強いと表面にトラップされてしまい，着底できずに死ぬ個体が多くなるので，注意を要する。

- 餌料

デトリタス食性種では牛乳寒天のみで十分に成熟幼虫に達する。藻食性種でも，飼育容器上面から植物育成用ライトを照射すれば，寒天から溶け出す栄養分のみで容器壁面に十分に藻類フィルムが発達し，これを餌として生長する。しかし，渓流性種では，牛乳寒天では水質の悪化により孵化幼虫がほとんど生き残らないため，砂あるいはガラスビーズを敷いたバットに河川の礫などを入れて藻類を種付けした後，液体肥料（テトラのフローラプライド等）を添加すれば藻類が成長し，良好な水質を保ちつつ高い生残率で飼育できる（ニセケバネエリユスリカ属 *Parametriocnemus*，ケブカエリユスリカ属 *Brillia* など）。

- 光

デトリタス食性種では自然光下で十分である。藻食性種の場合，植

図9 採卵用の小型容器

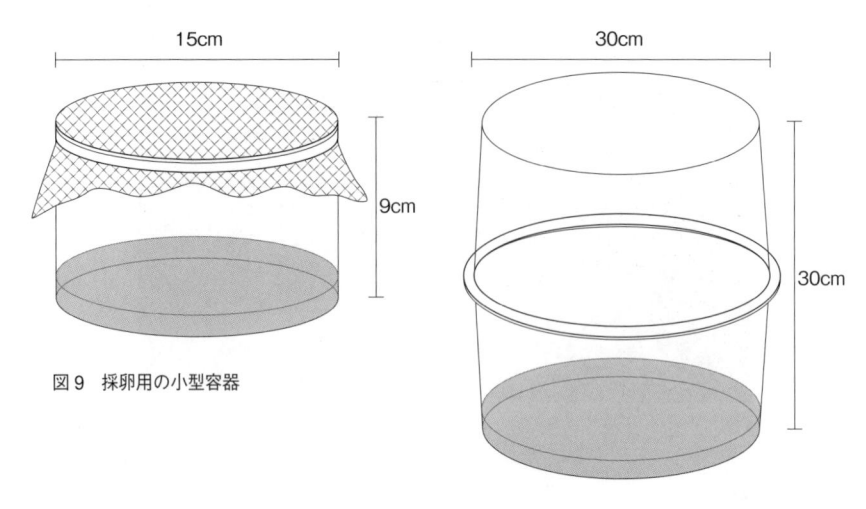

図10 採卵用の容器

物育成用ライトでも藻類フィルムは形成されるが，メタルハライド・ランプ（図8）を照射すれば，太陽光に近い条件を与えることになるため，珪藻類を主体とした群落が形成され，渓流の早瀬で藻類のみを食べているような種でも飼育が可能である。

3）採卵

・狭所交尾性種

　アカムシユスリカ Propsilocerus akamusi, ハイイロユスリカ Glyptotendipes tokunagai, キミドリユスリカ Chironomus biwaprimus やサンユスリカ Chironomus ascerbiphilus, ズグロユスリカ C. fusciceps 等の酸性湖沼種，マルオユスリカ属の一種 Carteronica crassiforceps などは狭所交尾性であり，壁面に静止した状態あるいは動き回りながら交尾をおこなうため，小型容器（図9）に脱塩素水を少量張っておくのみで十分受精卵塊を得ることができる。

・蚊柱内で交尾を行う種

　ツヤユスリカ類では小型容器内の狭い空間で十分にうまく交尾を行えるものがあり，ヨドミツヤユスリカ Cricotopus sylvestris では，図9の容器で充分採卵できた。なお，光についても，自然光で十分である。

5-2. 飼育法

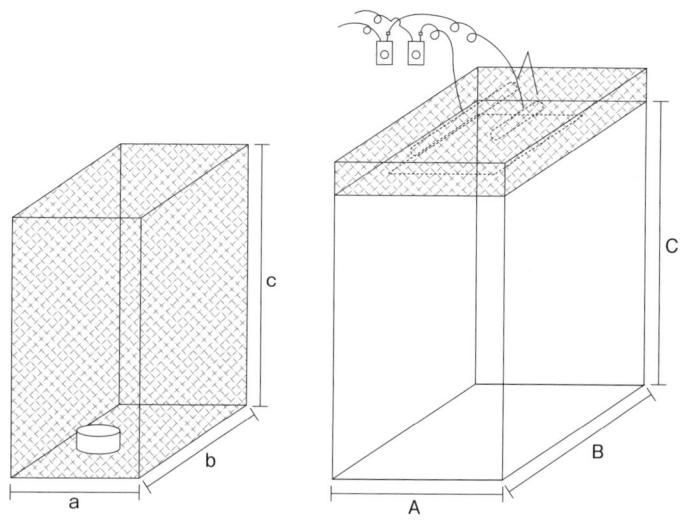

図11 蚊柱を形成させるための装置

　オオヤマヒゲユスリカ，ウスイロユスリカ *Chironomus kiiensis*，ヤモンユスリカ *Polypedilum nubifer*，オオツルユスリカ *Kiefferulus glauciventris*，エビイケユスリカ *Carteronica longilobus* などでは，図10のような比較的小さなスペースでも交尾が可能であり，光についても，自然光下で十分である。

　他の多くの種では，図11のような装置を用い，かつタイマー等で人工的な薄明・薄暮条件を与えない限り蚊柱は形成されない。蚊柱が形成されるための最低の高さは，セスジユスリカ *Chironomus yoshimatsui* では30 cm，ヒシモンユスリカ *Chironomus flaviplumus* やウスモンユスリカ *Polypedilum nubeculosum* で70 cm，フチグロユスリカ *Chironomus circumdatus*，イボホソミユスリカ *Dicrotendipes lobiger*，ユミガタニセコブナシユスリカ *Parachironomus arcuatus* で120 cm，ヤマトユスリカ *Chironomus nipponensis*，シオユスリカ *Chironomus salinarius*，ホンセスジユスリカ *Chironomus nippodorsalis* では180 cmであった。また，図のように，大型ケージをナイロンシート等で覆ったエンクロージャーの中に収容し，ある程度の湿度を保たなければ，たとえ激しい蚊柱が観察されても産卵する雌の割合はきわめて低いことが多い。

301

収録種一覧

資料のある種については採集記録を付した。採集記録は，小林貞作成データーベース（日本で記録された種名と小林が観察記録したものを含めて 16,022 件）をもとに作成した。採集地は地方名を略号で示す。各地方の内訳は以下の通り。

① 北海道
② 東北地方（青森・岩手・宮城・秋田・山形・福島・新潟）
③ 北陸地方（富山・石川・福井）
④ 関東地方（茨城・栃木・群馬・埼玉・千葉・東京・神奈川）
⑤ 中部地方（山梨・長野・岐阜・静岡・愛知）
⑥ 近畿地方（三重・滋賀・京都・大阪・兵庫・奈良・和歌山）
⑦ 中国地方（鳥取・島根・岡山・広島・山口）
⑧ 四国
⑨ 九州
⑩ 小笠原諸島・八丈島
⑪ 沖縄

種名	①	②	③	④	⑤	⑥	⑦	⑧	⑨	⑩	⑪
イソユスリカ亜科 TELMATOGETOGTONINAE											
イソユスリカ属 *Telmatogeton*											
ヤマトイソユスリカ *Telmatogeton japonicus* Tokunaga, 1933	○			○	○						
ミナミイソユスリカ *Telmatogeton pacificus* Tokunaga, 1935							○				○
ハマベユスリカ属 *Thalassomya*											
ヤマトハマベユスリカ *Thalassomya japonica* Tokunaga et Etsuko K., 1955										○	○
ケブカユスリカ亜科 PODONOMINAE											
キタケブカユスリカ属 *Boreochlus*											
ティーネマンキタケブカユスリカ *Boreochlus thienemanni* Edwards, 1938	○		○	○	○	○			○	○	
ナガサキキタケブカユスリカ *Boreochlus longicoxalsetosus* Kobayashi et Suzuki, 2000	○			○	○				○	○	
ニセキタケブカユスリカ属 *Paraboreochlus*											
オキナワニセキタケブカユスリカ（新称）*Paraboreochlus okinawanus* Kobayashi et Kuranishi, 1999	○				○	○					○
モンユスリカ亜科 TANYPODINAE											
ダンダラヒメユスリカ属 *Ablabesmyia*											
ダンダラヒメユスリカ *Ablabesmyia monilis* (Linnaeus, 1758)	○	○	○	○	○	○	○		○	○	○
オナガダンダラヒメユスリカ（新称）*Ablabesmyia longistyla* Fittkau, 1962	○	○	○	○	○	○	○				○
フトオダンダラヒメユスリカ（新称）*Ablabesmyia prorasha* Kobayashi et Kubota, 2002	○		○	○						○	○
ミズゴケヌマユスリカ属 *Alotanypus*											
ミズゴケヌマユスリカ *Alotanypus kuroberobustus* (Sasa et Okazawa, 1992)					○			○			
ミジカヌマユスリカ属 *Apsectrotanypus*											
ヨシムラユスリカ *Apsectrotanypus yoshimurai* (Tokunaga, 1937)							○	○	○		

収録種一覧

種名	①	②	③	④	⑤	⑥	⑦	⑧	⑨	⑩	⑪
キタモンユスリカ属 Brundiniella											
ヤグキキタモンユスリカ *Brundiniella yagukiensis* Niitsuma, 2003		○			○		○				
ヒラアシユスリカ属 Clinotanypus											
モンキヒラアシユスリカ *Clinotanypus japonicus* Tokunaga, 1937							○	○		○	
スギヤマヒラアシユスリカ *Clinotanypus sugiyamai* Tokunaga, 1937	○	○		○			○	○			○
ヒメユスリカ属 Conchapelopia											
セボシヒメユスリカ *Conchapelopia quatuormaculata* Fittkau, 1957	○	○	○	○	○	○			○		○
キソヒメユスリカ *Conchapelopia esakiana* (Tokunaga, 1939)				○			○		○		
ウスイロヒメユスリカ(新称) *Conchapelopia pallidula* (Meigen, 1818)		○			○	○					○
タビビトヒメユスリカ(新称) *Conchapelopia viator* (Kieffer, 1911)					○	○					○
ルリカヒメユスリカ(新称) *Conchapelopia rurika* (Roback, 1957)											○
トガヒメユスリカ(新称) *Conchapelopia togapallida* Sasa et Okazawa, 1992			○				○	○	○		
ナカヅメヌマユスリカ属 Fittkauimyia											
ナカヅメヌマユスリカ *Fittkauimyia olivacea* Niitsuma, 2004	○	○		○							
フトオウスギヌヒメユスリカ属(新称) Hayesomyia											
フトオウスギヌヒメユスリカ(新称) *Hayesomyia tripunctata* (Goetghebuer, 1922)					○	○	○			○	○
シロヒメユスリカ属 Krenopelopia											
シロヒメユスリカ *Krenopelopia alba* (Tokunaga, 1937)	○		○	○					○		○
コジロユスリカ属 Larsia											
ミヤガセコジロユスリカ *Larsia miyagasensis* Niitsuma, 2001	○	○		○	○	○	○				○
ボカシヌマユスリカ属 Macropelopia											
ボカシヌマユスリカ *Macropelopia paranebulosa* Fittkau, 1962	○	○	○	○	○	○	○	○	○	○	○
モンヌマユスリカ属 Natarsia											
モンヌマユスリカ *Natarsia tokunagai* (Fittkau, 1962)	○	○	○	○	○	○	○		○		○
コヒメユスリカ属 Nilotanypus											
コヒメユスリカ *Nilotanypus dubius* (Meigen, 1804)	○	○		○	○	○	○				○
コシアキヒメユスリカ属 Paramerina											
オビヒメユスリカ(新称) *Paramerina cingulata* (Walker, 1856)					○	○		○			
コシアキヒメユスリカ *Paramerina divisa* (Walker, 1856)	○	○	○	○	○	○	○				○
カユスリカ属 Procladius											
ウスイロカユスリカ *Procladius choreus* (Meigen, 1804)	○	○	○	○		○	○			○	
アミメカユスリカ *Procladius culiciformis* (Linnaeus, 1767)	○	○	○								
クロバヌマユスリカ属 Psectrotanypus											
クロバヌマユスリカ *Psectrotanypus orientalis* Fittkau, 1962	○	○	○	○	○	○					○
ウスギヌヒメユスリカ属 Rheopelopia											
ウスギヌヒメユスリカ *Rheopelopia toyamazea* (Sasa, 1996)					○		○				
テドリカユスリカ属 Saetheromyia											
テドリカユスリカ *Saetheromyia tedoriprimus* (Sasa, 1994)	○	○	○	○	○						
カスリモンユスリカ属 Tanypus											
カスリモンユスリカ *Tanypus punctipennis* Meigen, 1818		○	○	○	○		○	○			○
セマダラヒメユスリカ属 Thienemannimyia											
セマダラヒメユスリカ *Thienemannimyia laeta* (Meigen, 1818)							○				
カカトセマダラヒメユスリカ(新称) *Thienemannimyia fuscipes* (Edwards, 1929)	○										
ハヤセヒメユスリカ属 Trissopelopia											
ハヤセヒメユスリカ *Trissopelopia longimana* (Staeger, 1839)			○	○	○		○		○		

収録種一覧

種名	①	②	③	④	⑤	⑥	⑦	⑧	⑨	⑩	⑪
ヤマヒメユスリカ属 Zavrelimyia											
ヤマヒメユスリカ Zavrelimyia monticola (Tokunaga, 1937)						○	○		○		
ミヤコヒメユスリカ Zavrelimyia kyotoensis (Tokunaga, 1937)		○	○	○	○	○		○		○	
ヤマユスリカ亜科 DIAMESINAE											
タニユスリカ属 Boreoheptagyia											
ササタニユスリカ（新称）Boreoheptagyia sasai Makarchenko, Endo, Wu et Wang, 2008	○										
ヒラアシタニユスリカ Boreoheptagyia brevitarsis (Tokunaga, 1936)	○	○	○	○	○	○		○			
クロベタニユスリカ Boreoheptagyia kurobebrevis (Sasa et Okazawa, 1992)			○								
ロクセツタニユスリカ Boreoheptagyia unica Makarchenko, 1994			○	○							
ヤマユスリカ属 Diamesa											
エゾヤマユスリカ（新称）Diamesa gregsoni Edwards, 1933	○										
フサケヤマユスリカ Diamesa plumicornis Tokunaga, 1936	○		○	○	○	○					
ユビヤマユスリカ（新称）Diamesa dactyloidea Makarchenko, 1988	○										
ツツイヤマユスリカ Diamesa tsutsuii Tokunaga, 1936			○	○	○	○					
アルプスヤマユスリカ Diamesa alpine Tokunaga, 1936	○		○		○						
ニッポンヤマユスリカ Diamesa japonica Tokunaga, 1936	○		○								
レオナヤマユスリカ（新称）Diamesa leona Roback, 1957	○	○	○	○							
リネビチアヤマユスリカ属（新称）Linevitshia											
リネビチアヤマユスリカ（新称）Linevitshia yezoensis Endo, Makarchenko et Willassen, 2007	○										
オオユキユスリカ属 Pagastia											
アルプスケユキユスリカ Pagastia nivis (Tokunaga, 1936)	○	○	○								
サキマルオオユキユスリカ（新称）Pagastia orthogonia Oliver, 1959	○										
ヒダカオオユキユスリカ（新称）Pagastia hidakamontana Endo, 2004	○										
キョウトユキユスリカ Pagastia lanceolata (Tokunaga, 1936)		○		○	○	○	○				
サワユスリカ属 Potthastia											
クビレサワユスリカ Potthastia gaedii (Meigen, 1838)					○	○	○			○	
リョウカクサワユスリカ Potthastia montium (Edwards, 1929)	○	○			○		○		○	○	
カモヤマユスリカ Potthastia longimana Kieffer, 1922	○				○	○	○	○	○	○	
オナガヤマユスリカ属 Protanypus											
イナワシロオナガヤマユスリカ（新称）Protanypus inateuus Sasa, Kitami et Suzuki, 2001		○									
ケユキユスリカ属 Pseudodiamesa											
ケナシケユキユスリカ（新称）Pseudodiamesa stackelbergi (Goetghebuer, 1933)	○										
ナミケユキユスリカ Pseudodiamesa branickii (Nowicki, 1973)	○		○								
ササユスリカ属 Sasayusurika											
ササユスリカ Sasayusurika aenigmata Makarchenko, 1993			○	○	○						
フサユキユスリカ属 Sympotthastia											
フトオフサユキユスリカ Sympotthastia gemmaformis Makarchenko, 1994	○		○	○	○				○		
タカタユキユスリカ Sympotthastia takatensis (Tokunaga, 1936)			○	○	○	○					
チャイロフサユキユスリカ（新称）Sympotthastia fulva (Johannsen, 1921)	○										
ユキユスリカ属 Syndiamesa											
ケナガユキユスリカ Syndiamesa longipilosa Endo, 2007						○					

収録種一覧

種名	採集記録 ①	②	③	④	⑤	⑥	⑦	⑧	⑨	⑩	⑪
キョウゴクユキユスリカ *Syndiamesa kyogokusecunda* Sasa et Suzuki, 1998	○										
ミヤマユキユスリカ *Syndiamesa montana* Tokunaga, 1936			○	○							
キタユキユスリカ *Syndiamesa mira* (Makarchenko, 1980)	○										
カシマユキユスリカ *Syndiamesa kashimae* Tokunaga, 1936					○						
ヨシイユキユスリカ *Syndiamesa yosiii* Tokunaga, 1964	○		○	○		○					
オオヤマユスリカ亜科 PRODIAMESINAE											
ケバネオオヤマユスリカ属 *Compteromesa*											
ケバネオオヤマユスリカ *Compteromesa haradensis* Niitsuma et Makarchenko, 1997	○			○					○		
トゲヤマユスリカ属 *Monodiamesa*											
シブタニオオヤマユスリカ *Monodiamesa bathyphila* (Kieffer, 1918)						○					
エゾオオヤマユスリカ属（新称）*Odontomesa*											
エゾオオヤマユスリカ（新称）*Odontomesa fulva* (Kieffer, 1919)	○										
オオヤマユスリカ属 *Prodiamesa*											
ナガイオオヤマユスリカ *Prodiamesa levanidovae* Makarchenko, 1982	○		○	○	○	○		○			
エリユスリカ亜科 ORTHOCLADIINAE											
ケブカエリユスリカ属 *Brillia*											
フタマタケブカエリユスリカ *Brillia bifida* (Kieffer, 1909)				○	○	○			○		
オナガケブカエリユスリカ（新称）*Brillia flavifrons* (Johannsen, 1905)	○			○	○	○			○		
ニッポンケブカエリユスリカ *Brillia japonica* Tokunaga, 1939	○	○	○	○	○	○		○		○
マドエリユスリカ属 *Bryophaenocladius*											
オオマドエリユスリカ（新称）*Bryophaenocladius matsuoi* (Sasa et Shimomura, 1993)								○	○		
ハダカユスリカ属 *Cardiocladius*											
ハダカユスリカ *Cardiocladius capucinus* (Zetterestedt, 1850)				○	○	○	○		○		
クロハダカユスリカ *Cardiocladius fuscus* Kieffer, 1924				○	○	○					
ミヤマユスリカ属 *Chasmatonotus*											
ミヤマユスリカ（新称）*Chasmatonotus unilobus* Yamamoto, 1980					○						
ヒゲナガミヤマユスリカ *Chasmatonotus akanseptimus* (Sasa et Kamimura, 1987)	○		○	○					○		
ウミユスリカ属 *Clunio*											
ツシマウミユスリカ *Clunio tsushimensis* Tokunaga, 1933							○	○	○	○	○
クシバエリユスリカ属 *Compterosmittia*											
ヒメクシバエリユスリカ *Compterosmittia oyabelurida* (Sasa, Kawai et Ueno, 1988)				○	○	○		○	○		
クロクシバエリユスリカ *Compterosmittia togalimea* (Sasa et Okazawa, 1992)					○						
ツジクシバエリユスリカ *Compterosmittia tsujii* (Sasa, Shimomura et Matsuo, 1991)					○						○
コナユスリカ属 *Corynoneura*											
クロイロコナユスリカ *Corynoneura cuspis* Tokunaga, 1936					○	○			○		
クロムネコナユスリカ *Corynoneura lobata* Edwards, 1924	○			○	○	○	○				
ツヤユスリカ属 *Cricotopus*											
フタスジツヤユスリカ *Cricotopus bicinctus* (Meigen, 1818)	○	○	○	○	○	○	○	○			○
フタモンツヤユスリカ *Cricotopus bimaculatus* Tokunaga, 1936	○	○		○	○	○	○				
ナカグロツヤユスリカ *Cricotopus metatibialis* Tokunaga, 1936	○	○		○	○	○	○				
Cricotopus nishikiensis Nishida, 1987											

収録種一覧

種名	採集記録 ①	②	③	④	⑤	⑥	⑦	⑧	⑨	⑩	⑪
ニセフタモンツヤユスリカ（新称）*Cricotopus polyannulatus* Tokunaga, 1936	○	○	○	○	○	○	○				○
ヨドミツヤユスリカ *Cricotopus sylvestris* (Fabricius, 1784)	○	○	○	○	○	○		○			
ナカオビツヤユスリカ *Cricotopus triannulatus* (Macquart, 1826)	○	○	○	○	○	○			○		○
モモグロミツオビツヤユスリカ *Cricotopus tricinctus* (Meigen, 1818)	○	○	○	○	○	○	○				
Cricotopus trifascia Edwards, 1929											
ミツオビツヤユスリカ *Cricotopus trifasciatus* (Meigen in Panzer, 1813)	○	○	○	○	○	○	○				○
ヤマツヤユスリカ（新称）*Cricotopus montanus* Tokunaga, 1936	○		○	○			○	○			
ホソトゲツヤユスリカ（新称）*Cricotopus tamadigitatus* Sasa, 1981											
フタエユスリカ属 *Diplocladius*											
フタエユスリカ *Diplocladius cultriger* Kieffer in Kieffer et Thienemann, 1908	○	○	○	○	○						
テンマクエリユスリカ属 *Eukiefferiella*											
テンマクエリユスリカ *Eukiefferiella coerulescens* (Kieffer in Zavrel, 1926)	○	○	○	○				○			○
トビケラヤドリユスリカ属 *Eurycnemus*											
ノザキトビケラヤドリユスリカ *Eurycnemus nozakii* Kobayashi, 1998	○	○			○	○		○			
ヒロトゲケブカユスリカ属 *Euryhapsis*											
ウスキヒロトゲケブカユスリカ（新称）*Euryhapsis subviridis* Oliver, 1981				○	○	○					
シッチエリユスリカ属 *Georthocladius*											
シオタニシッチエリユスリカ *Georthocladius shiotanii* (Sasa et Kawai, 1987)	○			○	○			○			
ウンモンエリユスリカ属 *Heleniella*											
ウンモンエリユスリカ *Heleniella osarumaculata* Sasa, 1988	○			○	○						○
Heleniella otujimaculata Sasa et Okazawa, 1994											
フユユスリカ属 *Hydrobaenus*											
ビワフユユスリカ *Hydrobaenus biwaquartus* Sasa et Kawai, 1987		○	○	○	○	○		○			
トガリフユユスリカ（新称）*Hydrobaenus conformis* (Holmgren, 1869)	○			○	○			○			
コキソガワフユユスリカ *Hydrobaenus kisosecundus* Sasa et Kondo, 1991							○	○	○		
キソガワフユユスリカ *Hydrobaenus kondoi* Sæther, 1989							○	○			
マルオフユユスリカ（新称）*Hydrobaenus tsukubalatus* Sasa et Ueno, 1994							○				
ムナトゲユスリカ属 *Limnophyes*											
コムナトゲユスリカ *Limnophyes minimus* (Meigen, 1818)	○	○	○	○	○	○	○	○	○		
ヤリガタムナトゲユスリカ *Limnophyes pentaplastus* (Kieffer in Thienemann, 1921)	○	○	○				○	○			
ドブムナトゲユスリカ *Limnophyes tamakitanaides* Sasa, 1981	○	○	○	○	○	○	○				
ケバネエリユスリカ属 *Metriocnemus*											
クロケバネエリユスリカ *Metriocnemus picipes* (Meigen, 1818)											
コガタエリユスリカ属 *Nanocladius*											
コガタエリユスリカ *Nanocladius tamabicolor* Sasa, 1982	○			○	○	○	○	○			
セスジコガタエリユスリカ *Nanocladius tokuokasia* (Sasa, 1989)											
ホソケブカエリユスリカ属 *Neobrillia*											
ニイツマホソケブカエリユスリカ *Neobrillia longistyla* Kawai, 1991			○	○		○		○	○		
ミヤマホソケブカエリユスリカ（新称）*Neobrillia raikoprima* Kikuchi et Sasa, 1994											

306

収録種一覧

種名	採集記録 ①	②	③	④	⑤	⑥	⑦	⑧	⑨	⑩	⑪
オカヤマユスリカ属 *Okayamayusurika*											
オカヤマユスリカ *Okayamayusurika kojimaspinosa* Sasa, 1989				○	○						
エリユスリカ属 *Orthocladius*											
ニセヒロバネエリユスリカ（新称）*Orthocladius excavatus* Brundin, 1947											
ミヤマエリユスリカ *Orthocladius frigidus* (Zetterstedt, 1852)	○		○	○	○				○		
ヒロバネエリユスリカ *Orthocladius glabripennis* Goetghebuer, 1921	○	○	○	○	○	○	○				
Orthocladius lignicola (*Kieffer in Potthast*, 1915)											
カニエリユスリカ *Orthocladius kanii* Tokunaga, 1939	○	○	○	○			○	○	○		
イシエリユスリカ *Orthocladius saxosus* (Tokunaga, 1939)											
ニセナガレツヤユスリカ属 *Paracricotopus*											
ミダレニセナガレツヤユスリカ（新称）*Paracricotopus irregularis* Niitsuma, 1990						○			○		
ヒメニセナガレツヤユスリカ（新称）*Paracricotopus tamabrevis* (Sasa, 1983)	○	○	○	○			○				
クロアシニセナガレツヤユスリカ（新称）*Paracricotopus togakuroasi* (Sasa et Okazawa, 1992)											
ケボシエリユスリカ属 *Parakiefferiella*											
ケボシエリユスリカ *Parakiefferiella bathophila* (Kieffer, 1912)			○	○	○	○	○				
ニセブネエリユスリカ属 *Parametriocnemus*											
キイロケブネエリユスリカ *Parametriocnemus stylatus* (Kieffer, 1924)	○	○	○	○	○	○	○				
ケナガケバネエリユスリカ属 *Paraphaenocladius*											
ケナガケバネエリユスリカ *Paraphaenocladius impensus* (Walker, 1856)		○	○	○	○			○	○	○	
クロツヤエリユスリカ属 *Paratrichocladius*											
クロツヤエリユスリカ *Paratrichocladius rufiventris* (Meigen, 1830)	○	○	○	○	○	○	○				
アカムシユスリカ属 *Propsilocerus*											
アカムシユスリカ *Propsilocerus akamusi* (Tokunaga, 1938)			○	○	○	○					
ヒメエリユスリカ属 *Psectrocladius*											
ウスグロヒメエリユスリカ *Psectrocladius* (*P.*) *aquatronus* Sasa, 1979	○	○	○	○	○	○	○				
Psectrocladius (*Me.*) *seiryuheius* Sasa, Suzuki et Sakai, 1998											
Psectrocladius (*A.*) *shofukunonus* Sasa, 1997											
Psectrocladius (*A.*) *shofukuoctavus* Sasa, 1997											
Psectrocladius (*Mo.*) *yukawana* (Tokunaga, 1936)											
ユノコヒメエリユスリカ *Psectrocladius* (*P.*) *yunoquartus* Sasa, 1984	○	○	○	○	○	○	○				
ニセエリユスリカ属 *Pseudorthocladius*											
ケバネニセエリユスリカ（新称）*Pseudorthocladius pilosipennis* Brundin, 1956	○	○	○						○	○	
ニセビロウドエリユスリカ属 *Pseudosmittia*											
フタマタニセビロウドエリユスリカ（新称）*Pseudosmittia forcipata* (Goetghebuer, 1921)		○	○	○			○	○			
ミナミニセビロウドエリユスリカ（新称）*Pseudosmittia nishiharaensis* Sasa et Hasegawa, 1988					○	○	○	○	○		
ナガレツヤユスリカ属 *Rheocricotopus*											
カタジロナガレツヤユスリカ *Rheocricotopus chalybeatus* (Edwards, 1929)	○	○	○	○	○	○	○				
ミヤマナガレツヤユスリカ（新称）*Rheocricotopus kamimonji* Sasa et Hirabayashi, 1993			○	○							
ミナミカタジロナガレツヤツユリカ（新称）*Rheocricotopus okifoveatus* Sasa, 1990			○				○			○	

収録種一覧

種名	採集記録 ①	②	③	④	⑤	⑥	⑦	⑧	⑨	⑩	⑪
シリキレエリユスリカ属 Semiocladius											
シリキレエリユスリカ Semiocladius endocladiae (Tokunaga, 1936)					○				○	○	
ビロウドエリユスリカ属 Smittia											
ビロウドエリユスリカ Smittia aterima (Meigen, 1818)	○	○	○	○	○	○			○	○	
フトオビロウドエリユスリカ（新称）Smittia insignis Brundin, 1947		○		○					○		
ニセフトオビロウドエリユスリカ（新称）Smittia kojimagrandis Sasa, 1989			○	○		○					
コビロウドエリユスリカ Smittia nudipennis (Goetghebuer, 1913)	○	○	○	○	○	○			○		○
ヒメクロユスリカ Smittia pratorum (Goetghebuer, 1926)	○		○	○	○	○			○		○
トガリビロウドエリユスリカ（新称）Smittia sainokoensis Sasa, 1984			○	○	○				○		
コケエリユスリカ属 Stilocladius											
ヤマコケエリユスリカ（新称）Stilocladius kurobekeyakius (Sasa et Okazawa, 1992)			○	○	○				○		
ムナクボエリユスリカ属 Synorthocladius											
ムナクボエリユスリカ Synorthocladius semivirens (Kieffer, 1909)			○	○	○	○	○				
ヌカユスリカ属 Thienemanniella											
セスジヌカユスリカ Thienemanniella lutea (Edwards, 1924)				○	○	○			○		
ヒゲナガヌカユスリカ Thienemanniella majuscula (Edwards, 1924)				○	○	○	○		○		
Thienemanniella vittata (Edwards, 1924)				○	○	○			○		
トクナガエリユスリカ属 Tokunagaia											
キブネエリユスリカ Tokunagaia kibunensis (Tokunaga, 1939)				○	○	○	○				
ヤマケブカエリユスリカ属 Tokyobrillia											
ヤマケブカエリユスリカ Tokyobrillia tamamegaseta Kobayashi et Sasa, 1991	○		○								○
トゲビロウドエリユスリカ属 Trichosmittia											
トゲビロウドエリユスリカ（新称）Trichosmittia hikosana Yamamoto, 1999										○	
ニセテンマクエリユスリカ属 Tvetenia											
タマニセテンマクエリユスリカ Tvetenia tamaflava (Sasa, 1981)	○		○	○	○	○	○		○		
ユスリカ亜科 CHIRONOMINAE											
ユスリカ族 Chironomini											
マルオユスリカ属 Carteronica											
エビイケユスリカ Carteronica longilobus (Kieffer, 1916)											○
ヤチユスリカ属 Chaetolabis											
ヤチユスリカ Chaetolabis macani (Freeman, 1948)	○										
ユスリカ属 Chironomus											
サンユスリカ Chironomus (C.) acerbiphilus Tokunaga, 1939	○	○						○			
キミドリユスリカ Chironomus (Camptoc.) biwaprimus Sasa et Kawai, 1987	○	○		○		○	○				
フチグロユスリカ Chironomus (C.) circumdatus Kieffer, 1916				○	○	○	○	○	○		○
イケマユスリカ Chironomus (C.) crassiforceps (Kieffer, 1916)											○
ヒシモンユスリカ Chironomus (C.) flaviplumus Tokunaga, 1940	○			○	○	○	○				
ズグロユスリカ Chironomus (C.) fusciceps Yamamoto, 1990											
ジャワユスリカ Chironomus javanus (Kieffer, 1924)						○	○		○		
ウスイロユスリカ Chironomus (C.) kiiensis Tokunaga, 1936				○	○	○	○	○	○		○
ハラグロセスジユスリカ（新称）Chironomus (Loboc.) longipes Staeger, 1839											
ホンセスジユスリカ Chironomus (C.) nippodorsalis Sasa, 1979	○		○	○	○	○					
ヤマトユスリカ Chironomus (C.) nipponensis Tokunaga, 1940	○	○	○	○	○	○	○				

収録種一覧

種名	①	②	③	④	⑤	⑥	⑦	⑧	⑨	⑩	⑪
オキナワユスリカ *Chironomus okinawanus* Hasegawa et Sasa, 1987									○		○
オオユスリカ *Chironomus (C.) plumosus* (Linnaeus, 1758)	○	○	○	○	○	○	○	○			
ドブユスリカ *Chironomus (C.) riparius* (Meigen, 1804)											
シオユスリカ *Chironomus (C.) salinarius* Kieffer, 1915	○	○			○	○		○			
ミナミヒシモンユスリカ *Chironomus (C.) samoensis* Edwards, 1928	○	○	○	○	○	○	○	○	○		○
マルオセスジユスリカ（新称）*Chironomus (C.) solicitus* Hirvenoja, 1962											
フトゲユスリカ（新称）*Chironomus (C.) surfurosus* Yamamoto, 1990											
スワオオユスリカ *Chironomus (C.) suwai* Golygina et al., 2002											
セスジユスリカ *Chironomus (C.) yoshimatsui* Martin et Sublette, 1972	○	○	○	○	○	○	○	○			
ナガコブナシユスリカ属 Cladopelma											
イシガキユスリカ *Cladopelma edwardsi* (Kruzeman, 1933)	○	○	○	○	○	○	○				○
Cladopelma hibaraprima Sasa, 1998											
コミドリナガコブナシユスリカ *Cladopelma viridulum* (Linnaeus, 1767)						○	○	○		○	○
カマガタユスリカ属 Cryptochironomus											
シロスジカマガタユスリカ *Cryptochironomus albofasciatus* (Staeger, 1921)	○	○	○	○	○	○	○	○			○
スジカマガタユスリカ属 Demicryptochironomus											
スジカマガタユスリカ *Demicryptochironomus vulneratus* (Zetterstedt, 1838)					○		○	○			
ホソミユスリカ属 Dicrotendipes											
シオダマリユスリカ *Dicrotendipes enteromorphae* (Tokunaga, 1936)					○	○	○				
イノウエユスリカ *Dicrotendipes inouei* Hashimoto, 1984					○	○	○				○
イボホソミユスリカ *Dicrotendipes lobiger* (Kieffer, 1921)	○	○		○			○				
エゾヤマホソミユスリカ（新称）*Dicrotendipes modestus* (Say, 1823)											
ユミナリホソミユスリカ *Dicrotendipes nigrocephalicus* Niitsuma, 1995	○	○	○	○	○	○		○	○	○	
オマガリホソミユスリカ（新称）*Dicrotendipes nipporivus* Niitsuma, 1995											
メスグロユスリカ *Dicrotendipes pelochloris* (Kieffer, 1912)	○	○	○	○	○	○	○	○	○	○	○
フタマタユスリカ *Dicrotendipes septemmaculatus* (Becker, 1908)		○			○		○	○			○
Dicrotendipes tamaviridis Sasa, 1981			○	○			○	○			○
ヤエヤマユスリカ *Dicrotendipes yaeyamanus* Hasegawa et Sasa, 1987									○		○
クロユスリカ属 Einfeldia											
オオミドリクロユスリカ（新称）*Einfeldia chelonia* (Townes, 1945)											
クロユスリカ *Einfeldia dissidens* (Walker, 1851)	○	○	○		○	○	○	○			○
オキナワクロユスリカ（新称）*Einfeldia kanazawai* Yamamoto, 1996											
チトウクロユスリカ（新称）*Einfeldia ocellata* Hashimoto, 1985											
サトクロユスリカ（新称）*Einfeldia pagana* (Meigen, 1838)	○	○	○				○				○
フトオクロユスリカ（新称）*Einfeldia thailandicus* (Hashimoto, 1981)											
ミズクサユスリカ属 Endochironomus											
タテジマミズクサユスリカ *Endochironomus pekanus* (Kieffer, 1916)				○	○	○	○				
ミズクサユスリカ *Endochironomus tendens* (Fabricius, 1775)	○					○	○				
Endochironomus uresipallidulus Sasa, 1989											
セボリユスリカ属 Glyptotendipes											
ニセミズクサミドリユスリカ（新称）*Glyptotendipes biwasecundus* Sasa et Kawai, 1987					○	○	○	○	○		

収録種一覧

種名	採集記録 ①	②	③	④	⑤	⑥	⑦	⑧	⑨	⑩	⑪
フジミズクサミドリユスリカ（新称）*Glyptotendipes fujisecundus* Sasa, 1985											
ヤチホソユスリカ（新称）*Glyptotendipes nishidai* Yamamoto, 1995											
ヒメハイイロユスリカ（新称）*Glyptotendipes pallens* (Meigen, 1818)	○			○		○					
ハイイロユスリカ *Glyptotendipes tokunagai* Sasa, 1979	○	○	○	○				○	○		
ミズクサミドリユスリカ *Glyptotendipes viridis* (Macquart, 1834)			○								
コブナシユスリカ属 Harnischia											
マルミコブナシユスリカ *Harnischia cultilamellata* (Malloch, 1915)	○	○		○		○	○				○
ヤマトコブナシユスリカ *Harnischia japonica* Hashimoto, 1984	○	○	○	○	○	○	○				
セダカコブナシユスリカ（新称）*Harnischia ohmuraensis* Kobayashi et Suzuki, 1999											
ヒカゲユスリカ属 Kiefferulus											
オオツルユスリカ *Kiefferulus glauciventris* (Kieffer, 1912)											○
ヒカゲユスリカ *Kiefferulus umbraticola* (Yamamoto, 1979)	○		○	○				○		○	
オオミドリユスリカ属 Lipiniella											
オオミドリユスリカ *Lipiniella moderata* Kalugina, 1970	○	○	○	○	○	○					
コガタユスリカ属 Microchironomus											
Microchironomus deribae (Freeman, 1957)											
オナガコガタユスリカ（新称）*Microchironomus ishii* Sasa, 1987											
ヒメコガタユスリカ *Microchironomus tener* (Kieffer, 1918)	○	○	○	○	○		○				
テルヤコガタユスリカ *Microchironomus teruyai* Sasa, 1990											○
ツヤムネユスリカ属 Microtendipes											
ムナグロツヤムネユスリカ *Microtendipes britteni* (Edwards, 1929)						○	○	○	○		
ウスオビツヤムネユスリカ *Microtendipes tamagouti* Sasa, 1983											
ウスイロツヤムネユスリカ（新称）*Microtendipes truncatus* Kawai et Sasa, 1985	○	○	○	○	○	○	○				
ミナミユスリカ属 Nilodorum											
ミナミユスリカ *Nilodorum barbatitarsis* (Kieffer, 1911)						○		○			○
アヤユスリカ属 Nilothauma											
フタコブアヤユスリカ（新称）*Nilothauma hibaratertium* Sasa, 1993											
オナシアヤユスリカ（新称）*Nilothauma hibaraquartum* Sasa, 1993											
ヒメアヤユスリカ（新称）*Nilothauma japonicum* Niitsuma, 1985											
Nilothauma nojirimaculatum Sasa, 1991											
カザリアヤユスリカ（新称）*Nilothauma sasai* Adam et Sæther, 1999	○	○	○	○	○	○	○				
ニセコブナシユスリカ属 Parachironomus											
ユミガタニセコブナシユスリカ *Parachironomus arcuatus* (Goetghebuer, 1936)	○	○	○	○	○	○		○			
シュリユスリカ *Parachironomus acutus* (Goetghebuer, 1936)											
フタコブユスリカ *Parachironomus kisobilobalis* Sasa et Kondo, 1994											
スエヒロニセコブナシユスリカ（新称）*Parachironomus kuramaexpandus* Sasa, 1989											
ヒメニセコブナシユスリカ *Parachironoimus monochromus* (van der Wulp, 1874)						○	○			○	
ツマグロニセコブナシユスリカ（新称）*Parachironomus swammerdami* (Kruseman, 1933)											
フタセスジコブナシユスリカ（新称）*Parachironomus tamanippari* (Sasa, 1983)											
ケバコブユスリカ属 Paracladopelma											
ケバコブユスリカ *Paracladopelma camptolabis* (Kieffer, 1913)	○		○	○	○	○			○		○

収録種一覧

種名	採集記録 ①	②	③	④	⑤	⑥	⑦	⑧	⑨	⑩	⑪
カワリユスリカ属 Paratendipes											
シロアシユスリカ Paratendipes albimanus (Meigen, 1818)		○		○	○	○	○	○	○		
ヒメクロカワリユスリカ（新称）Paratendipes nigrofasciatus Kieffer, 1916											
ウスモンカワリユスリカ（新称）Paratendipes nubilus (Meigen, 1830)											
ヒゲナシカワリユスリカ（新称）Paratendipes nudisquama Edwards, 1929											
ハケユスリカ属 Phaenopsectra											
ハケユスリカ Phaenopsectra flavipes (Meigen, 1818)						○	○		○	○	
コガタハケユスリカ Phaenopsectra punctipes (Wiedemann, 1817)											
ハモンユスリカ属 Polypedilum											
ヤドリハモンユスリカ亜属 Cerobregma											
ヤドリハモンユスリカ P. (Cerobregma) kamotertium (Sasa, 1989)		○		○	○	○	○		○		
ケバネユスリカ亜属 Pentapedilum											
フトオケバネユスリカ P. (Pentapedilum) convexum Johannsen, 1932	○	○	○	○			○	○			○
サキシマユスリカ P. (Penrapedilum) nodosum Johannsen, 1932				○				○			○
オオケバネユスリカ P. (Penrapedilum) sordens (van der Wulp, 1874)	○		○	○	○	○					
トラフユスリカ P. (Pentapedilum) tigrinum (Hashimoto, 1983)	○			○	○	○					
ホソオケバネユスリカ P. (Pentapedilum) tritum (Walker, 1856)		○	○	○	○	○					
ハモンユスリカ亜属 Polypedilum											
キオビハモンユスリカ P. (Polypedilum) arundinetum Goetghebuer, 1921	○	○	○	○	○	○					○
アサカワハモンユスリカ P. (Polypedilum) asakawaense Sasa, 1980	○	○	○	○	○	○					
ベノキハモンユスリカ（新称）P. (Polypedilum) benokiense Sasa et Hasegawa, 1988	○	○	○	○	○			○	○		○
セスジハモンユスリカ（新称）P. (Polypedilum) fuscovittatum Kawa, Inoue et Imabayashi, 1998											
ミヤコムモンユスリカ P. (Polypedilum) kyotoense (Tokunaga, 1938)	○	○	○	○	○	○					
シマジリユスリカ P. (Polypedilum) medivittatum Tokunaga, 1964		○	○						○		○
ウスモンユスリカ P. (Polypedilum) nubeculosum (Meigen, 1818)	○	○	○					○		○	
ヤモンユスリカ P. (Polypedilum) nubifer (Skuse, 1889)	○	○	○	○	○	○					
ミナミソメワケハモンユスリカ P. (Polypedilum) okiharaki Sasa, 1990											
ホソハリハモンユスリカ（新称）P. (Polypedilum) paraviacumen Kawai et Sasa, 1985		○	○	○	○	○					
ソメワケハモンユスリカ P. (Polypedilum) pedestre (Meigen, 1860)		○	○	○	○						○
タカオハモンユスリカ（新称）P. (Polypedilum) takaoense Sasa, 1980		○	○	○	○						○
イツホシハモンユスリカ（改称）P. (Polypedilum) tamagohanum Sasa, 1983		○	○	○							
ニセソメワケハモンユスリカ（新称）P. (Polypedilum) tamaharaki Sasa, 1983		○	○	○	○						○
ホソヒゲハモンユスリカ（新称）P. (Polypedilum) tamahosohige Sasa, 1983		○	○	○	○						
クロハモンユスリカ P. (Polypedilum) tamanigrum Sasa, 1983	○	○	○	○							○
ツクバハモンユスリカ P. (Polypedilum) tsukubaense (Sasa, 1979)	○		○	○	○						
ミツオハモンユスリカ亜属（新称）Tripodura											
フタオビハモンユスリカ（新称）P. (Tripodura) asoprimum Sasa et Suzuki, 1991		○	○	○				○			
ヤマトハモンユスリカ P. (Tripodura) japonicum (Tokunaga, 1938)	○	○	○	○							
ハマダラハモンユスリカ P. (Tripodura) masudai (Tokunaga, 1938)		○	○	○	○						○
ミヤコユスリカ P. (Tripodura) miyakoense Hasegawa et Sasa, 1987											

311

収録種一覧

種名	採集記録										
	①	②	③	④	⑤	⑥	⑦	⑧	⑨	⑩	⑪
ニセヒロオビハモンユスリカ（新称）P. (Tripodura) tamahinoense Sasa, 1983	○	○		○	○			○			
タナネハモンユスリカ（改称）P. (Tripodura) tananense Sasa et Hasegawa, 1988					○	○					○
ヒロオビハモンユスリカ P. (Tripodura) unifascium (Tokunaga, 1938)	○	○	○	○	○	○	○	○			○
ウスイロハモンユスリカ亜属 Uresipedilum											
フトオハモンユスリカ P. (Uresipedilum) aviceps Townes, 1946	○		○	○	○	○	○				
キミドリハモンユスリカ P. (Uresipedilum) convictum (Walker, 1856)	○		○		○	○			○		
ウスイロハモンユスリカ P. (Uresipedilum) cultellatum Goetghebuer, 1931	○	○	○	○	○	○	○	○			
ニセキミドリハモンユスリカ P. (Uresipedilum) hiroshimaense Kawai et Sasa, 1985	○		○		○	○					
カワリフトオハモンユスリカ P. (Uresipedilum) paraviceps Niitsuma, 1992			○		○	○					
ウスグロハモンユスリカ（新称）P. (Uresipedilum) pedatum Townes, 1945	○	○	○	○	○	○			○		
スルガハモンユスリカ P. (Uresipedilum) surgense Niitsuma, 1992	○		○		○	○					
ヒメケバコブユスリカ属 Saetheria											
ヒメケバコブユスリカ Saetheria tylus Townes, 1945		○	○	○	○	○			○		
キザキユスリカ属 Sergentia											
キザキユスリカ Sergentia kizakiensis (Tokunaga, 1940)	○		○	○	○				○		
ハムグリユスリカ属 Stenochironomus											
ツマモンハムグリユスリカ（新称）Stenochironomus balteatus Borkent, 1984											
Stenochironomus inalameus Sasa et Suzuki, 2001											
ムモンハムグリユスリカ（新称）Stenochironomus irioijeus Sasa et Suzuki, 2000											
ムナグロハムグリユスリカ（改称）Stenochironomus membranifer Yamamoto, 1981			○	○	○	○			○		○
ハスムグリユスリカ Stenochironomus nelumbus (Tokunaga et Kuroda, 1936)											
ミヤマハムグリユスリカ（新称）Stenochironomus nubilipennis Yamamoto, 1981			○	○	○				○		○
セジロハムグリユスリカ（新称）Stenochironomus okialbus Sasa, 1990											
ウスオビハムグリユスリカ（新称）Stenochironomus panus Borkent, 1984											
フタオビユスリカ Stenochironomus satorui (Tokunaga et Kuroda, 1936)											
アシマダラユスリカ属 Stictochironomus											
アキヅキユスリカ Stictochironomus akizukii (Tokunaga, 1940)	○	○	○	○	○	○		○	○		
スカシモンユスリカ Stictochironomus multannulatus (Tokunaga, 1938)	○	○	○	○	○	○					
アシマダラユスリカ（新称）Stictochironomus pictulus (Meigen, 1830)	○				○	○					
フタスジスカシモンユスリカ（新称）Stictochironomus pulchipennis Kawai et Imabayahi, 2008											
ヒメスカシモンユスリカ（新称）Stictochironomus simantomaculatus (Sasa, Suzuki et Sakai, 1998)											
ユビグロアシマダラユスリカ Stictochironomus sticticus (Fabricius, 1781)											
Synendotendipes impar (Walker, 1856)											
Synedotendipes lepidus (Meigen, 1830)											

収録種一覧

種名	採集記録 ①	②	③	④	⑤	⑥	⑦	⑧	⑨	⑩	⑪
カイメンユスリカ属 *Xenochironomus*											
カイメンユスリカ *Xenochironomus xenolabis* (Kieffer, 1919)	○	○				○					
ヒゲユスリカ族 Tanitarsini											
ビワヒゲユスリカ属 *Biwatendipes*											
Biwatendipes biwamosaicus Sasa et Nishino, 1996											
ビワヒゲユスリカ *Biwatendipes motoharui* Tokunaga, 1965		○			○	○					
ヒガシビワヒゲユスリカ *Biwatendipes tsukubaensis* Sasa et Ueno, 1993											
エダゲヒゲユスリカ属 *Cladotanytarsus*											
セグロエダゲヒゲユスリカ（新称）*Cladotanytarsus atridorsum* Kieffer, 1924											
ムナグロエダゲヒゲユスリカ *Cladotanytarsus vanderwulpi* (Edwards, 1929)			○	○	○	○	○	○	○	○	
ナガスネユスリカ属 *Micropsectra*											
フタコブナガスネユスリカ（新称）*Micropsectra fossarum* (Tokunaga, 1938)					○		○	○		○	
クロナガスネユスリカ（新称）*Micropsectra junci* (Meigen, 1818)											
オオナガスネユスリカ *Micropsectra yunoprima* Sasa, 1984	○		○	○	○						
フトオヒゲユスリカ属 *Neozavrelia*											
フトオヒゲユスリカ *Neozavrelia bicoliocula* (Tokunaga, 1938)		○	○	○					○		
ニセヒゲユスリカ属 *Paratanytarsus*											
チカニセヒゲユスリカ *Paratanytarsus grimmii* (Schneider, 1885)					○	○		○			
ヌマニセヒゲユスリカ（新称）*Paratanytarsus stagnarius* (Tokunaga, 1938)					○	○	○				
オヨギユスリカ属 *Pontomyia*											
サモアオヨギユスリカ *Pontomyia natans* Edwards, 1926											
セトオヨギユスリカ *Pontomyia pacifica* Tokunaga, 1932							○		○	○	○
ナガレユスリカ属 *Rheotanytarsus*											
イリエナガレユスリカ *Rheotanytarsus aestuarius* (Tokunaga, 1938)		○	○	○	○	○	○				○
キョウトナガレユスリカ *Rheotanytarsus kyotoensis* (Tokunaga, 1938)	○	○	○	○				○	○		
カクスナガレユスリカ *Rheotanytarsus pentapoda* (Kieffer, 1909)											○
ケミゾユスリカ属 *Stempellinella*											
カンムリケミゾユスリカ *Stempellinella coronata* Inoue, Kawai et Imabayashi, 2004							○	○			
ヒメカンムリケミゾユスリカ（新称）*Stempellinella edwardsi* Spies et Sæther, 2004											
タマケミゾユスリカ（新称）*Stempellinella tamaseptima* Sasa, 1980						○	○	○	○		
ヒゲユスリカ属 *Tanytarsus*											
ヒロオヒゲユスリカ（新称）*Tanytarsus angulatus* Kawai, 1991											
ニッポンムレヒゲユスリカ （新称）*Tanytarsus bathophilus* Kieffer, 1911	○			○	○	○					
エグリヒゲユスリカ（新称）*Tanytarsus excavatus* Edwards, 1929											
ミナミヒゲユスリカ（新称）*Tanytarsus formosanus* Kieffer, 1912					○	○		○		○	○
コニシヒゲユスリカ（新称）*Tanytarsus konishii* Sasa et Kawai, 1985	○	○	○	○							
ヒメナガレヒゲユスリカ *Tanytarsus oscillans* Johannsenn, 1932											
オオヤマヒゲユスリカ *Tanytarsus oyamai* Sasa, 1979		○	○	○	○	○	○				○
オナガヒゲユスリカ（新称）*Tanytarsus takahasii* Kawai et Sasa, 1985		○	○	○	○						
ウナギイケヒゲユスリカ *Tanytarsus unagiseptimus* Sasa, 1985			○	○	○	○		○			

ユスリカ科の形態に関する用語

用語	英語	略称	部位	図1枝番	備考
成虫					
亜前縁脈	subcosta	Sc	翅	1	
陰茎刺	virga	Vi	交尾器	20	
横断腹板片	transverse sternapodeme	TSa	交尾器	17, 18, 20	
額前突起	frontal tubercle	FT	頭部	4	
額前毛	fontals		頭部	4	
下底節突起	inferior volsella	IVo	交尾器	17, 20	
眼間毛	orbitals	Or	頭部	4	
偽刺	pseudospur	Ps	脚	11	
基節	coxa		脚	8, 9	
基側甲	coxapodeme	Ca	交尾器	17-20	
脚比	leg ratio	LR	脚	8, 9	
脛節	tibia	ti	脚	8, 9	
脛節（端）刺	tibial spur	TS	脚	7	
脛節櫛	tibial comb	TC	脚	7	
脛節鱗片	tibial scale		脚	7	
径中横脈	radius to media crossvein	RM	翅	1	
径脈	radaius	R	翅	1	$R_1 \sim R_{4+5}$
径脈比	radial ratio		翅	1	
径脈分岐	radial fork	FR	翅	1	
肩孔	humeral pit	HP	胸部	14	
肩毛	humerals	H	胸部	14, 15	
後眼毛	postorbitals	Po	頭部	5	
後上側板 II	posterior anepisternum II	PA II			
梗節	pedicel	Pc	触覚	3	
後背板	postnotum	Pn	胸部		
後背板毛	postnotals	Pns	胸部	15	
剛毛状感覚器	sensilla chaetica	SCh	脚	10	
弧脈	arculus	Ar	翅	1	

314

ユスリカ科の形態に関する用語

用語	英語	略称	部位	図1	備考
棍棒状感覚器	sensilla clavata	SCl			
翅室	wing cell	r, m, cu, an	翅	1	翅脈で囲まれた翅膜部分。r_1, m_{1+2} 等と表記
下顎鬚	maxillary palp		頭部	4	
翅膜	wing membrane		翅	1	
翅脈	wing vein		翅	1	
楯板	scutum	Scu	胸部	14, 15	
楯板突起	scutal tubercle	ScuT	胸部	15	
小楯板	scutellum	Sct	胸部	14, 15	
小楯板毛	scutellars	Scts	胸部	15	
鐘状感覚器	sensilla campaniformia	SCf			
上側板 II	anepisternum II	A II			
上底節突起	superior volsella	SVo	交尾器	16-18	
条紋（楯状條紋）	scutal vittae		胸部	*	楯板の縦中央部とその両側にある暗色部分
褥盤	pulvillus		脚	13	
触角比	antennal ratio	AR	触覚	3	
生殖片 VIII	gonapophysis VIII	Gp VIII			
前縁脈	costa	C	翅	1	
前翅背毛	prealars	Pa	胸部	14, 15	
前上側板 II	anterior anepisternum II	AA II			
前前胸背板	antepronotum	Ap	胸部	14, 15	
前前胸背毛	antepronotals	Aps	胸部	14, 15	
前前側板	preepisternum	Pe	胸部	14	
前前側板毛	preepisternals	Pes	胸部	14	
爪間盤	empodium		脚	13	
側条紋	lateral vittae				
側前前胸背毛	lateral antepronotals		胸部	15	
側方腹板片	lateral sternapodeme	LSa	交尾器	17, 18, 20	
用語	英語	略称	部位	図1	備考
第1翅基鱗片	sqauma	Sq	翅	1	
腿節	femur	fe	脚	8, 9	
第2翅基鱗片	alula	Al	翅	1	

＊：p. 159～170 ユスリカ属の解説を参照

端刺（たんし）	megaseta (of gonostylus)		交尾器	19, 20	
中央溝（ちゅうおうこう）	central groove				
中央室（ちゅうおうしつ）	discal cell				
中刺毛（ちゅうしもう）	acrostichals	Ac	胸部	14, 15	
中上側板 II（ちゅうじょうそくばん）	median anepisternum II	MA II			
中条紋（ちゅうじょうもん）	median vittae				
中肘横脈（ちゅうちゅうおうみゃく）	crossvein between media and cubitus	MCu	翅	1	
中底節突起（ちゅうていせつとっき）	median volsella	MVo	交尾器	17	
中脈（ちゅうみゃく）	media	M	翅	1	$M_{1+2} \sim M_{3+4}$
肘脈（ちゅうみゃく）	cubitus	Cu	翅	1	
第1肘脈（だいちゅうみゃく）	cubitus I	Cu_1	翅	1	
肘脈比（ちゅうみゃくひ）	cubital ratio	CuR	翅	1	
肘脈分岐（ちゅうみゃくぶんき）	cubital fork	FCu	翅	1	
頂毛（ちょうもう）	apical seta (antennal)	ApS			
底節（ていせつ）	gonocoxite VIII	Gc	交尾器	16-20	
底節突起（ていせつとっき）	volsella		交尾器	16-20	上，中，下に分けられる
転節（てんせつ）	trochanter		脚	8, 9	
臀片（でんぺん）	anal lobe (of wing)	AnL	翅	1	
臀脈（でんみゃく）	anal vein	An	翅	1	
頭蓋毛（とうがいもう）	coronal seta		頭部	4	
頭楯（とうじゅん）	clypeus		頭部	4	
頭楯毛（とうじゅんもう）	clypeals	S_3	頭部	4	
頭頂毛（とうちょうもう）	verticals		頭部	4	
頭毛（とうもう）	temporals		頭部		
内頭頂毛（ないとうちょうもう）	inner verticals	IV	頭部	5	
把握器（はあくき）	gonostylus	Gs	交尾器	16-20	
背前前胸背毛（はいぜんぜんきょうはいもう）	dorsal anepronotals		胸部	15	
背中刺毛（はいちゅうしもう）	dorsocentrals	Dc	胸部	14, 15	
背板（はいばん）	tergite	T			
（把握器の）背稜（はあくきの　はいりょう）	crista dorsalis	CD	交尾器	20	
ヒール（比）（ひ）	heel（ratio）		交尾器	19*	

＊：p. 69　図 30 を参照

ユスリカ科の形態に関する用語

<ruby>尾針<rt>びしん</rt></ruby>	anal point	AnP	交尾器	16-18, 20	
<ruby>尾針稜<rt>びしんりょう</rt></ruby>	anal crest, anal point crest		交尾器	17	
<ruby>尾背板バンド<rt>びはいばん</rt></ruby>	anal tergite band	ATB			
<ruby>腹節背板<rt>ふくせつはいばん</rt></ruby>	abdominal tergite		腹部	16, 21	I〜IX
<ruby>跗節<rt>ふせつ</rt></ruby>	tarsomere	ta	脚	8, 9	ta_1〜ta_5
<ruby>平均棍<rt>へいきんこん</rt></ruby>	halter		胸部	14	
<ruby>柄節<rt>へいせつ</rt></ruby>	scape	Scp	触角	3	
<ruby>鞭節<rt>べんせつ</rt></ruby>	flagellomere		触角	3	
<ruby>膜状骨<rt>まくじょうこつ</rt></ruby>	tentorium		頭部	4	
<ruby>膜状片<rt>まくじょうへん</rt></ruby>	aedeagal lobe	AL	交尾器	20	
<ruby>指状突起<rt>しじょうとっき</rt></ruby>	digitus	Di	交尾器	17	
<ruby>葉片甲<rt>ようへんこう</rt></ruby>	phallapodeme	Pha	交尾器	17-20	
<ruby>腕脈<rt>わんみゃく</rt></ruby>	brachiolum	B			
幼虫					
<ruby>亜基節毛<rt>あきせつもう</rt></ruby>	seta submenti	SSm	口器	27, 28	
(<ruby>尾剛毛台の<rt>びごうもうだい</rt></ruby>) <ruby>亜端毛<rt>あたんもう</rt></ruby>	subapical seta (of procercus)		尾端部	25	
(<ruby>大顎の<rt>おおあご</rt></ruby>) V <ruby>毛<rt>もう</rt></ruby>	ventral seta	V	口器	46	V_1〜V_3
(<ruby>小顎鬚の<rt>こあごひげ</rt></ruby>) a <ruby>毛<rt>もう</rt></ruby>	a-seta		口器	47	
M <ruby>付属器<rt>ふぞくき</rt></ruby>	M appendage	MApp	口器	27, 28, 41	
<ruby>大顎<rt>おおあご</rt></ruby>	mandible		口器	27, 28, 45, 46	
<ruby>大顎櫛列<rt>おおあごくしれつ</rt></ruby>	pecten mandibularis	PMa	口器	45	
<ruby>大顎内毛<rt>おおあごないもう</rt></ruby>	seta interna	Si	口器	45	
<ruby>大顎指状突起<rt>おおあごしじょうとっき</rt></ruby>	seta subdentalis	SSd	口器	45	
<ruby>下咽頭<rt>かいんとう</rt></ruby>	hypopharynx	H	口器	27, 28	下咽頭櫛歯付近
<ruby>下咽頭櫛歯<rt>かいんとうせっし</rt></ruby>	pecten hypopharyngis	PH	口器	27, 44	
<ruby>額頭楯板<rt>がくとうじゅんばん</rt></ruby>	frontoclypeal apotome	FCA	頭部		
<ruby>下唇亜基節<rt>かしんあきせつ</rt></ruby>	submentum	Sm	口器	27, 28	
<ruby>下唇板<rt>かしんばん</rt></ruby>	mentum	M	口器	31, 32, 41, 42	
<ruby>下唇胞<rt>かしんほう</rt></ruby>	labial vesicle		口器	41, 42	M 付属器の左右にある袋状の部分
<ruby>環状器官<rt>かんじょうきかん</rt></ruby>	ring organ	RO	触角 小顎鬚	36, 48, 49	

眼点(がんてん)	eye spot		頭部	26	
擬脚(ぎきゃく)	pseudopod			22, 23	
基歯(きし)	basal tooth		口器	46	
偽歯舌(ぎしぜつ)	pseudoradula	Pr	口器	41, 42	
基毛列(きもうれつ)	chaetulae basales	ChB	口器	29	
(舌板の)筋付着部(ぜっぱんのきんふちゃくぶ)	muscle attachment (of ligula)		口器	44	
血鰓(けっさい)	ventral tubules (=blood gills)	TV	尾端部	22, 23	
小顎(こあご)	maxilla		口器	27, 28, 47	
小顎鬚(こあごひげ)	maxillary palp	MP	口器	27, 28, 47	
口蓋(こうがい)	palatum		口器	29	
口蓋部基片(こうがいぶきへん)	basal sclerite	BS	口器	29	
後擬脚(こうぎきゃく)	posterior pseudopod	PP	尾端部	22, 23	
肛門鰓(こうもんさい)	anal tubules (=anal gills)	TA	尾端部	22, 23	
上咽頭櫛歯(じょういんとうしっし)	pecten epipharyngis	PE	口器	29	
上唇(じょうしん)	labrum		口器	27	
上唇側基節(じょうしんそくきせつ)	tormal bar	TB	口器	30	
上唇薄片(上唇節片)(じょうしんはくへん)(じょうしんせっぺん)	labral lamella	LL	口器	29, 30	
上唇毛(じょうしんもう)	labral setae		口器	27	
触角針状突起(しょっかくしんじょうとっき)	style	St	口器		
触角台(しょっかくだい)	pedestal		触角	36	
触角比(しょっかくひ)	antennal raito	AR	触角	36	
針状突起(しんじょうとっき)	peg sensillum	PS	触覚	36	
舌板(ぜっぱん)	ligula	Li	口器	27, 44	
前下唇基節(ぜんかしんきせつ)	prementum	Prm	口器	51	
前擬脚(ぜんぎきゃく)	anterior pseudopod	AP	腹部	22	
前上唇毛(ぜんじょうしんもう)	setae anteriores	S I-IVB	口器	29	
前頭片(ぜんとうへん)	frontal apotome	FA	頭部	26	
前頭片毛(ぜんとうへんもう)	frontal seta		頭部	26	$S_{4,5}$
側鰓(そくさい)	lateral tubules (=lateral gills)	TLt	尾端部	22, 23	
側舌(そくぜつ)	paraligula	Pl	口器	44	
側毛列(そくもうれつ)	chaetulae laterales	ChL	口器	29	

ユスリカ科の形態に関する用語

用語	English	略号	部位	図	備考
体側毛（遊泳毛）（たいそくもう・ゆうえいもう）	lateral setae			24	
頭殻後縁（とうかくこうえん）	postoccipital margin		頭部	26	
頭殻比（とうかくひ）	index capitis		頭部		頭殻の幅／長さ
頭楯（とうじゅん）	clypeus	Cl	頭部	26	
頭楯毛（とうじゅんもう）	clypeal seta	S3	頭部		
背下唇板（はいかしんばん）	dorsomentum (=mentum)		口器	27, 28, 31, 32	
背節片（はいせつへん）	dorsal sclerite				
（小顎鬚の）b毛（こあごひげの・もう）	b seta		口器	47, 48	
尾剛毛（びごうもう）	anal seta	AS	尾端部	22, 23, 25	
尾剛毛台（びごうもうだい）	procercus	Pc	尾端部	22, 23, 25	
微小感覚器（びしょうかんかくき）	sensillum minisculum	SMM	口器	45, 46	
腹下唇（側）板（ふくかしん（そく）ばん）	ventromental plate	VmP	口器	28, 32	
腹下唇板（ふくかしんばん）	ventromentum	Vm	口器	28, 32	
腹下唇板毛（ふくかしんばんもう）	caridinal beard	CB	口器	28, 33	
付属歯（列）（ふぞくし（れつ））	accessory tooth				
付属葉状片（ふぞくようじょうへん）	accessory blade	Abl	触角	36	
前大顎（まえおおあご）	premandible	Pm	口器	28, 29, 35	
前大顎ブラシ（まえおおあご）	premandible brush		口器	29	
前大顎毛（まえおおあごもう）	seta premandibularis	SP	口器		
葉状片（ようじょうへん）	blade	Bl	触角	36	
ローターボーン器官（きかん）	Lauterborn organ	LO	触角	36	触角第2節の先端にある，くさび状や指状の複合器官
蛹					
気室（きしつ）	respiratory atrium	RA	呼吸角	図9: 65-67	胸角の内部にある部屋
呼吸角（こきゅうかく）	thoracic horn	TH	呼吸角	図9: 65-67	蛹の呼吸器官で，属や種により形態は異なる
コロナ	corona		呼吸角	図9: 65-67	プラストロン板を囲むリング状の部分
プラストロン板（ばん）	plastron plate	PP	呼吸角	図9: 65-67	胸角の先端部にある円盤状の部分

参考文献

第1章

Coffman, W. P. and Ferrington, Jr., C. 1996. Chironomidae. *In*: An Introduction to the Aquatic Insects of North America (eds. R. W. Merrritt and K. W. Cummins), p. 635-754.. Kendall / Hunt Publishing Company, USA.

Cranston, P. S. 1995. Introduction. *In:* The Chironomidae: Biology and Ecology of Non-biting Midges (eds. P. D. Armitage, P. S. Cranston and L. C. V. Pinder), p. 1-7. Chapman & Hall, London.

Cranston, P. S., M. O. Gad el Rab, and A. B. Kay. 1981. Chironomid midges as a cause of allergy in the Sudan. *Trans. R. Soc. Trop. Med. Hyg.* **75**(1): 1-4.

Cranston, P. S., P. D. Cooper, R. A. Hardwick, C. L. Humphrey and P. L. Dostine. 1997. Tropical and streams – the chironomid (Diptera) response in northern Australia. *Freshwat. Biol.* (applied issues) **37**: 473-483.

Downes, J.A. 1974. The Feeding Habits of Adult Chironomidae. *Entomologisk Tidskrift Suppl.* **95**: 84-90.

Hinton, H. E. 1960. A Fly larva that tolerates Dehydration and Temperatures of -270° to +102 °C. *Nature* **188**: 336-337.

Kawai, K., E. Inoue and H. Imabayashi. 1999. Differences in occurrence patterns in relation to three environmental factors among the lotic chironomid species of a genus *Polypedilum*. *Med. Entomol. Zool.* **50**(3): 233-242.

小林 貞. 2009. 日本産ユスリカ-分類の課題，そして環境変化とファウナ. 昆虫と自然 **44** (14): 18-22.

幸島司郎. 1984. 氷河に生きる昆虫を求めて. インセクタリゥム **21**: 348-357.

Okuda, T. 2004. Cryptobiosis: Extreme desiccation tolerance in the sleeping Chironomid, *Polypedilum vanderplanki*. *Zool. Sci.* **21**: 1217-1218.

Sæther, O. A. 1979. Chironomid communities as water quality indicators. *Holarct. Ecol.* **2**: 65-74.

Sæther, O. A. 1980. Glossary of chironomid morphology terminology (Diptera: Chironomidae). *Entomologica scandinavica Supplement* **14**: 51 pp.

Sæther, O. A. and E. Willassen. 1987. Four new species of *Diamesa* Meigen, 1835 (Diptera: Chironomidae) from the glaciers of Nepal. *Ent. Scand. Suppl.* **29**: 189-203.

佐々 学 1986. 新しいアレルゲン-ユスリカ. 感染・炎症・免疫 **16**(3): 176-177.

Yoshimura, S. 1933. Kata-numa, a very strong acid-water lake on volcano Katanuma, Miyagi prefecture, Japan. *Arch. Hydrobiol.* **26**: 197-202.

参考文献

第2章

Cranston, P. S. 1983. The larvae of Telmatogetoninae (Diptera: Chironomidae) of the Holarctic region – Key and diagnoses. *In*: Chironomidae of the Holarctic region, Key and diagnoses. Part 1. Laevae (ed. Wiederholm, T.) . *Ent. scand. Suppl.* **19**: 17-22.

Cranston, P. S. 1989. The adult males of Chironomidae (Diptera) of the Holarctic region – Key and diagnoses. *In*: Chironomidae of the Holarctic region, Key and diagnoses (ed. Wiederholm, T.). *Ent. scand. Suppl.* **34**: 17-22.

Edwards, F. W. 1929. British Non-biting *Midges* (Diptera, Chironomidae). *Trans. R. Ent. Soc. Lond.* **77**: 279-430.

Edwards, F. W. 1933. Oxford University Expedition to Hudson's Strait, 1931: Diptera, Nematocera. With notes on some other species of the genus *Diamesa*. *Ann. Mag. nat. Hist. Ser.* (10) **12**: 611-620.

Edwards, F. W. and Thienemann, A. 1938. Neuer Beitrag zur Kenntnis der *Podonominae* (Dipt. Chironomidae). Chironomiden aus Lappland IV. *Zoologischer Anzeiger* **122**: 152-158.

Endo, K. 1999. A taxonomic study of the subfamily Diamesinae (Diptera, Chironomidae) in Hokkaido, Japan. Thesis of master course of Environmental Entomology, Obihiro University of Agriculture and Veterinary Medicine, 67 pp.

遠藤和雄. 2002. 日本産 *Boreoheptagyia* 属の分類. *YUSURIKA* **23**: 12.

Endo, K. 2004. Genus *Pagastia* Oliver (Diptera: Chironomidae) from Japanm with description of a new species. *Ent. Sci.* **7**(3): 277-289.

遠藤和雄. 2005. *Sasayusurika* 属 (ヤマユスリカ亜科) について. *YUSURIKA* **29**: 5.

Endo, K. 2007. Taxonomic notes on the genus *Syndiamesa* Kieffer (Diptera, Chironomidae) from Japan, with description of a new species. *Ent. Sci.* **10**(3): 291-299.

Endo, K., Makarchenko, E. A. and Willassen, E. 2007. On the systematics of *Linevischia* Makarchenko, 1987 (Diptera: Chironomidae, Diamesinae), with the description of *L. yezoensis* Endo, new species. *In:* (ed. T. Andersen) Contributions to the Systematics and Ecology of Aquatic Diptera - A Tribute to Ole A. Saether, The Caddis Press, Columbus: 69-72.

Epler, J. H. 2001. Identification Manual for Larval Chironomidae (Diptera) of North and South Carolina. North Carolina Department of Environment and Natural Resources, Releigh, NC, and St. Johns River Water Management District, Palatka, FL, 526 pp.

Fittkau, E. J. 1957. *Thienemannemyia* und *Conchapelopia*, zwei neue Gattungen innerhalb der Ablabesmyia-Costalis-Gruppe (Diptera, Chironomidae), Chironomidenstudies VII. *Arch. Hydrobiol.* **53**(3): 313-322.

Fittkau, E. J. 1962. Die *Tanypodinae* (Diptera, Chironomidae). Die Tribus Anatopyniini, Macropelopiini und Pentaneurini. *Abhandlung zur Larvalsystematik der Insekten* **6**:

1-453.
Goetghebuer, M. 1922. Nouveaux Materiaux pour l'Etude de la Faune des Chironomides de Belgique. *Annales de Biologie Lacustre* **11**: 38-62.
Goetghebuer, M. 1933. Une espece brachyptere de *Diamesine* (Diptere, Chironomide). *Bullutin & Annles de la Societe Royale d' Entomologique de Bergique* **73**: 54-56.
Hinton, H. E. 1960. A fly larvae that tolerates dehydration and temperature of -270 ℃ to +102 °C. *Nature* **188**: 336-337.
Johannsen, O. A. 1921. The genus *Diamesa* Meigen (Diptera, Chironomidae). *Entomological News* **32**: 229-232.
Kawai, K. 1991. Seven new chironomid species (Diptera, Chironomidae) from Japan. *Jpn. J. Limnol.*, **52**: 161-171.
Kawai, K. and Imabayashi, H. 2008. A new species of genus *Stictochironomujs* (Dipterta: Chironomidae),l collected in the Oze river basin, Hiroshima, Japan. *Limnology* **9**: 101-103.
Kawai, K. and Sasa, M. 1985. Seven new species of chironomid midges (Diptera, Chironomidae) from the Ohta River, Japan. *Jpn. J. Limnol.*, 46: 15-24.
Kieffer, J. J. 1911. Description d'un chironomide d'Amérique dormat un genre nouveau. *Bulletin de la Societe d'Histoire Naturelle de Metz* **27**: 103-105.
Kieffer, J. J. 1912. Quelques nouveaux Tendipedides (Dipt.) obtenus déclosion. *Bulletin de la Societe entomologique de France* **17**: 101-103.
Kieffer, J. J. 1918. Beschreibung neuer, auf Lazarettschiffen des oestichen Kriegsschauplatzes und bei Ignalino in Litauen von Dr. W. Horn gesammelter Chironomiden, mit Uebersichtstabellen einiger Gruppen von palaearktischen Arten (Dipt.). *Entomologische Mitteilungen* **7**: 94-110.
Kieffer, J. J. 1919. Chironomides d'Europe conservés au Musée National Hongrois de Budapest. *Annales Historico-Naturales Musei Nationalis Hungarici* **17**: 1-160.
Kieffer, J. J. 1922. Nouveaux Chironomides a larves aquatiques. *Annales de la Societe scientifique de Bruxelles* **41**: 356-367.
Kikuchi, M. and Sasa, M. 1994. Studies on the chironomid midges collected in Toyama and other areas of Japan, 1994. Part 5. The chironomid species collected from fountain waters in Akagi and Kannami. *Toyama pref. environ. Sci. Res. Cent.* 1994: 112-124.
北川禮澄. 1999. ユスリカ幼虫の分類　Private publication. 212pp.
北川禮澄. 2000. ユスリカの幼虫の分類 (2) 淡水生物 **79**: 161 pp.
北川禮澄. 2001. ユスリカの幼虫の分類 (3) 淡水生物 **81**: 180 pp.
北川禮澄. 2002. ユスリカの幼虫の分類 (4) 淡水生物 **87** 147pp.
北川禮澄. 2003. ユスリカの幼虫の分類 (5) 淡水生物 **88** 155pp.
北川禮澄. 2004. ユスリカの幼虫の分類 (6) 淡水生物 **89**: 1-124.
北川禮澄. 2005. ユスリカの幼虫の分類 (7) 淡水生物 **90**: 116pp. +figs.
Kobayashi, T. 1993. *Eurycnemus* sp. (Diptera, Chironomidae) ectoparasitic on pupae

of *Goera japonica* (Trichoptera), newly recorded in Japan. *Jpn. J. Sanit. Zool.* **44**: 401-404.

Kobayashi, T. 1994. Synonymic notes on a genus and a species of the *Orthocladiinae* (Diptera, Chironomidae) from Japan. *Jpn. J. Ent.* **62**: 745-746.

Kobayashi, T. 1995. Genus *Xylotopus* (Diptera, Chironomidae) from Amami Islands, southern Japan. *Jpn. J. Ent.* **63**: 746.

Kobayashi, T. 1998. *Eurycnemus nozakii* sp. nov. (Diptera: Chironomidae), the second named *Eurycnemus* species. *Ent. Sci.* **1**: 109-114.

Kobayashi, T. 2005. Taxonomic studies of some species of *Chironomidae* (Diptera) as indicators of water quality in Japan and its vicinity. PhD Thesis, Hokkaido University 102 pp. +24 tables and 40 figures.

Kobayashi, T. and Endo, K. 2008. Synonymic notes on some species of *Chironomidae* (Diptera) described by Dr. M. Sasa (+). *Zootaxa* **1712**:49-64.

Kobayashi, T. and Niitsuma, H. 1998. *Natarsia tokunagai* (Fittkau, 1962) comb. nov. (Diptera, Chironomidae). *Med. Entomol. Zool.* **49**: 133-134.

Kobayashi, T. and Kubota, K. 2002. A revision of male adult *Ablabesmyia* (Diptera, Chironomidae, Tanypodinae) from Japan, with a description on *A. prorasha* sp.nov. and a key to adult male species of the genus. *Ruffles Bulletin of Zoology* **50**(2): 317-326.

Kobayashi, T. and Kuraniashi, R. 1999. The second species in the subfamily Podonominae recorded from Japan, *Paraboreochus okinawanus*, new species (Diptera: Chironomidae). *Ruffles Bulletin of Zoology* **47**(2): 601-606.

Kobayashi, T. and Suzuki, H. 2000. New Podonominae from Japan, *Boreochlus longicoxalsetosus* sp.n. (Diptera: Chironomidae) with a key to species of the genus. *Aquatic Insects* **22**(4): 319-324.

近藤繁生・平林公男・岩熊敏夫・上野隆平（共編）．2001．ユスリカの世界．培風館，東京．306pp.

Langton, P. H. & L.C. V. Pinder. 2007. Keys to the adult male Chironomidae of Britaiin and Ireland. Vol. 1. Freshwater Biological Association Scientific Publication No. 64: 239 pp

Langton, P. H. & L. C. V. Pinder. 2007. Keys to the adult male Chironomidae of Britaiin and Ireland. Vol. 2. Freshwater Biological Association Scientific Publication No. 64: 168 pp

Makarchenko, E. A. 1980. Two new species of *Parapotthastia* (Diptera, Chironomidae) from the South of the Societe Far East. *Zoologochesky zhurnal* **59**: 466-470.

Makarchenko, E. A. 1982. Tow diagnostic of larvae of *Pseudodiamesa nivosa* (Goetgh.) and *Pseudodiamesa branickii* (Now.) (Diptera, Chironomidae). Biology of freshwater animals of the Far East. Vladivostok: DVNC AN SSSR 145-150.

Makarchenko, E. A. 1993. Chironomids of the subfamily Diamesinae (Diptera, Chironomidae) from Japan. I. *Sasayusurika aenigmata* gen. et sp. nov. *Bulletin of the National Science Museum, Tokyo, Series A* **19**(3): 117-122.

Makarhcenko, E. A. 1994. Chironomids of the Subfamily Diamesinae (Diptera,

Chironomidae) from Japan. II. *Sympotthastia* Pagast, 1947. *Bulletin of the National Science Museum, Tokyo, Series A. Zoology* **20**(1): 51-58.

Makarchenko, E. A. 1994. Chironomids of the subfamily Diamesinae (Diptera, Chironomidae) from Japan. III. Boreoheptagyia unica sp. nov. *Bulletin of the National Science Museum, Tokyo, Series A.* Zoology, 20(2): 87-90.

Makarchenko, E. A. 2006. 34. Chironomidae. *In:* Key to the insects of Russian Far East. Vol. VI. Diptera and Siphonaptera, Pt. 4. and p. 204-734. Vladivostok. Dal'nauka.

Makarchenko, E. A., Endo, K., Wu, J. and Wang, X. 2008. A review of *Boreoheptagyia* Brundin 1966 (Chironomidae: Diptera) from East Asia and bordering territories, with description of five new species. *Zootaxa* **1817**: 1-17.

Niitsuma, H. 1985. A new species of the genus *Nilothauma* (Diptera, Chironomidae) from Japan. *Kontyu* **53**: 229-232.

Niitsuma, H. 1990. *Paracricotopus* (Diptera, Chironomidae) from Japan, with description of a new species. *Jpn. J. Ent.* **58**: 95-107.

Niitsuma, H. 1991a. *Nanocladius* (Diptera, Chironomidae) from Japan, with description of a new species. *Jpn. J. Ent.* **59**: 343-355.

Niitsuma, H. 1991b. A new genus and speceis of the primitive Orthocladiinae (Diptera, Chironomidae) from Japan. *Jpn. J. Ent.* **59**: 707-716.

Niitsuma, H. 1992a. The *Polypedilum convictum* species group (Diptera, Chironomidae) from Japan, with descriptions of two new species. *Jpn. J. Ent.* **60**: 693-706.

Niitsuma, H. 1992b. Two new species of the genus *Polypedilum* (Diptera, Chironomidae) from Japan. *Proc. Japan. Soc. Syst. Zool.* (48): 48-53.

Niitsuma, H. 1995. Three new species of the genus *Dicrotendipes* (Diptera, Chironomidae) from Japan. *Jpn. J. Ent.* **63**: 433-449.

Niitsuma, H. 1997. The first record of *Compteromesa* Sæther (Diptera, Chironomidae) from the Palaearctic region, with description of a new species. *Jpn. J. Ent.* **65**: 612-620.

Niitsuma, H. 2001a. The immature and adult stages of *Tanypus formosanus* (Kieffer) (Diptera: Chironomidae). *Species Diversity* **6**: 65-72.

Niitsuma, H. 2001b. A new species of the newly recorded genus *Larsia* (Insecta: Diptera: Chironomidae) from Japan. *Species Diversity* **6**: 355-362.

Niitsuma, H. 2003. First record of *Brundiniella* (Insecta: Diptera: Chironomidae) from the Palaearctic Region, with the description of a new species. *Species Diversity* **8**: 293-300.

Niitsuma, H. 2004a. Description of *Apsectrotanypus yoshimurai* (Diptera, Chironomidae), with rererence to the immature forms. *Jpn. J. syst. Ent.* **10**: 215-222.

Niitsuma, H. 2004b. First recod of *Fittkaumyia* (Insecta: Diptera: Chironomidae) from the Palaearctic Region, with the description of a new species. *Species Diversity* **9**: 367-374.

新妻廣美. 2005. モンユスリカ亜科, ケブカユスリカ亜科, イソユスリカ亜科, オオヤマユ

参考文献

スリカ亜科, ヤマユスリカ亜科. 日本産水生昆虫-科, 属, 種への検索 (川合禎次・谷田一三 共編), p. 1044-1069. 東海大学出版会, 東京.

Niitsuma, H. 2006. Taxonomy and distribution of *Alotanypus kuroberobustus* comb. nob.. (Insecta: Diptera: Chironomidae) from the Palaearctic Region. *Species Diversity* **10**: 135-144.

Niitsuma, H. 2007. *Rheopelopia* and two new genera of Tanypodinae (Diptera, Chironomidae) from Japan. *Jpn. J. syst. Ent.* **13**(1): 99-116.

Niitsuma, H. and Makarchenko, E. A. 1997. The first record of *Compteromesa* Saether (Diptera, Chironomidae) from the Palaearctic Region, with description of a new species. *Jpn. J. Ent.* **65**: 612-620.

Nowicki, M. 1873. Beiträge zur Kenntnis der Dipterenfauna Galiziens. 35pp. Krakau.

Oliver, D. R. 1959. Some *Diamesini* (Chironomidae) from the Nearctic and Palaearctic. *Entomologisk Tidskrift* **80**: 48-64.

Oliver, D. R. 1983. The larvae of Dismesinae (Diptera: Chironomidae) of the Holarctic region – Key and diagnoses. *In*: Chironomidae of the Holarctic region, Key and diagnoses. Part 1. Laevae (ed. Wiederholm, T.). *Ent. scand. Suppl.* **19**: 115-140.

Roback, S. S. 1957. The immature tendipedids of the Philadelphia Area (Diptera: Tendipedidae). *Monographs of the Academy of Natural Sciences of Philadelphia* **9**: 152 pp. +plates

Roback, S. S. 1957. Some Tendipedidae from Utah. *Proceedings of the Academy of Natural Sciences of Philadelphia* **109**: 1-24.

Sæther, O. A. 1989. Two new species of *Hydrobaenus* Fries from Massachusetts, USA, and Japan (Diptera: Chironomidae). *Ent. scand.*, **20**: 55-63.

Sæther, O. A. 1990. A revision of the genus Limnophyes Eaton from the Holarctic and Afrotropical regions (Diptera: Chironomidae, Orthocladiinae). *Ent. Scand.* Suppl. **35**: 1-139.

Sæther, O. A. and Wang, X. 1996. Revision of the orthoclad genus *Propsilocerus* Kieffer (= *Tokunagayusurika* Sasa) (Diptera: Chironomidae). *Ent. scand.* **27**: 441-479.

Sasa, M. 1979. A morphological study of adults and immature stages of 20 Japanese species of the family Chironomidae (Diptera). *Res. Rept. nat. Inst. environ. Stud.* **7**: 1-148.

Sasa, M. 1981a. Studies on chironomid midges of the Tama River. Part 3. Species of the subfamily Orthocladiinae recorded at the summer survey and their distribution to the pollution with sewage waters. *Res. Rept. nat. Inst. environ. Stud.* **29**: 1-77.

Sasa, M. 1981b. Studies on chironomid midges of the Tama River. Part 4. Chironomidae recorded at a winter survey. *Res. Rept. nat. Inst. environ. Stud.* **29**: 79-148.

Sasa, M. 1983. Studies on chironomid midges of the Tama River. Part 6. Description of species of the subfamily Orthocladiinae recorded from the main stream in the June survey. *Res. Rept. nat. Inst. environ. Stud.* **43**: 69-97.

Sasa, M. 1984. Studies on chironomid midges in Lakes of the Nikko National Park. Part II.

Taxonomical and morphological studies on the chironomid species collected from lakes in the Nikko National Park. *Res. Rept. nat. Inst. environ. Stud.* **70**: 19-215.

Sasa, M. 1985a. Studies on chironomid midges of some lakes in Japan. Part I. A report on the chironomids collected in winter from the Sapporo area, Hokkaido (Diptera, Chironomidae). *Res. Rept. nat. Inst. environ. Stud.* **83**: 1-23.

Sasa, M. 1985b. Studies on chironomid midges of some lakes in Japan. Part II. Studies on the chironomids collected from lakes in southern Kyushu (Diptera, Chironomidae). *Res. Rept. nat. Inst. environ. Stud.* **83**: 25-99.

Sasa, M. 1985c. Studies on chironomid midges of some lakes in Japan. Part III. Studies on the chironomids cololected from lakes in the Mount Fuji area (Diptera, Chironomidae). *Res. Rept. nat. Inst. environ. Stud.* **83**: 101-160.

Sasa, M. 1988a. Studies on the chironomid midges of lakes in southern Hokkaido - Studies on the chironomid midges collected from lakes and streams in the southern region of Hokkaido, Japan. *Res. Rept. nat. Inst. environ. Stud.* **121**: 9-76.

Sasa, M. 1988b. Studies on the chironomid midges of lakes in southern Hokkaido - Chironomid midges collected on the shore of lakes in the coastal region of Abashiri, northern Hokkaido. *Res. Rept. nat. Inst. environ. Stud.* 121: 77-90.

佐々 学. 1988c. 富栄養化の著しい児島湖より発生するユスリカ類について. 生活と環境 **33**: 54-57.

Sasa, M. 1989a. Chironomidae of Japan: Checklist of species recorded, key to males and taxonomic notes. Part 3. Taxonomic notes on some Japanese Chironomidae. *Res. Rept. nat. Inst. environ. Stud.* **125**: 147-158.

Sasa, M. 1989b. Studies on the chironomid midges (Diptera, Chironomidae) of Shou River. *oyama pref. environ. Pollut. Res. Cent.* **1989**: 26-44, 87-95.

Sasa, M. 1989c. Chironomid midges of some rivers in western Japan. *Toyama pref. environ. Pollut. Res. Cent.* **1989**: 45-86, 96-110.

Sasa, M. 1990a. Studies on the chironomid midges (Diptera, Chironomidae) of the Nansei Islands, southern Japan. *Jpn. J. Exp. Med.* **60**: 111-165.

Sasa, M. 1990b. Studies on the chironomid midges of Jintsu River (Diptera, Chironomidae). *Toyama pref. environ. Pollut. Res. Cent.* 1990: 29-67.

Sasa, M. 1991a. Studies on the chironomids of some rivers and lakes in Japan. Part 2. Studies on the chironomids of the Lake Towads area, Aomori. *Toyama pref. environ. Pollut. Res. Cent.* 1991: 68-81, 135-141.

Sasa, M. 1991b. Studies on the chironomids of some rivers and lakes in Japan. Part 3. Studies on the chironomids of the Lake Nojiri area, Nagano. *Toyama pref. environ. Pollut. Res. Cent.* 1991: 82-88, 142-143.

Sasa, M. 1991c. Studies on the chironomids of some rivers and lakes in Japan. Part 4. Studies on the chironomids of the Unzen area, Nagasaki. *Toyama pref. environ. Pollut. Res. Cent.* 1991: 89-92, 144-145.

参考文献

Sasa, M. 1993a. Studies on the chironomid midges (yusurika) collected in Toyama and other areas of Japan. Part 4. The chironomids collected on a highland swamp of Mout Tate (Toyama). *Toyama pref. environ. Pollut. Res. Cent.* 1993: 63-68.

Sasa, M. 1993b. Studies on the chironomid midges (yusurika) collected in Toyama and other areas of Japan. Part 5. The chironomids collected from lakes in the Aizu District (Fukushima). *Toyama pref. environ. Pollut. Res. Cent.* 1993: 69-95.

Sasa, M. 1993c. Studies on the chironomid midges (yusurika) collected in Toyama and other areas of Japan. Part 6. A new species of Eukieffereiella collected from Lake Shoji (Yamanashi). *Toyama pref. environ. Pollut. Res. Cent.* 1993: 96-97.

Sasa, M. 1993d. Studies on the chironomid midges (yusurika) collected in Toyama and other areas of Japan. Part 10. Additional species of Chironomidae from Okinawa Island. *Toyama pref. environ. Pollut. Res. Cent.* 1993: 125-139.

Sasa, M. 1994. Studies on the chironomid midges collected in Toyama and other areas of Japan, 1994. Part 1. Additional information on the Chironomidae of Japan, 1994. *Toyama pref. environ. Sci. Res. Cent.* 1994: 28-67.

Sasa, M. 1996a. Seasonal distribution of the chironomid species collected with light traps. - At the side of two lakes in the Toymama City Family Park. *Toyama pref. environ. Sci. Res. Cent.* 1996 (March): 15-85.

Sasa, M. 1996b. Studies on the Chironomidae of Japan, 1996. A. Studies on the chironomids collected at the side of Kuroyon Lake and on the highlands of Mount Tate area, Toyama. *Toyama pref. environ. Sci. Res. Cent.* 1996 (December): 16-47.

Sasa, M. 1996c. Studies on the chironomid speceis emerged from bottom samples of a fountain stream at Nyuzen, Toyama. *Toyama pref. environ. Sci. Res. Cent.* 1996 (December): 48-56.

Sasa, M. 1996d. Studies on the Chironomidae of Japan, 1996. C. Studies on the chironomid species collected on the shore of Kurobe River at Unazuki, Toyama. *Toyama pref. environ. Sci. Res. Cent.* 1996 (December): 57-60.

Sasa, M. 1996e. Studies on the Chironomidae of Japan, 1996. D. Studies on the chironomids additionally collected on the shore of Jinzu River, Toyama. *Toyama pref. environ. Sci. Res. Cent.* 1996 (December): 61-84.

Sasa, M. 1996f. Studies on the Chironomidae of Japan, 1996. H. Studies on the chironomids ollected on the shore of Lake Haruna, Gunma Prefecture. *Toyama pref. environ. Sci. Res. Cent.* 1996 (December): 93-102.

Sasa, M. 1997. Studies on the Chironomidae of Japan, 1997. Part 1. Studies on the chironomids collected throughout the year in the Shofuku Garden, near the mouth of Kurobe River, Toyama. Bull. *Toyama pref. environ. Sci. Res. Cent.* 25 (3): 14-69.

Sasa, M. 1998. Chironomidae of Japan 1998 - List of species recorded, and supplemental keys for identification -. Res. Rept. Inst. environ. Welf. Stud.: 158pp.

Sasa, M. and Arakawa, R. 1994. Studies on the chironomid midges collected in Toyama and other areas of Japan, 1994. Part 3. Seasonal changes of chironomid species emerging from Lake Furudo. *Toyama pref. environ. Sci. Res. Cent.* 1994: 88-109.

Sasa, M. and Hasegawa, H. 1988. Additional records of the chironomid midgeds from the Ryukyu islands, soutern Japan (Diptera, Chironomidae). *Jpn. J. Sanit. Zool.* **39**: 229-256.

Sasa, M. and Hirabayashi, K. 1991. Studies on the chironomid midges (Diptera, Chironomidae) collected at Kamikochi and Asama-Onsen, Nagana Prefecture. *Jpn. J. Sanit. Zool.* 42:109-128.

Sasa, M. and Hirabayashi, K. 1993. Studies on the additional chironomids (Diptera, Chironomida) collected at Kamikochi and Asama-Onsen, Nagano Prefecture. *Jpn. J. Sanit. Zool.* **44**: 361-393.

Sasa, M. and Kamimura, K. 1987. Studies on the chironomid midges of lakes in the Akan National Park, Hokkaaido - Chironomid midges collected on the shore of lakes in the Akan National Park, Hokkaido. *Res. Rept. nat. Inst. environ. Stud.* **104**: 7-61.

Sasa, M. and Kawai, K. 1985. Morphological accounts on selected chironomids collected in Toyama. *Bull. Toyama Sci. Mus.* **7**: 7-22.

Sasa, M. and Kawai, K. 1987a. Studies on the chironomid midges of the stream Itachigawa, Toyama. *Bull. Toyama Sci. Mus.* **10**: 25-72.

Sasa, M. and Kawai, K. 1987b. Studies on chironomid midges of Lake Biwa (Diptera, Chironomidae). *Lake Biwa Stud. Monogr.* **3**: 119pp.

Sasa, M., Kawai, K. and Ueno, R. 1988. Studies on the chironomid midges of the Oyabe River, Toyama, Japan. *Toyama pref. environ. Pollut. Res. Cent.* 1988: 26-85.

Sasa, M. and Kikuchi, M. 1986. Studies on the chironomid midges in Tokushima. Pt. 2. Taxonomic and morphological accounts on the species collected by light traps in a rice paddy area. *Jpn. J. Sanit. Zool.* **37**: 17-39.

Sasa, M. and M. Kikuchi 1995 Chironomidae of Japan. University of Tokyo Press, 333 pp.

Sasa, M., Kitami, K. and Suzuki, H. 2000. Studies on the chironomid midges collected with light traps and by sweeping on the shore of Lake Inawashiro, Fukushima Prefecture. Part 1. Species collected during June to August, 1999. *Noguchi Hideyo Kinenkan* 2000: 1-37.

Sasa, M., Kitami, K. and Suzuki, H. 2001. Additional studies on the chironomid midged collected on the shore of Lake Inawashiro. *Noguchi Hideyo Kinenkan* 2001: 1-38.

Sasa, M. and Kondo, S. 1991. Studies on the chironomids of some rivers and lakes in Japan. Part 6. Studies on the chironomids of the middle reaches of Kiso River, Aich. *Toyama pref. environ. Pollut. Res. Cent.* 1991: 101-104.

Sasa, M. and Kondo, S. 1993. Studies on the chironomid midges (yusurika) collected in Toyama and other ares of Japan. Part 7. Additional chironomids recorded from the middle reaches of Kiso River. *Toyama pref. environ. Pollut. Res. Cent.* 1993: 98-106.

Sasa, M. and Kondo, S. 1994. Studies on the chironomid midges collected in Toyama and other areas of Japan, 1994. Part 6. Additional studies on the chironomids of the middle reaches of Kiso River. *Toyama pref. environ. Sci. Res. Cent.* 1994: 125-148.

Sasa, M. and Nishino, M. 1995. Notes on the chironomid species collected in winter on the shore of Lake Biwa. *Jpn. J. Sanit. Zool.* **46**: 1-8.

Sasa, M. and Ogata, K. 1999. Taxonomic studies on the chironomid midges (Diptera, Chironomidae) collected from the Kurobe Municipal Sewage Treatment Plant. *Med. Entomol. Zool.* **50**: 85-104.

Sasa, M. and Okazawa, T. 1991a. Studies on the chironomids of the Joganji River, Toyama (Diptera, Chironomidae). *Toyama pref. environ. Pollut. Res. Cent.* 1991: 52-67, 124, 128-134..

Sasa, M. and Okazawa, K. 1991b. Studies on the chironomids of some rivers and lakes in Japan. Part 7. Studies on the subfamily Chironominae collected in Toga-Mura, Toyama-Ken. *Toyama pref. environ. Pollut. Res. Cent.* 1991: 105-124,150-155.

Sasa, M. and Okazawa, T. 1992a. Studies on the chironomid midges (yusurika) of Kurobe River. *Toyama pref. environ. Pollut. Res. Cent.* 1992: 40-91.

Sasa, M. and Okazawa, T. 1992b. Studies on the chironomid midges (yusurika) of Toga-Mura, Toyama. Part 2. The subfamily Orthocladiinae. *Toyama pref. environ. Pollut. Res. Cent.* 1992: 92-204.

Sasa, M. and Okazawa, T. 1993a. Studies on the chironomid midges (yusurika) collected in Toyama and other areas of Japan, 1993. Part 1. Description of males of Boreochlus thienemanni and Euryhapsis subviridis collected in Toyama. *Toyama pref. environ. Pollut. Res. Cent.* 1993: 45-47.

Sasa, M. and Okazawa, T. 1993b. Studies on the chironomid midges (yusurika) collected in Toyama and other areas of Japan, 1993. Part 2. The chironomids collected at Bijodaira and Unazuki (Toyama). *Toyama pref. environ. Pollut. Res. Cent.* 1993: 48-54.

Sasa, M. and Okazawa, T. 1994. Studies on the chironomid midges collected in Toyama and other areas of Japan, 1994. Part 2. Additional infromation on the Chironomidae of the Hokuriku Region. *Toyama pref. environ. Sci. Res. Cent.* 1994: 68-87.

Sasa, M., Shimomura, H. and Matsuo, Y. 1991. Descriptiopn of three chironomid species collected in Hiroshima Prefecture, Japan (Diptera, Chironomidae). *Jpn. J. Sanit. Zool.* **42**: 281-287.

Sasa, M. and Shimomura, H. 1993. Studies on the chironomid midges (yusurika) collected in Toyama and other areas of Japan. Part 8. Additional species recorded from Hiroshima. *Toyama pref. environ. Pollut. Res. Cent.* 1993: 107-109.

Sasa, M. and Sumita, M. 1997. Studies of the Chironomidae of Japan, 1997. Part 2. The chironomid species collected on the shore of Lake Kibagata. Bull. *Toyama pref. environ. Sci. Res. Cent.* **25** (3): 70-74.

Sasa, M., Sumita, M. and Suzuki, H. 1999. The chironomid species collected with light traps at the side of Shibayamagata Lake, Ishikawa Prefecture. *Trop. Med.* **41**: 181-196.

Sasa, M. and Suzuki, H. 1991. Studies on the chironomids of some rivers and lakes in Japan. Part 5. Studies on the chironomids of the Aso National Park area, Kyushu. *Toyama pref. environ. Pollut. Res. Cent.* 1991: 93-100, 146-147.

Sasa, M. and Suzuki, H. 1993. Studies on the chironomid midges (yusurika) collected in Toyama and other areas of Japan. Part 9. Additional species of Chironomidae from Amami Island. *Toyama pref. environ. Pollut. Res. Cent.* 1993: 110-124.

Sasa, M. and Suzuki, H. 1995. The chironomid species collected on the Tokara Islands, Kagoshima (Diptera, Chironomidae). *Jpn. J. Sanit. Zool.* **46**: 255-288.

Sasa, M. and Suzuki, H. 1997a. Studies on the Chironomidae collected from the Ogasawara Islands, southern Japan. *Med. Ent. Zool.* **48**: 315-343.

Sasa, M. and Suzuki, H. 1997b. Studies on the Chironomidae of Japan, 1997. Part 3. Studies on the chironomid species collected in Kyushu. Bull. *Toyama pref. environ. Sci. Res. Cent.* **25** (3): 75-99.

Sasa, M. and Suzuki, H. 1998. Studies on the chironomid midged collected in Hokkaido and Northern Honshu. *Trop. Med.* **40**: 9-43.

Sasa, M. and Suzuki H. 1999a. Taxonomic studies on the chironomid midges (Diptera, Chironomidae) collected the Kurobe Municipal Swege Treatment Plant. *Med. Entomol., Zool.* **50**: 85-104.

Sasa, M. and Suzuki, H. 1999b. Studies on the chironomid midged of Tsushima and Iki Island, Western Japan. Part 2. Species of Orthocaldiinae and Tanypodinae collected on Tsushima. *Trop. Med.* **41**: 75-132.

Sasa, M., and Suzuki, H. 1999c. Studies on the chironomid midges of Tsushima and Iki Islands, Western Japan. Part 3. The chironomid species collected on Iki Island. *Trop. Med.* **41**: 143-179.

Sasa, M. and Suzuki, H. 2000a. Studies on the chironomid species collected on Ishigaki and Iriomote Islands, southern Japan. *Trop. Med.* **42**: 1-37.

Sasa, M., Suzuki, H. 2000b. Studies on the chironomid midges collected on Yakushima Island, soutwestern Japan. *Trop. Med.* **42**: 53-134.

Sasa, M. and Suzuki, H. 2000c. Studies on the chironomid collected on Goto Islands, western Japan. *Trop. Med.* **42**: 141-174.

Sasa, M. and Suzuki, H. 2000d. Studies on the chironomid species collected at five localities in Hokkaido in September, 1998 (Diptera, Chironomidae). *Trop. Med.* **42**: 175-199.

Sasa, M. and Suzuki, H. 2001a. Systematic studies on the species of Chironomidae recorded from Japan during the period from September 1997 to August 2000. *Med. Entomol. Zool.* **52**: 1-9.

Sasa, M. and Suzuki, H. 2001b. Studies on the chironomid species collected in Hokkaido in September, 2000. *Trop. Med.* **43**: 1-38.

Sasa, M., Suzuki, H. and Sakai, T. 1998a. Studies on the chironomid midges collected on the shore of Shimanto River in April, 1998. Part. 1. Description of species of the subfamily

参考文献

Chironominae. *Trop. Med.* **40**: 47-89.

Sasa, M., Suzuki, H. and Sakai, T. 1998b. Studies on the chironomid midges collected on the shore of Shimanto River in April 1998. Part 2. Description of additional species belonging to Orthocladiinae, Diamesinae and Tanypodinae. *Trop. Med.* **40**: 99-147.

Sasa, M. and Tanaka, N. 2000. Description of new species of Chironomidae collected with light traps at the side of Tone River, Gunma Prefcture. *Ann. Rept. Gunma pref. Inst. pub. Health enviorn. Sci.* **32**: 38-48.

Sasa, M. and Tanaka, N. 2001. Studies on the chironomid midges collected with light traps during the summer season by the bridges of the Tone River, Gunma Prefecture. *Ann. Rept. Gunma Pref. Inst. pub. Health environ. Sci.* **33**: 41-73.

Sasa, M. and Ueno, R. 1994. Studies on the chironomid midges collected in Toyama and other areas of Japan, 1994. Part 4. A new species of *Hydrobaenus* collected in Tsukuba. *Toyama pref. environ. Sci. Res. Cent.* 1994: 110-111.

Sasa, M. and Wakai, K. 1996. Studies on the Chironomidae of Japan, 1996. G. Studies on the additional species of Chironomidae collected from Gunma Prefecture. *Toyama pref. environ. Sci. Res. Cent.* 1996 (December): 85-92.

Sasa, M., Watanabe, M. and Arakawa, R. 1992. Additional records of Chironomidae from Toga-Mura, 1992. *Toyama pref. environ. Pollut. Res. Cent.* 1992: 231-246.

Stæger, C. 1839. Systemətisk fortegnclser over de: Dənmark hidtil fundne Diptera - Krojer Tidsdr. *Naturh. Tidsdr.* **2**: 549-600.

Tanaka, H and Sasa, M. 2001. Studies on the chironomid species collected with light trap in Sunaba, Kurobe, during the winter season from December to April, 2000. *Trop. Med.* **43**: 39-48.

Tokunaga, M. 1932. Morphological and biological studies on a new marine chironomid fly, Pontomyia pacifica, from Japan. Part I. Morphology and taxonomy with five plates. *Memoirs of the College of Agriculture Kyoto Imperial University* **19**: 1–56.

Tokunaga, M. 1933. Chironomidae from Japan I. Clunioninae. *Philipp. J. Sci.* **51**: 87-98.

Tokunaga, M. 1935. Chironomidae from Japan (Diptera) V. Supplementary report on the Clunioninae. Mushi（月刊むし）**8**(1): 1-20+4 Tab.

Tokunaga, M. 1936a. Chironomidae from Japan (Diptera) VI. Diamesinae. *Philipp. J. Sci.* **59**(4): 525-552.

Tokunaga, M. 1936b. Japanese *Cricotopus* and *Corynoneura* species (Chironomidae, Diptera). *Tenthredo* **1**: 9-52

Tokunaga, M. 1936c. Chironomidae from Japan (Diptera), VIII. Marine or seashore *Spaniotoma*, with descritptions of the immature forms of *Spaniotoma nemalione* sp. nov. and *Tanytarsus boodleae* Tokunaga. *Philipp. J. Sci.* **60**: 303-321.

Tokunaga, M. 1937. Chironomidae from Japan (Diptera) IX. Tanypodinae and Diamesinae. *Philipp. J. Sci.* **62**(1): 21-65.

Tokunaga, M. 1938a. The fauna of Akkeshi Bay. Vi. A new species of *Clunio* (Diptera).

Annot. Zool. Jap. **17**: 125-129.

Tokunaga, M. 1938b. Chironomidae from Japan (Diptera), X New or little-known midges, with descriptions on the metamorphoses of several species. *Philipp. J. Sci.* **65**: 313-383.

Tokunaga, M. 1939. Chironomidae from Japan (Diptera), XI New or little-known midges, with special refference to the metamorphoses of torrential species. *Philipp. J. Sci.* **69**: 297-345.

Tokunaga, M. 1940. Chironomidae from Japan (Diptera), XII New or little-known Ceratopogonidae and Chironomidae. *Philipp. J. Sci.* **72**: 255-311.

Tokunaga, M. 1964a. *Insects of Micronesia* Diptera: Chironomidae. *Insects of Micronesia* **12**: 485-628.

Tokunaga, M. 1964b. Supplementary notes on Japanese Orthocladiinae midges . *Akitu* **12**: 17-22.

Tokunaga, M. 1964c. Three snow midges (Diptera: Chironomidae). *Akitu* **12**: 20-22.

Tokunaga, M. 1965. Chironomids as winter bait of over-wintering swallows. *Akitu* 12: 39-43.

Tokunaga, M. and Komyo, E. 1955. Marine insects of the Tokara Islands II. Marine midges (Diptera, Chironomidae). *Publication of Seto Marine Biological Laboratory* **4**(2/3): 205-208.

Vallenduuk, H. J. and H. K. M. Moller Pillot. 2007. Chironomidae Larvae, General ecology and Tanypodinae. KNNV Publishing 144 pp.

Wiederholm, T. (ed.) 1983. Chironomidae of the Holarctic region. Keys and diagnoses. Part 1. Larvae. *Ent. Scand. Suppl.* **19**: 1-457.

Wiederholm, T. (ed.) 1986. Chironomidae of the Holarctic region. Keys and diagnoses. Part 2. Pupae. *Ent. Scand. Suppl.* **28**: 1-482.

Wiederholm, T. (ed.) 1989. Chironomidae of the Holarctic region. Keys and diagnoses. Part 3. Adult males. *Ent. Scand. Suppl.* **34**: 1-532.

Yamamoto, M. 1979. A new species of the genus *Chironomus* (Diptera, Chironomidae) from Japan. *Kontyu* **47** (1): 8-17.

Yamamoto, M. 1980. Discovery of the Nearctic genus Chasmatonotus Loew (Diptera, Chironomidae) from Japan, with descriptions of three nes species. *Esakia* (15): 79-96.

Yamamoto, M. 1981. Two new species of the genus Stenochironomus from Japan (Diptera: Chironomidae). *Bulletin of the Kitakyushu Museum of Natural History* (3): 41-51.

Yamamoto, M. 1986. Study of the Japanese Chironomus inhabiting high acidic water (Diptera, Chironomidae) I. *Kontyu* **54** (2): 324-332.

Yamamoto, M. 1990. Study of the Japanese Chironomus inhabiting high acidic water (Diptera, Chironomidae) II. *Jpn. J. Ent.* 58 (1): 167-181.

Yamamoto, M. 1995a. Redescription of *Einfeldia pagana* (Meigen, 1838) (Diptera, Chironomidae) from Japan. *Jpn. J. syst. Ent.* **1**(2): 235-238.

参考文献

Yamamoto, M. 1995b. A new species of the subgenus Glyptotendipes from Hokkaido, Japan (Diptera, Chironomidae). *Jpn. J. syst. Ent.* **1**(2): 239-242.

Yamamoto, M. 1996a. A new species of the genus *Einfeldia* from Japan (Diptera, Chironomidae). *Jpn. J. Ent.* **64**(2): 241-244.

Yamamoto, M. 1996b. Redescription of two species of the genus *Glyptotendipes* (Diptera, Chironomidae) from Japan. *Jpn. J. Ent.* **1**(3): 465-472.

Yamamoto, M. 1996c. Redescription of a small chironomid midge *Stilocladius kurobekeyakius* (Sasa & Okazawa) transfored from *Eukiefferiella* (Diptera, Chironomidae). *Jpn. J. Ent.* **64** (4): 729-732.

Yamamoto, M. 1997a. Redescription of *Chironomus sollicitus* Hirvenoja from Japan (Diptera, Chironomidae). *Jpn. J. Ent.* **65**(1): 205-208.

Yamamoto, M. 1997b. Taxonomic notes on two species of Japanese *Cladopelma* (Diptera, Chironomidae). *Jpn. J. Ent.* **65**(3): 538-587.

Yamamoto, M. 1999. *Trichosmittia hikosana* n. gen, et n. sp. (Diptera: Chironomidae) from Japan. *Journal of the Kansas entomological Society* **71**: 263-271.

山本 優. 2000. 皇居で得られたユスリカ. 国立科博専報 (36): 382-395.

Yamamoto, M. 2004. A catalog of Japanese Orthocladiinae (Diptera: Chironomidae). *Makunagi/Acta Dipterologica* (21): 1-121.

第3章

Asari, H., Kasuya, S., Kobayashi, T., Kondo, S., Nagano, I and Wu, Z. 2004. Identification of closely related *Hydrobaenus* species (Diptera: Chironomidae) using the second internal transcribed spacer (*ITS2*) region of ribosomal DNA. *Aquatic Insects* **26** (3/4): 207-213.

Cranston, P. S., Webb, C. J. and Martin, J. 1990. The saline nuisance chironomid Carteronica longilobus (Diptera: Chironomidae): a systematic reappraisal. *Syst. Entomol.* **15**: 401-432.

Castro, L. R. Austin, A. D. and Dowton, M. 2002. Contrasting rates of mitochondrial molecular evolution in parasitic Diptera and Hymenoptera. *Mol. Biol. Evol.* **19**(7):1100-1113.

Ekrem, T. and Willassen, E. 2004. Exploring Tanytarsini relationships (Diptera: Chironomidae) using mitochondrial COII gene sequences. *Insect Syst. Evol.* **35**: 263-276.

可児真有美・粕谷志郎・小林 貞・中里亮治. 2007. *Procladius choreus* と *P. culiciformis* の遺伝学的分類. *YUSURIKA* **32**: 23-27.

北川禮澄. 1997. 木曾川のユスリカ科幼虫 – 濃尾大橋周辺のユスリカ20種. 淡水生物 **74**: 77-99.

谷口武利（編）. 2006. PCR 実験ノート. 羊土社.

Kullberg, A. 1988. The case, mouthparts, silk and silk formation of *Rheotanytarsus muscicola* Kieffer (Chironomidae: Tanytarsini). *Aquat. Insects* **10**(4): 249-255.

Martin, J. and Sublette, J. E. 1972 A review of the genus *Chironomus* (Diptera, Chironomidae). III. *Chironomus yoshimatsui* new species from Japan. *Stud. Nat. Sci.* **1**(3): 1-59.

永谷 隆. 1983. SEMの原理. 走査電子顕微鏡の基礎と応用 (日本電子顕微鏡学会関東支部 編), p. 1-7. 共立出版, 東京

Sasa, M. and Sublette, J. E. 1980. Synonymy, distribution and morphological notes on *Polypedilum* (s. s.) *nubifer* (Skuse) (Diptera: Chironomidae). *Jpn. J. Sanit. Zool.* **31**(2): 93-102.

Sublette, J. E. 1979. Scanning electron microscopy as a tool in taxonomy and phylogeny of Chironomidae (Diptera). *Ent. Scand. Suppl.* **10**: 47-65.

Webb, C. J., Cranston, P. S. and Martin, J. 1989. Congruence between larval ventromental plate ultrastructure and immature morphology in Yama Sublette & Martin and some Oceanian species of *Chironomus* Meigen (Diptera: Chironomidae). *Zool. J. Linn. Soc.* **97**: 81-100.

Webb, C. J. and Scholl, A. 1985. Identification of larvae of European species of *Chironomus* Meigen (Diptera: Chironomidae) by morphological characters. *Syst. Entomol.* 10: 353-372.

Webb, C. J., Scholl, A. and Ryser, H. M. 1985. Comparative morphology of the larval ventromental plates of European species of *Chironomus* Meigen (Diptera: Chironomidae). *Syst. Entomol.* **10**: 373-385.

Webb, C. J., Wilson, R. S. and McGill, J. D. 1981. Ultrastructure of the striated ventromental plates and associated structures of larval Chironominae (Diptera: Chironomidae) and their role in silk-spinning. *J. Zool. Lond.* **194**: 67-84

四本晴夫. 1983. SEM形象論 (II)—像解釈. 走査電子顕微鏡の基礎と応用 (日本電子顕微鏡学会関東支部 編), p. 53-72. 共立出版, 東京.

第4章

Beckett, D. C., Aartila, T. P. and Miller, A. C. 1992. Invertebrate abundance on *Potamogeton nodusus*: Effects of plants surface area and condition. *Can J.* 2001. **70**: 300-306.

浜島繁隆. 2001. ため池の分布：ため池の自然-生き物たちと風景- (浜島繁隆・土山ふみ・近藤繁生・益田芳樹編), pp.7-17. 信山社サイテック.

Hashimoto, H. 1982. Four species of *Chironomidae* (Diptera) obtained from the Ozegahara Moor. *In:* Ozegahara: Scientific Researches of the Highmoor in Central Japan (eds. H. Hara, S. Asahina, Y. Sakuguchi, K. Hogetsu and N. Yamagata). pp.367-370. Japan Society for the Promotion of Science, Tokyo.

平林公男. 2001. 室内プールから発生するユスリカの生態とその防除. 月刊水 Vol. 43-15

参考文献

(No.620):24-29.
Hirabayashi, K. and Hayashi, H. 1996. Seasonal variation of *Chironomus nipponensis* (Diptera) voltinism in the deep mesotrophic Lake Kizaki, Japan. *Arch. Hydrobiol.* **138**: 229-244.
平林公男・岩熊敏夫・山本 優．1998．尾瀬ヶ原のユスリカ相と生物多様性．尾瀬の総合研究．尾瀬ヶ原総合学術調査団．pp.803-810 東京．
平林公男・中本信忠．2001．水辺におけるユスリカ類に関する研究の現状とその課題．日本生態学会誌 **51**:23-40.
Hirabayashi, K., Yoshizawa, K., Yoshida, N. and Kazama, F. 2004. Progress of eutrophication and change of chironomid fauna in Lake Yamanakako, Japan. *Limnology* **5**: 47-53.
井上義郷・橋本 碩．1978．養鰻池のユスリカ調査．衛生動物 **29**(1): 29.
Iwakuma, T., Yasuno, M., Sugaya, Y. and Sasa, M. 1988. Tree large species of Chironomidae (Diptera) as biological indicators of Lake eutrophication. *In:* Yasuno, M. and Whitton, B. T. (eds.), Biological monitoring of environmental pollution. Tokai University Press: 101-113.
岩熊敏夫．1995a．宮床湿原の底生動物相．国立環境研究所報告 **R134**:109-120.
岩熊敏夫．1995b．宮床湿原の池塘におけるユスリカ幼虫の生産特性．国立環境研究所報告 **R134**: 127-137.
Kawai, K., Inoue, E. and Imabayashi, H. 1998. Intrageneric habitat segregations among chironomid species of several genera in river-4-environments. *Med. Entomol. Zool.* **49**: 41-50.
Kikuchi, M., Kikuchi, T., Okubo, S. and Sasa, M. 1985. Observation on seasonal prevalence of chironomid midges and mosquitoes by light traps set in a rice paddy area in Tokushima. *Jpn. J. Sanit. Zool.* **36**(4): 333-342.
北川禮澄．1974．東北地方の7湖沼の底生動物相の研究．陸水学雑誌 **35**: 162-172.
Kobayashi, T., R. Nakazato, R., & Higo, M. 2007 The identity of Japanese *Lipiniella* Shilova species (Diptera: Chironomidae). *In*: T. Andersen, T. (Ed), Contributions to the Systematic and Ecology of Aquatic Diptera-A Tribute to Ole A. Saether. pp. 155-164. The Caddis Press, Ohio, USA.
Kobayashi, T. and Endo, K. 2008. Synonymic notes on some species of Chironomidae (Diptera) fescribed by Dr. M. Sasa(+). *Zootaxa* **1712**: 49-64.
Kondo, S. 1983. On chironomid midges communities captured by light traps in reservoirs of Nagoya City and suburbs. *Appl. Ent. Zool.* **18**(4): 504-510.
Kondo,S. 1988. Chironomids (Dipetera) associated with reed, Phragmites communis Trin. In Nagoya City and its suburbs. *Appl. Ent. Zool.* **23**(3): 353-354.
近藤繁生．1990．ユスリカ科．愛知県の昆虫（上），pp.172-184．愛知県
近藤繁生・橋本 碩．1982．農業用溜池におけるユスリカ幼虫の分布について 特にユスリカ亜科について．陸水学雑誌 **43**(1): 1-4.
Kondo, S. and Hamashima, S. 1985. Chironomid midges emerged from aquatic macrophytes

335

in reservoirs. *Jpn. J. Limnol.* **46**(1):50-55.

Kondo, S. and Hamashima, S. 1992. Habitat preferences of four chironomid species associated with aquatic macrophytes in an irrigation reservoir. *Netherlands Journal of Aquatic Ecology* **26**: 371-377.

Kondo, S., Hamashima, S. and Hashimoto, H. 1989. Life history and seasonal occurrence of *Pentapedilum tigrinum* Hashimoto associated with *Nymphoides indica* O. Kunze in an irrigation reservoir. *Acta Biol. Debr. Oecol. Hung.* **2**: 237-245.

Kurasawa, H., H. Hayashi, T. Okino, Y. watanabe, M. Ogawa, T. Morita, Y. Isobe, H. Fukuhara and A. Ohtaka. 1982. Ecological studies on zooplankton and zoobenthos in the pool of the Ozegahara Moor. *In*: (eds.) H. Hara, S. Asahina, Y. Sakuguchi, K. Hogetsu and N. Yamagata. Ozegahara: Scientific Researches of the Highmoor in Central Japan pp.277-298. Japan Society for the Promotion of Science, Tokyo.

Mitsch, W. J. and J. G. Gosselink. 1993. Wetlands 2nd Eds. pp.1-722. Van Nostrand Reinhold, New York.

Miyadi, D. 1933. Studies on the bottom fauna of Japanese lakes. X. Regional characteristics and a system of Japanese lakes based on the bottom fauna. *Jpn. J. Zool.* **4**: 417-437.

Nakazato, R., K. Hirabayashi, K., & Okino, T. 1998. Abundance and seasonal trend of dominant chironomid adults and horizontal distribution of larvae in eutrophic Lake Suwa, Japan. *Jpn. J. Limnol.* **59**: 443-455.

中里亮治・土谷　卓・村松　充・肥後麻貴子・櫻井秀明・佐治あずみ・納谷友規. 2005. 北浦におけるユスリカ幼虫の水平分布および個体数密度の長期変遷. 陸水学雑誌 **66**: 165-180.

大野正彦. 1981. 東京都におけるユスリカの生態Ⅰ 善福寺川のセスジユスリカの年間世代数の算定. 日本生態学会誌 **31**: 155-159.

大野正彦. 1985. 東京都におけるユスリカの生態Ⅱ 善福寺川におけるユスリカの分布. 日本生態学会誌 **34**: 101-111.

大野正彦. 1996. 高度処理水導入前後の目黒川の大型底生動物. 東京都環境研年報 1996: 106-110.

大野正彦・古明地哲人. 1993. 清流復活水路のユスリカ群集に及ぼすPAC（ポリ塩化アルミニウム）・オゾン処理の影響. 東京都環境研年報 1993: 75-82.

大野正彦・津久井公昭. 2001. オゾン処理水放流水路の生物相. 東京都環境研年報 2001: 133-142.

大野正彦・津久井公昭・福嶋　悟. 2002. オゾン処理水放流水路における肉眼的底生動物と付着藻類の流程分布. 東京都環境研年報 2002: 209-216.

大野正彦・若林明子. 1991. 野火止用水, 玉川上水に生息するユスリカ幼虫. 東京都環境研年報 1991: 259-264.

Rosenberg, D. M., A. P. Wiens and B. Bilyj. 1988. Chironomidae (Diptera) of peatland in northwestern Ontario, Canada. *Holarctic Ecology* **11**:19-31.

Sugaya, M. & Yasuno, M. 1988. Distribution of chironomid larvae in Lake Shikotsu, Lake

Toya and Lake Utonai in southern Hokkaid. *Res. Rep. Natl. Inst. Environ. Stud.* **121**: 1-8.

Surakarn, R. Yano, K. and Yamamoto, M. 1996. Species composition and seasonal abundance of the Chironomidae (Diptera) in a paddy field and surrounding water. *MAKUNAGI/Acta Dipterologica* (19): 26-39.

田中伸久・佐々 学・橋爪節子. 2003. 前橋市郊外の水田地帯におけるユスリカ調査. 衛生動物 **54**(1): 121-124.

Tokunaga, M. and Kuroda, M. 1935. Unrecorded chironomid flies from Japan (Diptera), with a description of a new species. *Trans. Kansai Ent. Soc.* No.6: 1-8.

Ueno, R. Iwakuma, T. & Nohara, S. 1993. Chironomid fauna in the emergent plant zone of Lake Kasumigaura, Japan. *Jpn. J. Limnol.* **54**: 293-302.

上野隆平・岩熊敏夫. 1995. 宮床湿原のユスリカ相. 国立環境研究所報告 **R134**: 121-125.

上野隆平・野原精一・加藤秀男. 2001. 十和田湖沿岸域のユスリカ分布. 国立環境研究所研究報告 **146**: 83-86.

上野隆平・大高明史・高村典子. 1999. 十和田湖沿岸域のユスリカ相. 国立環境研究所研究報告 **167**: 99-101.

矢口 昇・佐々木栄悟. 2003. プールにおけるウスイロユスリカの発生とその対策. 生活と環境 **48**(11): 44-48.

Wrubleski, D. A. 1987. Chironomidae (Diptera) of peatlands and marshes in Canada. *Memoirs of the Entmological Society of Canada.* **140**: 141-161.

Yamamoto, M. 1986. Study of the Japanese *Chironomus* inhabiting high acidic water (Diptera, Chironomidae) I. *Kontyu* **54** (2): 324-332.

安野正之. 1987. 環境汚染指標昆虫としてのユスリカ. 安野正之・岩熊敏夫（編）水域における生物指標の問題点と将来, pp. 33-39. 国立環境研究所.

Yasuno, M., Iwakuma, T., Sugaya, Y., & Sasa, M. 1984. Ecological studies on chironomids in lakes of the Nikko National Park. *Res. Rep. Natl. Inst. Environ. Stud.* **70**: 1-17.

第5章

Kawai, K. and Imabayashi, H. 2003. Differences in conditions for collecting fertilized eggs in the laboratory among some Japanese chironomid species. *Med. Entomol. Zool.* **54**: 125-131.

索引

和名索引
太字は口絵掲載ページ

■亜科・族■

アナモンユスリカ族Coelotanypodini 53
イソユスリカ亜科Telmatogetoninae 12, 30, 32, 34
エリユスリカ亜科Orthocladiinae 12, 30, 32, 96, 146
オオヤマユスリカ亜科Prodiamesinae 12, 30, 32,
カスリモンユスリカ族Tonypodini 52
カユスリカ族Procladiini 52
ケブカユスリカ亜科Podonominae 12, 30, 32, 37, 80
ヒゲユスリカ族Tanytarsini 258
ボカシヌマユスリカ族Macropelopiini 52
モンヌマユスリカ族Natarsiini 52
モンユスリカ亜科Tanypodinae **3**, 12, 30, 32, 40, 52
ヤマトヒメユスリカ族Pentaneurini 52
ヤマユスリカ亜科Diamesinae 12, 30, 32, 72
ユスリカ亜科Chironominae **3**, 12, 30, 32, 158, 247
ユスリカ族Chironomini **3**, 12, 158, 247

■属・亜属■

アカムシユスリカ属Propsilocerus **34**, **38**, 127, 154
アシマダラユスリカ属Stictochironomus **43**, 227, 256, 279, 298
アナモンユスリカ属Coelotanypus 53
アヤユスリカ属Nilothauma **41**, 192, 254
イソユスリカ属Telmatogeton 34, 292, 293
ウスイロハモンユスリカ亜属Uresipedilum 200, 220
ウスギヌヒメユスリカ属Rheopelopia **28**, **32**, **40**, **46**, **60**, **64**, **66**, 282
ウミユスリカ属Clunio 100
ウンモンエリユスリカ属Heleniella **36**, 112, 150
エゾオオヤマユスリカ属Odontomesa 92
エダゲヒゲユスリカ属Cladotanytarsus **43**, 232, 256
エリユスリカ属Orthocladius **37**, 120, 152
オオミドリユスリカ属Lipiniella **41**, 186, 252
オオヤマユスリカ属Prodiamesa , 91, 92
オオユキユスリカ属Pagastia **27**, **33**, 72, 73, 80, 85
オナガヤマユスリカ属Protanypus 72, 73, 84
オヨギユスリカ属Pontomyia **44**, 237, 258, 293

カイメンユスリカ属Xenochironomus 230
カスリモンユスリカ属Tanypus **33**, **40**, **45**, 53, 68, 70
カマガタユスリカ属Cryptochironomus **40**, 171, 250, 282
カユスリカ属Procladius **33**, **40**, **45**, 53, 68, 70, 71
カワリユスリカ属Paratendipes **42**, 197, 254
キザキユスリカ属Sergentia **43**, 224, 254
キタケブカユスリカ属Boreochlus 37, 38
キタモンユスリカ属Brundiniella **41**, **45**, **54**
キミドリユスリカ亜属Camptochironomus 160
キリカキケバネエリユスリカ属Heterotrissocladius **36**, 150
クシバエリユスリカ属Compterosmittia 101
クロツヤエリユスリカ属Paratrichocladius **34**, **38**, 126, 154
クロバヌマユスリカ属Psectrotanypus **31**, **41**, **45**, **56**
クロユスリカ属Einfeldia **40**, 176, 250
ケナガエリユスリカ属Gymnometriocnemus 148
ケナガケバネエリユスリカ属Paraphaenocladius **36**, 126
ケバコブユスリカ属Paracladopelma **42**, 196, 254
ケバネエリユスリカ属Metriocnemus 117,

338

索　引

150
ケバネオオヤマユスリカ属*Compteromesa*
　91
ケバネユスリカ亜属*Pentapedilum* **37**, *203*
ケブカエリユスリカ属*Brillia* *96, 146, 299*
ケボシエリユスリカ属*Parakiefferiella* **34**,
　38, *124, 152*
ケミゾユスリカ属*Stempellinella* **44**, *240,*
　258
ケユキユスリカ属*Pseudodiamesa* *72, 73, 85,*
　86
コガタエリユスリカ属*Nanocladius* **37**, *118,*
　152
コガタユスリカ属*Microchironomus* **41**, *187,*
　252
コケエリユスリカ属*Stilocladius* *139*
コシアキヒメユスリカ属*Paramerina* **28**,
　32, *41, 46, 64, 68*
コジロユスリカ属*Larsia* **32**, *40, 46, 62*
コナユスリカ属*Corynoneura* **28**, *103, 146*
コヒメユスリカ属*Nilotanypus* **32**, *41, 46, 64*
コブナシユスリカ属*Harnischia* **41**, *182, 252*

ササユスリカ属*Sasayusurika* *72, 73, 86*
サワユスリカ属*Potthastia* **33**, *72, 73, 82*
シッチエリユスリカ属*Georthocladius* **36**,
　112, 148
シミズビロウドエリユスリカ属*Krenosmittia*
　37, *150*
シリキレエリユスリカ属*Semiocladius* *135*
シロヒメユスリカ属*Krenopelopia* *41, 46, 62*
スジカマガタユスリカ属
　Demicryptochironomus **40**, *172, 250*
セボリユスリカ属*Glyptotendipes* **41**, *180,*
　252
セマダラヒメユスリカ属*Thienemannimyia*
　41, 47, 62, 64, 66
センチユスリカ属*Camptocladius* **35**

タニユスリカ属*Boroheptagyia* **33**, *72-74*
ダンダラヒメユスリカ属*Ablabesmyia* **32**,
　40, 46, 58
ツヤムネユスリカ属*Microtendipes* **41**, *189,*

252
ツヤユスリカ亜属*Cricotopus* *104*
ツヤユスリカ属*Cricotopus* *104, 146*
テドリカユスリカ属*Saetheromyia* **40**, *45,*
　53, 68, 70, 71
テンマクエリユスリカ属*Eukiefferiella* **35**,
　36, *110, 148*
トクナガエリユスリカ属*Tokunagaia* *142*
トゲアシエリユスリカ属*Chaetocladius* **35**,
　146
トゲビロウドエリユスリカ属*Trichosmittia*
　143
トゲヤマユスリカ属*Monodiamesa* *91, 92*
トビケラヤドリユスリカ属*Eurycnemus* **36**,
　110, 148

ナガコブナシユスリカ属*Cladopelma* **40**,
　170, 250, 276
ナガスネユスリカ属*Micropsectra* **43**, *234,*
　256
ナカヅメヌマユスリカ属*Fittkauimyia* **31**,
　40, 45, 56
ナガレツヤユスリカ属*Rheocricotopus* **39**,
　133, 156
ナガレユスリカ属*Rheotanytarsus* **35**, **44**,
　238, 258
ニセエリユスリカ属*Pseudorthocladius* **34**,
　38, *130, 154*
ニセキタケブカユスリカ属*Paraboreochlus*
　27, **31**, *37, 38*
ニセケバネエリユスリカ属
　Parametriocnemus **34**, **38**, *125, 154, 299*
ニセコブナシユスリカ属*Parachironomus*
　41, *193, 254*
ニセツヤユスリカ亜属*Pseudocricotopus* *104*
ニセテンマクエリユスリカ属*Tvetenia* **35**,
　36, **39**, *110, 144, 156, 279*
ニセナガレツヤユスリカ属*Paracricotopus*
　38, *122, 152*
ニセヒゲユスリカ属*Paratanytarsus* **44**, *236,*
　256
ニセビロウドエリユスリカ属*Pseudosmittia*
　35, **39**, *132, 154*

339

索 引

ヌカユスリカ属*Thienemanniella* **35**, **39**, 140, 156

ハケユスリカ属*Phaenopsectra* **42**, 198, 254, 278
ハダカユスリカ属*Cardiocladius* 98, 146
ハマベユスリカ属*Thalassomya* 34
ハムグリユスリカ属*Stenochironomus* **43**, 224, 256
ハモンユスリカ亜属*Polypedilum* 200, 205
ハモンユスリカ属*Polypedilum* **30**, **42**, 199, 254, 276
ハヤセヒメユスリカ属*Trissopelopia* **32**, 41, 46, 62, 66
ヒカゲユスリカ属*Kiefferulus* 158, 184
ヒゲユスリカ属*Tanytarsus* **44**, 241
ヒメエリユスリカ亜属*Psectrocladius* 130
ヒメエリユスリカ属*Psectrocladius* **34**, **38**, 128, 154
ヒメケバコブユスリカ属*Saetheria* **42**, **43**, 223
ヒメユスリカ属*Conchapelopia* **32**, 40, 46, 60, 64, 66, 282
ヒラアシユスリカ属*Clinotanypus* **31**, 40, 45, 53, 68, 71
ビロウドエリユスリカ属*Smittia* **35**, **39**, 135, 156
ヒロトゲケブカエリユスリカ属*Euryhapsis* **36**, 96, 111, 148
ビワヒゲユスリカ属*Biwatendipes* 230
フサユキユスリカ属*Sympotthastia* 72, 73, 82, 87
フタエユスリカ属*Diplocladius* 109, 148
フトオウスギヌヒメユスリカ属*Hayesomyia* 40, 47, 62, 64, 66
フトオヒゲユスリカ属*Neozavrelia* **44**, 235, 256
フユユスリカ属*Hydrobaenus* **36**, 114, 150
ボカシヌマユスリカ属*Macropelopia* **31**, 40, 45, 54, 56
ホソケブカエリユスリカ属*Neobrillia* **37**, 96, 119, 152
ホソミユスリカ属*Dicrotendipes* **30**, **40**, 172, 250

マドオエリユスリカ属*Bryophaenocladius* 97, 146, 148
マルオユスリカ属*Carteronica* 158
ミジカヌマユスリカ属*Apsectrotanypus* 41, 45, 54
ミズクサユスリカ属*Endochironomus* **40**, 178, 250
ミズゴケヌマユスリカ属*Alotanypus* 41, 45, 54
ミツオハモンユスリカ亜属*Tripodura* 214
ミナミケブカエリユスリカ属*Xylotopus* 96
ミナミユスリカ属*Nilodorum* 185, 190, 252
ミヤマユスリカ属*Chasmatonotus* **41**, 98
ムナクボエリユスリカ属*Synorthocladius* **39**, 139, 156
ムナトゲユスリカ属*Limnophyes* **37**, 116, 150
モンヌマユスリカ属*Natarsia* **31**, 41, 46, 58, 62

ヤチユスリカ属*Chaetolabis* 158
ヤドリハモンユスリカ亜属*Cerobregma* 201
ヤマケブカエリユスリカ属*Tokyobrillia* 96, 142
ヤマヒメユスリカ属*Zavrelimyia* **33**, 41, 46, 62, 68
ヤマユスリカ属*Diamesa* **33**, 72, 73, 77, 88, 293
ユアサヒゲユスリカ属*Yuasaiella* 236
ユキユスリカ属*Syndiamesa* 72, 73, 88
ユスリカ亜属*Chronomus* 160
ユスリカ属*Chironomus* **27**, **40**, 159, 247

リネビチアヤマユスリカ属*Linevitshia* 72, 80

■種名■

【ア行】
アカムシユスリカ*Propsilocerus akamusi* **11**, **28**, 128, 275, 285, 300

索 引

アキヅキユスリカ *Stictochironomus akizukii* **23**, **30**, 228, 276, 285
アサカワハモンユスリカ *Polypedilum asakawaense* **19**, 207
アシマダラユスリカ *Stictochironomus pictulus* 229
アミメカユスリカ *Procladius culciformis* 70, 271
アルプスケユキユスリカ *Pagastia nivis* 80
アルプスヤマユスリカ *Diamesa alpina* 77

イケマユスリカ *Chiromomus crassiforceps* 160
イシエリユスリカ *Orthocladius saxosus* 122
イシガキユスリカ *Cladopelma edwardsi* **15**, 170
イツホシハモンユスリカ *Polypedilum tamagohanum* **22**, 212
イナワシロオナガヤマユスリカ *Protanypus inateuus* 84
イネユスリカ *Chironomus orizae* 244
イノウエユスリカ *Dicrotendipes inouei* **15**
イボホソミユスリカ *Dicrotendipes lobiger* **16**, 174, 301
イリエナガレユスリカ *Rheotanytarsus aestuarius* 238

ウスイロカユスリカ *Procladius choreus* **6**, 70, 271, 287
ウスイロツヤムネユスリカ *Microtendipes truncatus* **18**, 190
ウスイロハモンユスリカ *Polypedilum cultellatum* **20**, 221, 282, 286
ウスイロヒメユスリカ *Conchapelopia pallidula* 60
ウスイロユスリカ *Chironomus kiiensis* **14**, 166, 281, 285, 301
ウスオビツヤムネユスリカ *Microtendipes tamagouti* **18**, 190
ウスオビハムグリユスリカ *Stenochironomus panus* 225
ウスギヌヒメユスリカ *Rheopelopia toyamazea* **6**, 64, 66

ウスキヒロトゲケブカユスリカ *Euryhapsis subviridis* 111
ウスグロハモンユスリカ *Polypedilum pedatum* **21**, 222
ウスグロヒメエリユスリカ *Psectrocladius aquatronus* **11**, 130
ウスモンユスリカ *Polypedilum nubeculosum* **21**, 210, 276, 301
ウナギイケヒゲユスリカ *Tanytarsus unagiseptimus* **25**, 246
ウンモンエリユスリカ *Heleniella osarumaculata* 113

エグリヒゲユスリカ *Tanytarsus excavatus* **25**, 243
エゾオオヤマユスリカ *Odontomesa fulva* 93
エゾヤマユスリカ *Diamesa gregsoni* 77
エビイケユスリカ *Carteronica longilobus* **13**, 158, 301

オオケバネユスリカ *Polypedilum sordens* **21**, 204, 286
オオツルユスリカ *Kiefferulus glauciventris* 186, 301
オオナガスネユスリカ *Micropsectra yunoprima* 235
オオマドオエリユスリカ *Bryophaenocladius matsuoi* 97
オオミドリユスリカ *Lipiniella moderata* **17**, **30**, 186, 187, 278
オオヤマヒゲユスリカ *Tanytarsus oyamai* **3**, **25**, 244, 286, 298
オオユスリカ *Chironomus plumosus* **14**, **30**, **48**, 167, 264, 269, 274, 285
オカヤマユスリカ *Okayamayusurika kojimaspinosa* **29**
オナガコガタユスリカ *Microchironomus ishiii* 188
オキナワニセキタケブカユスリカ *Paraboreochlus okinawanus* 38
オキナワユスリカ *Chiromomus okinawanus* 160
オナガケブカエリユスリカ *Brillia flavifrons*

341

索 引

96
オナガダンダラヒメユスリカ *Ablabesmyia longistyla* **4**, 58
オナガヒゲユスリカ *Tanytarsus takahasii* 245
オナシアヤユスリカ *Nilothauma hibaratertium* 192
オビヒメユスリカ *Paramerina cingulata* **5**, 64

【カ行】

カイメンユスリカ *Xenochironomus xenolabis* 230
カカトセマダラヒメユスリカ *Thienemannimyia fusciceps* 66
カクスナガレユスリカ *Rheotanytarsus pentapoda* 239
カザリアヤユスリカ *Nilothauma sasai* 192
カシマユキユスリカ *Syndiamesa kashimae* 89
カスリモンユスリカ *Tanypus punctipennis* **6**, 71
カタジロナガレツヤユスリカ *Rheocricotopus chalybeatus* **11**, 133, 282
カニエリユスリカ *Orthocladius kanii* 122, 279
カモヤマユスリカ *Protanypus longimana* 73, 82
カワリフトオハモンユスリカ *Polypedilum paraviceps* 222, 279
カンムリケミゾユスリカ *Stempellinella coronata* **25**, 240

キイロケバネエリユスリカ *Parametriocnemus stylatus* **10**, 125
キオビハモンユスリカ *Polypedilum arundinetum* 207
キザキユスリカ *Sergentia kizakiensis* **23**, 224, 278, 285
キソガワフユユスリカ *Hydrobaenus kondoi* **9**, **29**, 115, 271
キソヒメユスリカ *Conchapelopia esakiana* 60
キタユキユスリカ *Syndiamesa mira* 89

キブネエリユスリカ *Tokunagaia kibunensis* 142
キブネユキユスリカ *Syndiamesa bicolor* 88
キミドリハモンユスリカ *Polypedilum convictum* **19**, 221, 279
キミドリユスリカ *Chironomus biwaprimus* **13**, 163, 300
ケナガユキユスリカ *Syndiamesa longipilosa* 88
キョウゴクユキユスリカ *Syndiamesa kyogokusecunda* 88
キョウトナガレユスリカ *Rheotanytarsus kyotoensis* **24**, 238, 283
キョウトユキユスリカ *Pagastia lanceolata* 77, 85

クビレサワユスリカ *Potthastia gaedii* **7**, 73, 74, 82, 87
クビワユスリカ *Nanocladius asiaticus* 118
クロアシニセナガレツヤユスリカ *Paracricotopus togakuroasi* 123
クロイロコナユスリカ *Corynoneura cuspis* **8**, 103, 286
クロクシバエリユスリカ *Compterosmittia togalimea* 102
クロケバネエリユスリカ *Metriocnemus picipes* 118
クロツヤエリユスリカ *Paratrichocladius rufiventris* **11**, 127, 282
クロナガスネユスリカ *Micropsectra junci* 234
クロハダカユスリカ *Cardiocladius fuscus* 98
クロバヌマユスリカ *Psectrotanypus orientalis* **6**, 58
クロハモンユスリカ *Polypedilum tamanigrum* **22**, 214, 279
クロベタニユスリカ *Boreoheptagyia kurobebrevis* 74
クロムネコナユスリカ *Corynoneura lobata* 103
クロユスリカ *Einfeldia dissidens* **16**, 178, 278, 285

索引

ケナガケバネエリユスリカ
  Paraphaenocladius impensus 126
ケナガユキユスリカ *Syndiamesa longipilosa* 88
ケナシヤマユスリカ *Diamesa astyla* 77
ケナシケユキユスリカ *Pseudodiamesa stackelbergi* 85
ケバコブユスリカ *Paracladopelma camptolabis* **18**, 196
ケバネオオヤマユスリカ *Compteromesa haradensis* 92
ケバネニセエリユスリカ *Pseudorthocladius pilosipennis* 131
ケブカユキユスリカ *Pseudodiamesa crassipilosa* 85
ケボシエリユスリカ *Parakiefferiella bathophila* **10**, 124

コガタエリユスリカ *Nanocladius tamabicolor* 118, 282
コガタハケユスリカ *Phaenopsectra punctipes* 199
コキソガワフユユスリカ *Hydrobaenus kisosecundus* **9**, 115, 271
コシアキヒメユスリカ *Paramerina divisa* **6**, 64, 244
コニシヒゲユスリカ *Tanytarsus konishii* 244
コヒメユスリカ *Nilotanypus dubius* 64
コビロウドエリユスリカ *Smittia nudipennis* 138, 282
コミドリナガコブナシユスリカ *Cladopelma viridulum* 171, 285
コムナトゲユスリカ *Limnophyes minimus* **10**, **29**, 116

【サ行】
サキシマユスリカ *Polypedilum nodosum* 203
サキマルオオユキユスリカ *Pagastia orthogonia* 80
ササタニユスリカ *Boreoheptagyia sasai* 74
ササユスリカ *Sasayusurika aenigmata* 82, 87
サトクロユスリカ *Einfeldia pagana* **16**, 178
サモアオヨギユスリカ *Pontomyia natans* 238
サンユスリカ *Chironomus ascerbiphilus* 300

シオタニシッチエリユスリカ *Georthocladius shiotanii* 112
シオダマリユスリカ *Dicrotendipes enteromorphae* **15**, 174, 290
シオユスリカ *Chironomus salinarius* **14**, 247, 282, 301
シブタニオオヤマユスリカ *Monodiamesa bathyphila* 92, 277
シマジリユスリカ *Polypedilum medivittatum* 209
ジャワユスリカ *Chironomus javanus* **13**, 164
シュリユスリカ *Parachironomus acutus* 194
シリキレエリユスリカ *Semiocladius endocladiae* 135, 290
シロアシユスリカ *Paratendipes albimanus* **19**, 198, 271
シロスジカマガタユスリカ *Cryptochironomus albofasciatus* **15**, 171, 280
シロヒメユスリカ *Krenopelopia alba* 62

スエヒロニセコブナシユスリカ *Parachironomus kuramaexpandus* 194
スカシモンユスリカ *Stictochironomus multannulatus* **23**, 229, 276
スギヤマヒラアシユスリカ *Clinotanypus sugiyamai* 53
ズグロユスリカ *Chironomus fusciceps* 300
スジカマガタユスリカ *Demicryptochironomus vulneratus* **15**, 172
スルガハモンユスリカ *Polypedilum surgense* **21**, 222, 287

セグロエダゲヒゲユスリカ *Cladotanytarus*

343

索 引

atridorsum 233, 234, 288
セジロハムグリユスリカ Stenochironomus
　okialbus 225
セスジコガタエリユスリカ Nanocladius
　tokuokasia 119
セスジヌカユスリカ Thienemanniella lutea
　12, 140
セスジヌカユスリカ Thienemanniella vittata
　141
セスジハモンユスリカ Polypedilum
　fusucovittatum **20**, 208
セスジユスリカ Chironomus yoshimatsui **3**,
　15, **26**, **29**, 168, 247, 261, 281, 286, 301
セダカコブナシユスリカ Harnischia
　ohmuraensis **17**, 183
セボシヒメユスリカ Conchapelopia
　quatuormaculata **4**, **28**, 60
セマダラヒメユスリカ Thienemannimyia
　laeta 66
セトオヨギユスリカ Pontomyia pacifica
　238, 290

ソメワケハモンユスリカ Polypedilum
　pedestre 211

【タ行】

タカオハモンユスリカ Polypedilum
　takaoense **21**, 212
タカタユキユスリカ Sympotthastia
　takatensis 88
タテジマミズクサユスリカ Endochironomus
　pekanus 180
タナネハモンユスリカ Polypedilum
　tananense 218
タニヒメユスリカ Boreoheptagyia eburnea
　74
タビビトヒメユスリカ Conchapelopia viator
　60
タマケミゾユスリカ Stempellinella.
　tamaseptima 240
タマニセテンマクエリユスリカ Tvetenia
　tamaflava **13**, 144
ダンダラヒメユスリカ Ablabesmyia monilis
　4, **28**, 58, 282

チカニセヒゲユスリカ Paratanytarsus
　grimmii **24**, **30**, 236
チトウクロユスリカ Einfeldia ocellata 288
チャイロフサユキユスリカ Sympotthastia
　fulva 88
チュウゼンジユキユスリカ Syndiamesa
　chuzemagna 88
ツクバハモンユスリカ Polypedilum
　tsukubaense **48**, 214
ツジクシバエリユスリカ Compterosmittia
　tsujii 102
ツシマウミユスリカ Clunio tsushimensis
　100, 290
ツツイヤマユスリカ Diamesa tsutsuii 77
ツマグロニセコブナシユスリカ
　Parachironomus swammerdami 196
ツマモンハムグリユスリカ balteatus 226

ティーネマンキタケブカユスリカ Boreochlus
　thienemanni **4**, 38
テドリカユスリカ Saetheromyia
　tedoriprimus **6**, 70
テルヤコガタユスリカ Microchironomus
　teruyai 188
テンマクエリユスリカ Eukiefferiella
　coerulescens 110, 282

トガヒメユスリカ Conchapelopia togapallida
　60
トガリビロウドエリユスリカ Smittia
　sainokoensis 138
トガリフユユスリカ Hydrobaenus conformis
　9, 114
トゲビロウドエリユスリカ Trichosmittia
　hikosana 144
ドブムナトゲユスリカ Limnophyes
　tamakitanaides 117, 282
ドブユスリカ Chironomus riparius 163
トラフユスリカ Polypedilum tigrinum **22**,
　204, 286

344

索引

【ナ行】

ナガイオオヤマユスリカ *Prodiamesa levanidovae* **7**, 92
ナカオビツヤユスリカ *Cricotopsus triannulatus* **8**, 106, 279, 282, 286
ナカグロツヤユスリカ *Cricotopus metatibialis* 105
ナガサキキタケブカユスリカ *Boreochlus longicoxalsetosus* 38
ナカヅメヌマユスリカ *Fittkauimyia olivacea* **5**, 56
ナミケユキユスリカ *Pseudodiamesa branickii* 85

ニイガタユキユスリカ *Potthastia nigatana* 82
ニイツマホソケブカエリユスリカ *Neobrillia longistyla* 120, 283
ニセキミドリハモンユスリカ *Polypedilum hiroshimaense* 222
ニセソメワケハモンユスリカ *Polypedilum tamaharaki* **22**, 213
ニセヒロオビハモンユスリカ *Polypedilum tamahinoense* **22**, 218, 219
ニセヒロバネエリユスリカ *Orthocladius excavatus* 121
ニセフタモンツヤユスリカ *Cricotopus polyannulatus* 106
ニセフトオビロウドエリユスリカ *Smittia kojimagrandis* 138
ニセミズクサミドリユスリカ *Glyptotendipes biwasecundus* 181
ニッポンケブカエリユスリカ *Brillia japonica* **7**, 97, 279
ニッポンムレヒゲユスリカ *Tanytarsus bathophilus* 242
ニッポンヤマユスリカ *Diamesa japonica* 77
ヌマニセヒゲユスリカ *Paratanytarsus stagnarius* 237

ネムリユスリカ *Polypedilum vanderplanki* 12

ノザキトビケラヤドリユスリカ *Eurycnemus nozakii* **9**, 110

【ハ行】

ハイイロユスリカ *Glyptotendipes tokunagai* **17**, 182, 278, 283, 286, 300
ハケユスリカ *Phaenopsectra flavipes* **19**, 198
ハスムグリユスリカ *Stenochinomus nelumbus* 226, 286
ハダカユスリカ *Cardiocladius capucinus* **7**, 98
ハマダラハモンユスリカ *Polypedilum masudai* **20**, 217, 280
ハヤセヒメユスリカ *Trissopelopia longimana* **7**, 67

ヒカゲユスリカ *Kiefferulus umbraticola* **17**, 186
ヒガシビワヒゲユスリカ *Biwatendipes tsukubaensis* 266
ヒゲナガヌカユスリカ *Thienemanniella majuscula* **12**, 141, 282
ヒゲナガミヤマユスリカ *Chasmatonotus akanseptimus* 99
ヒシモンユスリカ *Chironomus flaviplumus* **13**, **48**, 170, 281, 301
ヒダカオオユキユスリカ *Pagastia hidakamontana* 80
ヒメカンムリケミゾユスリカ *Stempellinella edwardsi* 240
ヒメアヤユスリカ *Nilothauma japonicum* 192
ヒメクシバエリユスリカ *Compterosmittia oyabelurida* 101
ヒメクロユスリカ *Smittia pratorum* 138
ヒメケバコブユスリカ *Saetheria tylus* **23**, 223, 279
ヒメコガタユスリカ *Microchironomus tener* 188
ヒメスカシモンユスリカ *Stictochironomus simantomaculatus* 229
ヒメナガレヒゲユスリカ *Tanytarsus oscillans* **25**, 246

345

索 引

ヒメニセコブナシユスリカ *Parachironomus monochromus* **18**, *195, 286*
ヒメニセナガレツヤユスリカ *Paracricotopus tamabrevis 124*
ヒメハイイロユスリカ *Glyptotendipes pallens 182*
ヒラアシタニユスリカ *Boreoheptagyia brevitarsis 74*
ビロウドエリユスリカ *Smittia aterrima* **12**, *136, 282, 293*
ヒロオヒゲユスリカ *Tanytarsus angulatus* **25**, *242*
ヒロオビハモンユスリカ *Polypedilum unifascium 218, 219*
ヒロバネエリユスリカ *Orthocladius glabripennis* **10**, *122, 276*
ビワヒゲユスリカ *Biwatendipes motoharui* **23**, *232*
ビワフユユスリカ *Hydrobaenus biwaquartus 114, 271*

フタエユスリカ *Diplocladius cultriger* **9**, *109, 283*
フタオビハモンユスリカ *Polypedilum asoprimum 216*
フタコブアヤユスリカ *Nilothauma hibaraquartum 192*
フタコブナガスネユスリカ *Micropsectra fossarum 234*
フタコブユスリカ *Parachironomus kisobilobalis* **18**, *194*
フタスジスカシモンユスリカ *Stictochironomus pulchipennis 229*
フタスジツヤユスリカ *Cricotopus bicinctus* **8**, **29**, *105, 282*
フタセスジコブナシユスリカ *Parachironomus tamanipparai 194*
フタオビユスリカ *Stenochironomus satouri 226*
フタホシユスリカ *Stenochironomus* sp. **48**, *225*
フタマタケブカエリユスリカ *Brillia bifida 96*

フタマタニセビロウドエリユスリカ *Pseudosmittia forcipata 132*
フタマタユスリカ *Dicrotendipes septemmaculatus 176*
フタモンツヤユスリカ *Cricotopus bimaculatus* **8**, *105*
フチグロユスリカ *Chironomus circumdatus* **13**, *164, 280, 281, 286, 301*
フトオウスギヌヒメユスリカ *Hayesomyia tripunctata* **5**, *62*
フトオケバネユスリカ *Polypedilum convexum* **19**, *203*
フトオダンダラヒメユスリカ *Ablabesmyia prorsha* **4**, *58*
フトオハモンユスリカ *Polypedilum aviceps* **19**, *220*
フトオヒゲユスリカ *Neozavrelia bicoliocula 236*
フトオビロウドエリユスリカ *Smittia insignis 137*
フトオフサユキユスリカ *Sympotthastia gemmaformis 88*
ベノキハモンユスリカ *Polypedilum benokiense 208*

ボカシヌマユスリカ *Macropelopia paranebulosa* **5**, *56*
ホソオケバネユスリカ *Polypedilum tritum* **22**, *204, 286*
ホソトゲツヤユスリカ *Cricotopus tamadigitatus 108*
ホソハリハモンユスリカ *Polypedilum parviacumen 211*
ホソヒゲハモンユスリカ *Polypedilum tamahosohige 213*
ホンセスジユスリカ *Chironomus nippodorsalis* **14**, *166, 292, 301*

【マ行】
マルオフユユスリカ *Hydrobaenus tsukubalatus 116*
マルミコブナシユスリカ *Harnischia cultilamellata 184*

索 引

ミズクサミドリユスリカ *Glyptotendipes viridis* 182
ミズクサユスリカ *Endochironomus tendens* **16**, *180*
ミズゴケヌマユスリカ *Alotanypus kuroberobustus* 54
ミダレニセナガレツヤユスリカ *Paracricotopus irregularis* **10**, *123, 282*
ミツオビツヤユスリカ *Cricotopus trifasciatus* **9**, *106, 282, 286*
ミナミイソユスリカ *Telmatogeton pacificus* 34
ミナミカタジロナガレツヤユスリカ *Rheocricotopus okifoveatus* 135
ミナミケブカエリユスリカ *Xylotous amamiapiatus* 96
ミナミソメワケハモンユスリカ *Polypedilum okiharaki* **48**, *213*
ミナミニセビロウドエリユスリカ *Pseudosmittia nishiharaensis* 132
ミナミヒゲユスリカ *Tanytarsus formosanus* 244
ミナミユスリカ *Nilodorum barbatitarsis* **18**, *190, 252, 285*
ミヤガセコジロユスリカ *Larsia miyagasensis* **5**, *62, 64*
ミヤコヒメユスリカ *Zavrelimyia kyotoensis* 66
ミヤコムモンユスリカ *Polypedilum kyotoense* **20**, *208, 285*
ミヤコユスリカ *Polypedilum miyakoense* 219
ミヤマエリユスリカ *Orthocldius frigidus* 122
ミヤマナガレツヤユスリカ *Rheocricotopus kamimonji* **12**, *134*
ミヤマハムグリユスリカ *Stenochironomus nubilipennis* 226
ミヤマユキユスリカ *Syndiamesa montana* 89
ミヤマユスリカ *Chasmatonotus unilobus* 99

ムナクボエリユスリカ *Synorthocladius semivirens* **12**, *140*
ムナグロエダゲヒゲユスリカ *Cladotanytarsus vanderwulpi* **24**, *233*
ムナグロツヤムネユスリカ *Microtendipes britteni* **17**, *190, 279*
ムナグロハムグリユスリカ *Stenochironomus membranifer* **23**, *226*
ムモンハムグリユスリカ *Stenochironomus irioijeus* 225

メスグロユスリカ *Dicrotendipes pelochloris* **16**, *176, 285*
モモグロミツオビツヤユスリカ *Cricotopus tricinctus* 106
モンキヒラアシユスリカ *Clinotanypus japonicus* 53
モンヌマユスリカ *Natarsia tokunagai* **5**, *58*

【ヤ行】
ヤグキキタモンユスリカ *Brundiniella yagukiensis* 56
ヤチユスリカ *Chaetolabis macani* 158, 159
ヤドリハモンユスリカ *Polypedilum kamotertium* **20**, *202*
ヤマケブカエリユスリカ *Tokyobrillia tamamegaseta* 96, 143
ヤマコケエリユスリカ *Stilocladius kurobekeyakius* 139
ヤマツヤユスリカ *Cricotopus montanus* 108
ヤマトイソユスリカ *Telmatogeton japonicus* **4**, *34, 290*
ヤマトコブナシユスリカ *Harnischia japonica* **17**, *184*
ヤマトハマベユスリカ *Thalassomya japonica* 34, 290
ヤマトハモンユスリカ *Polypedilum japonicum* **20**, *216, 287*
ヤマトヒメユスリカ *Boreoheptagyia nipponica* 74
ヤマトユスリカ *Chironomus nipponensis* **14**, *166, 275, 301*
ヤマヒメユスリカ *Zavrelimyia monticola* 68
ヤモンユスリカ *Polypedilum nubifer* **21**, **48**,

347

索引

210, 261, 285, 301
ヤリガタムナトゲユスリカ*Limnophyes pentaplastus* 117

ユノコヒメエリユスリカ*Psectrocladius yunoquartus* **11**, 130
ユビグロアシマダラユスリカ *Stictochironomus sticticus* 230
ユミガタニセコブナシユスリカ *Parachironomus arcuatus* 195, 301
ユミナリホソミユスリカ*Dicrotendipes nigrocephalicus* **16**, 174, 287

ヨシイユキユスリカ*Syndiamesa yoshiii* 89
ヨシムラユスリカ*Apsectrotanypus yoshimurai* 54

ヨドミツヤユスリカ*Cricotopus sylvestris* **8**, 106, 276, 286, 300

【ラ行】

リネビチアヤマユスリカ*Linevitshia yezoensis* 80
リョウカクサワユスリカ*Potthastia montium* 82
ルリカヒメユスリカ*Conchapelopia rurika* 60
レオナヤマユスリカ*Diamesa leona* 77
ロクセツタニユスリカ*Boreoheptagyia unica* 74

学名索引
太字は口絵掲載ページ

Subfamily, Tribe

Chironominae *12, 30, 32, 158, 247*
Chironomini *3, 12, 158, 247*
Coelotanypodini *53*
Diamesinae *12, 30, 32, 72*
Macropelopiini *52*
Natarsiini *52*
Orthocladiinae *12, 30, 32, 96, 146*
Pentaneurini *52*
Procladiini *52*
Prodiamesinae *12, 30, 32*
Podonominae *12, 30, 32, 37, 80*
Tanypodinae *12, 30, 32, 40, 52*
Tanypodini *52*
Tanytarsus **3**, *258*
Telmatogetoninae *12, 30, 32, 34*

Genus, Species

Ablabesmyia **32**, *40, 46, 58*
—— *longistyla* **4**, *58*
—— *monilis* **28**, *58, 282*
—— *prorasha* **4**, *59*
Alotanypus *42, 45, 54*
—— *kuroberobustus* *54*
Apsectrotanypus *42, 45, 54*
—— *yoshimurai* *54*

Biwatendipes *230*
—— *biwamosaicus* *232*
—— *motoharui* **23**, *232*
—— *tsukubaensis* *232, 266*
Boreochlus *37, 38*
—— *longicoxalsetosus* *38*
—— *thienemanni* *38*
Boreoheptagyia **33**, *72-74*
—— *brevitarsis* *74*
—— *eburnea* *74*

—— *kurobebrevis* *74*
—— *nipponica* *74*
—— *sasai* *74*
—— *unica* *74*
Brillia **34**, *96, 146, 299*
—— *bifida* *96*
—— *flavifrons* *96*
—— *japonica* **7**, *97, 279*
Brundiniella *42, 54*
—— *yagukiensis* *56*
Bryophaenocladius **34**, *97, 146, 148*
—— *matsuoi* *97*
—— *sp.* **7**

Camptocladius **35**
Cardiocladius **35**, *98, 146*
—— *capucinus* **7**, *98*
—— *fuscus* *98*
Carteronica *158*
—— *crassiforceps* *300*
—— *longilobus* **13**, *158, 301*

348

索 引

Cerobregma *201*
Chaetocladius **35**, *146*
Chaetolabis *158*
―― macani *158, 159*
Chasmatonotus *98*
―― akanseptimus *99*
―― unilobus *99*
Chironomus **27**, **40**, *159, 247*
―― ascerbiphilus *300*
―― biwaprimus **13**, *163, 248, 300*
―― circumdatus **13**, *164, 248, 280, 281, 286, 301*
―― crassiforceps *160*
―― flaviplumus **13**, **48**, *163, 170, 281, 301*
―― fusciceps *300*
―― javanus **13**, *164, 247*
―― kiiensis **14**, *166, 248, 281, 285, 301*
―― nippodorsalis **14**, *166, 247, 292, 301*
―― nipponensis **14**, *166, 248, 275, 301*
―― okinawanus *160, 247*
―― orizae *244*
―― plumosus **14**, **30**, **48**, *167, 264, 269, 274, 285*
―― riparius *163*
―― salinarius **14**, *247, 282, 301*
―― solicitus *163*
―― yoshimatsui **3**, **15**, **26**, **29**, *168, 247, 261, 281, 286, 301*
Cladopelma **40**, *170, 250, 276*
―― edwardsi **15**, *170*
―― viridulum *171, 285*

Cladotanytarsus **31**, *232, 256*
―― atridorsum *233, 234, 288*
―― vanderwulpi **24**, *233*
Clinotanypus *40, 45, 53, 68, 71*
―― japonicus *53*
―― sugiyamai *53*
Clunio *100*
―― tsushimensis *100, 290*
Coelotanypus **31**, *53*
Compteromesa *91*
―― haradensis *92*
Compterosmittia *101*
―― oyabelurida *101*
―― togalimea *102*
―― tsujii *102*
Conchapelopia **32**, *40, 46, 60, 64, 66, 282*
―― esakiana *60*
―― pallidula *60*
―― quatuormaculata **4**, **28**, *60*
―― rurika *60*
―― togapallida *60*
―― viator *60*
Corynoneura **28**, **35**, *103, 146*
―― cuspis **8**, *103, 286*
―― lobata *103*
―― sp. **8**
Cricotopus **27**, **35**, *104, 146*
―― bicinctus **8**, **29**, *105, 282*
―― bimaculata **8**, *105*
―― metatibialis *105*
―― montanus *108*
―― polyannulatus *106*
―― sylvestris **8**, *106, 276, 286, 300*

―― tamadigitatus *108*
―― triannulatus **8**, *106, 279, 282, 286*
―― tricinctus *106*
―― trifasciatus **9**, *106, 282, 286*
Cryptochironomus **40**, *171, 250, 282*
―― albofasciatus **15**, *171, 280*

Demicryptochironomus **40**, *172, 250*
―― vulneratus **15**, *172*
Diamesa **33**, *72, 73, 77, 88, 293*
―― alpina *77*
―― astyla *77*
―― dactyloidea *77*
―― gregsoni *77*
―― japonica *77*
―― leona *77*
―― plumicornis *77*
―― tsutsuii *77*
Dicrotendipes **30**, **40**, *172, 250*
―― enteromorphae **15**, *174, 290*
―― inouei **15**
―― lobiger **16**, *174, 301*
―― nigrocephalicus **16**, *174, 287*
―― pelochloris **16**, *176, 285*
―― septemmaculatus *176*
Diplocladius **35**, *109, 148*
―― cultriger **9**, *109, 283*

Einfeldia **40**, *176, 250*
―― chelonia *177*
―― dissidens **16**, *178, 278, 285*

索 引

—— ocellata 288
—— pagana **16**, 178
—— thailandicus 177
Endochironomus **40**, 178, 250
—— pekanus 180
—— tendens **16**, 180
Eukiefferiella **35**, **36**, 110, 148
—— coerulescens 110, 282
Eurycnemus **36**, 110, 148
—— nozakii **9**, 110
Euryhapsis **36**, 96, 111, 148
—— subviridis 111

Fittkauimyia **32**, 40, 45, 56
—— olivacea **5**, 56

Georthocladius **36**, 112, 148
—— shiotanii 112
Glyptotendipes **41**, 180, 252
—— biwasecundus 181
—— pallens 182
—— tokunagai **17**, 182, 278, 283, 286, 300
—— viridis 182
Gymnometriocnemus **36**, 148

Harnischia **41**, 182, 252
—— cultilamellata 184
—— japonica **17**, 184
—— ohmuraensis **17**, 183
—— okilutida 183
Hayesomyia **40**, 47, 62, 64, 66
—— tripunctata **5**, 62
Heleniella **36**, 112, 150
—— osarumaculata 113
—— otujimaculata 113
Heterotrissocladius **36**, 150

Hydrobaenus **36**, 114, 150
—— biwaquartus 114, 271
—— conformis **9**, 114
—— kisosecundus **9**, 115, 271
—— kondoi **9**, **29**, 115, 271
—— tsukubalatus 116

Kiefferulus 158, 184
—— glauciventris 186, 301
—— umbraticola **17**, 186
Krenopelopia 42, 46, 62
—— alba 62
Krenosmittia **37**, 150

Larsia **32**, 40, 46, 62
—— atrocincta 62
—— curticalcar 62
—— miyagasensis **5**, 62, 64
Limnophyes **37**, 116, 150
—— minimus **10**, **28**, 116
—— pentaplastus 117
—— tamakitanaides 117, 282
Linevitshia 72, 80
Lipiniella **41**, 186, 252
—— moderata **17**, 186, 187, 278

Macropelopia **31**, 40, 45, 54, 56
—— paranebulosa 56
Metriocnemus **37**, 117, 150
—— picipes 118
Microchironomus **41**, 187, 252
—— deribae 188
—— ishii 188

—— tener 188
—— teruyai 188
Micropsectra **43**, 234, 256
—— fossarum 234
—— junci 234
—— yunoprima 235
—— sp. 277
—— sp. 24
Microtendipes **41**, 189, 252
—— britteni **17**, 190, 279
—— tamagouti **18**, 190
—— truncatus **18**, 190
Monodiamesa **34**, 91, 92
—— bathyphila 92, 277
—— sp. 276
Nanocladius **37**, 118, 152
—— asiaticus 118
—— tamabicolor 118, 282
—— tokuokasia 119
Natarsia **31**, 46, 58, 62
—— tokunagai **5**, 58
Neobrillia **37**, 96, 119, 152
—— longistyla 120, 283
Neozavrelia **44**, 235, 256
—— bicoliocula 236
Nilodorum **41**, 185, 190, 252
—— barbatitarsis **18**, 190, 252, 285
Nilotanypus **32**, 42, 46, 64
—— dubius 64
Nilothauma **41**, 192, 254
—— hibaraquartum 192
—— hibaratertium 192
—— japonicum 192
—— nojirimaculatum 192
—— sasai 192

Odontomesa 91, 92
—— fulva 93
Orthocladius **37**, 120, 152
—— chuzenseptimus 276
—— excavatus 121

索 引

――― frigidus 122
――― glabripennis 10, 122, 276
――― kanii 122, 279
――― saxosus 122
――― sp. 10
Okayamayusurika kojimaspinosa 29

Pagastia 27, 33, 72, 73, 80, 85
――― hidakamontana 80
――― lanceolata 80, 85
――― nivis 80
――― orthogonia 80
Paraboreochlus 27, 31, 37, 38
――― okinawanus 38
Parachironomus 41, 193, 254
――― acutus 195, 301
――― arcuatus 195, 301
――― kisobilobalis 18
――― kuramaexpandus 194
――― monochromus 18, 195, 286
――― swammerdami 196
――― tamanipparai 194
Paracladopelma 42, 196, 254
――― camptolabis 18, 196
Paracricotopus 38, 122, 152
――― irregularis 10, 123, 282
――― tamabrevis 124
――― togakuroasi 124
Parakiefferiella 38, 124, 152
――― bathophila 10, 124
Paramerina 28, 32, 46, 64, 68
――― cingulata 5, 64
――― divisa 6, 64

Parametriocnemus 38, 125, 154, 299
――― stylatus 10, 125
Paraphaenocladius 126
――― impensus 126
――― sp. 11
Paratanytarsus 30,44, 236, 256
――― grimmii 24, 236
――― inopertus 276
――― stagnarius 237
――― sp. 24
Paratendipes 42, 197, 254
――― albimanus 19, 198, 271
――― nigrofasciatus 197
――― nubilus 198
――― nudisquama 197
――― tamayubai 276
Paratrichocladius 126, 154
――― rufiventris 11, 127, 282
Pentapedilum 203
――― kizakiensi →
Sergentia kizakiensis
Phaenopsectra 42, 198, 254, 278
――― flavipes 19, 198
――― punctipes 199
Polypedilum (genus) 30, 42, 199, 254, 276
――― arundinetum 207
――― asakawaense 19, 207
――― asoprimum 216
――― aviceps 19
――― benokiense 208
――― convexum 19, 203
――― convictum 19, 221, 279
――― cultellatum 20, 221, 282, 286

――― fusucovittatum 20, 208
――― hiroshimaense 222
――― japonicum 20, 216, 287
――― kamotertium 20, 202
――― kyotoense 20, 208, 285
――― masudai 20, 217, 280
――― medivittatum 209
――― miyakoense 219
――― nodosum 203
――― nubeculosum 21, 210, 276, 301
――― nubifer 21, 210, 261, 285, 301
――― okiharaki 48, 213
――― parviacumen 211
――― paraviceps 222, 279
――― pedatum 21
――― pedestre 211
――― sordens 21, 204, 286
――― surgense 21, 222, 287
――― takaoense 21, 212
――― tamagohanum 22, 212
――― tamaharaki 22, 213
――― tamahinoense 22, 218, 219
――― tamahosohige 213
――― tamanigrum 214, 279
――― tananense 218
――― tigrinum 22, 204, 286
――― tritum 222, 04, 286
――― tsukubaense 48, 214
――― unifascium 218, 219
――― vanderplanki 12
Polypedilum (subgenus)

351

索 引

200, 205
Pontomyia **44**, 237, 258, 293
―― natans 238
―― pacifica 238, 290
―― sp. **24**
Potthastia **33**, 72, 73, 82
―― gaedii **7**, 73, 74, 82, 87
―― longimana 73, 82
―― montium 82
―― nigatana 82
Procladius **33**, 40, 45, 53, 68, 70, 71
―― choreus **6**, 70, 271, 287
―― culciformis 70, 271
Prodiamesa **34**, 91, 92
―― levanidovae **7**, 92
―― nagaii 92
Propsilocerus **38**, 127, 154
―― akamusi **11**, **28**, 128, 275, 285, 300
Protanypus **34**, 42, 84
―― inateuus 84
―― sp. **80**
Psectrocladius **38**, 128, 154
―― aquatronus **11**, 130
―― yunoquartus **11**, 130
Psectrotanypus **31**, 45, 56
―― orientalis **6**, 58
Pseudochironomus prasinatus 288
Pseudodiamesa **34**, 72, 73, 85, 86
―― branickii 85
―― crassipilosa 85
―― stackelbergi 85
Pseudorthocladius **38**, 130, 154
―― pilosipennis 131
Pseudosmittia **39**, 132, 154
―― forcipata 132
―― nishiharaensis 132

Rheocricotopus **39**, 133, 156
―― chalybeatus **11**, 133, 282
―― kamimonji **12**, 134
―― okifoveatus 135
Rheopelopia **28**, **32**, 40, 46, 60, 64, 66, 282
―― ornata 66
―― toyamazea **6**, 64, 66
Rheotanytarsus **44**, 238, 258
―― aestuarius 238
―― kyotoensis **24**, 238, 283
―― pentapoda 239

Saetheria **42**, **43**, 223
―― tylus 223, 279
Saetheromyia 45, 53, 68, 70, 71
―― tedoriprimus **6**, 70
Sasayusurika 72, 73, 86
―― aenigmata 82, 87
Semiocladius 135
―― endocladiae 135, 290
Sergentia **43**, 224, 254
―― kizakiensis **23**, 224, 278, 285
Smittia **39**, 135, 156
―― aterrima **12**, 136, 282, 293
―― insignis 137
―― kojimagrandis 138
―― nudipennis 138, 282
―― pratorum 138
―― sainokoensis 138
Stempellinella **44**, 240, 258
―― coronata **25**, 240
―― edwardsi 240
―― tamaseptima 240
Stenochironomus 224, 256
――balteatus 226
―― ikiabeus 225
―― inalameus 226

―― irioijeus 225
―― membranifer 226
―― nelumbus 226, 286
―― nubilipennis 226
―― okialbus 225
―― oyabearcuatus 226
―― panus 225
―― satouri 226
―― shoubimaculatus 226
―― sp. **48**, 225
Stictochironomus **43**, 227, 256, 279, 298
―― akizukii **23**, 228, 276, 285
―― multannulatus **23**, 229, 276
―― pictulus 229
―― pulchipennis 229
―― simantomaculatus 229
―― sticticus 230
Stilocladius 139
―― kurobekeyakius 139
Sympotthastia 72, 73, 82, 87
―― aenigmata 87
――fulva 88
―― gemmaformis 88
―― takatensis 88
Syndiamesa **34**, 73, 88
―― bicolor 88
―― chuzemagna 88
―― kashimae 88
―― kyogokusecunda 88
―― longipilosa 88
―― mira 88
―― montana 89
―― yoshiii 88
Synorthocladius **39**, 139, 156
―― semivirens **12**, 140

Tanypus **33**, 40, 45, 53, 68,

352

索 引

70
—— formosanus 70
—— kraatzt 70
—— punctipennis 6, 71
Tanytarsus 44, 241
—— angulatus 25, 242
—— bathophilus 242
—— chuzesecundus 276
—— excavatus 25, 243
—— formosanus 244
—— konishii 244
—— oscillans 25, 246
—— oyamai 3, 25, 244, 286, 298
—— takahasii 245
—— unagiseptimus 25, 246
Telmatogeton 34, 292, 293
—— japonicus 34, 290
—— pacificus 34
Thalassomya japonica 34, 290
Thienemanniella 39, 34, 42,
140, 156
—— lutea 12, 140
—— majuscula 12, 141, 282
—— vittata 141
Thienemannimyia 47, 62, 64, 66
—— fusciceps 66
—— lutea 66
Tokunagaia 142
—— kibunensis 12
—— sp. 142
Tokyobrillia 96, 142
—— tamamegaseta 96, 143
Trichosmittia 143
—— hikosana 144
Tripodura 214
Trissopelopia 32, 42, 46, 62, 66
—— longimana 7, 67
Tvetenia 39, 110, 144, 156, 279

—— tamaflava 13, 144
Uresipedilum 200, 220
—— aviceps 220
—— convictum 221
—— cultellatum 221
—— hiroshimaense 222
—— paraviceps 222
—— pedatum 222
—— surgense 222

Xenochironomus 230
—— xenolabis 230
Xylotopus 96
—— amamiapiatus 96

Yuasaiella 236

Zavrelimyia 33, 42, 46, 62, 68
—— kyotoensis 68
—— monticola 68

353

編者

日本ユスリカ研究会

1990年4月に富山で開催された「環日本海セミナー・河川の生態学」にて，主催者の佐々学先生（当時富山国際大学学長）より，「日本ユスリカ研究会」設立の提案がなされ，セミナー参加者の賛同を得て発足。1991年には，信州大学理学部付属諏訪臨湖実験所にて第2回研究集会が開催され，以降毎年全国各地で研究集会がもたれ，分類学，形態学，生態学，生理学，分子生物学など様々な分野での研究発表がなされている。研究会会誌「YUSURIKA」を年2回発行する。

URL http://www1.gifu-u.ac.jp/~kasuyas/yusurika/index.html

執筆者（◎は編集委員）

◎近藤繁生
執筆：4章・収録種一覧・文献・コラム・口絵（長角亜目昆虫成虫幼虫，成虫幼虫蛹の各部の名称，ユスリカ類の形態成虫幼虫，生息環境）
1949年生まれ　九州大学大学院農学研究科修士課程修了，学術博士
愛知医科大学教学監（元同大医学部講師）
主著：『ユスリカの世界』（培風館，編著），『ため池の自然—生き物たちと風景』（信山社サイテック，編著），ため池と水田の生き物図鑑 動物編』（トンボ出版，編著），『日本産幼虫図鑑』（学習研究社，分担執筆）など。
研究テーマ：ユスリカの生活史，水草とユスリカ

◎山本　優
執筆：2章，4章
1948年生まれ　九州大学大学院農学研究科博士課程 修了，農学博士
環境科学株式会社
主著：『ユスリカの世界』（培風館，分担執筆），『日本産水生昆虫』（東海大学出版会，分担執筆）
研究テーマ：ユスリカ科の系統分類学

◎小林　貞
執筆：1章・2章・収録種一覧（採集記録）・形態に関する用語・コラム・口絵（成虫幼虫蛹の各部の名称）

1931年生まれ　東京教育大学農学部卒業，地球環境科学博士
ユスリカ研究会（元　環境福祉研究所（佐々学研究所）研究員）
主著：『ユスリカの世界』（培風館，分担執筆）
研究テーマ：ユスリカの分類

◎平林公男
執筆：4章，コラム
1961年生まれ　信州大学大学院医学研究科博士課程修了，医学博士
信州大学繊維学部教授
主著：『ユスリカの世界』（培風館，分担執筆），『外来種ハンドブック』（地人書館，分担執筆），『アオコが消えた諏訪湖』（信濃毎日新聞社，分担執筆）など。
研究テーマ：　衛生動物学，陸水生態学，環境衛生学

◎河合幸一郎
執筆：4章，5章
1958年生まれ　富山医科薬科大学大学院医学研究科修了
広島大学大学院生物圏科学研究科准教授
主著：『海と大地の恵みのサイエンス』（共立出版，分担執筆）
研究テーマ：水生動物の分類，生態

索 引

うえの りゅうへい
上野隆平
執筆：3 章
1961 年生まれ　北海道大学理学部卒業
独立行政法人国立環境研究所主任研究員
研究テーマ：淡水底生動物の生態および分類

おおの まさひこ
大野正彦
執筆：4 章
1951 年生まれ　早稲田大学教育学部卒業
東京都健康安全研究センター　主任研究員
主著：『家屋害虫事典』（井上書院，分担執筆），『ユスリカの世界』（培風館，分担執筆），『新訂原色昆虫大図鑑Ⅲ』（北隆館，分担執筆）
研究テーマ：昆虫生態学，衛生動物学

かすや しろう
粕谷志郎
執筆：3 章
1949 年生まれ　岐阜大学医学部医学科卒業
岐阜大学地域科学部教授
主著：Recent research developments in infection & immunity Vol. 1（分担執筆）
研究テーマ：ユスリカの DNA による分類，河口堰の生態系への影響

きたがわ のりずみ
北川禮澄
執筆：コラム・口絵（幼虫下唇板）
1936 年生まれ　三重大学卒業
主著：『ユスリカ』（指標生物シリーズ 1, 山海堂），『ユスリカ』（川と湖の博物館 11, 山海堂）
研究テーマ：ユスリカ幼虫の分類

なかざとりょうじ
中里亮治
1967 年生まれ　東京都立大学大学院理学研究科生物学専攻博士課程単位取得退学
茨城大学広域水圏環境科学教育研究センター准教授
主著：『ユスリカの世界』（培風館，分担執筆）
研究テーマ：霞ヶ浦などの富栄養湖沼の自然環境再生に関わる保全生態学的研究

図説　日本のユスリカ

2010 年 8 月 31 日　初版第 1 刷発行

編●日本ユスリカ研究会
©Nihon Yusurika Kenkyu-kai 2010

発行者●斉藤　博
発行所●株式会社　文一総合出版
〒 162-0812　東京都新宿区西五軒町 2-5
電話● 03-3235-7341
ファクシミリ● 03-3269-1402
郵便振替● 00120-5-42149
印刷・製本●奥村印刷株式会社

定価はカバーに表示してあります。
乱丁，落丁はお取り替えいたします。
ISBN978-4-8299-1172-3　NDC 486
Printed in Japan